A First Course in Continuum Mechanics

Third Edition

连续介质力学初级教程

（第三版）

冯元桢　著　／　葛东云　陆明万　译

清华大学出版社
北京

内容简介

本书由国际著名力学家、生物力学创始人冯元桢教授所著，是连续介质力学领域的经典著作之一。与一些比较抽象的连续介质力学教材相比，本书将连续介质力学的理论和流体力学、固体力学、生物力学以及工程实践和日常生活中的大量生动实例结合在一起，用深入浅出的风格全面系统地讲述了连续介质力学的基本概念、基本原理和基本方法。内容丰富、语言精辟、思路清晰，是一本大学高年级学生和研究生们学习"连续介质力学"的优秀教材。

图书在版编目(CIP)数据

连续介质力学初级教程：第3版/(美)冯元桢著；葛东云，陆明万译．—北京：清华大学出版社，2009.11（2024.12重印）

书名原文：A First Course in Continuum Mechanics (Third edition)

ISBN 978-7-302-21325-3

Ⅰ．连…　Ⅱ．①冯…　②葛…　③陆…　Ⅲ．连续介质力学—教材　Ⅳ．O33

中国版本图书馆CIP数据核字(2009)第184331号

责任编辑：佟丽霞
责任校对：刘玉霞
责任印制：丛怀宇

出版发行：清华大学出版社
网　　址：https://www.tup.com.cn，https://www.wqxuetang.com
地　　址：北京清华大学学研大厦A座　**邮　　编**：100084
社 总 机：010-83470000　**邮　　购**：010-62786544
投稿与读者服务：010-62776969，c-service@tup.tsinghua.edu.cn
质 量 反 馈：010-62772015，zhiliang@tup.tsinghua.edu.cn
印 装 者：三河市铭诚印务有限公司
经　　销：全国新华书店
开　　本：185mm×230mm　**印　张**：17.75　**字　　数**：379千字
版　　次：2009年11月第3版　**印　　次**：2024年12月第10次印刷
定　　价：49.90元

产品编号：034286-04

PREFACE

译者序

连续介质力学是普遍适用于物质四态(固体、液体、气体和等离子体)的力学理论,是力学学科最重要的理论基础之一。正是为了体现其普适性,经典的连续介质力学专著和教材都采用任意曲线坐标下的一般张量数学表达形式,论述系统而严密,但同时也显得抽象而使初学者难于理解。冯元桢(Yuan-Cheng B. Fung)教授则采用了另一种讲述方法。他把连续介质力学的系统理论和流体力学、固体力学、生物力学以及工程实践和日常生活中的大量生动实例结合在一起,加上他丰富的教学经验和精练透彻的语言,写成了这本著名的连续介质力学经典教材。

著者起名为"初级教程(A First Course)"充分体现了本书深入浅出的讲述风格。其实,经著者精选后的本书内容(尤其是这第三版)对应用科学家和工程师来说已经是十分全面、系统而有用的。本书更是大学高年级学生和研究生学习"连续介质力学"的优秀教材。

冯元桢教授是著名力学家、生物力学的创始人和生物医学工程的奠基人。先后任美国加州理工学院和圣地亚戈加州大学教授。是美国国家工程院、国家医学研究院和国家科学院三院的院士,1994 年当选为中国科学院外籍院士。他在生物力学、航空工程、连续介质力学等领域有许多卓著的研究成就。曾荣获美国科学最高荣誉"美国国家科学奖章"等一系列科学与工程界的大奖。他先后撰写的《气动弹性理论》、《固体力学基础》、《连续介质力学初级教程》、《生物力学:运动、流动、应力和生长》等专著和教材都已经成为相应学术领域中的经典著作。

我们很荣幸有机会能将这本经典教材译成中文,推荐给我国读者。本书由葛东云翻译第 1 至第 7 章,由陆明万翻译第 8 至第 13 章并最后统稿。

葛东云　陆明万

2008 年 9 月于清华园

PREFACE

著者序

清华大学出版社请陆明万教授、葛东云副教授翻译了这本书，使它得以中文和读者相见，给我很大鼓舞。我深深感谢他们。

我在加州理工学院及加州大学教连续介质力学多年，每讲一课，总觉未能尽意，所以课后就写出来，给学生作参考，日久就变成了这本书的英文版。现英文译成中文，似易实难，句斟字酌，细细推敲，呕心沥血，译者与著者一样辛苦。同样在翻译成品中，也显出了个人的特色，这本书是陆、葛两位同志翻译工作的结晶，我感谢他们。

我的力学著作，除研究论文在科技杂志上发表以外，成书而有中文译本的共八种。按出版年份，列举如下：

1963　空动弹性力学引论
（冯元桢著，冯钟越、管德译，国防工业出版社出版。）

1983　生物力学
（冯元桢著，这是我于1979年在北京、天津、武汉、重庆讲学三个月的记录，科学出版社印行。）

1984　连续介质力学导论(第二版)
（冯元桢著，李松年、马秘中译，王德荣等校，科学出版社发行。）

1987　生物力学：活组织的力学特性
（冯元桢著，戴克刚、鞠烽炽译，匡政邦审校，湖南科学技术出版社出版。）

1987　生物动力学——血液循环
（冯元桢著，戴克刚译，湖南科学技术出版社出版。）

1993　生物力学——运动、流动、应力和生长
（冯元桢著，邓善熙译，康振黄主编，四川教育出版社出版的“生物医学工程丛书”之四。）

1997　连续介质力学导论(英文1994，第三版)
（冯元桢著，吴云鹏、杨瑞芳、王公瑞、蔡绍哲译，重庆大学出版社发行，新华书店经销。此书也有日文和俄文译本，在日本及俄罗斯出版。）

1997 冯元桢生物工程论文选

(重庆大学金锡如、王公瑞、屈超蜀等编辑,内有论文16篇,共400页,重庆大学发行。)

我最乐于倾听同志们和同学们的工作与思想,并希望大家合作。我这个辛勤的老头子还能工作,真是幸福。

冯元桢

2007年10月1日

FOREWORD

第三版前言

本版的任务与前几版相同:强调力学中问题的公式化,减少模糊的概念而改为准确的数学表述,在工程和科学中养成提问、分析、设计和创造的习惯。在本版中我大大加强了应用问题。因此,刚一开始就参照真实材料来定义连续介质。本书通篇都不歧视生物材料。生物学包含在科学之中,生物工程包含在工程之中。力学并不仅限于物理学。

在本书中我经常要求读者去列出方程,无论他(她)能否求解这些方程。我认识很多学生曾经做过无数的练习,但是从未亲自把一个问题用公式来表示过。我希望他们用另一种方法来学习,即他们自己来提出许多问题,然后再努力去发现解决问题的方法和细节。应该鼓励他们去观察自然并思考工程与科学中的问题,然后走出第一步,即写出一组可能的基本方程和边界条件。本书的任务就是这"第一步"——导出基本控制方程。

本书编排如下:一开始就阐述了连续介质的概念。随后透彻地讲述应力和应变的概念。接着分两章着重讲解了确定主应力和主应变的实用方法和协调性概念。在第 7 章中给出了流体和固体的抽象描述。第 8 章详尽地讨论了各向同性的重要概念。真实流体和固体的力学性质在第 9 章中讨论。第 10 章给出了力学的基本守恒定律。在第 11 章和第 12 章中描述了理想流体、粘性流体、边界层理论、线性弹性理论、弯曲和扭转理论、弹性波的一些特点。最后的第 13 章是新写的。它研究材料承受应力后的长期变化,研究材料的活性生长和重构,涉及应力-生长定律。

与流体和固体力学传统教材所讨论的材料相比,第 9 章和第 13 章中的一些材料似乎是舶来品,但它们不是。从罕见的角度来看,它们当然不是舶来品。流体像血液或油漆,固体像心、肺、肌肉或橡胶当然都是常见而宝贵的。学习一些有关它们本构方程的知识也无妨。

大量的习题分散于本书各处。许多是这一版新加入的。大多数习题是公式化的问题、设计的问题和创新的问题。少数习题是为了训练读者应用本教材导出的若干公式,尤其在第 2 章和第 10 章中。

如果读者能从本书获得关于应力、应变和本构方程的清晰概念,以及懂得如何利用它们去列出科学和工程问题的公式,我就非常高兴了。

冯元祯(Y. C. Fung)
于 La Jolla, California

FOREWORD

第一版前言

本书是供那些开始学习一系列力学课程的科学与工程专业的大学生用的。到了这一阶段,学生通常都已经学过微积分、物理、矢量分析和初等微分方程等课程。连续介质力学课程将为学习流体和固体力学、材料科学,以及其他科学与工程分支提供基础。

我认为对初学者来说,讲述应该更偏于物理概念而不是数学。对经常使用连续介质力学的工程师和物理学家说来,本学科的主要吸引力在于概念的简单性和应用的具体性。所以应该尽快地给学生介绍各种应用。

对科学家或工程师来说,他必须回答的重要问题是:如何把问题公式化?如何列出基本的场方程和边界条件?如何选择替代假设?哪种实验能证实、否定或修正我的假设?研究应该做到多周密?哪里会出现错误?为得到合理的解答需要多少时间?需要多少经费?这些都是实际研究者所关心的问题,并且是以分析为工具的综合性问题。完整地回答这些问题超出了这本"初级教程"的范围,但是我们可以做一个良好的开端。在本书中,我经常要求读者将问题公式化,无论他是否能求解他的方程和理解所有数学细节。我认识很多学生曾经读过大量的书籍、做过无数的练习,但是从未亲自把一个问题用公式来表示过。我希望他们学习另一种方法,即他们自己来提出许多问题,然后再努力去发现解决问题的方法和细节。应该鼓励他们去观察自然并思考工程中的问题,然后走出第一步,即写出一组可能的基本方程和边界条件。本书的任务就是这"第一步"——导出基本控制方程。或许对一本"初级教程"来说仅涉及这第一步是无可非议的。但是要达到这一步所需要的准备却是广泛的。为了踏稳这一步,必须理解力学的基本概念以及它们的数学表达形式。为了能自信地应用这些基本方程,必须知道它们的来源和导出过程。因此,关于基本概念的讨论必须是透彻的。为此,本书的前十章是相当全面和详尽的。

关于本书的编排:一开始就阐述了连续介质的概念。随后是透彻地讲述应力和应变的概念。接着分两章着重讲解了确定主应力和主应变的实用方法和协调性概念。考察了运动的描述。在第 7 章中给出了流体和固体的抽象描述。第 8 章详尽地讨论了各向同性的重要概念。常用流体和固体的力学特性数据出现在第 9 章中。第 10 章给出了物理学中基本守恒定律的透彻论述。从第 11 章开始,简要地描述了理想流体、粘性流体、边界层理论、线性弹性理论、弯曲和扭转理论、弹性波的一些特点。最后两章浏览了流体力学和固体力学这两个丰富的领域;要全面地讲述它们将需要在更高数学水平上的大量篇幅。这里所给的引言将为学生更容易地进入这些领域做好准备。

如果读者能从本书获得关于应力、应变和本构方程的清晰概念，我就认为这本导论性教材是成功的。除此之外，仅提供了若干经典问题的概述。许多讨论都在习题中给出，应该把习题看作是本教材的组成部分。

我经常引用和大量借用我以前的《固体力学基础》一书，该书可用作本教程的后续教程。本“初级教程”的材料是为我在加州大学和圣地亚哥大学的课程编写的，这些大学的教学计划要求在专业课程前加强一般性科学的课程。本书对已经具有较好的数学和物理基础的大学生和低年级研究生是很有用的。

撰写本书是一个愉快的经历。我的夫人 Luna 自始至终协助我完成此任务。有位数学家(当我来到 La Jolla 时她辞去了教职)想学一些力学，她非常仔细地参加了手稿工作。许多章节因为她说她不能理解而改得更为清楚了。我的朋友 Chia-Shun Yih 和密歇根大学的 Timoshenko 教授通读了手稿，并给了我许多有价值的评论。我非常感谢麻省理工的董平(Pin Tong)博士和加州大学及圣地亚哥大学的 Gilbert Hegemier 所给的点评。最后，我要感谢 Prentice Hall 出版社的 Nicholas Romanelli 对编辑出版工作的协助，Ling Lin 博士整理索引，Barbara Johnson 博士快速而准确地打字以及令工作愉快的爽朗的幽默。

冯元祯(Y. C. Fung)
于 La Jolla，California

CONTENTS

目录

CHAPTER 1

第 1 章 引 言

本章给出真实材料的连续介质定义，以及由其引申出力学基本概念的一些初等例子。

1.1 本课程的任务

我们的任务是学会如何对力学问题建模、如何将模糊的问题和想法用严格的数学来描述，并培养提出、分析、设计以及解决科学和工程问题的能力。

让我们来考虑几个问题。假设有架飞机在我们上空飞行。为了承载旅客和货物，机翼一定会产生应变。那么，机翼发生了多大应变呢？假设你正在驾驶滑翔机，前面出现一片砧状云，热气流将使飞机飞得更高。你敢飞进云团中去吗？机翼的强度足够吗？你的前面出现了金门大桥。它上面的钢索承受着巨大的载荷。那么如何设计这些钢索？云里面含有大量的水分，而农田又需要水，如果播下了云，它会产生雨吗？雨会降落到需要它的地方去吗？降雨量是否足够而又不引起洪水呢？在远处有座核电站。反应堆里的热量是如何传递的？反应堆里有哪种热应力？如何评定地震后核电站的安全性？在地震中地球发生了什么变化？想想地球你会惊讶，大陆板块是如何漂移、运动和分离的。现在想想我们自己：我们是如何呼吸的？如果我们练习瑜伽或者作倒立，我们的肺会发生怎样的变化？

有趣的是，所有这些问题都涉及力、运动、流动、变形、能量、物质的性质、物体间的相互作用或者物体内部一部分与另一部分的相互作用以及物体暂时或永久的、可逆或不可逆的变形。所有这些变化，加上连续介质力学的公理，就可以推导出相应的微分方程和边界条件。通过求解这些方程，我们得到精确的定量的信息。本书中，我们将讲述作为这些微分方程和边界条件之基础的基本原理。虽然在建立方程后并把它们解出来是很好的，但是本书将不详细讨论这些方程的求解。我们的宗旨在于公式化：将一般概念形式上化为数学公式。

1.2 应用于科学和技术

本书涉及的所有数学方法都是为了解决科学和工程问题。我希望学生能够明白这些应用;因此,所求解的例子或问题都采用科学研究或工程设计的术语来描述。人在设计和发明器具、设备、方法、理论和实验方面的智能可以通过长期的实践、建立良好的习惯来强化。

1.3 什么是力学?

力学是研究物质运动(或平衡)以及引起该运动(或平衡)之力的学科。力学是建立在时间、空间、力、能量和物质等概念的基础上的。研究物理学、化学、生物学以及工程科学的所有分支,都需要力学知识。

1.4 连续介质的原型:经典定义

连续介质的经典概念来自数学。我们讲,实数系是一个*连续统*。在任意两个不同的实数之间,总会存在另一个不同的实数,因此在任何两个不同的实数之间就有无穷多个数。我们直观地感觉到时间可以用一个实数系 t 来表示,三维空间可以用三个实数系 x,y,z 来表示。因此,我们就可以把时间和空间看成一个四维的连续统。

如果将连续统的概念推广到物质,我们可以说物质在空间是连续分布的。通过考察密度的概念就能很好地说明这一点。用质量来度量物质的数量,假设一定的物质充满了一定的空间 $\mathscr{V}_0$,如图 1.1 所示。考察 $\mathscr{V}_0$ 中的一点 P,以及收敛于 P 的子空间序列 $\mathscr{V}_1,\mathscr{V}_2\cdots\cdots$

$$\mathscr{V}_n \subset \mathscr{V}_{n-1}, \quad P \in \mathscr{V}_n \quad (n=1,2,\cdots) \tag{1.4-1}$$

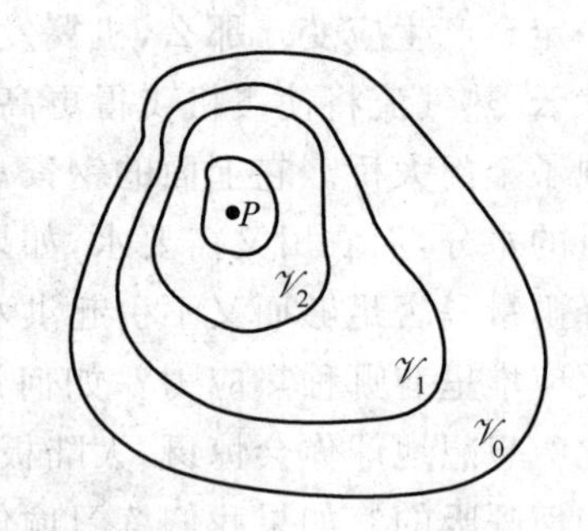

图 1.1 收敛于 P 的空间域序列

令 $\mathscr{V}_n$ 的体积是 V_n,且 $\mathscr{V}_n$ 中所含物质的质量是 M_n。作比值 M_n/V_n。当 $n\to\infty$ 和 $V_n\to 0$ 时,若 M_n/V_n 的极限存在,则此极限值就定义为 P 点处质量分布的*密度*,并记为 $\rho(P)$:

$$\rho(P) = \lim_{\substack{n\to\infty \\ V_n\to 0}} \frac{M_n}{V_n} \tag{1.4-2}$$

若在 $\mathscr{V}_0$ 内处处都能定义密度,就可以说质量是*连续分布的*。

可以用类似的方法来定义动量密度,能量密度等。*物质的连续统是指在数学意义上存在质量密度、动量密度和能量密度的物质。这类物质连续统的力学就是连续介质力学。*

这是物质连续统的常用定义。然而,如果我们严格地遵守这个定义,那么它对科学和技术来说是毫无用处的,因为在真实世界中不存在满足这一定义的物质。例如,当 V_n 小于平均自由程时，没有气体能满足方程(1.4-2)。当 V_n 小于原子尺度时，也没有流体能满足这一方程。没有多晶的金属或者纤维复合结构、没有陶瓷、也没有高分子塑料能满足这一要求；同样也没有生物器官、动物组织、单细胞以及细胞集合能满足这个要求。

1.5 连续介质定义

我们将用与前节提出的经典方法相似的方式来定义某物质为连续介质，不同之处仅在于：V_n 的大小将受到下述限定，质点也不必与实数系具有一一对应的同构性。质点可以是离散的，质点间可以出现空穴。对于物质密度的概念，考察空间 $\mathscr{V}_0$ 内的一点 P。再考察 $\mathscr{V}_0$ 内体积分别为 $V_1, V_2, \cdots, V_n$ 的子空间序列 $\mathscr{V}_1, \mathscr{V}_2, \cdots, \mathscr{V}_n$，序列中的每一个都包含下一个，且全部都包含 P。当 $n\to\infty$ 时，V_n 的极限趋于一个有限的正数 ω。设 $\mathscr{V}_n$ 中包含的物质质量为 M_n。若当 $n\to\infty$ 时，

$$\left|\rho-\frac{M_n}{V_n}\right|<\varepsilon$$

则称比值 M_n/V_n 的序列具有一个带可接受的变动性 ε 的极限 ρ。而量 ρ 就称为 P 点处在限定的极限体积 ω 上具有可接受变动性 ε 的物质密度。

同样，我们定义单位体积内质点的动量和单位体积内的能量，每个定义都与可接受的变动性和限定的体积有关。后面(见 1.6 节)，我们将处理作用在物体内曲面上的力，那时将需要考察在曲面的任意点处单位面积上的作用力是否存在一个在限定的极限面积上具有可接受的变动性的极限。如果存在，该极限就称为*牵引力*或*应力*，而(译注：通过该任意点的)所有方位之曲面上的牵引力的总集合称为*应力张量*。接着，在第 5 章中我们将考察两点间距离的变化，并定义*应变张量*。应变分量的存在性将与可接受的变动性和限定的极限长度有关。

如果对可接受的变动性和限定的极限长度、面积和体积有了清晰的理解，就可以在空间 $\mathscr{V}_0$ 内的每一点上定义密度、动量、能量、应力和应变，如果它们在 $\mathscr{V}_0$ 内的空间坐标系中全都是连续函数，则我们说 $\mathscr{V}_0$ 内的物质是一种*连续介质*。

如果一种物质是经典意义下的连续介质，则在我们的定义下也是连续介质。对于经典的连续介质，可接受的变动性和限定的极限长度、面积和体积均为零。

在其他连续介质力学的书中，作者都说明或暗示了：连续介质力学能否应用于科学技术问题是由每个学科领域的实验者所决定的事情。相反，我老实地说：每个实验者都知道经典理论是不适用的；因此，理论家的责任就是修正理论以适合真实世界。我们的方法适合许多科学技术领域；我们付出的代价只是需要确定可接受的变动性和限定的尺度。

1.6 连续介质定义下的应力概念

考察占有空间域 V 的物质 B(如图 1.2)。假想 B 中的一个曲面 S，并考察 S 两侧材料间的相互作用。设 ΔS 是 S 上的微小面元。让我们由 ΔS 上的一点画一个垂直于 ΔS 的单

位矢量$\boldsymbol{\nu}$,其方向由S内部指向外边。于是,可以根据$\boldsymbol{\nu}$的方向来区分ΔS的两侧。令法向矢量所指的那一侧为正侧。考察位于正侧的材料。该部分对位于法向负侧的另一部分有作用力$\Delta\boldsymbol{F}$。力$\Delta\boldsymbol{F}$与位置、面积大小和法线方向有关。我们引入假设:当ΔS趋于微小而有界的大小α时,比值$\Delta\boldsymbol{F}/\Delta S$在可接受的变动性$\varepsilon$内趋于一个确定的极限$\mathrm{d}\boldsymbol{F}/\mathrm{d}S$,作用在表面$\Delta S$上的力对该面积内任意一点的矩在微小而有界的面积$\alpha$的极限中以一个可接受的变动性趋于零。该极限矢量将记为

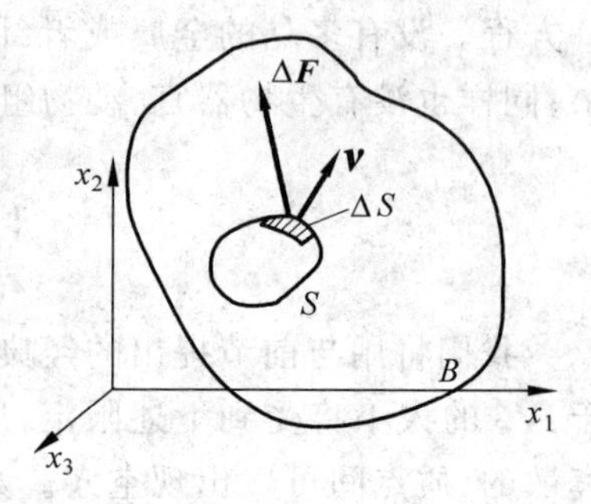

图 1.2 应力原理

$$\overset{\nu}{\boldsymbol{T}}=\frac{\mathrm{d}\boldsymbol{F}}{\mathrm{d}S}$$

其中引入了上标ν以表示面元ΔS的法线方向为$\boldsymbol{\nu}$。极限矢量$\overset{\nu}{\boldsymbol{T}}$称为牵引力或应力矢量,它表示作用在单位面积上的力。

存在一个定义在连续介质内部任意假想闭合曲面S上的应力矢量场,它对占有S内部空间的物质的作用与来自外部物质的作用是等价的,这一断言称为欧拉-柯西应力原理。我们将该原理视为公理;虽然它只是一个基本简化。例如,为什么面元ΔS两侧物质间的作用是无力矩的,这并没有先验的合理性。事实上,有些不喜欢"作用在面元ΔS两侧的力对该面积内任意点的力矩为零"这一限制的人已经提出一个广义的欧拉-柯西原理,即:外部物质通过物质内任意小面元对其内部的作用等价于一个力和一个力偶。由此导出的理论要求引入偶应力的概念,它比传统理论复杂得多。因此偶应力理论并未得到实际应用。所以,本书在后面将不再讨论该理论。

1.7 真实连续介质的抽象复制体

一旦决定将某物体视为连续介质,就可以根据经典定义做出一个真实物质的抽象复制体。该抽象复制体与实数系是同构的:它是真实物质的理想化。理想化的规则是:理想系统的质量密度在其定义范围内与真实密度相同。当一组力施加到真实物体及其抽象复制体上时,这两个系统的应力和应变相同,不同之处仅在于:理想系统可以严格地进行微积分运算,而真实物质会有尺度下限的限定,且必须计及统计的变动性。真实物质的本构方程将用来描述理想复制体的力学性能。真实系统将以一定的误差(其界限是可以计算的)来满足理想系统的运动(或平衡)方程、连续性方程和能量平衡方程。通常存在一个有关抽象复制体的大量结果的数据库可供借用。已知的可接受变动性和限定尺度将允许我们去评估真实物质和抽象体间的差别,并让我们知道有关真实系统的若干事情。

真实物质在某尺度范围内的抽象复制体的本构方程可能与同一物质在不同尺度范围内的另一个复制体的本构方程不同。若真实物质的本构方程在一系列尺度范围内都相同,则抽象复制体在整个范围内只有一个本构方程。若真实物质的本构方程在不同尺度范围内并

不相同，则抽象复制体在一系列尺度范围内将具有不同的本构方程。这确实是我们这个系统很有用的特点，因为它允许我们去识别不同观测尺度下物质的不同结构，去探寻不同尺度下的不同问题，并对整体作出更好的理解。

物质在不同观测尺度下本构方程的等级体系依赖于不同尺度下物质结构的相似性和非相似性。物质结构可能是*分形的*(即在一系列连续尺度范围内具有自相似性)或者不是分形的。例如，肺内气管的几何分布形式，从最大的支气管到最小的微支气管，在结构上都是分形的，因此在该尺度范围内可以预期支气管都服从相同的本构方程。肺泡管的结构形式，从呼吸的微支气管到肺泡囊，是另外一种分形；因此，在该范围内可以预期它将满足不同的本构方程。肺泡(肺泡壁)根本就不是分形的；在肺泡壁内既没有胶原质也没有弹性蛋白纤维。因此，它们的力学性质需要作完全不同的描述。

1.8 连续介质力学研究什么?

我们将称由封闭曲面包围的连续介质为*物体*。该曲面可以是真实的，如像人的皮肤或飞机的外壳；但也可以是假想的，设想用它去包围一部分空间。

真实世界的物质将承受作用在它们体内的力(如重力和电磁力)和作用在它们表面上的力(如空气压力、风和雨、承受的负重，以及传向远处的载荷)。如果该物体在上节所述的意义下是连续介质，那么我们就想知道物体内的物质对外力有何反映。确定作为对外力的响应而引起的物体内部的情况就是连续介质力学的研究内容。

1.9 连续介质力学的公理

物理学中的各公理都被视为连续介质力学的公理。尤其，在本书中我们将用到牛顿运动定律和热力学第一和第二定律。

连续介质力学还有三条附加的公理。第一条是：*连续介质在力的作用下仍然保持为连续介质*。因此，在某一时刻相邻的两个质点在任何时刻都保持相邻。我们允许物体破碎(例如，它们可以断裂)，但是断裂面必须被认为是新产生的外表面。在有生命的物体中，我们允许新的生长(例如，细胞或超细胞质量的增加，新细胞迁入物体的某一部分，或者通过分裂从已有的细胞增殖)和重新吸收(细胞或超细胞质量的减少，细胞迁出物体的某一部分，或者细胞死亡并逐步被血液带走或被组织吸收)。每个新增的或被吸收的细胞都将在物体内产生新的表面。

连续介质力学的第二条公理是：在物体内处处都可以确定1.6节所述的应力和第5章所述的应变。连续介质力学的第三条公理是：一点处的应力与该点处的应变以及应变随时间的变化率有关。该公理是一个高度简化的假设。它保证了物体内任何点处的应力都仅与该点直接邻域内的变形有关。该应力-应变关系也可以受其他参数的影响，例如温度、电荷、神经脉冲、肌肉收缩、离子传输等,但这些影响可以分别地进行研究。

1.10 科学探索中与物体尺度相关的连续介质等级体系——生物学的例子

我们对利用望远镜观察太空和利用显微镜观察细胞、组织、金属以及陶瓷的微结构都已经很熟悉了。当观测的尺度改变时,物体的显示是不同的。以人的肺为例。图 1.3 说明,肺可以视为由三棵树组成的:气管树、动脉树和静脉树。气管树用于通气。气管被分叉成进入肺部的支气管,并反复地再分叉(统计而言,人体中分叉了 23 次)成越来越细的分枝,最终分解为最小的单元,称为肺泡。图 1.4 给出了人体肺泡在显微镜下的照片。照片覆盖了图 1.3 中最左图之左侧边界处小圆内的微小面积。肺泡壁是毛细血管。每个肺泡壁的两侧都暴露在空气中。同样,肺动脉也是一次又一次地分叉,直到成为位于肺泡壁上的毛细血管。静脉树则是从肺泡壁上的毛细血管开始。静脉不断的聚合,直到成为进入左心室的肺静脉。肺的主要功能发生在肺泡内。静脉血从肺泡气体中带走氧气,并将二氧化碳释放给肺泡气体。气体交换是通过肺泡壁进行的。图 1.5 给出了图 1.4 左侧小圆域内肺泡壁的显微照片。图 1.6 给出了肺泡壁内的胶原纤维。胶原纤维已被染上银,看起来像黑纤维束。胶原纤维由原纤维构成。原纤维由胶原分子构成。每个胶原分子可以继续分解成更小的等级:分子、原子、原子核和夸克。

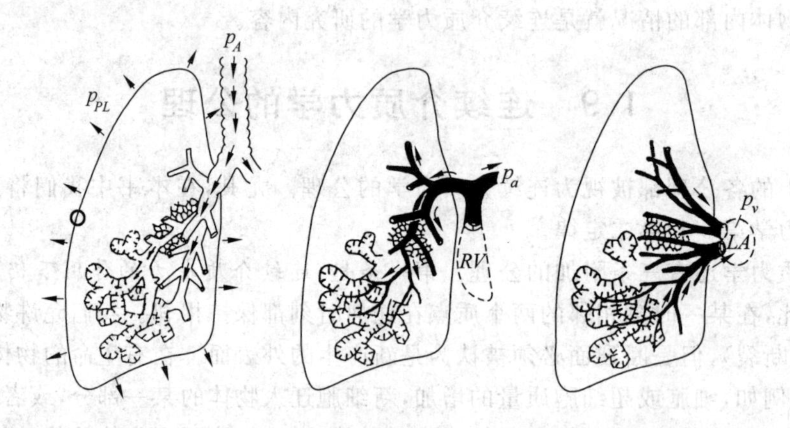

图 1.3 显示肺由三棵树组成的概念示意图:左边为气管树(气管—支气管—细支气管—肺泡管—肺泡);中间为肺动脉树(主动脉—动脉—毛细血管);右边为肺静脉树(微静脉—静脉—左心室)。总高为 40 cm 量级

根据希望研究肺的哪种性质,我们可以将肺视为一个有连续尺度等级的连续介质。例如,人们如果对人肺的上部和下部的应变有何不同感兴趣,则可以认为单个肺泡是无限小

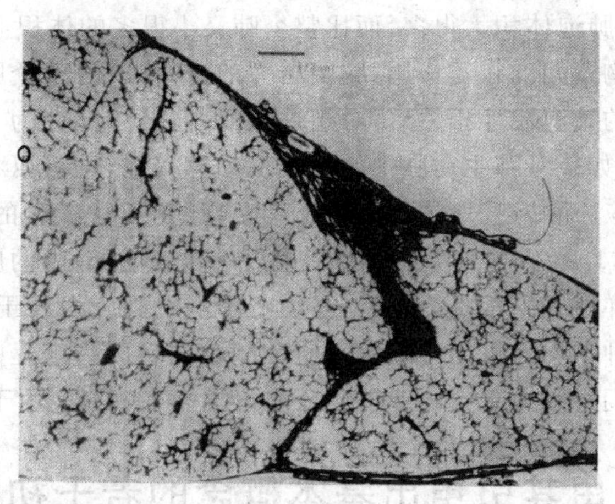

图 1.4　图 1.3 所示肺的微小尖端部分(即肺左侧边界处小圆内部)的放大图。被染上银,肺组织的厚度(150 μm)截面。黑线是胶原纤维。灰色区是肺泡壁。摘自 Matsuda, M., Fung, Y. C., and Sobin, S. S., "Collagen and Elastin Fibers in Human Pulmonary Alveolar Mouths and Dusts," *J. Appl. Physiology* 63(3): 1185-1194, 1987. 复制获得许可

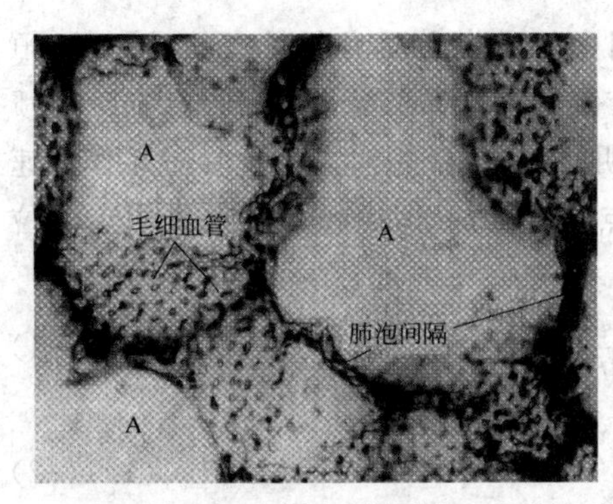

图 1.5　图 1.4 左侧小圆包围区内肺泡壁的放大图。显示了肺泡壁(也称为肺泡间隔)内的毛细血管。A 为肺泡的气腔

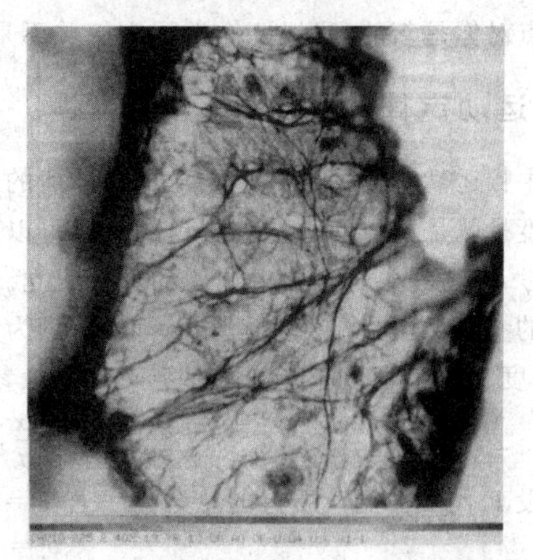

图 1.6　在 10 cm 水柱肺贯穿压(肺泡气压减去胸膜压力)下膨胀后人肺的肺泡壁中的胶原纤维。标尺画在边框上;800 像素相当于组织中的 200 μm。OsO_4 被固定,被染上银。黑线是胶原纤维,较大者约为 1 μm 宽。摘自 Sobin, S. S., Fung, Y. C., and Tremer, H. M., "Collagen and Elastin Fibers in Human Pulmonary Alveolar Walls," *J. Appl. Physiology* 64(4): 1659-1675, 1988. 复制获得许可

的，人们可以讨论在比肺泡体积大得多、而比整个肺又小得多的体积上的平均变形。这样的近似适合于研究肺与胸壁间的相互作用，胸膜压力的分布，或者整个肺中气流的分布(因为气流和与应变成正比的气泡尺寸相关)。对于这些问题，最小尺寸为 1 cm 量级的尺度等级就能满足。另一方面，如果对肺主动脉中的血液流动感兴趣，则可以将血液视为均匀流体，将血管视为具有定义应力和应变所需要的最小尺度(量级为 10 μm)的连续介质。如果对单个肺泡壁(平面面积为 100 μm×100 μm 量级，厚度约为 10 μm)中的应力感兴趣，则肺泡壁内的各个胶原蛋白和弹性纤维都不能忽略，必须将肺泡壁视为由若干不同材料以特定方式构成的复合材料。哪种平均是可用的取决于研究问题的目的。工程师、生物学家和物理学家关心这些问题。我们将致力于使经典连续介质力学能有效地应用于处理实际问题。

1.11 由其引申出基本概念的若干初等问题

作为本书后面章节的导引，我们来研究若干简单而有用的初等问题，它们已成为力学史中的基本问题。这些问题包括：牛顿运动定律，平衡方程，自由体图的应用，桁架、梁、块体、板和壳的分析，以及经典的梁理论。如果你熟悉这些问题，就可以很快地跳过它们。如果有些要点对你是新的，我保证你学习它们并不是浪费时间。

牛顿运动定律

牛顿运动定律论及满足欧几里德几何的三维空间中的质点。质点所具有的唯一的、恒正的度量就是质点的质量。质点的位置可以用笛卡儿直角参考系来描述。假设存在一个惯性参考系，在该参考系中牛顿运动方程成立。可以证明，任何一个相对于惯性参考系作匀速运动的参考系也是惯性参考系。考察质量为 m 的质点。分别用 $\boldsymbol{x}$，$\boldsymbol{v}$ 和 $\boldsymbol{a}$ 表示该质点的位置、速度和加速度。这些矢量都定义在惯性参考系内。由定义知

$$\boldsymbol{v}=\frac{\mathrm{d}\boldsymbol{x}}{\mathrm{d}t},\quad \boldsymbol{a}=\frac{\mathrm{d}\boldsymbol{v}}{\mathrm{d}t} \tag{1.11-1}$$

设 $\boldsymbol{F}$ 代表作用于质点的总合力。若 $\boldsymbol{F}=\mathbf{0}$，则牛顿第一定律叙述为

$$\boldsymbol{v}=\text{const.} \tag{1.11-2}$$

若 $\boldsymbol{F}\neq\mathbf{0}$，则牛顿第二定律叙述为

$$\frac{\mathrm{d}}{\mathrm{d}t}m\boldsymbol{v}=\boldsymbol{F}\quad 或者\quad \boldsymbol{F}=m\boldsymbol{a} \tag{1.11-3}$$

当方程(1.11-3)写为

$$\boldsymbol{F}+(-m\boldsymbol{a})=\mathbf{0} \tag{1.11-4}$$

时，它就像是两个力的平衡方程。$-m\boldsymbol{a}$ 项称为惯性力。方程(1.11-4)可叙述为：作用在质点上的外力与惯性力之和为零；即惯性力与外力相平衡。用这种方法叙述的牛顿运动方程称为达朗贝尔原理。

现在来研究一个相互作用的质点系，每个质点都受到系内所有其他质点的影响。用指

标 I 表示质点 I。用 $\boldsymbol{F}_{IJ}$ 代表质点 J 对质点 I 的作用力，而 $\boldsymbol{F}_{JI}$ 是质点 I 对质点 J 的作用力。则牛顿第三定律叙述为

$$\boldsymbol{F}_{IJ} = -\boldsymbol{F}_{JI} \quad 或者 \quad \boldsymbol{F}_{IJ} + \boldsymbol{F}_{JI} = \boldsymbol{0} \tag{1.11-5}$$

若 $I=J$，则为了与(1.11-5)式相一致，我们令 $\boldsymbol{F}_{II}=0$(对 I 不求和)。用 K 代表系统内质点的总数。作用在质点 I 上的力 $\boldsymbol{F}_I$ 包括外力 $\boldsymbol{F}_I^{(e)}$(如重力)以及质点间相互作用的内力之合力。于是

$$\boldsymbol{F}_I = \boldsymbol{F}_I^{(e)} + \sum_{J=1}^{K} \boldsymbol{F}_{IJ} \tag{1.11-6}$$

因此，质点 I 的运动方程为

$$\frac{\mathrm{d}}{\mathrm{d}t} m_I \boldsymbol{v}_I = \boldsymbol{F}_I^{(e)} + \sum_{J=1}^{K} \boldsymbol{F}_{IJ} \quad (I=1,2,\cdots,K) \tag{1.11-7}$$

每个质点都有一个这样的方程来描述，全部 K 个方程就描述了系统的运动。

再进一步，我们就必须说明如何计算相互作用力 $\boldsymbol{F}_{IJ}$。这类说明叙述了质点系的物质性质，称为*质系的本构方程*。

平衡

一种特殊的运动形式是平衡，即系统中任何质点均无加速度。

在平衡状态下，方程(1.11-7)成为

$$\boldsymbol{F}_I^{(e)} + \sum_{J=1}^{K} \boldsymbol{F}_{IJ} = \boldsymbol{0} \quad (I=1,2,\cdots,K) \tag{1.11-8}$$

将上式从 1 到 K 求和，得到

$$\sum_{I=1}^{K} \boldsymbol{F}_I^{(e)} + \sum_{I=1}^{K}\sum_{J=1}^{K} \boldsymbol{F}_{IJ} = \boldsymbol{0} \tag{1.11-9}$$

在后一求和式中，凡出现 $\boldsymbol{F}_{IJ}$ 时，$\boldsymbol{F}_{JI}$ 也同时出现；根据方程(1.11-5)，它们叠加后为零。因此，方程(1.11-9)简化为

$$\sum_{I=1}^{K} \boldsymbol{F}_I^{(e)} = \boldsymbol{0} \tag{1.11-10}$$

这就是说，*对处于平衡的物体，作用在物体上的所有外力之和为零*。

下面，让我们来考虑物体转动的趋势。若一个物体在 O 点处被固定，并受外力 $\boldsymbol{F}_I$ 的作用，则外力对 O 点的*力矩*(它导致物体绕 O 点转动)将由矢量积 $\boldsymbol{r}_I \times \boldsymbol{F}_I$ 所给定，其中，$\boldsymbol{r}_I$ 是从固定点 O 到力 $\boldsymbol{F}_I$ 作用线上任意一点的距离。将 $\boldsymbol{r}_I$ 对方程(1.11-8)做矢量积(即对方程中的每一项做矢量积)，令 $I=1,2,\cdots,K$，将结果相加(即对 I 从 1 到 K 求和)，再利用方程(1.11-5)对总和进行简化，得到：

$$\sum_{I=1}^{K} \boldsymbol{r}_I \times \boldsymbol{F}_I^{(e)} = \boldsymbol{0} \tag{1.11-11}$$

O 点的选择是任意的。由此，我们得到物体平衡的第二个条件：*作用于物体上的所有外力对任意点的力矩之和均为零*。

分析问题时利用自由体图

前节中提到的名词物体或词组质点系都可以用最一般的方式给予解释。如果一台机器处于平衡,则它的每一部分都处于平衡。通过适当选择所考察的部分,可以得到各种各样的信息。这种方法就像外科医生通过活体检查来确定器官的疾病。我们用假想截面切出物体中的特定部分,并检验其平衡情况。清晰地画出该部分以及作用在其上的全部外力的图称为自由体图。因此,我们所用的这种方法称为自由体法。

例 1 桁架的分析

桁架是在桥梁、建筑物、建筑工地上的起重机、电视塔、雷达天文天线等中常见的框架结构。图 1.7(a)给出了一个小型铁路桥梁的典型桁架。它由钢材构件 ab,bc,ac…,用螺栓联结而成。结点 a,b,c…可以视为铰接点,就是说这些构件用销钉联在一起,且相互间可以自由转动。整个桁架在端点 a 和 l 处"简支",即将桁架支承起来但不对其施加力矩。在 l 处的支座放在一个滑轮上,因此从基座传来的水平反力为零。

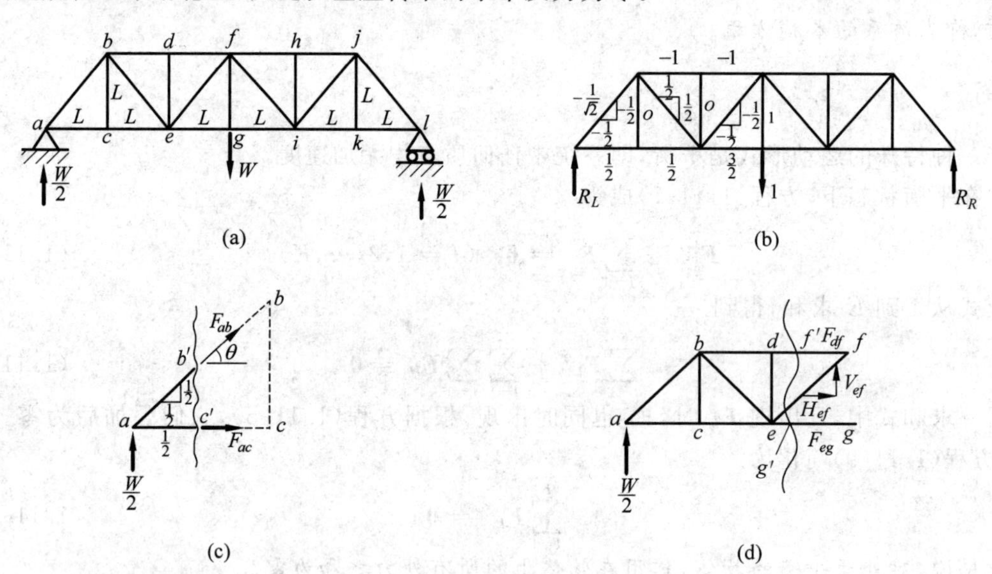

图 1.7 承受载荷 W 的简支、铰接桁架

(a) 结点名称和构件长度 L;(b) 当 $W=1$ 时构件中的力,+表示拉力,−表示压力,构件 ab,be,ef 上的三角形表示这些构件上的总载荷及其水平分量和垂直分量;(c) 构件 ab'和 ac'的自由体图;(d) 位于通过 f'和 g'的切面之左侧的桁架部分的自由体图

桁架是由细长构件组成的。这些构件的重量相对于桁架所承受的载荷而言是很小的。因此,作为一级近似可以忽略这些构件重量。

由于每个构件都是铰接的、无重量的,构件的平衡条件要求来自两个结点的一对力必须大小相等、方向相反。所以,每个构件只能传递沿其轴线的力。

假设桁架在中心(点 g)处承受重量 W。我们希望知道作用在桁架各构件上的载荷。

首先我们来计算两个支座处的反作用力。将整个桁架视为自由体。它承受三个外力：W，R_L 和 R_R，见图 1.7(b)。平衡方程为：

(1) 垂直方向的合力为零

$$W - R_L - R_R = 0$$

(2) 对 a 点的合力矩为零

$$W \cdot 3L - R_R \cdot 6L = 0$$

解为：$R_R = R_L = W/2$。

下一步，我们想知道构件 ab 和 ac 中的拉力。为此，用一假想平面将 ab 和 ac 切开，并将 $ab'c'$ 部分视为自由体，见图 1.7(c)。在切口暴露端 b' 处，拉力 $\boldsymbol{F}_{ab}$ 作用在构件 ab 上。拉力 $\boldsymbol{F}_{ac}$ 作用于构件 ac 的切口 c' 处。在支座处作用有力 $W/2$（即刚才求得的支反力 R_L）。现在，对垂直方向的所有力求和，并用 F 表示力 $\boldsymbol{F}$ 的大小，得

$$\frac{W}{2} + F_{ab}\sin\theta = 0$$

因为 $\theta = 45°$，$\sin\theta = \sqrt{2}/2$，可以求得 $F_{ab} = -W/\sqrt{2}$。

将所有水平方向的力相加得

$$F_{ab}\cos\theta + F_{ac} = 0$$

因此，对 $\theta = 45°$ 和 $F_{ab} = -W/\sqrt{2}$，求得 $F_{ac} = W/2$。

下面，我们来计算构件 df，ef 和 eg 中的拉力。我们作一个切面通过这些构件，并将桁架的左边部分视为自由体，见图 1.7(d)。为了方便，我们将构件 ef 中的拉力分解为两个分量：水平力 H_{ef} 和垂直力 V_{ef}。作用于该自由体的所有外力如图 1.7(d) 所示。平衡方程为：

(1) 所有水平力之和为零

$$F_{df} + H_{ef} + F_{eg} = 0$$

(2) 所有垂直力之和为零

$$W/2 + V_{ef} = 0$$

(3) 对 e 点的合力矩为零

$$\frac{W}{2} \cdot 2L + F_{df} \cdot L + H_{ef} \cdot 0 + F_{eg} \cdot 0 = 0$$

(4) 对 f 点的合力矩为零

$$\frac{W}{2} \cdot 3L - F_{eg} \cdot L = 0$$

于是，由方程(3)得 $F_{df} = -W$；由方程(4)得 $F_{eg} = 3W/2$；由方程(2)得 $V_{ef} = -W/2$；最后，由方程(1)得到 $H_{ef} = -W/2$。对桁架的其他构件可以做相似的计算。

结果可以表示成图 1.7(b)的形式。因为每个构件中的载荷都与 W 成正比，我们可以以 W 为单位来表示载荷，并令 $W = 1$。对桁架设计而言，了解每个构件受拉还是受压是很重要的（在杆件两端加推力称为受压，在杆件两端加拉力称为受拉）。受拉的钢构件的设计与受压的是不同的。受拉构件可以因塑性流动而破坏；受压构件则会因弹性屈曲而破坏。然而，前面方程中 F_{ac}，F_{ab}，V_{ef}，H_{ef} 等的符号取决于我们在自由体图上所画矢量的方向（这

可以是随意画的),而每个构件中应力的拉压性质是由载荷 W 确定的。我们在图 1.7(d)中表示最终结果时采用了如下约定:若构件受拉,则载荷取正号;若构件受压,则载荷取负号。于是,在图 1.7(b)中可以看到:构件 ab 受压;构件 be,ac 和 eg 受拉;构件 ef 受压。

例 2 简支梁

梁是通过弯曲来承受横向载荷的固体构件。图 1.8(a)给出了简支梁的示意图。梁的功能和例 1 中讨论过的桁架相似。但是,桁架通过构件内的拉伸或压缩来承受载荷,而梁则以连续分布的拉应力和压应力来承受载荷。

图 1.8(a) 中梁的两端放置在不能承受弯矩的铰支座上。显然,支座反力为 $W/2$。

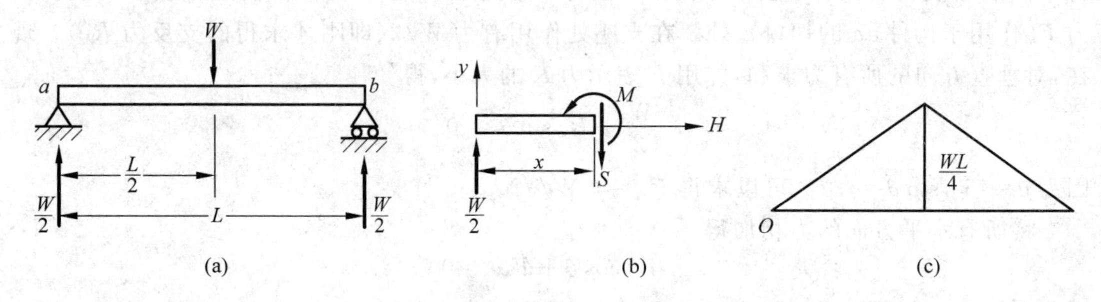

图 1.8 简支梁

(a) 长度为 L、承受载荷 W 的简支梁示意图;(b) 部分梁的自由体图,它位于距左端 x、垂直梁轴的平面的左边。作用在 x 处截面上的剪力 S、拉力 H 和弯矩 M;(c) 弯矩图,纵轴为弯矩 M,横轴为截面位置 x。底线的长度为 L。最大弯矩为 $WL/4$,作用在位于 $x=L/2$ 的截面上

我们来探讨梁是如何承受外载荷的。为此,在距左端为 x 处(见图 1.8(b))用一个垂直于梁的假想平面把梁截断。考虑梁左边部分的自由体图,如图 1.8(b)所示。在截面处作用有与截面相切的"剪力"S,与截面垂直的"轴力"H,和一个称为梁内弯矩的力偶 M。平衡方程为:

(1) 水平方向的合力为零

$$H = 0$$

(2) 垂直方向的合力为零

$$S = \frac{W}{2}$$

(3) 对左端支座的合力矩为零

$$M = Sx = \left(\frac{W}{2}\right)x$$

因此,在距左端 x 处的截面上梁的应力等价于一个剪力 $S=W/2$ 和一个弯矩 $M=Wx/2$。

如图 1.8 所示,当 x 变化时,弯矩也改变。这样的图称为在给定载荷下梁的弯矩图。知道弯矩后,就可以计算梁内所受的应力(参见后面方程(1.11-31))。通常以梁必须承受的最大弯矩为依据来设计梁。

例 3 块体中的应力

考虑端部受载荷 W 压缩的固体材料的块体,如图 1.9 所示。该块体为长方形柱体。我

们希望知道块体中的应力。

假设在距离端部足够远处块中的应力是均匀分布的,即处处都相同。让我们建立如图所示的直角坐标系 x,y,z,令 z 轴与块体的轴线平行。用一个 $z=0$ 的假想平面穿过长方体,并考察块体上半部分的自由体图,如图 1.9(b)。作用在 $z=0$ 平面上的应力必有合力和合力矩。像前面一样应用平衡条件,可以立刻发现:合力的水平分量为零,合力的垂直分量为 W,以及合力矩为零。在这种情况下,我们说作用在 $z=0$ 平面上的应力是压缩的正应力,其大小为

$$\sigma = -\frac{W}{A} \tag{1.11-12}$$

其中 A 是块体的横截面面积(被垂直于块体轴线的 $z=0$ 平面所截)。应力是压缩的,因为材料在该方向受压。它又是正应力,因为 σ 是垂直于平面 $z=0$ 的单位面积上的力。我们用冠以负号来表示应力的压缩性质。

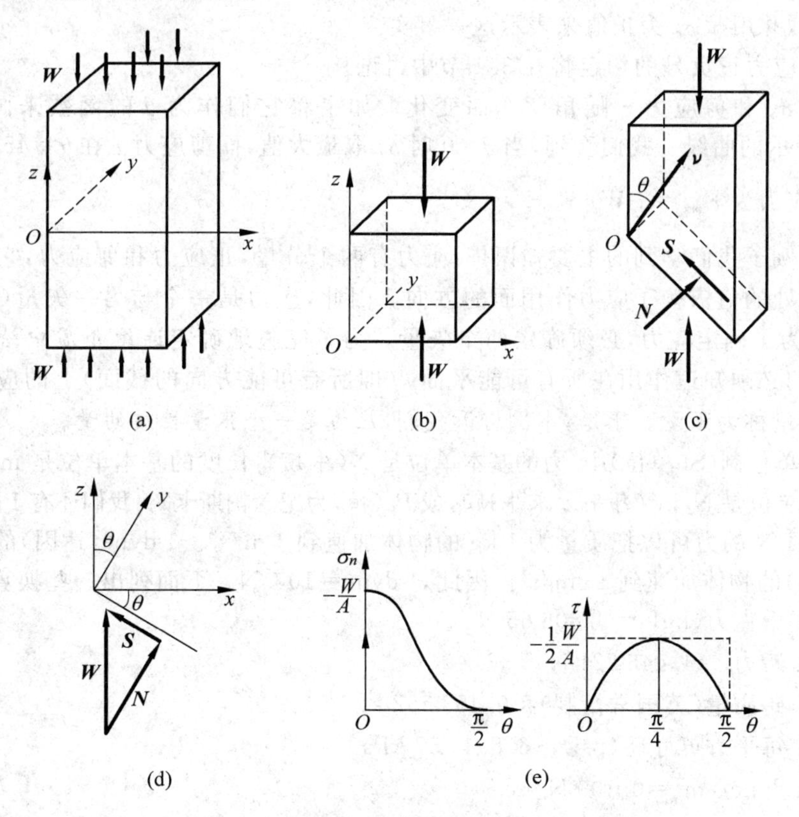

图 1.9 块体中的应力

(a) 参考坐标 x,y,z 和作用在块体上的载荷 W;(b) 位于平面 $z=0$ 之上的块体部分的自由体图;(c) 用法向矢量 $\boldsymbol{\nu}$ 与 z 轴成 θ 角的平面切出的块体上部的自由体图;(d) 作用在法向矢量为 $\boldsymbol{\nu}$ 的斜面上的力,被分解为法向力 N 和剪力 S;(e) 作用在斜面上的正应力和剪应力的变化,分别画出 σ_n 和 τ 随倾斜角 θ 的变化图

下面,用一个与 xOy 平面倾斜 θ 角的平面来切割块体。表示平面方向的最简单的办法是定义平面的法向矢量。令 $\boldsymbol{\nu}$ 是倾斜面的单位(单位长度)法向矢量,$\boldsymbol{z}$ 是 z 轴方向的单位矢量;则 $\boldsymbol{\nu}\cdot\boldsymbol{z}=\cos(\boldsymbol{\nu},\boldsymbol{z})=\cos\theta$。将块体的上半部分取为自由体,如图 1.9(c)所示。力的平衡要求:作用在平面 $\boldsymbol{\nu}$(即单位法向矢量为 $\boldsymbol{\nu}$ 的平面)上的合力准确地等于 $-\boldsymbol{W}$。该合力可以分解成两个分量,一个垂直于该平面,一个与该平面相切,如图 1.9(c) 所示。令这两个分量分别为 N 和 S,则(见图 1.9(d))

$$N=-W\cos\theta,\quad S=-W\sin\theta \tag{1.11-13}$$

由平面 $\boldsymbol{\nu}$ 切出的块体的横截面面积是 $A/\cos\theta$,其中 A 是法向横截面面积。将 N 和 S 用它们所作用的表面面积去除,并用 σ_n 和 τ 表示其结果,则有

$$\sigma_n=-W\cos^2\theta/A,\quad \tau=-W\sin\theta\cos\theta/A \tag{1.11-14}$$

它们分别是作用在斜面 $\boldsymbol{\nu}$ 上的*正应力*和*剪应力*。我们给正应力 σ_n 冠以负号,表示它是*压应力*。如果载荷 W 反向,使块体*受拉*,那么平面 $\boldsymbol{\nu}$ 两侧的材料趋于被拉开。这时我们就说应力是*拉伸的*,并用赋 σ_n 为正值来表示这一事实。

关于剪应力正负号的约定将在 3.1 节中讨论。

正应力 σ_n 和剪应力 τ 随角度 θ 而变化。如果将它们作为 θ 的函数来画图,就得到图 1.9(e)所示的曲线。我们看到,当 $\theta=0$ 时 σ_n 取最大值,而剪应力 τ 在 $\theta=45°$时达到最大值,最大剪应力为 $\tau_{\max}=\dfrac{1}{2}W/A$。

从这个例子我们学到的主要知识是:应力有两个分量,正应力和剪应力,它们在物体内任意给定点处的值依赖于应力作用面的方向。因此,应力是一个与另一矢量($\boldsymbol{\nu}$)相关的矢量(σ_n,τ)。为了确定应力,必须确定两个矢量。为了完整地确定*连续介质中给定点处的应力状态*,我们必须知道作用在所有可能平面 $\boldsymbol{\nu}$(即所有可能方向的截面)上的应力。像应力状态这样的量称为*张量*。于是,本例告诉我们,*应力是一个张量性质的量*。

在国际单位制(SI 单位)中,力的基本单位是 N(*牛顿*),长度的基本单位是 m(*米*)。因此,应力的基本单位是 N/m^2(*每平方米牛顿*),或 Pa(*帕*,为纪念帕斯卡)。我们还有 1 MPa(兆帕)=1 N/mm^2。1 N 的力可以把质量为 1 kg 的物体加速到 1 m/s^2。1 dyne(达因)的力可以把质量为 1 g(克)的物体加速到 1 cm/s^2。因此,1 dyne=10^{-5}N。下面列出一些换算系数:

1 千克力(kgf)=9.806 65 N

1 磅力 =4.448 221 N

1 磅质量(英国常衡制)≈0.453 592 kg

1 每平方英寸磅(psi)≈6.894 757 kPa

1 dyne/cm^2=0.100 N/m^2

1 大气压 ≈ 1.013 25×10^5 N/m^2=1.013 25 bar(巴)

0℃下 1 mm Hg(毫米汞柱)≈133.322 N/m^2=1 torr(托)≈1/7.5 kPa

4℃下 1 cm H_2O(厘米水柱)≈98.0638 N/m^2

1 poise(泊,粘度)=0.1 N·s/m^2=0.1 Pa·s

$$1\ \text{cp}(\text{厘泊}) = 0.001\ \text{Pa}\cdot\text{s}$$

应力的概念具有实际意义。如果你有一个大块体和一个小块体，它们的材料相同，显然，大块体能承受较大的载荷，而小块体只能承受较小的载荷。但是，两者将在相同的临界应力状态下破坏。因此，工程师检查的是应力。

例 4 板中的应力

考察厚度均匀、材料各向同性的矩形薄板。如图 1.10(a)和(b)所示，板在 $x=\pm a$ 和 $y=\pm b$ 的表面上受均布载荷的作用，在表面 $z=\pm h/2$ 上没有载荷作用。由图 1.10(b)可以看到：作用在 $x=a$ 边上的应力值为每单位面积 σ_{xx}（σ_{xx} 等于作用在 $x=a$ 边的总载荷除以被 $x=a$ 平面所切出的板的横截面面积）。作用在 $y=b$ 边上的应力值为每单位面积 σ_{yy}。由图 1.10(c)看到：板在 $x=a$ 边受剪应力 τ_{xy}（τ_{xy} 等于作用在 $x=a$ 边、沿 y 方向的总剪切载荷除以 $x=a$ 截面的面积），在 $y=b$ 边受剪应力 τ_{yx}。由于 σ_{xx}、σ_{yy}、τ_{xy} 和 τ_{yx} 都是单位面积上的力，因此都称为应力。

将平衡方程应用于图 1.10(b)中的板，可以看到：作用在 $x=-a$ 边上的应力 σ_{xx} 与作用在 $x=a$ 边上的应力相等。将平衡方程应用于图 1.10(c)中的板，可以看到：$x=-a$ 边上的 τ_{xy} 等于 $x=a$ 上的 τ_{xy}，$y=b$ 和 $y=-b$ 边上的 τ_{yx} 也相等。进一步将所有的力（应力乘截面面积）对原点 O 取矩，则有

$$2a\cdot\tau_{xy}\cdot 2bh - 2b\cdot\tau_{yx}\cdot 2ah = 0,\quad \text{或}\quad \tau_{xy}=\tau_{yx}$$

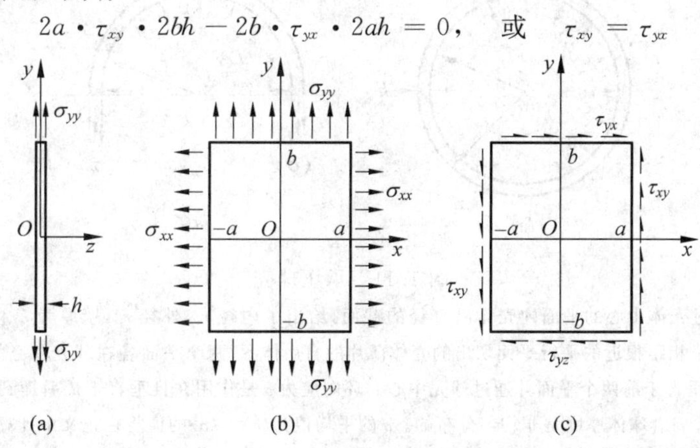

图 1.10 板中的应力

(a) 板的侧视图，在 yOz 平面内，画出作用在垂直于 y 轴的横截面上的应力 σ_{yy}；(b) 板的平面视图，在 xOy 平面内，画出作用在垂直于 x 轴的横截面上、且沿 x 轴方向的正应力 σ_{xx}；以及作用在垂直于 y 轴的横截面上、且沿 y 轴方向的正应力 σ_{yy}；(c) 剪应力 τ_{xy} 是作用在垂直于 x 轴的横截面上、且沿 y 方向的单位面积上的力。若横截面的外法线方向指向 x 轴的正向，则正的 τ_{xy} 指向 y 轴的正向。若外法线指向 $-x$ 方向，则正的 τ_{xy} 指向 $-y$ 方向。类似地，τ_{yx} 是作用在垂直于 y 的横截面上、且沿 x 方向的应力

图 1.10(b)中板的应力状态由 σ_{xx} 和 σ_{yy} 确定。图 1.10(c)中板的应力状态由 $\tau_{xy}=\tau_{yx}$ 确定。若板同时承受正应力 σ_{xx}，σ_{yy} 和剪应力 τ_{xy}，τ_{yx}（图 1.10(b)和(c)两种情况的叠加），则应力状态由四个数 σ_{xx}，σ_{yy}，τ_{xy} 和 τ_{yx}（$\tau_{xy}=\tau_{yx}$）确定。为了说明双下标符号的意义，我们规定如下规则：应力的第一个指标表示应力的作用面，而第二个指标表示力的作用方向。这样，

例 3 最后提到的应力的张量特性在本例中就很清楚了。

例 5 承压球壳

图 1.11(a)所示充气气球的球壁处于拉伸状态。我们想知道球壁内的拉应力。为此,最简单的办法是用一个通过直径的平面去切割球壳,并将半球壳视为自由体,如图 1.11(b)所示。设球壳的内径为 r_i,外径为 r_o,壁厚为 $h=r_o-r_i$。内压 p_i 作用在内壁面上。作用在半球壳上的压力的合力为 $\pi r_i^2 p_i$。壳体壁上的正应力是非均匀的;该应力的计算要等待一个通用公式(第 10 章,及此后),但是计算壁上的平均拉应力是容易的。设 $\langle\sigma\rangle$ 为作用在垂直于球壁之平面(即通过球体中心的平面)上的平均正应力。在直径平面上球壁的面积为 $\pi r_o^2-\pi r_i^2$。壁面应力导致的总拉力为 $\pi(r_o^2-r_i^2)\langle\sigma\rangle$。因此,在平衡状态下力的平衡要求:

$$\pi(r_o^2-r_i^2)\langle\sigma\rangle=\pi r_i^2 p_i \tag{1.11-15}$$

或

$$\langle\sigma\rangle=p_i\frac{r_i^2}{r_o^2-r_i^2}=\frac{r_i^2 p_i}{h(r_o+r_i)} \tag{1.11-16}$$

这是一个对厚壁球壳和薄壁球壳都适用的很有用的公式。

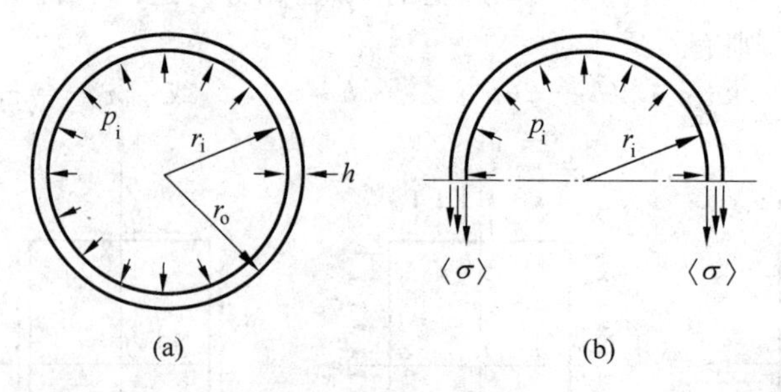

图 1.11 承压球壳

(a) 在通过壳体中心的平面内壳体沿直径的截面,给出了内径 r_i,外径 r_o,壁厚为 h 和内压 p_i;
(b) 用两个相距很近的平行平面切出的壳体薄片的自由体图,两个平面各在球壳中心的一侧,第三个平面垂直于前两个平面并通过球壳中心。环向应力 σ 是作用在且垂直于最后提到的横截面上的应力。σ 沿球体厚度是非均匀分布的。σ 的平均值为 $\langle\sigma\rangle$。$\langle\sigma\rangle$ 的值将在正文中计算

如果压力 p_o 作用于球壳的外侧,如图 1.12 所示,则球壁中的正应力为

$$\langle\sigma\rangle=-\frac{r_o^2 p_o}{h(r_o+r_i)} \tag{1.11-17}$$

若球壳同时承受内压和外压,且壳壁很薄,则 $r_o-r_i=h$;$r_o\cong r_i=r$,前面的方程可以简化为

$$\langle\sigma\rangle=\frac{rp_i}{2h}-\frac{rp_o}{2h} \tag{1.11-18}$$

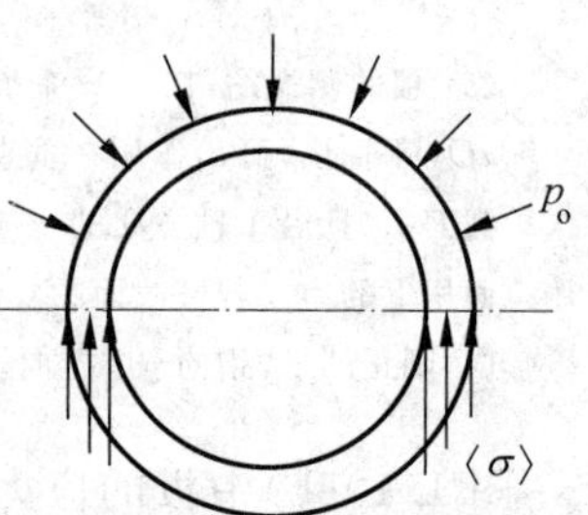

图 1.12 承受外压的球壳

例 6 承压圆筒

考察图 1.13(a)所示受内压 p_i 的圆筒。让我们先用两个垂直于圆筒轴线的平面将壳体截成一个环,再用另一个通过圆筒轴线的平面将环一分为二,并取出半圆环作为自由体,如

图 1.13(b)所示。作用在径向截面 CD 上的应力垂直于该截面，并指向极坐标系中极角 θ 增加的方向；因此，用 σ_θ 来表示。和例 5 一样，我们并不知道横截面上 σ_θ 的确切分布，但是，若用 $\langle\sigma_\theta\rangle$ 表示横截面上 σ_θ 的平均值，则 $\langle\sigma_\theta\rangle$ 与面积 $(r_o-r_i)L$ 的乘积就是作用在横截面 CD 上的合力。同样，截面 EF 上的拉力也是 $\langle\sigma_\theta\rangle(r_o-r_i)L$，如图 1.13(b)。作用在内部的压力的合力是 $2r_iLp_i$。作用在半圆环上的力在垂直方向上的平衡要求：

$$\langle\sigma_\theta\rangle(r_o-r_i)L=2r_iLp_i \tag{1.11-19}$$

因此，

$$\langle\sigma_\theta\rangle=\frac{r_ip_i}{r_o-r_i} \tag{1.11-20}$$

这是另一个非常有用的公式。

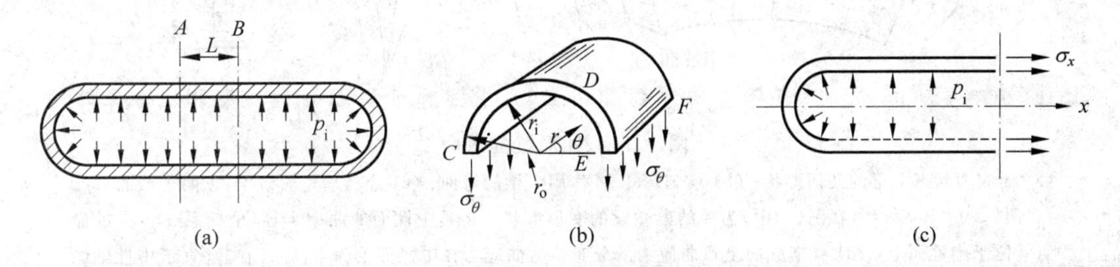

图 1.13 承压圆筒

(a) 由通过壳体中心轴的截面所见到的壳；(b) 用两个垂直于中心轴的平面和包含中心轴的第三个平面切出的部分壳体的自由体图；(c) 在垂直于中轴的平面之左侧的部分壳体的自由体图

如果我们用垂直于圆筒轴线的平面去截圆筒，并将筒的左半部分视为自由体，如图 1.13(c)所示，则可以计算作用在垂直于 x 轴的截面上、沿 x 方向的轴向应力 σ_x 的平均值。我们知道 σ_x 作用面的面积为 $\pi(r_o^2-r_i^2)$。另一方面，内压 p_i 的作用曲面在轴向的投影面积为 πr_i^2。因此，由沿轴向的力平衡得到：

$$\pi r_i^2p_i=\langle\sigma_x\rangle\pi(r_o^2-r_i^2) \tag{1.11-21}$$

或

$$\langle\sigma_x\rangle=\frac{r_i^2p_i}{r_o^2-r_i^2} \tag{1.11-22}$$

如果壳壁很薄，因而 $r_o-r_i=h$，且 $r_o\approx r_i=r$，则上述方程简化为

$$\langle\sigma_\theta\rangle=\frac{rp_i}{h},\quad\langle\sigma_x\rangle=\frac{rp_i}{2h} \tag{1.11-23}$$

简单梁理论

考察图 1.14(a)所示均匀各向同性胡克材料的矩形截面梁，在其两端承受一对弯矩 M。若对两端弯矩所在平面而言梁的横截面是对称的，则梁将在该平面内弯曲成圆弧，如图 1.14(b)所示。由于对称性，挠度曲线必定是一个圆弧，因为每个横截面都承受同样的应

力和应变。假设与梁的长度相比挠度很小。选取直角坐标系 $x\,y\,z$，其中 x 轴沿梁的纵轴方向，y 垂直于 x 且在弯曲平面内，z 垂直于 x 和 y，如图 1.14(a)。坐标原点选在某横截面的形心上，其理由很快就会清楚。

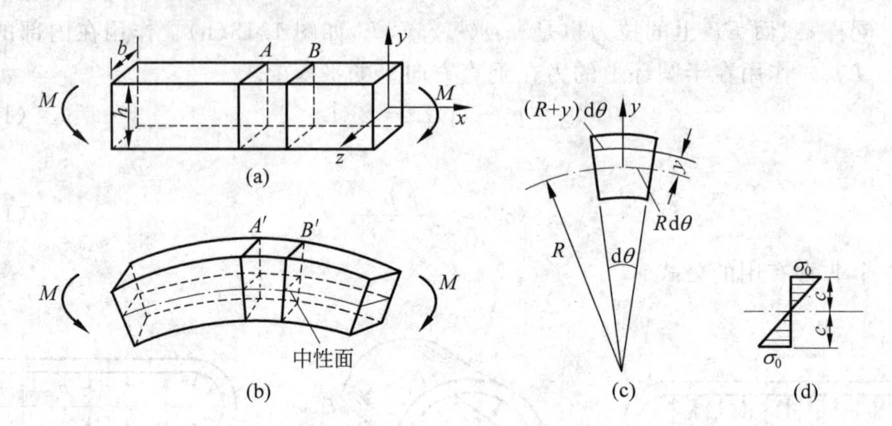

图 1.14 柱形梁的弯曲

(a) 无应力状态下梁的几何形状；(b) 均匀弯矩 M 作用下梁的弯曲；(c) 经典理论假设下，以两个截面 A，B(在图(a)中)和 A'，B'(在图(b)中)为界的梁微段的变形形状。R 是中性面的曲率半径，坐标系 x，y，z 的原点就位于中性面上；(d) 梁横截面上弯曲应力的分布。弯曲应力在中性面上为零，并且在“垂直于中性轴的横截平面在弯曲变形过程中仍然保持平面”的假设下，是 y 的线性函数

梁的挠度可以用梁形心面(当梁处于未挠曲状态时，即 $y=0$ 平面)的挠度和相对于该面的位移来表示。考虑两个相邻截面 A 和 B，在梁未受载时它们垂直于 $y=0$ 平面。当梁弯成圆弧后，截面 A 和 B 变形为与圆弧相垂直的平面 A' 和 B'，如图 1.14(c)。A' 和 B' 之所以仍为平面，是因为对称性。它们之所以保持与形心圆弧相垂直，也是因为对称性。设形心圆弧的曲率半径为 R。当横截面 A' 和 B' 弯成有相对夹角 $\mathrm{d}\theta$ 时，形心圆弧的长度为 $R\mathrm{d}\theta$；而离形心线距离为 y 的线的长度将为 $(R+y)\mathrm{d}\theta$。长度的变化为 $y\mathrm{d}\theta$。除以原长 $R\mathrm{d}\theta$ 后得到应变：

$$e_{xx}=\frac{y}{R} \tag{1.11-24}$$

与应变 e_{xx} 相应，将有应力 σ_{xx}。我们假设 σ_{xx} 是唯一的非零应力分量，而 $\sigma_{yy}=\sigma_{zz}=\tau_{xy}=\tau_{yz}=\tau_{zx}=0$。于是，根据胡克定律有

$$\sigma_{xx}=Ee_{xx}=E\frac{y}{R} \tag{1.11-25}$$

由于梁只受纯弯矩的作用，所以轴向合力必为零。即

$$\int_A \sigma_{xx}\,\mathrm{d}A=0 \tag{1.11-26}$$

其中，A 为横截面面积；$\mathrm{d}A$ 是横截面上的一个面元，积分遍及整个横截面。将方程(1.11-25)代入方程(1.11-26)得

$$\int_A y\,\mathrm{d}A=0 \tag{1.11-27}$$

这就是说原点($y=0$)必是横截面的形心。这就解释了为什么开始时我们取形心为原点。根据方程(1.11-25),形心平面 $y=0$ 在弯曲过程中是不受应力的。该平面上的质点在轴向无应变。因此,该平面称为梁的**中性面**。

弯曲应力 σ_{xx} 对 z 轴的合力矩必须等于外弯矩 M。作用在横截面面元 $\mathrm{d}A$ 上的力 $\sigma_{xx}\mathrm{d}A$ 的力臂为 y,因此,弯矩为

$$M=\int_A y\sigma_{xx}\mathrm{d}A \tag{1.11-28}$$

将方程(1.11-25)代入该方程,有

$$M=\frac{E}{R}\int_A y^2\mathrm{d}A \tag{1.11-29}$$

将最后的积分定义为**截面的面积惯性矩**,并用 I 来表示:

$$I=\int_A y^2\mathrm{d}A \tag{1.11-30}$$

则前面的方程可以写为①

$$\frac{M}{EI}=\frac{1}{R},\quad \sigma_{xx}=\sigma_0\frac{y}{c},\quad \sigma_0=\frac{Mc}{I} \qquad ▲(1.11\text{-}31)$$

其中 c 为中性面到横截面边界的最大距离,见图 1.14(d)。应力 σ_0 是梁内的最大弯曲应力。它称为**外纤维应力**,因为它与梁截面的外边界有关。I 是横截面的几何性质。对于图 1.14(a)所示的高为 h、宽为 b 的矩形截面有 $c=\frac{h}{2}$ 和 $I=\frac{1}{12}bh^3$。

这些公式给出了矩形梁受纯弯时的应力和应变。能否用它们来计算承受一般载荷作用的(例如图 1.15 中的)矩形梁呢?或者计算各种各样横截面的梁呢?回答是:尽管结果不再是非常准确,但经验表明它是相当好的。基本原因是:在一般情况下总会存在的剪应力所引起的挠度与弯矩所引起的挠度相比常是可以忽略不计的。因此,一般说,平截面保持平面的假设是很好的,可以认为方程(1.11-24)到(1.11-31)沿梁的方向是**局部地正确的**。

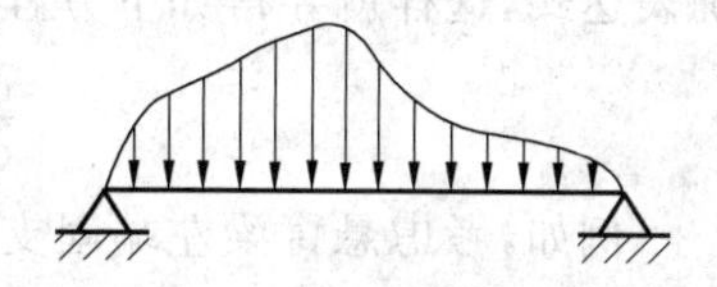

图 1.15 承受分布载荷的梁

梁的挠度

基于这样的经验观察,我们可以来分析横向载荷下梁的挠度。例如,考察图 1.16 所示的梁。设梁的挠度曲线(中性面的挠度)为 $y(x)$。当 $y(x)$ 很小(远远小于梁的长度)时,其曲率近似为:$\mathrm{d}^2y/\mathrm{d}x^2$,再利用方程(1.11-31)导得基本方程:

$$\frac{\mathrm{d}^2y}{\mathrm{d}x^2}=\frac{1}{EI}M(x) \qquad ▲(1.11\text{-}32)$$

① 本书共有 30 个重要公式,都在其右边用黑三角标出。它们是值得记住的 30 个公式。

加上适当的边界条件，求解该方程就能得到梁的挠度函数 $y(x)$，这些边界条件是(见图 1.16)：

简支端(挠度和弯矩为零)

$$y=0,\quad \frac{\mathrm{d}^2y}{\mathrm{d}x^2}=0 \tag{1.11-33}$$

固支端(挠度和斜率为零)

$$y=0,\quad \frac{\mathrm{d}y}{\mathrm{d}x}=0 \tag{1.11-34}$$

自由端(弯矩和剪力给定)

$$EI\,\frac{\mathrm{d}^2y}{\mathrm{d}x^2}=M,\quad EI\,\frac{\mathrm{d}^3y}{\mathrm{d}x^3}=S \tag{1.11-35}$$

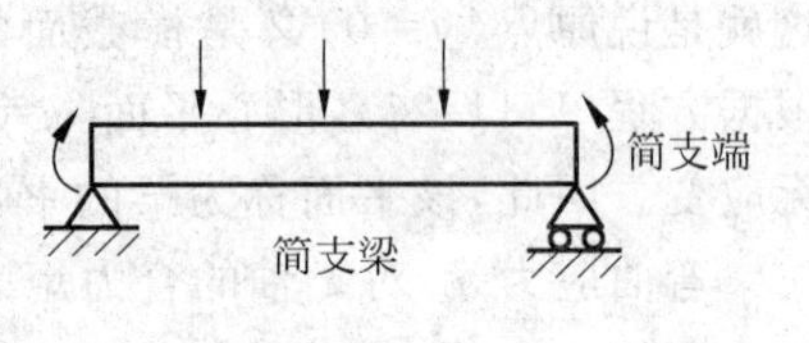

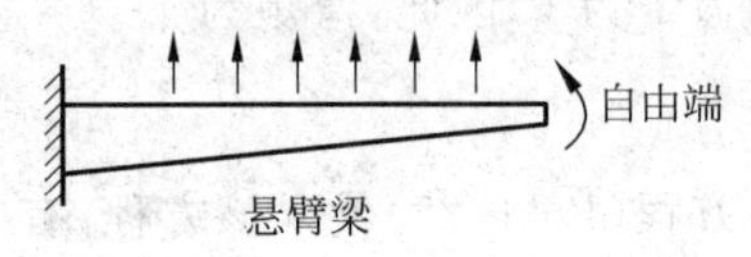

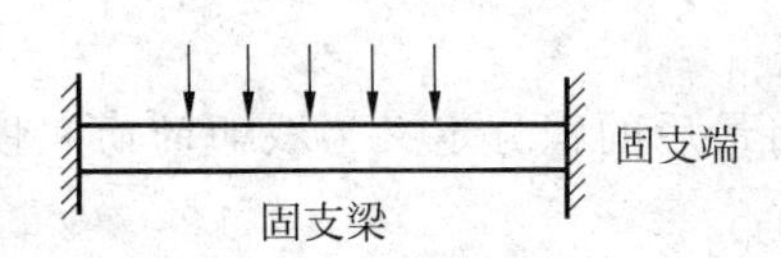

图 1.16 梁的边界条件

所有的边界条件都是显而易见的，但最后一个是例外，为了解释它，我们来看后面的习题 1.14，该题证明了弯矩 M、横剪力 S 和单位长度上的横向载荷 w 之间存在如下关系：

$$\frac{\mathrm{d}M}{\mathrm{d}x}=S,\quad \frac{\mathrm{d}S}{\mathrm{d}x}=w \tag*{▲(1.11-36)}$$

但由于 $M=EI\mathrm{d}^2y/\mathrm{d}x^2$，所以必有 $S=EI\mathrm{d}^3y/\mathrm{d}x^3$，即方程(1.11-35)。

如果曲率很小(因而前面的分析适用)，但斜率是有限的，那么我们就应采用 $1/R$ 的精确表达式，这样就导得如下方程以代替方程(1.11-32)：

$$\frac{\mathrm{d}^2y}{\mathrm{d}x^2}\left[1+\left(\frac{\mathrm{d}y}{\mathrm{d}x}\right)^2\right]^{-3/2}=\frac{M(x)}{EI} \tag{1.11-37}$$

例如，考虑悬臂梁左端固支且承受不变弯矩 M 的小挠度情况，如图 1.17 所示。对此情况方程(1.11-32)的右端为常数，因此方程可以积分得到：

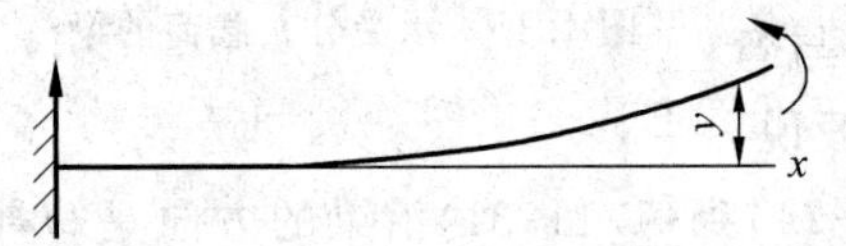

图 1.17 悬臂梁的弯曲

$$y(x)=\frac{M}{EI}\frac{x^2}{2}+Ax+B \tag{1.11-38}$$

其中 A 和 B 是任意常数。边界条件是在 $x=0$ 处有 $y=\mathrm{d}y/\mathrm{d}x=0$，于是求得 $A=B=0$，因此解为

$$y(x)=\frac{M}{EI}\frac{x^2}{2} \tag{1.11-39}$$

在此特定情况下，自由端的边界条件也被满足，因为 M 为常数。

那么，一般情况下我们能满足所有的边界条件吗？毕竟，梁只有两个端点，每个端点只有两个条件，因此，总共有四个边界条件，然而方程(1.11-32)仅是二阶微分方程。我们能有足够的任意常数来满足所有的边界条件吗？显然答案是不行的。但是进一步的思考告诉我们，在一般载荷情况下，必须将方程(1.11-36)和方程(1.11-32)联立起来导出微分方程。于是，一般的求解方程必须为

$$w=\frac{\mathrm{d}S}{\mathrm{d}x}=\frac{\mathrm{d}^2M}{\mathrm{d}x^2}=\frac{\mathrm{d}^2}{\mathrm{d}x^2}\left(EI\frac{\mathrm{d}^2y}{\mathrm{d}x^2}\right) \qquad \blacktriangle(1.11\text{-}40)$$

这是个四阶微分方程，可以处理四个边界条件。对于均匀梁，我们有

$$EI\frac{\mathrm{d}^4y}{\mathrm{d}x^4}=w(x) \qquad (1.11\text{-}41)$$

方程(1.11-40)是一个近似方程，仅对受纯弯的棱柱形梁是精确的，但它常用于描述一般情况下梁的挠度，甚至是变截面梁。一般说，对于细长梁，它可以得到精确的近似解。显著的误差仅出现在梁并不细长，或采用松软夹心材料的夹层结构时，这时剪切挠度变得十分重要了。

习题

1.1 冰溶化成水会有轻微的体积减小。水分子在冰中重新排列而得到这样的特性。试举出若干这样能将固体结构变成极易变形之物体的宏观例子。

1.2 当混凝土搅拌车将混合物倒入建筑工地的模板时，混合物可以视为流动的连续介质。同样，流入谷仓斜道中的米也可以视为流体。太阳耀斑、太阳黑斑、火山喷发后的熔岩流是另一些例子。试举出10个以上的例子，其中固体骨料能像流体一样流动，并在某种意义上能应用连续介质的概念。

1.3 考察一架希望返回地球的航天飞机。你将面临重返大气层时的摩擦生热问题。你知道对气体而言，两次碰撞间的平均自由程是分子间的平均距离。对离开地面1 km处的空气，平均自由程为8×10^{-6} cm；在100 km的高空为9.5 cm；在200 km的高空，就是3×10^4 cm。为分析重返大气层时围绕航天飞机的空气流动，能允许采用连续介质力学的方法吗？在什么高度以及为了何种目的你能将空气视为连续介质？为了航天飞机安全返回地面，你必须解决哪几类问题？

1.4 假如你是外科医生，有个病人有一块银币形状和大小的皮肤，因为它已经癌变你想将其切除。在病变组织切除后，你想缝合健康的皮肤以掩盖这个伤口。这是一个做些工程规划的机会。试创造一个完成该任务并取得最佳结果的方法。首先定义你认为如何是“最佳”。健康皮肤在手术后如何成活？你希望怎样的愈合过程？你希望什么样的最终结果？你能否将皮肤视为连续介质？你用什么方法去利用连续介质概念处理这个问题？癌变组织的位置(例如，在脸上，手上，背上或肚子上)会导致你的方法不同吗？

1.5 城里要建一座100层的高楼，你被任命去设计建筑过程中运送重物的电梯。给出几种可选方案，并在其中选择一种。试解释为什么你的选择是最好的。

1.6 某工程师看到图P1.6(a)中的简单桁架，他认为再增加一根杆件AB(见图P1.6(b))能提高桁架的安全性。这样，如果构件AB，CD，AC，BD和AD之一在事故中折断，桁架就不会立刻倒塌。

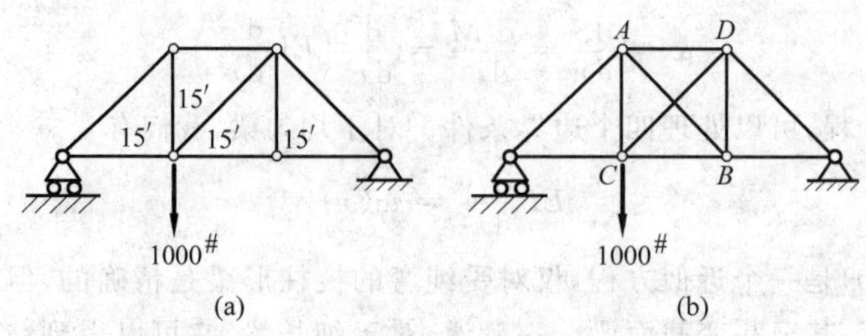

图 P1.6 (a) 静定桁架；(b) 静不定桁架

现在,失效-安全结构是一个极好的概念,尤其对要求严格的公众结构,如飞机、桥梁和船舶等。但是引入另一根杆件 AB 改变了桁架的性质。为了弄清这一点,先来计算图 P1.6(a)的桁架每根杆件中的载荷。然后再来确定图 P1.6(b)的桁架每根杆件中的载荷。你会发现你无法得到结果。为什么？需要什么附加条件？根据附加条件,你如何确定所有杆件中的载荷？为了增加安全性你需要支付多少费用？

提示:像图 P1.6(b)所示的桁架称为静不定结构,因为仅用静力学方程并不能确定杆件中的拉力。

1.7 伽利略在其《两种新科学》一书中提出了如下问题:大理石柱以简支梁的形式放置在两个支座上。罗马的居民担心该石柱的安全性,想增加支座。他们在跨度的中间加上了第三个支座,如图 P1.7。石柱断了。为什么？

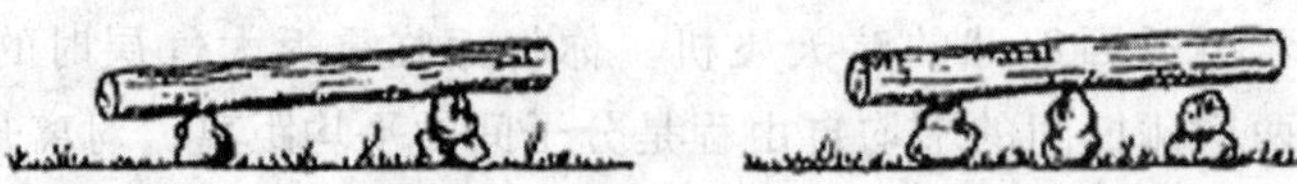

图 P1.7 伽利略的断柱问题

1.8 很容易说明:当我们用脚尖站立,或者做跳跃平衡动作时,跟腱中的拉力是很大的。用同一原理可以制造拉力传感器,我们可以用它来测量弓弦或橡皮弹弓中的拉力。试设计一个这样的拉力传感器。

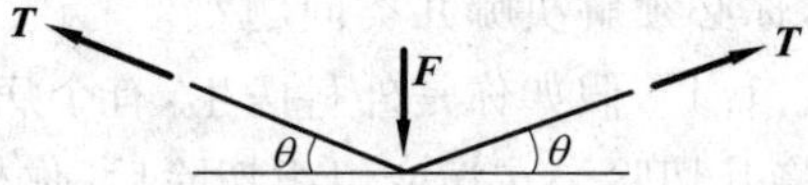

提示:我们若拉开一张弓,如图 P1.8 所示,侧向力 F 引起了挠曲角 θ。试证明 $T=F/(2\sin\theta)$。

图 P1.8 弦中拉力的测量

1.9 试比较下列情况中作用在腰椎高度处脊柱上的弯矩:

(a) 秘书弯腰捡起地板上的一本书,(i)她的膝部直立,(ii)她的膝部弯曲。

(b) 滑水者在滑行中,(i)他的手臂伸直;(ii)他的肘抱着腰。

试用适当的自由体图定量地讨论这些情况。

1.10 你的医生经常将手指放在你的手腕动脉处来测量脉搏。为了理解他这样做能发现什么,让我们考察一个简单例子。小气球内充满压力为 pPa 的气体。将我的手指压在气球上,如图 P1.10。假设球壁的弯曲刚度可以忽略。我要压下多深才能让作用在我手指上

的压力正好等于 p。

提示：将手指下一小片气球视为自由体图。考察当手指下的曲面伸展为一个平面时的条件。

1.11 某男子比另一男子高两倍。假设他们完全相似，并做同样姿势的体操动作。在他们的骨骼和肌肉中是否承受同样的应力？

答案：线性尺寸比是 2。相应器官的质量比是 8。相应的面积比是 4。应力比是 2。

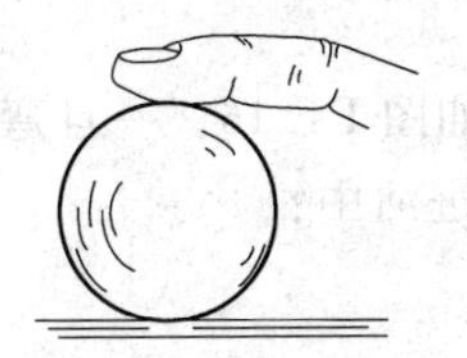

图 P1.10 感觉气球中的压力

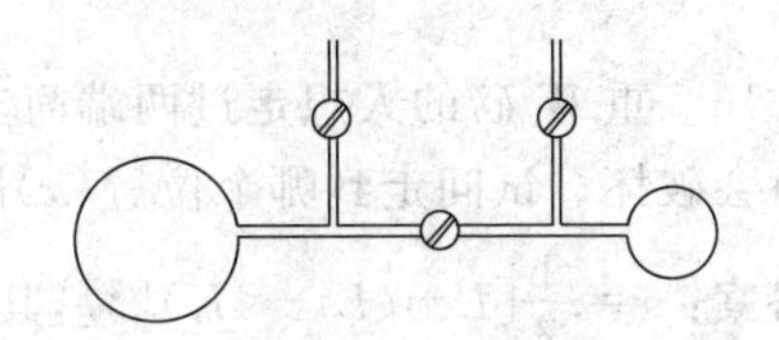

图 P1.12 小肥皂泡收缩进大肥皂泡

1.12 肥皂泡内的气压 P 与表面张力 σ 和半径 R 的关系为：$P=4\sigma/R$。试推导这个被称为拉普拉斯(Laplace)定律的方程。

取一个吸量管，中间装一个阀门，关紧它，然后吹两个气泡，一端一个，如图 P1.12。气泡一大一小。现在打开中间阀门，使得两个气泡中的气体能够运动。气泡的直径将如何改变？试作详细解释。

答案：小气泡将消失。

1.13 当人呼吸时，空气进入嘴、鼻子、喉咙、气管、支气管和肺泡管，并止于呼吸的最终单元肺泡。大多数生理学教材都喜欢将肺泡比作题 1.12 中的气泡，并说人的肺由 3 亿个与大气相通的气泡所组成。现在，将题 1.12 的结果应用于这种说法。我们不禁得出这样的结论：除了一个大肺泡外，所有的肺泡都将破灭。因此，肺应该由一个开口的大肺泡组成。这显然是不合理的。哪里出错了呢？什么是正确的答案？

提示：哺乳动物肺中的肺泡是如此好的包装在一起的，即肺泡的每个壁都作为相邻两个肺泡的壁来使用。所以，这些壁更准确地应该称为肺泡间隔，因而气泡模拟对肺泡而言是不正确的。

1.14 令 M 表示梁中的弯矩，S 表示剪力，w 表示载荷。试证明：根据图 P1.14 中的自由体图有

$$S=\frac{\mathrm{d}M}{\mathrm{d}x},\quad w=\frac{\mathrm{d}S}{\mathrm{d}x}$$

因此$\frac{\mathrm{d}^2M}{\mathrm{d}x^2}=w$。

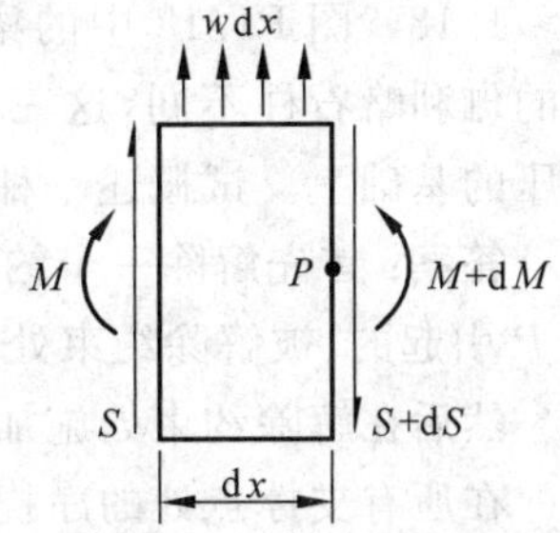

图 P1.14 梁段的平衡

1.15 利用题 1.14 导出的微分方程，求图 P1.15(a)和(b)中受单位长度载荷 $w=a\sin\frac{\pi x}{L}$ 作用的梁中的弯矩分布。

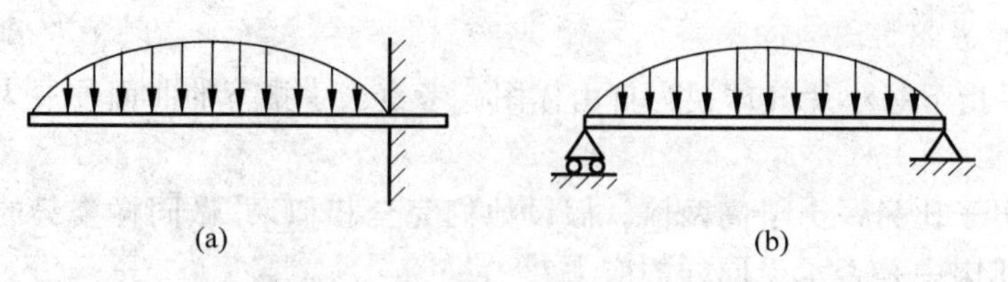

图 P1.15 在正弦分布载荷下梁的弯曲

(a) 悬臂梁,即一端自由,另一端固支;(b) 简支梁

1.16 重 W 磅的人想走过两端简支在河两岸的跳板,如图 P1.16。一旦弯矩超过 M_{cr},跳板就会破坏。试问走到哪个位置(x)跳板将破坏,人会掉进河中?

答案:$x=\frac{1}{2}[L\pm(L^2-4K)^{1/2}]$,其中 $K=LM_{cr}/W$

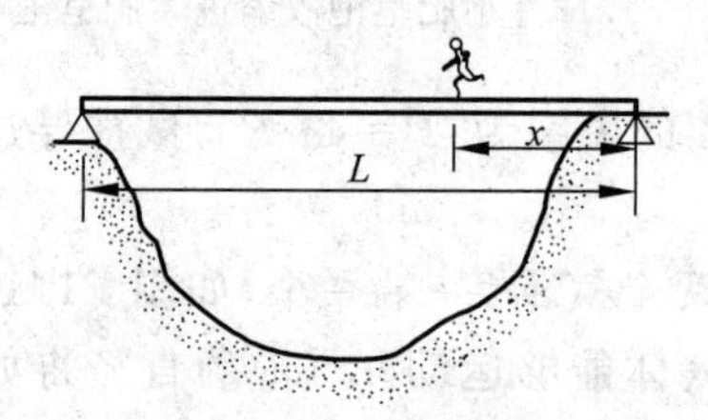

图 P1.16 走过跳板的人

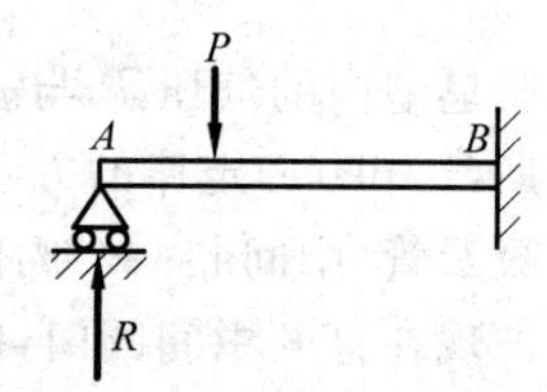

图 P1.17 冗余支撑

1.17 在承受不变载荷 P 的悬臂梁左端加一个铰,如图 P1.17。你如何确定梁中的弯矩?

解:B 端固支、A 端简支的梁是超静定的,因为仅用静力学无法计算 A 端的支反力。为了求解该问题,我们必须考虑梁的弹性。

下面给出一种方法。解除支座 A。于是变成悬臂梁。可以求得由载荷 P 引起的 A 点挠度。令它为 $\delta_A^{(P)}$,它正比于 P。

下一步,考虑同一根悬臂梁,在顶端施加力 R。它在 A 端产生挠度 $\delta_A^{(R)}$。事实上,A 点并没有移动。因此,$\delta_A^{(P)}+\delta_A^{(R)}=0$。根据这个方程,我们可以计算 R。利用已知的 R,可以完成弯矩图。

1.18 图 P1.18 中的梁放置在三个铰上,与题 1.7 讨论过的伽利略石柱不同,这三个铰刚性地连接在既能受拉又能受压的基础上。试概述一种能计算梁中弯矩分布的方法。

答案:首先解除一个约束,使问题成为静定的。计算由载荷 P 引起的、被解除约束处的挠度。

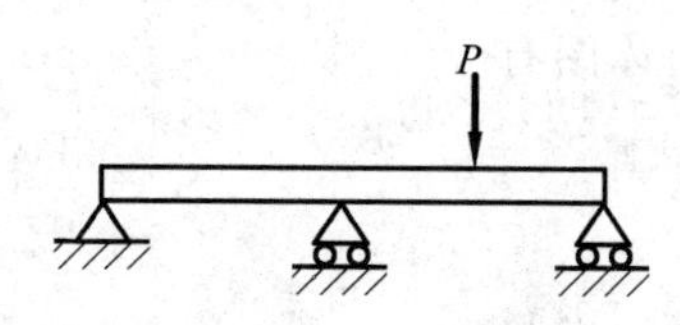

图 P1.18 冗余支撑

然后在解除约束处施加力 R,并计算该点的挠度。

在所有支撑点处的净挠度必须为零的条件给出了计算支反力 R 的方程。于是就可以求得所有的力,并完成弯矩图。

1.19　如图 P1.19,强风吹过一棵橡树。树干上的风载为单位树干长度上 $w=kD$,其中 D 是树干的局部直径,k 是常数。树干的直径应该如何变化才能使树在风中受弯时从顶部到根部是等强度的?注意,树干横截面的面积惯性矩正比于 D^4,弯曲引起的外纤维应力正比于 $Mc/I\sim MD^{-3}$,其中 M 为弯矩,c 为树干局部半径。忽略由树叶产生的弯矩。

提示:设 x 和 ξ 从树顶向下量取。x 处的弯矩为

$$M(x)=\int_0^x(x-\xi)kD(\xi)\mathrm{d}\xi$$

x 处的最大弯矩正比于 $M(x)/D^3(x)$。问题是要确定 $D(x)$,以使 $M(x)/D^3(x)$ 为常数。试一下幂函数,例如 $D(x)=\text{const.}\cdot x^m$,并证明 $m=1$。树干可视为细长锥形体。

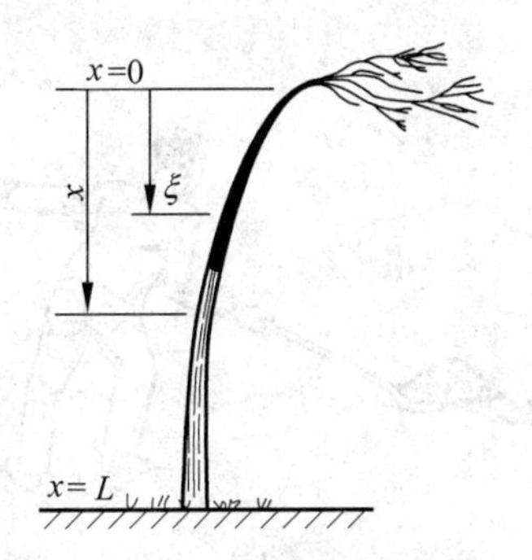

图 P1.19　强风吹过橡树

1.20　空气动力学理论中最出色的结果之一说:使飞机诱导阻力(因举起飞机重量所引起的对向前运动的空气阻力)最小的最佳设计是具有椭圆形载荷的设计。这里的载荷是指每单位翼展的气动升力,椭圆形载荷是指从翼尖到另一翼尖的升力分布是椭圆形的(见图 P1.20)。令 x 为从飞机中心线量起沿翼展的距离,b 为半翼展(从中心线到翼尖的距离)。于是该定理说,如果升力按如下公式分布,将可获得最小诱导阻力

$$p(x)=k(1-x^2/b^2)^{1/2}$$

其中 k 是常数。该升力分布最节省燃油。

假设飞机有椭圆分布载荷。把机翼当作悬臂梁。试计算机翼中 x 处的弯矩 $M(x)$。绘制弯矩图以表示气动载荷在机翼各处所引起的弯矩。

如果升力分布用 $p(x)=A\cos(\pi x/2L)$ 来近似,且机翼的弯曲刚度为 $EI(x)$,试求翼尖相对于翼根的挠度。

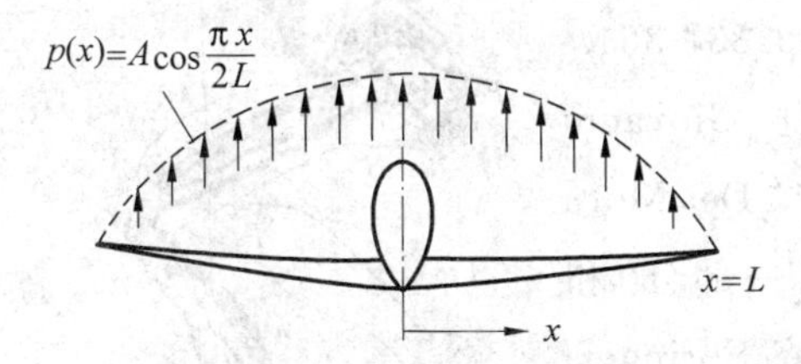

图 P1.20　作用在机翼上的椭圆形最佳气动力载荷

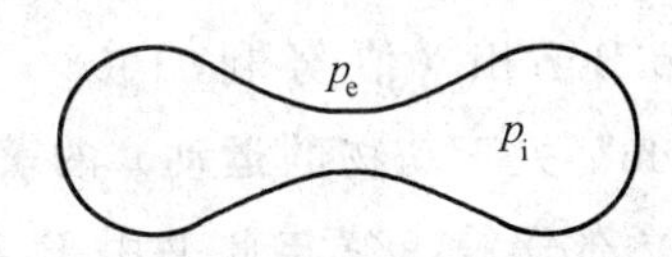

图 P1.21　由等压血浆充斥的红血球是一个中心截面如图所示的旋转对称体

1.21　红血球是一个壁厚很薄的、无孔的环形轴对称壳体,如图 P1.21。人们描述它为一个两面凹进的圆盘。它里面充满了牛顿流体,并漂浮在另一个牛顿流体中。考察红血球的一个适当的自由体图,假设细胞膜的弯曲刚度可以忽略,我们可以计算内压 p_i 和外压 p_e 的差值。你会得到什么结论?该结论的生物学意义是什么?

1.22　图 P1.22(a)中画了一个正在工作的人。图 P1.22(b)给出了上身的自由体图,图中有一个通过腰部某椎间盘的横截面。图 P1.22(c)给出了腰段脊柱的构造简图。椎间

盘起着旋转轴的作用:它们不能承受弯矩和扭矩。为了抵抗外载荷,脊椎骨、椎间盘和肌肉中产生应力。位于椎间盘形心线之后的主要肌肉是竖直椎棘肌,其形心约位于椎间盘后、主干深度的22%处。对于一个大小为 W、力臂为 L 的载荷,外载荷对椎间盘的弯矩有多大?对于像你这样身材的人,竖直椎棘肌中的拉力有多大?

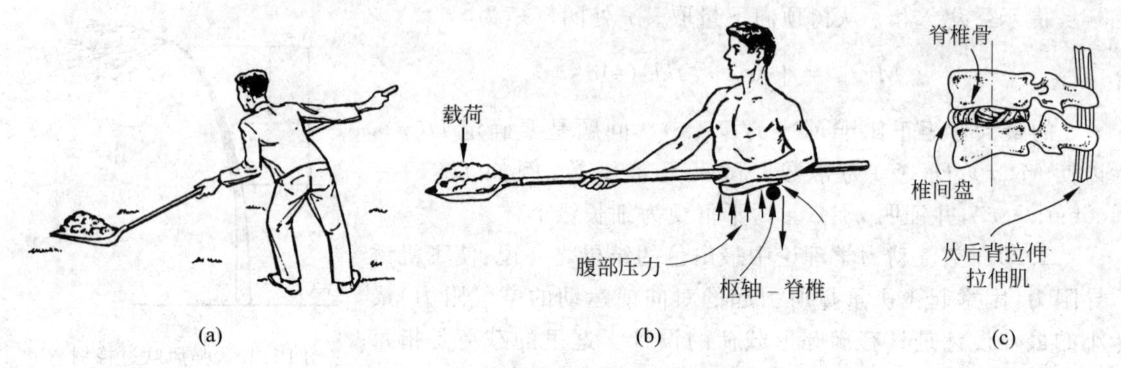

图 P1.22 当人铲起重物时脊柱所受的载荷

下背部的疼痛是一种常见的、受到许多关注的疾病。在有些情况下,作用在椎间盘上的载荷已经用应变片来测量。曾发现,如果不考虑当举起重物时人们绷紧腹肌以增加腹部压力的事实,就得不到相互一致的结果。试证明具有大的腹部和强壮的腹肌对举重者是有益的。参考:Schultz,A. B., and Ashton-Miller, J. A.:“Biomechanics of human spine.” In *Basic Orthopaedic Biomechanics*. ed. by V. C. Mow, and W. C. Hayes, Raven Press, New York, 1991, pp. 337-364.

1.23 图 P1.23 是一幅经典的图。摘自 Giovanni Alphonso Borelli (伯努利,1608—1679) 名为“De Motu Animalium”(关于动物的运动) 的著作,1860(第一部分)和1861(第二部分),1989 年此书由 P. Maquet 翻译,Springer-Verlag, New York 出版。图中画了一个扛着重物的人。有些部分被剖开以显示在劳动中骨骼和肌肉是如何工作的。当然,若用更详细的自由体图可以作进一步的阐明。试用它们来估算当一个体重为 70 kg 的人在肩上扛着重为 30 kg 的大球往前走时,作用在髋关节上的载荷有多大?

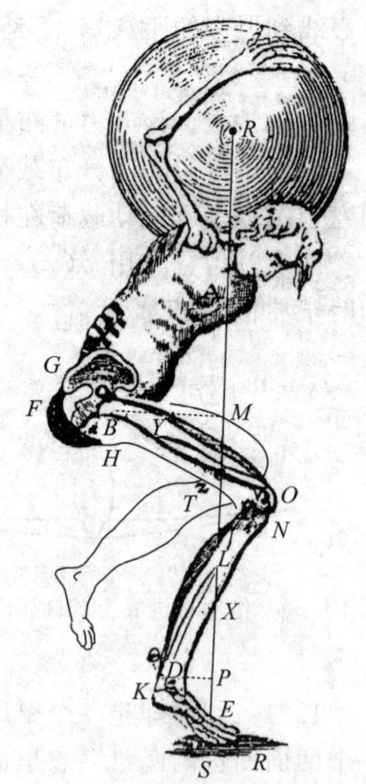

图 P1.23 摘自伯努利书中表Ⅵ,图 1 的图

CHAPTER

第2章

矢量和张量

美丽的故事需要用美丽的语言来讲述。张量就是力学的语言。

2.1 矢　量

在三维欧几里德空间中矢量定义为具有给定大小和给定方向的有向线段。我们将用$\overrightarrow{AB}$,$\overrightarrow{PQ}$,…,或用粗体字母$\boldsymbol{u}$,$\boldsymbol{v}$,$\boldsymbol{F}$,$\boldsymbol{T}$,…来表示矢量。

两个矢量相等,若它们方向相同、且模(即大小)相等。模为1的矢量是单位矢量。模为零的矢量是零矢量,用$\boldsymbol{0}$表示。我们用$|\overrightarrow{AB}|$,$|\boldsymbol{u}|$和v分别表示$\overrightarrow{AB}$,$\boldsymbol{u}$和$\boldsymbol{v}$的模。

两个矢量之和是由"平行四边形法则"得到的另一个矢量。例如,我们写出$\overrightarrow{AB}+\overrightarrow{BC}=\overrightarrow{AC}$。矢量相加服从交换律和结合律。

矢量乘以数得到另一个矢量。若k是一个正的实数,则$k\boldsymbol{a}$表示与$\boldsymbol{a}$同向、模放大了k倍的矢量。若k是负的,则$k\boldsymbol{a}$是一个与$\boldsymbol{a}$反向、模放大了k倍的矢量。若$k=0$,则有$0\cdot\boldsymbol{a}=\boldsymbol{0}$。

矢量之差可以定义为

$$\boldsymbol{a}-\boldsymbol{b}=\boldsymbol{a}+(-\boldsymbol{b})$$

若令$\boldsymbol{e}_1$,$\boldsymbol{e}_2$,$\boldsymbol{e}_3$分别为沿正x_1,x_2,x_3轴方向的单位矢量,则可以证明:在坐标轴为x_1,x_2,x_3的三维欧几里德空间中,每个矢量都可以表示为$\boldsymbol{e}_1$,$\boldsymbol{e}_2$和$\boldsymbol{e}_3$的线性组合

$$\boldsymbol{u}=u_1\boldsymbol{e}_1+u_2\boldsymbol{e}_2+u_3\boldsymbol{e}_3 \tag{2.1-1}$$

其中u_1,u_2,u_3是$\boldsymbol{u}$的分量,而$\boldsymbol{u}$可以用矩阵(u_1,u_2,u_3)来表示。

模$|\boldsymbol{u}|$由下式给出:

$$|\boldsymbol{u}|=\sqrt{u_1^2+u_2^2+u_3^2} \tag{2.1-2}$$

因此,仅当$u_1=u_2=u_3=0$时才有$\boldsymbol{u}=\boldsymbol{0}$。

$\boldsymbol{u}$和$\boldsymbol{v}$的标量积(或称点积)用$\boldsymbol{u}\cdot\boldsymbol{v}$表示,由下式确定:

$$\boldsymbol{u}\cdot\boldsymbol{v}=|\boldsymbol{u}|\cdot|\boldsymbol{v}|\cos\theta\quad(0\leqslant\theta\leqslant\pi)\tag{2.1-3}$$

其中θ是两个给定矢量间的夹角。即一个矢量的模与第二个矢量在第一个矢量方向上之分量的乘积：

$$\boldsymbol{u}\cdot\boldsymbol{v}=(\boldsymbol{u}\text{ 的模})\ (\boldsymbol{v}\text{ 沿 }\boldsymbol{u}\text{ 方向的分量})\tag{2.1-4}$$

若

$$\boldsymbol{u}=u_1\boldsymbol{e}_1+u_2\boldsymbol{e}_2+u_3\boldsymbol{e}_3,\quad \boldsymbol{v}=v_1\boldsymbol{e}_1+v_2\boldsymbol{e}_2+v_3\boldsymbol{e}_3$$

这两个矢量的标量积还可以用分量表示为

$$\boldsymbol{u}\cdot\boldsymbol{v}=u_1v_1+u_2v_2+u_3v_3\tag{2.1-5}$$

两个矢量的标量积是一个标量,而两个矢量$\boldsymbol{u}$和$\boldsymbol{v}$的矢量积(又称叉积)则是另一个矢量$\boldsymbol{w}$;我们记为:$\boldsymbol{w}=\boldsymbol{u}\times\boldsymbol{v}$。矢量$\boldsymbol{w}$的模定义为

$$|\boldsymbol{w}|=|\boldsymbol{u}|\cdot|\boldsymbol{v}|\sin\theta\quad(0\leqslant\theta\leqslant\pi)\tag{2.1-6}$$

其中θ是两个给定矢量间的夹角,矢量$\boldsymbol{w}$的方向定义为:垂直于由矢量$\boldsymbol{u}$和$\boldsymbol{v}$确定的平面,且$\boldsymbol{u}$,$\boldsymbol{v}$和$\boldsymbol{w}$构成右手系。矢量积满足如下关系:

$$\begin{cases}\boldsymbol{u}\times\boldsymbol{v}=-\boldsymbol{v}\times\boldsymbol{u}\\ \boldsymbol{u}\times(\boldsymbol{v}+\boldsymbol{w})=\boldsymbol{u}\times\boldsymbol{v}+\boldsymbol{u}\times\boldsymbol{w}\\ \boldsymbol{u}\times\boldsymbol{u}=\boldsymbol{0}\\ \boldsymbol{e}_1\times\boldsymbol{e}_1=\boldsymbol{e}_2\times\boldsymbol{e}_2=\boldsymbol{e}_3\times\boldsymbol{e}_3=\boldsymbol{0}\\ \boldsymbol{e}_1\times\boldsymbol{e}_2=\boldsymbol{e}_3\quad \boldsymbol{e}_2\times\boldsymbol{e}_3=\boldsymbol{e}_1\quad \boldsymbol{e}_3\times\boldsymbol{e}_1=\boldsymbol{e}_2\\ k\boldsymbol{u}\times\boldsymbol{v}=\boldsymbol{u}\times k\boldsymbol{v}=k(\boldsymbol{u}\times\boldsymbol{v})\end{cases}\tag{2.1-7}$$

运用这些关系,矢量积可以用分量表示为如下形式:

$$\boldsymbol{u}\times\boldsymbol{v}=(u_2v_3-u_3v_2)\boldsymbol{e}_1+(u_3v_1-u_1v_3)\boldsymbol{e}_2+(u_1v_2-u_2v_1)\boldsymbol{e}_3\tag{2.1-8}$$

习题

2.1 已知矢量$\boldsymbol{u}=-3\boldsymbol{e}_1+4\boldsymbol{e}_2+5\boldsymbol{e}_3$,试求$\boldsymbol{u}$方向上的单位矢量。

答案:$(\sqrt{2}/10)\boldsymbol{u}$。

2.2 若$\overrightarrow{AB}=-2\boldsymbol{e}_1+3\boldsymbol{e}_2$,而线段$\overrightarrow{AB}$的中点坐标为$(-4,2)$,试求$A$和$B$点的坐标。

答案:$(-3,1/2)$,$(-5,7/2)$。

2.3 试证明:对任意两个矢量$\boldsymbol{u}$,$\boldsymbol{v}$,有$|\boldsymbol{u}-\boldsymbol{v}|^2+|\boldsymbol{u}+\boldsymbol{v}|^2=2(|\boldsymbol{u}|^2+|\boldsymbol{v}|^2)$。

2.4 试求物体上三个大小为10磅、作用在原点处、指向物体外、并分别与x轴成60°,120°和270°角的共面力之合力的大小和方向。

答案:$10(\sqrt{3}-1)$,$\perp x$。

2.5 求$\boldsymbol{u}=6\boldsymbol{e}_1+2\boldsymbol{e}_2-3\boldsymbol{e}_3$和$\boldsymbol{v}=-\boldsymbol{e}_1+8\boldsymbol{e}_2+4\boldsymbol{e}_3$之间的夹角。

答案:$\arccos(-2/63)$。

2.6　已知 $\boldsymbol{u}=3\boldsymbol{e}_1+4\boldsymbol{e}_2-\boldsymbol{e}_3$，$\boldsymbol{v}=2\boldsymbol{e}_1+5\boldsymbol{e}_3$，试求使 $\boldsymbol{u}+\alpha\boldsymbol{v}$ 与 $\boldsymbol{v}$ 正交的 α 值。

答案：$-1/29$。

2.7　已知 $\boldsymbol{u}=2\boldsymbol{e}_1+3\boldsymbol{e}_2$，$\boldsymbol{v}=\boldsymbol{e}_1-\boldsymbol{e}_2+2\boldsymbol{e}_3$，$\boldsymbol{w}=\boldsymbol{e}_1-2\boldsymbol{e}_3$，试计算 $\boldsymbol{u}\cdot(\boldsymbol{v}\times\boldsymbol{w})$ 和 $(\boldsymbol{u}\times\boldsymbol{v})\cdot\boldsymbol{w}$。

答案：16。

2.8　$(\boldsymbol{u}\times\boldsymbol{v})\cdot\boldsymbol{w}$ 称为 $\boldsymbol{u}$，$\boldsymbol{v}$ 和 $\boldsymbol{w}$ 标量三重积。试证明 $(\boldsymbol{u}\times\boldsymbol{v})\cdot\boldsymbol{w}=\boldsymbol{u}\cdot(\boldsymbol{v}\times\boldsymbol{w})$。

2.9　试写出通过 $A(1,0,2)$，$B(0,-1,-1)$ 和 $C(2,2,3)$ 三点的平面方程。

答案：$7x-2y-3z-1=0$。

2.10　试求题 2.9 中 $\triangle ABC$ 的面积。

答案：$\sqrt{62}/2$。

2.11　试求同时垂直于 $\boldsymbol{u}=2\boldsymbol{e}_1+3\boldsymbol{e}_2-\boldsymbol{e}_3$ 和 $\boldsymbol{v}=\boldsymbol{e}_1-2\boldsymbol{e}_2+3\boldsymbol{e}_3$ 的矢量。

答案：$7\boldsymbol{e}_1-7\boldsymbol{e}_2-7\boldsymbol{e}_3$。

2.2　矢量方程

矢量分析的精髓在于利用符号来表示物理或几何量，并通过方程来表示物理关系或几何事实。例如，一个质点受力 $\boldsymbol{F}^{(1)},\boldsymbol{F}^{(2)},\cdots,\boldsymbol{F}^{(n)}$ 作用，则该质点的平衡条件为

$$\boldsymbol{F}^{(1)}+\boldsymbol{F}^{(2)}+\cdots+\boldsymbol{F}^{(n)}=0 \tag{2.2-1}$$

作为另一个例子，若 $\boldsymbol{n}$ 为单位矢量，p 为常数，则下列关于矢量 $\boldsymbol{r}$ 的方程代表了一个平面：

$$\boldsymbol{r}\cdot\boldsymbol{n}=p \tag{2.2-2}$$

它表示：满足上述方程的矢径 $\boldsymbol{r}$ 之端点的轨迹为一个平面。它的几何意义也是很清楚的。称为该平面之单位法向矢量的矢量 $\boldsymbol{n}$ 是给定的。标量积 $\boldsymbol{r}\cdot\boldsymbol{n}$ 表示 $\boldsymbol{r}$ 在 $\boldsymbol{n}$ 上的标量投影。于是方程(2.2-2)表明：如果我们考虑所有在 $\boldsymbol{n}$ 上的分量为常数 p 的矢径 $\boldsymbol{r}$，则可以得到一个平面，如图 2.1。

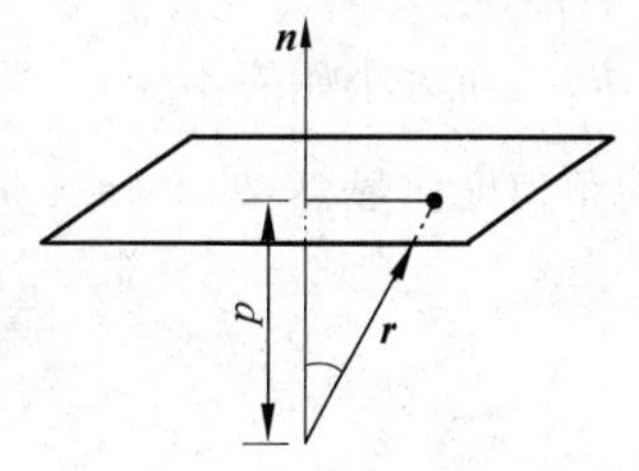

图 2.1　平面方程 $\boldsymbol{r}\cdot\boldsymbol{n}=p$

另一方面，虽然矢量方程很精致但并不总是方便的。事实上，当笛卡儿引入解析几何时，矢量是用它在固定参考系中的分量来表示的，这是一项重要贡献。这样，相对于一组笛卡儿直角坐标轴 $Oxyz$，方程(2.2-1)和(2.2-2)可以分别写成：

$$\sum_{i=1}^{n}F_x^{(i)}=0,\quad \sum_{i=1}^{n}F_y^{(i)}=0,\quad \sum_{i=1}^{n}F_z^{(i)}=0 \tag{2.2-3}$$

$$ax+by+cz=p \tag{2.2-4}$$

其中 $F_x^{(i)},F_y^{(i)},F_z^{(i)}$ 表示矢量 $\boldsymbol{F}^{(i)}$ 在坐标系 $Oxyz$ 中的分量；x,y,z 表示矢径 $\boldsymbol{r}$ 的分量；a,b,c 表示单位法向矢量 $\boldsymbol{n}$ 的分量。

为什么愿意采用解析形式？为什么我们宁可牺牲矢量符号的精致性？答案是令人信服的：我们希望用数来表示物理量。为了确定矢径，指定三个数 (x,y,z) 是方便的。为了确定

力 $\boldsymbol{F}$,指定其三个分量 F_x,F_y,F_z 是方便的。事实上,在实际计算中,我们用方程(2.2-3)和方程(2.2-4)要比方程(2.2-1)和方程(2.2-2)频繁得多。

习题

2.12 试用矢量方程的形式写出初等物理的基本定律——如牛顿运动定律;描述电荷间吸引和排斥的库仑定律;以及描述电磁场的麦克斯韦方程。

例如,为了用矢量形式表示牛顿万有引力定理,令 m_1 和 m_2 为两个质点的质量。设由质点 1 到质点 2 的矢径为 $\boldsymbol{r}_{12}$。那么由于 1,2 间的万有引力而作用在质点 1 上的力为

$$\boldsymbol{F}_{12}=G\frac{m_1m_2}{|\boldsymbol{r}_{12}|^2}\frac{\boldsymbol{r}_{12}}{|\boldsymbol{r}_{12}|}$$

其中 G 为万有引力常数。

2.13 考察一个被约束在圆形轨道上作匀速运动的质点。设 $\boldsymbol{v}$ 是任意时刻的速度,质点的加速度是多少,即矢量 $\mathrm{d}\boldsymbol{v}/\mathrm{d}t$ 是多少?

答案:在极坐标中速度矢量 $\boldsymbol{v}$ 可以表示如下。设 $\hat{\boldsymbol{r}}$、$\hat{\boldsymbol{\theta}}$、$\hat{\boldsymbol{z}}$ 分别表示以 P 为原点沿径向、切向和垂直于轨道平面的极轴方向的单位矢量,如图 P2.13。于是 $\boldsymbol{v}=v\hat{\boldsymbol{\theta}}$,其中 v 是 $\boldsymbol{v}$ 的绝对值。因此,微分后有

$$\frac{\mathrm{d}\boldsymbol{v}}{\mathrm{d}t}=v\frac{\mathrm{d}\hat{\boldsymbol{\theta}}}{\mathrm{d}t}+\frac{\mathrm{d}v}{\mathrm{d}t}\hat{\boldsymbol{\theta}}$$

由于 v 是常数,最后一项为零。为了计算 $\mathrm{d}\hat{\boldsymbol{\theta}}/\mathrm{d}t$,注意 $\hat{\boldsymbol{\theta}}$ 是单位矢量;因此,它仅能改变方向(译注:而大小始终不变)。所以,$\mathrm{d}\hat{\boldsymbol{\theta}}/\mathrm{d}t$ 垂直于矢量 $\hat{\boldsymbol{\theta}}$,即平行于 $\hat{\boldsymbol{r}}$。设 ω 为质点对轨道中心的角速度。显然,$\hat{\boldsymbol{\theta}}$ 以 $\omega=v/a$ 的速率转动。因此,$\mathrm{d}\hat{\boldsymbol{\theta}}/\mathrm{d}t=-(v/a)\hat{\boldsymbol{r}}$,$\mathrm{d}\boldsymbol{v}/\mathrm{d}t=-(v^2/a)\hat{\boldsymbol{r}}$。

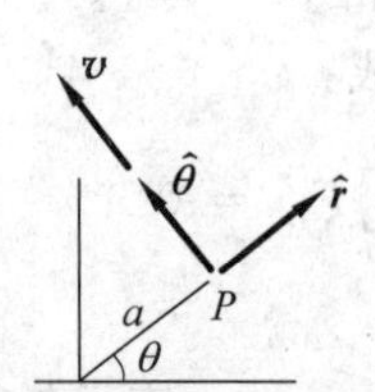

图 P2.13 圆形轨道上运行的粒子速度

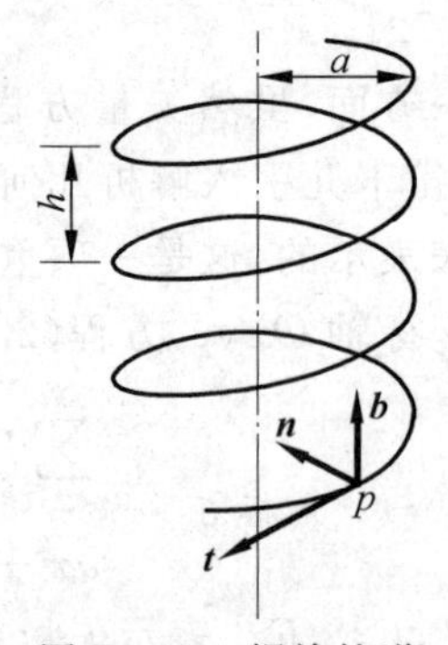

图 P2.14 螺旋轨道

2.14 质点被约束在半径为 a、螺距为 h 的圆形螺旋轨道上以匀速 v 运动。质点的加速度是多少?如果质点位于图 P2.14 中的 P 点,试以单位矢量 $\boldsymbol{t}$,$\boldsymbol{n}$ 和 $\boldsymbol{b}$(它们分别沿 P 点处

螺旋线的切向、法向和副法线方向)来给出速度和加速度矢量的表达式。

答案:速度矢量平行于 $\boldsymbol{t}$,模为 v。因此,$\boldsymbol{v}=v\boldsymbol{t}$。通过微分,并注意到 v 为常数,我们有 $\mathrm{d}\boldsymbol{v}/\mathrm{d}t=v\mathrm{d}\boldsymbol{t}/\mathrm{d}t$。但由于 $\boldsymbol{t}$ 具有不变的单位长度,$\mathrm{d}\boldsymbol{t}/\mathrm{d}t$ 必然垂直于 $\boldsymbol{t}$,因此,必定是 $\boldsymbol{n}$ 和 $\boldsymbol{b}$ 的组合。即

$$\frac{\mathrm{d}\boldsymbol{t}}{\mathrm{d}t}=\kappa\boldsymbol{n}+\tau\boldsymbol{b}$$

其中 κ 和 τ 都是常数。若质点以单位速度运动,则 κ 和 τ 分别称为空间曲线的曲率和扭率。

对该问题采用极坐标是方便的。设径向、环向和轴向的单位矢量分别为$\hat{\boldsymbol{r}}$,$\hat{\boldsymbol{\theta}}$ 和$\hat{\boldsymbol{z}}$。则有

$$\boldsymbol{v}=u\hat{\boldsymbol{\theta}}+w\hat{\boldsymbol{z}}$$

其中,u 和 w 分别是轴向和环向的速度。因此,

$$\frac{\mathrm{d}\boldsymbol{v}}{\mathrm{d}t}=\frac{\mathrm{d}u}{\mathrm{d}t}\hat{\boldsymbol{\theta}}+u\frac{\mathrm{d}\hat{\boldsymbol{\theta}}}{\mathrm{d}t}+\frac{\mathrm{d}w}{\mathrm{d}t}\hat{\boldsymbol{z}}+w\frac{\mathrm{d}\hat{\boldsymbol{z}}}{\mathrm{d}t}=u\frac{d\hat{\boldsymbol{\theta}}}{\mathrm{d}t}=-\left(\frac{u^2}{a}\right)\hat{\boldsymbol{r}}$$

速度 u 和 w 与 v 有如下关系:在时间间隔 $\Delta t=2\pi a/u$ 内,轴向位置 z 改变了 h。因此,

$$w=h/\Delta t=hu/2\pi a,\quad v=u[1+h^2/(4\pi^2a^2)]^{1/2}$$

2.3 求和约定

为了进一步的学习,必须掌握一种重要的符号系统。

一组 n 个变量 $x_1,x_2,\cdots,x_n$ 通常表示为 $x_i,i=1,2,\cdots,n$。当单独书写时,符号 x_i 代表变量 $x_1,x_2,\cdots,x_n$ 中的任意一个。在每个情况下,i 的范围必须指明,最简单的方法就像这里写成 $i=1,2,\cdots,n$。符号 i 是一种指标。指标可以是下标或上标。采用指标的符号系统称为指标符号。

考察笛卡儿直角坐标系下(其轴为 x_1,x_2,x_3)描述三维空间中平面的方程:

$$a_1x_1+a_2x_2+a_3x_3=p \tag{2.3-1}$$

其中 a_i 和 p 是常数。该方程可以写成

$$\sum_{i=1}^{3}a_ix_i=p \tag{2.3-2}$$

但是,我们将引入求和约定,并将上述方程写成简单形式:

$$a_ix_i=p \tag{2.3-3}$$

该约定说:一个指标在一项内的重复就表示将该指标在其范围内遍历求和。指标 i 的范围是从 1 到 n 的一组 n 个正数。遍历求和的指标称为哑指标;没有求和的指标称为自由指标。

因为哑指标就意味着求和,它采用什么符号并没有实际意义。因此,a_ix_i 与 a_jx_j 是相同的。这与积分中的哑变量是相似的,例如:

$$\int_a^b f(x)\mathrm{d}x=\int_a^b f(y)\mathrm{d}y$$

例题

指标和求和约定的使用方法还可以用其他的例子来说明。考察在三维欧几里德空间中、笛卡儿直角坐标系 x,y,z 下的单位向量$\boldsymbol{v}$。定义方向余弦 α_i 为

$$\alpha_1 = \cos(\boldsymbol{\nu},x),\quad \alpha_2 = \cos(\boldsymbol{\nu},y),\quad \alpha_3 = \cos(\boldsymbol{\nu},z)$$

其中$(\boldsymbol{\nu},x)$表示$\boldsymbol{\nu}$与 x 轴间的夹角,其余类同。数组 $\alpha_i(i=1,2,3)$表示单位矢量在坐标轴方向的分量。矢量为单位长度的事实用如下方程来表示:

$$(\alpha_1)^2 + (\alpha_2)^2 + (\alpha_3)^2 = 1$$

或者,简单地写成:

$$\alpha_i\alpha_i = 1 \tag{2.3-4}$$

另一个例子,考察在三维欧几里德空间中、笛卡儿直角坐标系 x,y,z 下具有分量 $\mathrm{d}x$,$\mathrm{d}y$,$\mathrm{d}z$ 的线元。线元长度的平方为

$$\mathrm{d}s^2 = (\mathrm{d}x)^2 + (\mathrm{d}y)^2 + (\mathrm{d}z)^2 \tag{2.3-5}$$

如果我们定义:

$$\mathrm{d}x_1 = \mathrm{d}x,\quad \mathrm{d}x_2 = \mathrm{d}y,\quad \mathrm{d}x_3 = \mathrm{d}z \tag{2.3-6}$$

和

$$\begin{aligned}&\delta_{11} = \delta_{22} = \delta_{33} = 1\\&\delta_{12} = \delta_{21} = \delta_{13} = \delta_{31} = \delta_{23} = \delta_{32} = 0\end{aligned} \tag{2.3-7}$$

那么方程(2.3-5)可以写为

$$\mathrm{d}s^2 = \delta_{ij}\,\mathrm{d}x_i\,\mathrm{d}x_j \tag*{▲(2.3-8)}$$

条件是:指标 i 和 j 的范围是从 1 到 3。注意,该表达式中有两次求和,一次对 i,另一次对 j。式(2.3-7)中定义的符号 δ_{ij} 称为*克罗内克 δ*。

矩阵和行列式

矩阵代数的规则和行列式的求值可以利用求和约定表达得更为简洁。一个 $m\times n$ 的矩阵 $\boldsymbol{A}$ 是具有 mn 个元素的矩形阵列。将它记为

$$\boldsymbol{A} = (a_{ij}) = \begin{pmatrix} a_{11} & a_{12} & \cdots & a_{1n}\\ a_{21} & a_{22} & \cdots & a_{2n}\\ \vdots & \vdots & & \vdots\\ a_{m1} & a_{m2} & \cdots & a_{mn}\end{pmatrix} \tag{2.3-9}$$

因此 a_{ij} 是矩阵$\boldsymbol{A}$ 中第 i 行、第 j 列的元素。指标 i 取值为 $1,2,\cdots,m$,而指标 j 取值为 $1,2,\cdots,n$。$\boldsymbol{A}$ 的转置是另一个矩阵,用 $\boldsymbol{A}^{\mathrm{T}}$ 表示,除了行数和列数互换外,其元素和 $\boldsymbol{A}$ 相同。即

$$\boldsymbol{A}^{\mathrm{T}} = (a_{ij})^{\mathrm{T}} = \begin{pmatrix} a_{11} & a_{21} & \cdots & a_{m1}\\ a_{12} & a_{22} & \cdots & a_{m2}\\ a_{1n} & a_{2n} & \cdots & a_{mn}\end{pmatrix} \tag{2.3-10}$$

两个 3×3 矩阵 $\boldsymbol{A}=(a_{ij})$ 和 $\boldsymbol{B}=(b_{ij})$ 的乘积是一个 3×3 的方阵，其定义为

$$\boldsymbol{A}\cdot\boldsymbol{B}=\begin{bmatrix}a_{11} & a_{12} & a_{13}\\ a_{21} & a_{22} & a_{23}\\ a_{31} & a_{32} & a_{33}\end{bmatrix}\begin{bmatrix}b_{11} & b_{12} & b_{13}\\ b_{21} & b_{22} & b_{23}\\ b_{31} & b_{32} & b_{33}\end{bmatrix}$$

$$=\begin{bmatrix}a_{11}b_{11}+a_{12}b_{21}+a_{13}b_{31} & \cdots\\ a_{21}b_{11}+a_{22}b_{21}+a_{23}b_{31} & \cdots\\ a_{31}b_{11}+a_{32}b_{21}+a_{33}b_{31} & \cdots\end{bmatrix} \tag{2.3-11}$$

其第 i 行、第 j 列的元素可以用求和约定写为

$$(\boldsymbol{A}\cdot\boldsymbol{B})_{ij}=(a_{ik}b_{kj}) \tag{2.3-12}$$

矢量 $\boldsymbol{u}$ 可以用行矩阵 (u_i) 来表示，于是方程(2.1-2)可以表示为

$$|\boldsymbol{u}|^2=(u_i)\cdot(u_j)^{\mathrm{T}}=u_1^2+u_2^2+u_3^2=u_iu_i. \tag{2.3-13}$$

根据这一规则，两个矢量的标量积 $\boldsymbol{u}\cdot\boldsymbol{v}$，即方程(2.1-3)，可以写为

$$\boldsymbol{u}\cdot\boldsymbol{v}=(u_i)\cdot(v_i)^{\mathrm{T}}=u_1v_1+u_2v_2+u_3v_3=u_iv_i. \tag{2.3-14}$$

方阵的*行列式*是一个数，即从每行和每列中取出一个元素，但不能从任何行或列中取出两个或更多的元素，将这些元素相乘，并按下面马上给出的规则冠以正负号，然后把这些乘积全部相加所得到的数。例如，3×3 矩阵 $\boldsymbol{A}$ 的行列式被记为 $\det\boldsymbol{A}$，并定义如下：

$$\det\boldsymbol{A}=\det(a_{ij})=\begin{vmatrix}a_{11} & a_{12} & a_{13}\\ a_{21} & a_{22} & a_{23}\\ a_{31} & a_{32} & a_{33}\end{vmatrix}$$

$$=a_{11}a_{22}a_{33}+a_{21}a_{32}a_{13}+a_{13}a_{21}a_{32}-a_{11}a_{23}a_{32}-a_{12}a_{21}a_{33}-a_{13}a_{22}a_{31} \tag{2.3-15}$$

关于正负号的特殊规则是：将第一个指标以 1,2,3 的顺序排列。然后检查第二个指标。如果它们能置换成 1,2,3;1,2,3,…，则取正号；否则为负号。

让我们引入一个特殊符号 ε_{rst}，称为*置换符号*，由以下诸式定义：

$$\begin{cases}\varepsilon_{111}=\varepsilon_{222}=\varepsilon_{333}=\varepsilon_{121}=\varepsilon_{112}=\varepsilon_{113}=\varepsilon_{211}=\varepsilon_{221}=\cdots=0\\ \varepsilon_{123}=\varepsilon_{231}=\varepsilon_{312}=1\\ \varepsilon_{213}=\varepsilon_{132}=\varepsilon_{321}=-1\end{cases} \tag{2.3-16}$$

换言之，当任意两个指标相等时，ε_{ijk} 为零；当下标按 1,2,3 排序时，$\varepsilon_{ijk}=1$；否则 $\varepsilon_{ijk}=-1$。于是矩阵 (a_{ij}) 的行列式可以写为

$$\det(a_{ij})=\varepsilon_{rst}a_{r1}a_{s2}a_{t3} \tag{2.3-17}$$

采用符号 ε_{rst}，我们可以将定义矢量积 $\boldsymbol{u}\times\boldsymbol{v}$ 的方程(2.1-8)写为

$$\boldsymbol{u}\times\boldsymbol{v}=\varepsilon_{rst}u_sv_t\boldsymbol{e}_r \tag{2.3-18}$$

ε-δ 恒等式

克罗内克 δ 和置换符号是非常重要的量，它们将在本书中反复出现。它们由如下恒等

式相关联：

$$\varepsilon_{ijk}\varepsilon_{ist}=\delta_{js}\delta_{kt}-\delta_{ks}\delta_{jt} \qquad ▲(2.3\text{-}19)$$

该 ε-δ 恒等式用得非常频繁，足以在此给予特殊的注意。它可以通过实际试算来验证。

全微分

最后，我们将把求和约定推广至全微分公式。令 $f(x_1,x_2,\cdots,x_n)$ 是一个有 n 个自变量 $x_1,x_2,\cdots,x_n$ 的函数。于是它的全微分可以写为

$$\mathrm{d}f=\frac{\partial f}{\partial x_1}\mathrm{d}x_1+\frac{\partial f}{\partial x_2}\mathrm{d}x_2+\cdots+\frac{\partial f}{\partial x_n}\mathrm{d}x_n=\frac{\partial f}{\partial x_i}\mathrm{d}x_i \qquad (2.3\text{-}20)$$

习题

2.15 将方程(2.2-1)或(2.2-3)写成指标形式。设 $\boldsymbol{F}^{(i)}$ 的分量为 $F_k^{(i)}$，$k=1,2,3$，即 $F_x=F_1$ 等。

答案： $\sum_{i=1}^{n}F_k^{(i)}=0$

2.16 试证明：

(a) $\delta_{ii}=3$；(b) $\delta_{ij}\delta_{ij}=3$；(c) $\varepsilon_{ijk}\varepsilon_{jki}=6$；(d) $\varepsilon_{ijk}A_jA_k=0$；

(e) $\delta_{ij}\delta_{jk}=\delta_{ik}$；(f) $\delta_{ij}\varepsilon_{ijk}=0$

2.17 将方程(2.1-1)和(2.1-5)写成指标形式，例如：$\boldsymbol{u}\cdot\boldsymbol{v}=u_iv_i$。

提示： 对方程(2.1-1)可以这样来做：定义三个单位矢量 $\boldsymbol{\nu}^{(1)}=\boldsymbol{e}_1$，$\boldsymbol{\nu}^{(2)}=e_2$，$\boldsymbol{\nu}^{(3)}=\boldsymbol{e}_3$，于是 $\boldsymbol{u}=u_i\boldsymbol{\nu}^{(i)}$。

2.18 用矢量方程的指标形式去求解习题 2.5～2.9。

2.19 两个矢量 $\boldsymbol{u}=(u_1,u_2,u_3)$ 和 $\boldsymbol{v}=(v_1,v_2,v_3)$ 的矢量积是矢量 $\boldsymbol{w}=\boldsymbol{u}\times\boldsymbol{v}$，其分量为

$$w_1=u_2v_3-u_3v_2,\quad w_2=u_3v_1-u_1v_3,\quad w_3=u_1v_2-u_2v_1$$

试证明上式可以简写为

$$w_i=\varepsilon_{ijk}u_jv_k$$

2.20 将方程(2.1-7)写成指标形式。

2.21 用矢量分析方法导出联系三个任意矢量 $\boldsymbol{A},\boldsymbol{B},\boldsymbol{C}$ 的矢量恒等式：

$$\boldsymbol{A}\times(\boldsymbol{B}\times\boldsymbol{C})=(\boldsymbol{A}\cdot\boldsymbol{C})\boldsymbol{B}-(\boldsymbol{A}\cdot\boldsymbol{B})\boldsymbol{C}$$

解： 因为 $\boldsymbol{A}\times(\boldsymbol{B}\times\boldsymbol{C})$ 垂直于 $\boldsymbol{B}\times\boldsymbol{C}$，它一定位于 $\boldsymbol{B}$ 和 $\boldsymbol{C}$ 构成的平面上。所以，我们可以写出 $\boldsymbol{A}\times(\boldsymbol{B}\times\boldsymbol{C})=a\boldsymbol{B}+b\boldsymbol{C}$，其中 a,b 是标量。但是 $\boldsymbol{A}\times(\boldsymbol{B}\times\boldsymbol{C})$ 是 $\boldsymbol{A},\boldsymbol{B},\boldsymbol{C}$ 的线性函数；所以，a 一定是 $\boldsymbol{A}$ 和 $\boldsymbol{C}$ 的线性标量组合；b 一定是 $\boldsymbol{A}$ 和 $\boldsymbol{B}$ 的线性标量组合。当然，a,b 分别正比于 $\boldsymbol{A}\cdot\boldsymbol{C}$ 与 $\boldsymbol{A}\cdot\boldsymbol{B}$，我们可以写出：

$$\boldsymbol{A}\times(\boldsymbol{B}\times\boldsymbol{C})=\lambda(\boldsymbol{A}\cdot\boldsymbol{C})\boldsymbol{B}+\mu(\boldsymbol{A}\cdot\boldsymbol{B})\boldsymbol{C}$$

其中λ和μ是独立于$\boldsymbol{A},\boldsymbol{B},\boldsymbol{C}$的纯数。因此，我们可以通过特殊情况来确定$\lambda$和$\mu$。例如，若$\boldsymbol{i},\boldsymbol{j},\boldsymbol{k}$分别为$x$，$y$，$z$轴方向的单位矢量(右手笛卡儿直角坐标系)，我们可以令$\boldsymbol{B}=\boldsymbol{i},\boldsymbol{C}=\boldsymbol{j},\boldsymbol{A}=\boldsymbol{i}$，得到$\mu=-1$；令$\boldsymbol{B}=\boldsymbol{i},\boldsymbol{C}=\boldsymbol{j},\boldsymbol{A}=\boldsymbol{j}$，得到$\lambda=1$。

2.22 将题2.21中的方程写成指标形式，并利用ε-δ恒等式(2.3-19)来证明其正确性。

提示：由于题2.21中的方程对任意矢量$\boldsymbol{A},\boldsymbol{B},\boldsymbol{C}$都成立，这个证明可以认为是对$\varepsilon$-$\delta$恒等式的证明。

解：$[\boldsymbol{A}\times(\boldsymbol{B}\times\boldsymbol{C})]_l=\varepsilon_{lmn}a_m(\boldsymbol{B}\times\boldsymbol{C})_n=\varepsilon_{lmn}a_m\varepsilon_{njk}b_jc_k=\varepsilon_{nlm}\varepsilon_{njk}a_mb_jc_k$。根据$\varepsilon$-$\delta$恒等式，即方程(2.3-19)，上式变为：$(\delta_{lj}\delta_{mk}-\delta_{lk}\delta_{mj})a_mb_jc_k$。因此有

$$\delta_{lj}a_mc_mb_j-\delta_{lk}a_mb_mc_k=a_mc_mb_l-a_mb_mc_l=(\boldsymbol{A}\cdot\boldsymbol{C})(\boldsymbol{B})_l-(\boldsymbol{A}\cdot\boldsymbol{B})(\boldsymbol{C})_l$$

2.4 坐标的平移和转动

二维空间

考察平面内的两个笛卡儿直角坐标系Oxy和$O'x'y'$。若坐标系$O'x'y'$由Oxy经过原点移动而无转动得到，则该转换是平移。若点P在老坐标系和新坐标系中的坐标分别为(x,y)和(x',y')，且新坐标系原点O'在Oxy中的坐标为(h,k)，则

$$\begin{cases}x=x'+h\\y=y'+k\end{cases}\quad\text{或}\quad\begin{cases}x'=x-h\\y'=y-k\end{cases}\tag{2.4-1}$$

若原点保持不动，新坐标轴由Ox和Oy沿逆时针方向旋转θ角得到，则轴的这类转换称为转动。设点P在老坐标系和新坐标系中的坐标分别为(x,y)和(x',y')。则(见图2.2)

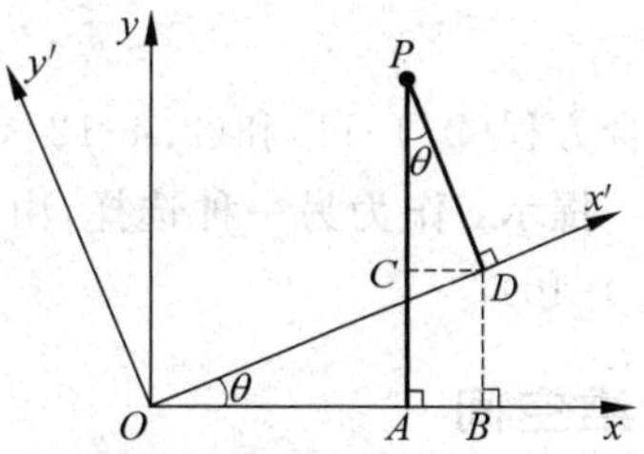

$$\begin{cases}x=x'\cos\theta-y'\sin\theta\\y=x'\sin\theta+y'\cos\theta\end{cases}\tag{2.4-2}$$

$$\begin{cases}x'=x\cos\theta+y\sin\theta\\y'=-x\sin\theta+y\cos\theta\end{cases}\tag{2.4-3}$$

图2.2 坐标的转动

采用指标符号，用x_1,x_2代替x,y，用x'_1,x'_2代替x',y'。则显然，方程(2.4-3)给出的转动可以表示为

$$x'_i=\beta_{ij}x_j\quad(i,j=1,2)\tag{2.4-4}$$

其中β_{ij}是如下方阵的元素：

$$(\beta_{ij})=\begin{pmatrix}\beta_{11}&\beta_{12}\\\beta_{21}&\beta_{22}\end{pmatrix}=\begin{pmatrix}\cos\theta&\sin\theta\\-\sin\theta&\cos\theta\end{pmatrix}\tag{2.4-5}$$

方程(2.4-4)的逆转换为

$$x_i = \beta_{ji} x'_j \quad (i,j=1,2) \tag{2.4-6}$$

其中,根据方程(2.4-2),β_{ji} 是矩阵(β_{ji})第 j 行、第 i 列的元素。显然,矩阵(β_{ji})是矩阵(β_{ij})的转置,即

$$(\beta_{ji}) = (\beta_{ij})^{\mathrm{T}} \tag{2.4-7}$$

另一方面,从求解联立线性方程组(2.4-4)的观点来看,方程(2.4-6)中的(β_{ji})一定与矩阵(β_{ij})的逆相同,即

$$(\beta_{ji}) = (\beta_{ij})^{-1} \tag{2.4-8}$$

于是,我们得到定义笛卡儿直角坐标系转动的转换矩阵(β_{ij})的基本性质:

$$(\beta_{ij})^{\mathrm{T}} = (\beta_{ij})^{-1} \tag{2.4-9}$$

满足方程(2.4-9)的矩阵(β_{ij}),$i,j=1,2,\cdots,n$ 称为正交矩阵。若相应矩阵是正交的,则转换也称为正交的。方程(2.4-5)中定义坐标转动的矩阵是正交的。

对于正交矩阵,我们有

$$(\beta_{ij})(\beta_{ij})^{\mathrm{T}} = (\beta_{ij})(\beta_{ij})^{-1} = (\delta_{ij})$$

其中 δ_{ij} 为克罗内克 δ。因此,

$$\beta_{ik}\beta_{jk} = \delta_{ij} \tag{2.4-10}$$

为了说明该重要方程的几何意义,我们重新来直接推导转动变换。以原点为起点、沿 x'_i 轴的单位矢量对坐标轴 x_1, x_2 的方向余弦分别为 β_{i1}, β_{i2}。矢量为单位长度的事实可以用下列方程表示:

$$(\beta_{i1})^2 + (\beta_{i2})^2 = 1 \quad (i=1,2) \tag{2.4-11}$$

若 $j \neq i$,则沿 x'_i轴的单位矢量与沿 x'_j轴的单位矢量相垂直这一事实可以用下列方程表示:

$$\beta_{i1}\beta_{j1} + \beta_{j2}\beta_{i2} = 0 \quad (i \neq j) \tag{2.4-12}$$

结合方程(2.4-11)和(2.4-12),我们得到方程(2.4-10)。

提示:作为另一种选择,由于 β_{ij} 来自方程(2.4-5),我们可以通过直接计算来验证方程(2.4-10)。

三维空间

显然,上述讨论可以毫不费力地推广到三维空间。指标 i,j 的范围可以扩展到 1,2,3。下面考察两个具有同一坐标原点 O 的右手笛卡儿直角坐标系 x_1, x_2, x_3 和 x'_1, x'_2, x'_3。用 $\boldsymbol{x}$ 表示 P 点的矢径,其分量为 x_1, x_2, x_3 或 x'_1, x'_2, x'_3。设 $\boldsymbol{e}_1, \boldsymbol{e}_2, \boldsymbol{e}_3$ 为沿 x_1, x_2, x_3 轴正方向的单位矢量。它们称为 x_1, x_2, x_3 坐标系的基矢量。设 $\boldsymbol{e}'_1, \boldsymbol{e}'_2, \boldsymbol{e}'_3$为坐标系 x'_1, x'_2, x'_3的基矢量。注意,因为坐标系是正交的,所以有

$$\boldsymbol{e}_i \boldsymbol{e}_j = \delta_{ij}, \quad \boldsymbol{e}'_i \boldsymbol{e}'_j = \delta_{ij} \tag{2.4-13}$$

矢量 $\boldsymbol{x}$ 可以用基矢量表示为

$$\boldsymbol{x} = x_j \boldsymbol{e}_j = x'_j \boldsymbol{e}'_j \tag{2.4-14}$$

用 $\boldsymbol{e}_i$ 同时点乘方程(2.4-14)的两边得到:

$$x_j(\boldsymbol{e}_j \cdot \boldsymbol{e}_i) = x'_j(\boldsymbol{e}'_j \cdot \boldsymbol{e}_i) \tag{2.4-15}$$

但是

$$x_j(\boldsymbol{e}_j \cdot \boldsymbol{e}_i) = x_j\delta_{ji} = x_i$$

因此，

$$x_i = (\boldsymbol{e}'_j \cdot \boldsymbol{e}_i)x'_j \tag{2.4-16}$$

现在，定义

$$(\boldsymbol{e}'_j \cdot \boldsymbol{e}_i) \equiv \beta_{ji} \tag{2.4-17}$$

则有

$$x_i = \beta_{ji}x'_j \quad (j = 1,2,3) \tag{2.4-18}$$

然后，用$\boldsymbol{e}'_i$点乘方程(2.4-14)的两边得

$$x_j(\boldsymbol{e}_j \cdot \boldsymbol{e}'_i) = x'_j(\boldsymbol{e}'_j \cdot \boldsymbol{e}'_i)$$

但是$(\boldsymbol{e}'_i \cdot \boldsymbol{e}'_j)=\delta_{ij}$和$(\boldsymbol{e}_j \cdot \boldsymbol{e}'_i)=\beta_{ij}$，因此有

$$x'_i = \beta_{ij}x_j \quad (i = 1,2,3) \tag{2.4-19}$$

方程(2.4-18)和(2.4-19)是方程(2.4-4)和(2.4-6)在三维情况下的广义形式。

方程(2.4-17)说明了系数β_{ij}的几何意义。方程(2.4-7)和(2.4-8)对$i,j=1,2,3$成立显然是因为方程(2.4-18)和(2.4-19)是互逆转换。于是，方程(2.4-9)和(2.4-10)成立。

现在，表示图2.3中P点坐标的数x_1,x_2,x_3也就是矢径$\boldsymbol{A}$的分量。承认这一事实就立即给出笛卡儿直角坐标中矢量分量的转换法则：

$$A'_i = \beta_{ij}A_j, \quad A_i = \beta_{ji}A'_j \tag{2.4-20}$$

其中β_{ij}表示轴Ox'_i和Ox_j间夹角的余弦。

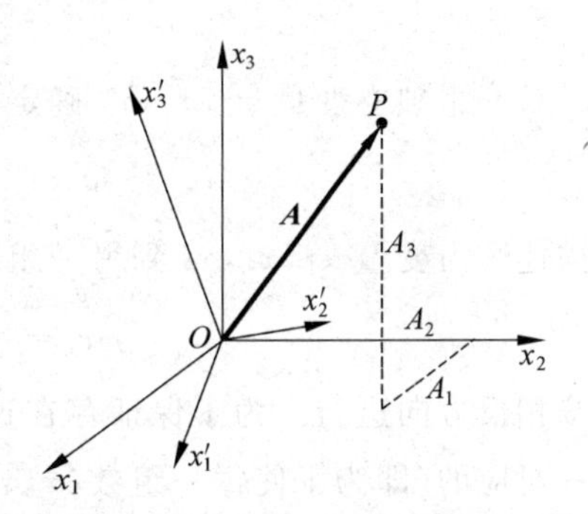

图 2.3　矢径和坐标系

最后，我们指出：沿x'_1,x'_2,x'_3的三个单位矢量构成了体积为1的立方体的边。以三个任意矢量$\boldsymbol{u},\boldsymbol{v},\boldsymbol{w}$为边的平行六面体的体积可以用三重积$\boldsymbol{u}\cdot(\boldsymbol{v}\times\boldsymbol{w})$或其负值来表示。其符号取决于这三个矢量按$\boldsymbol{u},\boldsymbol{v},\boldsymbol{w}$的顺序是否构成右手系。若是右手系，则体积就等于它们分量组成的行列式：

$$\text{体积} = (\boldsymbol{u}\times\boldsymbol{v})\cdot\boldsymbol{w} = \begin{vmatrix} u_1 & u_2 & u_3 \\ v_1 & v_2 & v_3 \\ w_1 & w_2 & w_3 \end{vmatrix} \tag{2.4-21}$$

假设$\boldsymbol{x}_1,\boldsymbol{x}_2,\boldsymbol{x}_3$和$\boldsymbol{x}'_1,\boldsymbol{x}'_2,\boldsymbol{x}'_3$为右手系。那么显然$\beta_{ij}$的行列式表示单位立方体的体积，因此其值为1：

$$|\beta_{ij}| \equiv \begin{vmatrix} \beta_{11} & \beta_{12} & \beta_{13} \\ \beta_{21} & \beta_{22} & \beta_{23} \\ \beta_{31} & \beta_{32} & \beta_{33} \end{vmatrix} = 1 \tag{2.4-22}$$

习题

2.23　详细地写出方程(2.4-10),并解释所得到的六个方程的几何意义;$i=1,2,3$。

解:令指标 i 取 1,2,3。

若 $i=1,j=1$,则 $\beta_{11}\beta_{11}+\beta_{12}\beta_{12}+\beta_{13}\beta_{13}=1$。　(1)

若 $i=1,j=2$,则 $\beta_{11}\beta_{21}+\beta_{12}\beta_{22}+\beta_{13}\beta_{23}=0$。　(2)

方程(1)表示矢量$(\beta_{11},\beta_{12},\beta_{13})$的长度等于1。方程(2)表示矢量$(\beta_{11},\beta_{12},\beta_{13})$和$(\beta_{21},\beta_{22},\beta_{23})$相互正交。

对其他 i,j 的组合也都类似。

2.24　用下列的另一种过程来推导方程(2.4-10)。先将方程(2.4-4)的两侧同时对 x'_j 求导。然后利用方程(2.4-6)和$\partial x_i/\partial x_j=\delta_{ij}$ 的事实简化其结果。

解:将方程(2.4-4)对 x'_j求导,得到:$\delta_{ij}=\beta_{ik}\partial x_k/\partial x'_j$。但是 $x_i=\beta_{ji}x'_j$。将指标 i 改为 k,再求导,有$\partial x_k/\partial x'_j=\beta_{jk}$。联合这些结果得到 $\delta_{ij}=\beta_{ik}\beta_{jk}$。

2.5　一般坐标转换

一组独立变量 x_1,x_2,x_3 确定了一点在某参考系中的坐标。一组方程:

$$\bar{x}_i = f_i(x_1,x_2,x_3) \quad (i=1,2,3) \tag{2.5-1}$$

描述了由变量 x_1,x_2,x_3 到另一组新变量$\bar{x}_1,\bar{x}_2,\bar{x}_3$ 的一个转换。其逆转换

$$x_i = g_i(\bar{x}_1,\bar{x}_2,\bar{x}_3) \quad (i=1,2,3) \tag{2.5-2}$$

按相反方向进行。为了保证存在这样的可逆变换,且在变量(x_1,x_2,x_3)的某个域 R 内是一一对应的(即为了使每一组数$(\bar{x}_1,\bar{x}_2,\bar{x}_3)$都能在$(x_1,x_2,x_3)$的域 R 内唯一地确定一组数(x_1,x_2,x_3),反之亦然),其充分条件是:

(1) 在域 R 内,函数 f_i 是单值、连续的,且具有一阶连续偏导数。

(2) 在域 R 的任意点处,雅可比(Jacobi)行列式 $J=\det(\partial\bar{x}_i/\partial x_j)$不为零。即

$$J=\det(\partial\bar{x}_i/\partial x_j)\equiv\begin{vmatrix}\dfrac{\partial\bar{x}_1}{\partial x_1} & \dfrac{\partial\bar{x}_1}{\partial x_2} & \dfrac{\partial\bar{x}_1}{\partial x_3}\\[2ex] \dfrac{\partial\bar{x}_2}{\partial x_1} & \dfrac{\partial\bar{x}_2}{\partial x_2} & \dfrac{\partial\bar{x}_2}{\partial x_3}\\[2ex] \dfrac{\partial\bar{x}_3}{\partial x_1} & \dfrac{\partial\bar{x}_3}{\partial x_2} & \dfrac{\partial\bar{x}_3}{\partial x_3}\end{vmatrix}\neq 0 \tag{2.5-3}$$

具有上述性质(1)和(2)的坐标转换称为*允许转换*。若雅可比处处为正,则右手坐标系将转换为另一组右手坐标系,这种转换称为*正常的*。若雅可比处处为负,则右手坐标系转换

为一组左手坐标系，这种转换称为反常的。本书中我们假设所有的转换都是允许的和正常的。

雅可比行列式的意义

为了评价雅可比行列式的意义，假设我们已经发现(x_1^0,x_2^0,x_3^0)与$(\bar{x}_1^0,\bar{x}_2^0,\bar{x}_3^0)$相对应，即它们满足方程(2.5-1)，问题是我们能否在该点的微小邻域内找到一个逆变换。对方程(2.5-1)求导，得

$$\mathrm{d}\,\bar{x}_i=\frac{\partial f_i}{\partial x_j}\mathrm{d}x_j\quad (i=1,2,3)\tag{2.5-4}$$

并在点(x_1^0,x_2^0,x_3^0)处计算偏导数$\partial f_i/\partial x_j$。方程(2.5-4)定义了一个由矢量$\mathrm{d}x_j$到矢量$\mathrm{d}\,\bar{x}_i$的线性变换。若要对$\mathrm{d}x_j$求解线性方程组(2.5-4)，我们知道仅当系数行列式不为零，即

$$\det\left(\frac{\partial f_i}{\partial x_j}\right)\neq 0\tag{2.5-5}$$

时解才能存在。因此，仅当方程(2.5-3)成立时，点(x_1^0,x_2^0,x_3^0)的微小邻域内才存在逆转换。此外，当$J\neq 0$时，就能由方程(2.5-4)解得

$$\mathrm{d}x_i=c_{ij}\,\mathrm{d}\,\bar{x}_j\tag{2.5-6}$$

其中c_{ij}是常数。因此，在该已知点的微小邻域内就可以找到一个逆变换（方程(2.5-2)的近似）。所以，前面给出的条件(1)和(2)是在已知点的微小邻域内存在逆转换的充分必要条件。将该讨论反复应用于离开初始已知点的新已知点，就可以扩大并确定一个区域R，其中存在由方程(2.5-2)给出的一一对应的逆变换。

习题

2.25　(a) 回顾求解联立线性方程组的方法。方法之一是采用行列式。试用该方法求解方程(2.5-4)中的$\mathrm{d}x_1,\mathrm{d}x_2,\mathrm{d}x_3$。利用方程(2.3-16)中定义的置换符号$\varepsilon_{rst}$来表示最终结果。

(b) R是某平面上单位圆内和圆上的区域。圆的方程在极坐标中是$r=1$，在直角坐标中是$x^2+y^2=1$。试证明雅可比J等于r，并且圆的面积为

$$\iint_R J\,\mathrm{d}r\mathrm{d}\theta=\iint_R \mathrm{d}x\mathrm{d}y$$

或

$$\int_0^1\int_0^{2\pi} r\mathrm{d}r\mathrm{d}\theta=\int_0^1\int_0^{\sqrt{1-x^2}}\mathrm{d}x\mathrm{d}y$$

这里，雅可比乘以微分面积$\mathrm{d}r\mathrm{d}\theta$后的积分给出了面积。

2.6 标量、矢量和笛卡儿张量的解析定义

设(x_1,x_2,x_3)和$(\bar{x}_1,\bar{x}_2,\bar{x}_3)$是两个固定的笛卡儿直角参考系,它们的转换规律为

$$\bar{x}_i = \beta_{ij} x_j \tag{2.6-1}$$

其中β_{ij}是沿坐标轴$\bar{x}_i$和x_j的单位矢量间的夹角的方向余弦。于是有

$$\beta_{21} = \cos(\bar{x}_2, x_1) \tag{2.6-2}$$

等。其逆转换是

$$x_i = \beta_{ji} \bar{x}_j \tag{2.6-3}$$

一组量称之为标量、矢量或张量,取决于该组量的分量是如何用变量x_1,x_2,x_3来定义的,以及当变量x_1,x_2,x_3变为$\bar{x}_1,\bar{x}_2,\bar{x}_3$时它们是如何转换的。

一组量称为标量,若它在变量x_i中只有一个分量Φ,在变量$\bar{x}_i$中只有一个分量$\bar{\Phi}$,且在对应点处Φ和$\bar{\Phi}$的数值相等。即

$$\Phi(x_1,x_2,x_3) = \bar{\Phi}(\bar{x}_1,\bar{x}_2,\bar{x}_3) \tag{2.6-4}$$

一组量称为矢量场或一阶张量场,若它在变量x_i中有三个分量ξ_i,在变量$\bar{x}_i$中有三个分量$\bar{\xi}_i$,且这些分量通过如下特定规则相联系:

$$\begin{cases} \bar{\xi}_i(\bar{x}_1,\bar{x}_2,\bar{x}_3) = \xi_k(x_1,x_2,x_3)\beta_{ik} \\ \xi_i(x_1,x_2,x_3) = \bar{\xi}_k(\bar{x}_1,\bar{x}_2,\bar{x}_3)\beta_{ki} \end{cases} \tag{2.6-5}$$

把这些定义推广到当i,j的范围为1,2,3时具有九个分量的一组量上,我们定义一个二阶张量场,它在变量x_1,x_2,x_3中有九个分量t_{ij},在变量$\bar{x}_1,\bar{x}_2,\bar{x}_3$中有九个分量$\bar{t}_{ij}$,且这些分量通过如下特定规则相联系:

$$\begin{cases} \bar{t}_{ij}(\bar{x}_1,\bar{x}_2,\bar{x}_3) = t_{mn}(x_1,x_2,x_3)\beta_{im}\beta_{jn} \\ t_{ij}(x_1,x_2,x_3) = \bar{t}_{mn}(\bar{x}_1,\bar{x}_2,\bar{x}_3)\beta_{mi}\beta_{nj} \end{cases} \tag{2.6-6}$$

可以直接地进一步推广到高阶张量场。显然,这些定义也可以修正到二维情况,只要指标范围取为1,2,或修正到n维情况,只要指标范围取为$1,2,\cdots,n$。因为我们的定义基于由一个笛卡儿直角参考系转换到另一个笛卡儿直角参考系,所以这样定义的一组量称为笛卡儿张量。为简单起见,本书中将仅采用笛卡儿张量方程。

关于为何如此定义矢量和张量的详细说明

矢量的解析定义是沿用矢径的概念来设计的。众所周知,连接原点(0,0,0)和点(x_1,x_2,x_3)的矢径概括了我们的矢量概念,并在数值上将它用分量(x_1-0,x_2-0,x_3-0)(即(x_1,x_2,x_3))来表示。当从另一参考系来看该矢量时,新参考系中的分量可以按矢径分量的

转换规则(2.6-1)由老分量计算出来。我们把方程(2.6-1)推广到定义所有矢量的方程(2.6-5)就等于说，若某实体的性质像矢径，即具有固定的方向和固定的大小，则我们称其为矢量。

这些陈述的意图是要区分矩阵和矢量。我们可以把矢量的分量排成列矩阵形式；但是不是所有的列矩阵都是向量。例如，为了辨认我自己，可以将我的年龄，社会保险号，街道地址，邮政编码排成列矩阵。对该矩阵你能说些什么呢？毫无意义！它当然不是一个矢量。

我们采用将矢量的定义(2.6-5)推广到张量的定义(2.6-6)的数学步骤是很自然的。这些方程太相似了，以至如果我们将矢量称为一阶张量，就不得不把其他的称为二阶或三阶张量等。这些高阶张量的物理意义是什么？回答这个问题最有效的方法是考察一些具体的例子，例如应力张量。不过，在把注意力转移到用特殊例子来讨论张量方程的意义之前，我们先来考察下面的一些问题。

习题

2.26　试证明：若在一个坐标系中，某笛卡儿张量的所有分量都等于零，则在所有其他笛卡儿坐标系中它的分量也都等于零。这或许是张量场最重要的性质。

证明：该性质可以直接由方程(2.6-6)证明。若每一个分量 t_{mn} 为零，则该方程右端为零，所以对所有的 i,j 都有 $\bar{t}_{ij}=0$。

2.27　试证明下述定理：两个同阶笛卡儿张量之和或差仍是一个同阶的张量。因此，同阶张量的任意线性组合都仍然是一个同阶张量。

证明：设 A_{ij}，B_{ij} 是两个张量，经过方程(2.6-1)给定的坐标转换，得到新的分量

$$\bar{A}_{ij}=A_{mn}\beta_{im}\beta_{jn}\,,\quad \bar{B}_{ij}=B_{mn}\beta_{im}\beta_{jn}$$

相加或相减，得

$$\bar{A}_{ij}\pm\bar{B}_{ij}=\beta_{im}\beta_{jn}(A_{mn}\pm B_{mn})$$

证毕。

2.28　试证明下述定理：设 $A_{\alpha1\cdots\alpha r}$，$B_{\alpha1\cdots\alpha r}$ 是两个张量，则方程

$$A_{\alpha1\cdots\alpha r}(x_1,x_2,\cdots,x_n)=B_{\alpha1\cdots\alpha r}(x_1,x_2,\cdots,x_n)$$

是一个张量方程；即若此方程在一个笛卡儿坐标系中成立，则它在所有的笛卡儿坐标系中都成立。

证明：用 $\beta_{i\alpha1}\beta_{j\alpha2}\cdots\beta_{k\alpha r}$ 乘方程两边，并对重复指标遍历求和，得到方程：

$$\bar{A}_{ij\cdots k}(\bar{x}_1,\bar{x}_2,\cdots,\bar{x}_n)=\bar{B}_{ij\cdots k}(\bar{x}_1,\bar{x}_2,\cdots,\bar{x}_n)$$

另一方法，将方程写成 $\boldsymbol{A}-\boldsymbol{B}=\boldsymbol{0}$。因而 $\boldsymbol{A}-\boldsymbol{B}$ 的每个分量均为零。然后，应用题2.27和2.26的结果。

2.7 张量方程的意义

在上节习题中所叙述的诸定理包含了张量场最重要的特性:若张量场的所有分量在一个坐标系中为零,则其分量在经允许转换得到的所有坐标系中也都为零。因为给定类型张量场的和与差是一个同类型的张量,我们推得:若某张量方程在一个坐标系中能够成立,则它在经允许转换得到的所有坐标系中也一定成立。

于是,张量分析的重要性可以陈述如下:仅当方程中的每一项都具有相同的张量性质时,该方程的形式才能普遍适用于任意参考系。如果不满足这个条件,参考系的简单改变就会破坏该关系的形式,因而该形式仅是偶然成立的。

我们看到,在任何物理关系的公式化中,张量分析和量纲分析是同等重要的。在量纲分析中我们研究物理量因选择特定的基本单位而产生的变化。除非两个物理量具有相同的量纲,否则就不可能相等。除非描述物理关系的方程不随基本单位的改变而变化,否则就不可能正确。

由于张量转换定律的设计,张量方程与物理现象是一致的。

2.8 矢量和张量的符号:用粗体字还是用指标

在连续介质力学中,我们涉及描述位移、速度、力等的矢量以及描述应力、应变、本构方程等的张量。对于矢量,通常大家都同意用粗体字 $\boldsymbol{u}$ 或带箭头的 $\vec{u}$ 来表示;但是对于张量,意见就有些分歧。二阶张量可以印成粗体字或带双箭头,或加一对大括号。因此,若 T 是二阶张量,它可以印成 $\boldsymbol{T}$,$\overrightarrow{\overrightarrow{T}}$或者$\{T\}$。第一种符号最为简单,但是你必须记住这个符号代表什么;它可以是矢量,也可以是张量。其他符号比较麻烦。当几个矢量和张量联系起来时,简单符号就暴露出较严重的缺点。在矢量分析中,我们必须区别标量积和矢量积。对张量又怎样呢?我们需要定义许多种张量积吗?需要,因为张量可以通过各种方法联系在一起。事情就变得复杂了。为此,在许多要大量应用张量的理论工作中就采用指标符号。在该符号中,矢量和张量在参考系中分解为它们的分量,用如像 u_i,u_{ij} 等符号来表示。这些分量是实数。对它们数学运算遵循通常的算术规则。不必引入特殊的组合规则。于是我们获得一种简单的手段。此外,指标符号可以清楚地表达出张量的阶和范围。它明显地显示了参考系的作用。

然而,上面最后提到的指标符号的优点,也是它的缺点:它把读者的注意力从物理的实体引开。所以人们必须对这两套系统都能适应和掌握。

2.9 商 法 则

考虑一组 n^3 个函数 $A(1,1,1)$,$A(1,1,2)$,$A(1,2,3)$等,或简写为 $A(i,j,k)$,其中每一个指标 i,j,k 的范围都是 $1,2,\cdots,n$。虽然这组函数 $A(i,j,k)$具有恰当的分量数目,但我们并不知道它是否是张量。现在假设我们知道一些关于 $A(i,j,k)$与任意张量之乘积的性质,那么就有一种方法能使我们确定 $A(i,j,k)$是否为张量,而避免了直接鉴定变换规律的麻烦。

例如,设 $\xi_i(x)$是一个矢量。假设已经知道乘积 $A(i,j,k)\xi_i(x)$(对 i 采用求和约定)产生一个 $A_{jk}(x)$型的张量

$$A(i,j,k)\xi_i(x)=A_{jk} \tag{2.9-1}$$

则我们就可以证明 $A(i,j,k)$是一个 $A_{ijk}(x)$型的张量。

证明非常简单。因为 $A(i,j,k)\xi_i(x)$是 A_{jk} 型张量,将它转换到$\bar{x}$坐标中有

$$\bar{A}(i,j,k)\,\bar{\xi}_i(x)=\bar{A}_{jk}=\beta_{jr}\beta_{ks}A_{rs}=\beta_{jr}\beta_{ks}[A(m,r,s)\xi_m] \tag{2.9-2}$$

而 $\xi_m=\beta_{im}\bar{\xi}_i$。将它代入方程(2.9-2)的右端,并把所有项移到方程的同一边。得

$$[\bar{A}(i,j,k)-\beta_{jr}\beta_{ks}\beta_{im}A(m,r,s)]\,\bar{\xi}_i(x)=0 \tag{2.9-3}$$

现在$\bar{\xi}_i(x)$是一个任意矢量。因此,方括号中的量必为零,我们有

$$\bar{A}(i,j,k)=\beta_{jr}\beta_{ks}\beta_{im}A(m,r,s) \tag{2.9-4}$$

这正是 A_{ijk} 型张量的转换规律。

上述例子的模板可以推广到更高阶的张量。

2.10 偏 导 数

当仅考虑笛卡儿坐标时,任何张量场的偏导数都具有类似于笛卡儿张量分量的性质。为了证明这一点,让我们考察两组笛卡儿坐标(x_1,x_2,x_3)和$(\bar{x}_1,\bar{x}_2,\bar{x}_3)$,它们有如下关系:

$$\bar{x}_i=\beta_{ij}x_j+\alpha_i \tag{2.10-1}$$

其中,β_{ij} 和 α_i 都是常数。

现在,若 $\xi_i(x_1,x_2,x_3)$是一个张量,则有

$$\bar{\xi}_i(\bar{x}_1,\bar{x}_2,\bar{x}_3)=\xi_k(x_1,x_2,x_3)\beta_{ik} \tag{2.10-2}$$

于是,对方程两侧求导,就得到

$$\frac{\partial\bar{\xi}_i}{\partial\bar{x}_j}=\beta_{ik}\frac{\partial\xi_k}{\partial x_m}\frac{\partial x_m}{\partial\bar{x}_j}=\beta_{ik}\beta_{jm}\frac{\partial\xi_k}{\partial x_m} \tag{2.10-3}$$

这就证实了上面的陈述。

实际中常用逗号表示偏导数。于是有

$$\xi_{i,j} \equiv \frac{\partial \xi_i}{\partial x_j}, \quad \Phi_{,i} \equiv \frac{\partial \Phi}{\partial x_i}, \quad \sigma_{ij,k} \equiv \frac{\partial \sigma_{ij}}{\partial x_k}$$

当我们仅限于笛卡儿坐标时,倘若 Φ,ξ 和 σ_{ij} 都是张量,则 $\Phi_{,i},\xi_{i,j},\sigma_{ij,k}$ 就分别是一阶、二阶和三阶张量。

习题

2.29 在任一张量 $A_{ijk\cdots m}$ 中,令两个指标相等,并对该指标遍历求和,就称为缩并。于是对张量 A_{ijk},将 i 和 $j(i,j=1,2,3)$ 缩并就得到一个矢量 $A_{iik}=A_{11k}+A_{22k}+A_{33k}$。试证明,在一个 n 阶笛卡儿张量中缩并任何两个指标就得到一个 $n-2$ 阶张量。

解:命题中唯一有意义的部分是,缩并的结果是一个张量。设 $A_{ijk\cdots m}$ 是 n 阶张量,那么 $A_{iik\cdots m}$ 只有$(n-2)$个指标,为了证明它是一个张量,考察定义

$$\bar{A}_{ijk\cdots n} = A_{\alpha 1\alpha 2\alpha 3\cdots\alpha n}\beta_{i\alpha 1}\beta_{j\alpha 2}\beta_{k\alpha 3}\cdots\beta_{n\alpha n}$$

对 i 和 j 进行缩并,得到

$$\bar{A}_{iik\cdots n} = A_{\alpha 1\alpha 2\alpha 3\cdots\alpha n}\beta_{i\alpha 1}\beta_{i\alpha 2}\beta_{k\alpha 3}\cdots\beta_{n\alpha n}$$

但是,我们由(2.4-10)知道

$$\beta_{i\alpha 1}\beta_{i\alpha 2} = \delta_{\alpha 1\alpha 2}$$

因此

$$\bar{A}_{ijk\cdots n}= A_{\alpha 1\alpha 2\alpha 3\cdots\alpha n}\delta_{\alpha 1\alpha 2}\beta_{k\alpha 3}\cdots\beta_{n\alpha n} = A_{\alpha 1\alpha 1\alpha 3\cdots\alpha n}\beta_{k\alpha 3}\cdots\beta_{n\alpha n}$$

于是,$A_{\alpha 1\alpha 1\alpha 3\cdots\alpha n}$ 服从$(n-2)$阶张量的转换规律,命题得证。

2.30 如果 A_{ij} 是二阶笛卡儿张量,试证明 A_{ii} 是一个标量。

解:由题 2.29 知道,A_{ii} 是零阶张量,因此是一个标量。更直接地,我们有

$$\bar{A}_{ij} = A_{mn}\beta_{im}\beta_{jn}$$

$$\bar{A}_{ii} = A_{mn}\beta_{im}\beta_{in} = \delta_{mn}A_{mn} = A_{mm}$$

它服从标量的定义,即方程(2.6-4)。

2.31 利用指标符号及求和约定,试证明下列关系(见下面的符号表):

(a) $\boldsymbol{u}\times\boldsymbol{v}=-\boldsymbol{v}\times\boldsymbol{u}$

(b) $(\boldsymbol{s}\times\boldsymbol{t})\cdot(\boldsymbol{u}\times\boldsymbol{v})=(\boldsymbol{s}\cdot\boldsymbol{u})(\boldsymbol{t}\cdot\boldsymbol{v})-(\boldsymbol{s}\cdot\boldsymbol{v})(\boldsymbol{t}\cdot\boldsymbol{u})$

(c) $\text{curl}\ \text{curl}\boldsymbol{v}=\text{grad}\ \text{div}\boldsymbol{v}-\Delta\boldsymbol{v}$

解的示例:

(c) $\text{curl}\ \text{curl}\boldsymbol{v} =\varepsilon_{ijk}\dfrac{\partial}{\partial x_j}\left(\varepsilon_{klm}\dfrac{\partial v_m}{\partial x_l}\right)=\varepsilon_{ijk}\varepsilon_{lmk}\dfrac{\partial^2 v_m}{\partial x_j \partial x_l}$

$$=(\delta_{il}\delta_{jm}-\delta_{im}\delta_{jl})\frac{\partial^2 v_m}{\partial x_j \partial x_l}$$

$$=\frac{\partial^2 v_j}{\partial x_j \partial x_i}-\frac{\partial^2 v_i}{\partial x_j \partial x_j}=\frac{\partial}{\partial x_i}\left(\frac{\partial v_j}{\partial x_j}\right)-\frac{\partial}{\partial x_j}\left(\frac{\partial v_i}{\partial x_j}\right)$$

$$=\nabla(\nabla\cdot\boldsymbol{v})-\nabla\cdot\nabla\boldsymbol{v}=\text{grad div }\boldsymbol{v}-\Delta\boldsymbol{v}$$

矢量符号		指标符号	张量的阶
$\boldsymbol{v}$	(矢量)	v_i	1
$\lambda=\boldsymbol{u}\cdot\boldsymbol{v}$	(点积、标量积或内积)	$\lambda=u_i v_i$	0
$\boldsymbol{w}=\boldsymbol{u}\times\boldsymbol{v}$	(叉积或矢量积)	$w_i=\varepsilon_{ijk}u_j v_k$	1
$\text{grad }\phi=\nabla\phi$	(标量梯度)	$\frac{\partial\phi}{\partial x_j}$	2
$\text{grad }\boldsymbol{v}=\nabla\boldsymbol{v}$	(矢量梯度)	$\frac{\partial v_i}{\partial x_j}$	2
$\text{div }\boldsymbol{v}=\nabla\cdot\boldsymbol{v}$	(散度)	$\frac{\partial v_i}{\partial x_i}$	0
$\text{curl }\boldsymbol{v}=\nabla\times\boldsymbol{v}$	(旋度)	$\varepsilon_{ijk}\frac{\partial v_k}{\partial x_j}$	1
$\nabla^2\boldsymbol{v}=\nabla\cdot\nabla\boldsymbol{v}=\Delta\boldsymbol{v}$	(拉普拉斯算子)	$\frac{\partial}{\partial x_i}\left(\frac{\partial v_j}{\partial x_i}\right)=\frac{\partial^2 v_j}{\partial x_i\partial x_i}$	1

2.32 设 $\boldsymbol{r}$ 是场中某典型点的矢径，r 是 $\boldsymbol{r}$ 的模，试用上表中定义的符号证明：

(a) $\text{div}(r^n\boldsymbol{r})=(n+3)r^n$

(b) $\text{curl}(r^n\boldsymbol{r})=0$

(c) $\Delta(r^n)=n(n+1)r^{n-2}$

解的示例：

(a) 设 $\boldsymbol{r}$ 的分量为 $x_i(i=1,2,3)$：

$$\text{div }\boldsymbol{r}=\nabla\cdot\boldsymbol{r}=\frac{\partial x_i}{\partial x_i}=3$$

$$r^2=x_i x_i,\quad r\frac{\partial r}{\partial x_i}=x_i\text{，所以}\frac{\partial r}{\partial x_i}=\frac{x_i}{r}$$

$$\text{div }(r^n\boldsymbol{r})=\nabla\cdot(r^n\boldsymbol{r})=\frac{\partial}{\partial x_i}(r^n x_i)=r^n\frac{\partial x_i}{\partial x_i}+x_i\frac{\partial r^n}{\partial x_i}$$

$$=3r^n+n_i\left(nr^{n-1}\frac{\partial r}{\partial x_i}\right)=3r^n+nr^{n-2}x_i x_i=(n+3)r^n$$

2.33 某个用矩阵表示的量 $a_{ij}(i,j=1,2,3)$ 如下：

$$\begin{pmatrix}a_{11}&a_{12}&a_{13}\\a_{21}&a_{22}&a_{23}\\a_{31}&a_{32}&a_{33}\end{pmatrix}=\begin{pmatrix}1&1&0\\1&2&2\\0&2&3\end{pmatrix}$$

试计算以下值：(a)a_{ii}，(b)$a_{ij}a_{ij}$，(c)$a_{ij}a_{jk}$（当 $i=1,k=1$ 时和 $i=1,k=2$ 时）。

答案：6,24,2,3。

2.34　众所周知，刚体转动是不可交换的。例如，取一本书，沿书的棱边固定一个参考坐标系 x,y,z。首先将书绕 y 轴旋转 90°；然后绕 z 轴旋转 90°。我们得到一个确定的构形。但是按相反的顺序来转动，就会得到不同的结果。

坐标转动也是不可交换的；即转换矩阵(β_{ij})是不可交换的。我们用与刚才书的刚体转动相类似的一个特殊情况来论证它。首先把 x,y,z 绕 y 轴转动 90°到 x',y',z'，然后把 x',y',z'绕 z'轴转动 90°到 x'',y'',z''。于是

$$\begin{pmatrix} x' \\ y' \\ z' \end{pmatrix} = \begin{pmatrix} 0 & 0 & 1 \\ 0 & 1 & 0 \\ -1 & 0 & 0 \end{pmatrix} \begin{pmatrix} x \\ y \\ z \end{pmatrix}, \quad \begin{pmatrix} x'' \\ y'' \\ z'' \end{pmatrix} = \begin{pmatrix} 0 & 1 & 0 \\ -1 & 0 & 0 \\ 0 & 0 & 1 \end{pmatrix} \begin{pmatrix} x' \\ y' \\ z' \end{pmatrix}$$

试导出由 x,y,z 到 x'',y'',z''的转换矩阵。现在，颠倒转动顺序。试证明将得到不同的结果。

2.35　无限小转动是可交换的。为了论证这一点，现在考察先绕 y 轴旋转无限小角 θ，再绕 z 轴旋转另一无限小角 ψ。试比较其结果与按相反顺序旋转的结果。

2.36　采用指标符号将下列方程组表示成一个方程：

$$\varepsilon_{xx} = \frac{1}{E}[\sigma_{xx} - v(\sigma_{yy} + \sigma_{zz})], \quad \varepsilon_{xy} = \frac{1+v}{E}\sigma_{xy}$$

$$\varepsilon_{yy} = \frac{1}{E}[\sigma_{yy} - v(\sigma_{xx} + \sigma_{zz})], \quad \varepsilon_{yz} = \frac{1+v}{E}\sigma_{yz}$$

$$\varepsilon_{zz} = \frac{1}{E}[\sigma_{zz} - v(\sigma_{xx} + \sigma_{yy})], \quad \varepsilon_{xz} = \frac{1+v}{E}\sigma_{xz}$$

2.37　将下列方程写成展开形式：

$$G\left(u_{i,kk} + \frac{1}{1-2\nu}u_{k,ki}\right) + X_i = \rho\frac{\partial^2 u_i}{\partial t^2}$$

设 $x_1=x, x_2=y, x_3=z; u_1=u, u_2=v, u_3=w$。

2.38　试证明：$\varepsilon_{ijk}\sigma_{jk}=0$。其中 ε_{ijk} 是置换符号，σ_{jk} 是对称张量，即 $\sigma_{jk}=\sigma_{kj}$。

2.39　采用指标符号将物理学中的全部基本定理写成张量形式。找一本好的物理书，从头到尾写一遍。

CHAPTER 第 3 章

应　力

在第 1 章中我们已经介绍了应力的概念。在第 2 章中定义和分析了笛卡儿张量。本章我们将讨论应力张量的性质。

3.1　应力的表示方法

应力的概念已经在 1.6 节中讨论过。考察图 3.1 中直角平行六面体内的连续介质。采用笛卡儿直角坐标系为参考系，其轴 x_1, x_2, x_3 平行于平行六面体的各棱边。设平面 ΔS_1 是六面体的一个表面，其外法线方向指向 x_1 轴的正向。将作用在 ΔS_1 上的应力矢量记为 $\overset{1}{\boldsymbol{T}}$，其三个分量 $\overset{1}{T}_1$，$\overset{1}{T}_2$，$\overset{1}{T}_3$ 分别沿坐标轴 x_1, x_2, x_3 方向。在此特定情况下，对这些应力分量引入一组新的符号：

$$\overset{1}{T}_1 = \tau_{11}, \quad \overset{1}{T}_2 = \tau_{12}, \quad \overset{1}{T}_3 = \tau_{13} \qquad (3.1\text{-}1)$$

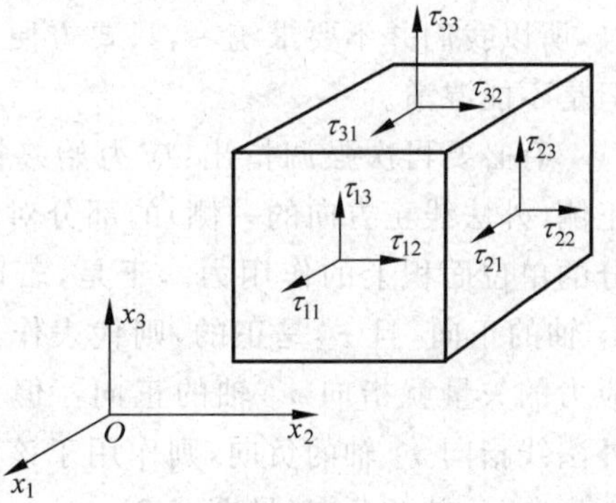

图 3.1　应力分量的标记

同样，设 ΔS_2 为外法向方向指向 x_2 轴正向的平面。作用在 ΔS_2 上的应力矢量 $\overset{2}{\boldsymbol{T}}$ 在 x_1, x_2, x_3 方向上也有三个分量。这些应力分量记为

$$\overset{2}{T}_1 = \tau_{21}, \quad \overset{2}{T}_2 = \tau_{22}, \quad \overset{2}{T}_3 = \tau_{23} \qquad (3.1\text{-}2)$$

对 ΔS_3 也有相同的情况。如果将作用在这三个面上的应力（或称牵引力）分量用一个方阵来表示，得到

应力分量

	1	2	3	
垂直于 x_1 的面	τ_{11}	τ_{12}	τ_{13}	(3.1-3)
垂直于 x_2 的面	τ_{21}	τ_{22}	τ_{23}	
垂直于 x_3 的面	τ_{31}	τ_{32}	τ_{33}	

如图 3.1 所示。分量 τ_{11},τ_{22},τ_{33} 称为正应力,其他分量 τ_{12},τ_{23} 等称为剪应力。每个分量的量纲都是单位面积上的力,或 M/LT^2。

文献中对应力分量所用的符号区别很大。在美国文献中最常用的符号是(在笛卡儿直角坐标 x,y,z 下):

$$\begin{pmatrix} \sigma_x & \tau_{xy} & \tau_{xz} \\ \tau_{yx} & \sigma_y & \tau_{yz} \\ \tau_{zx} & \tau_{zy} & \sigma_z \end{pmatrix} \tag{3.1-4}$$

或

$$\begin{pmatrix} \sigma_{xx} & \sigma_{xy} & \sigma_{xz} \\ \sigma_{yx} & \sigma_{yy} & \sigma_{yz} \\ \sigma_{zx} & \sigma_{zy} & \sigma_{zz} \end{pmatrix} \tag{3.1-5}$$

勒夫(Love)[①]将 σ_x 和 τ_{xy} 写成 X_x,Y_x,托德汉特(Todhunter)和皮尔森(Pearson)[②]则采用 $\widehat{xx}$,$\widehat{xy}$表示。因为读者在文献中可能遇到所有这些符号,所以我们并不要求统一,只要方便,无论用哪种都行。但是不能混淆。

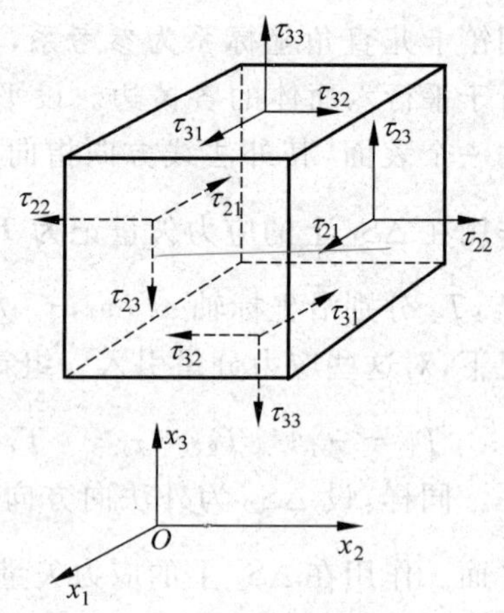

图 3.2 应力分量的正方向

有必要再次强调指出:应力始终被认为是位于面元正侧(外法线正方向的一侧)的部分对位于面元负侧的部分的单位面积上的作用力。于是,若面元的外法线指向 x_2 轴的正向,且 τ_{22} 是正的,则代表作用于该面元上的正应力的矢量就指向 x_2 轴的正向。但是若 τ_{22} 是正的,而外法线指向 x_2 轴的负向,则作用于该面元上的应力矢量也指向 x_2 轴的负向(见图 3.2)。

同样,τ_{21},τ_{23} 的正值表示若外法线和 x_2 轴同向,则剪应力矢量指向 x_1,x_3 轴的正向;但是若外法线和 x_2 轴反向,则剪应力矢量指向 x_1,x_3 轴的负向,如图 3.2 所示。

---

① A. E. H. Love. *A Treatise on the Mathematical Theory of Elasticity*. Cambridge: University Press. 1st ed., 1892. 4th ed. 1927.

② Todhunter and K. Pearson. *A History of the Theory of Elasticity and of the Syrength of Materials*. Cambridge: University Press. Vol. 1, 1886. Vol. 2, 1893.

仔细研究图 3.2 是必不可少的。当然,这些规则与常用的拉伸、压缩和剪切的定义是一致的。

3.2 运动定律

连续介质力学建立在牛顿运动定律的基础之上。设坐标系 x_1,x_2,x_3 是笛卡儿直角惯性参考系。将物体在任意时刻 t 所占有的空间记为 $B(t)$,如图 3.3。设 $\boldsymbol{r}$ 是质点相对于坐标原点的矢径。现在考察包含矢径为 $\boldsymbol{r}$ 之点的无限小体积微元 $\mathrm{d}v$。设 ρ 是材料的密度,$\mathbf{V}$ 是 $\boldsymbol{r}$ 处的速度。于是微元的质量为 $\rho\mathrm{d}v$,线动量为 $(\rho\mathrm{d}v)\mathbf{V}$。动量在域 $B(t)$ 上的积分

$$\mathscr{P}=\int_{B(t)}\mathbf{V}\rho\mathrm{d}v \tag{3.2-1}$$

就是构形 $B(t)$ 内物体的线动量。微元动量对原点的矩 $\boldsymbol{r}\times\mathbf{V}\rho\mathrm{d}v$ 在域 $B(t)$ 上的积分

$$\mathscr{H}=\int_{B(t)}\boldsymbol{r}\times\mathbf{V}\rho\mathrm{d}v \tag{3.2-2}$$

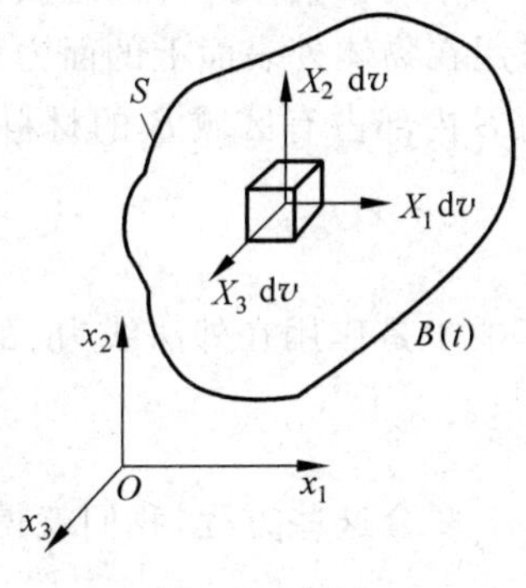

图 3.3 体力

就是物体的动量矩。按欧拉对连续介质的陈述,牛顿定律确认:线动量的变化率等于作用在物体上的总外力 $\mathscr{F}$,即

$$\dot{\mathscr{P}}=\mathscr{F} \tag{3.2-3}$$

以及动量矩的变化率等于绕原点的总外力矩 $\mathscr{L}$,即

$$\dot{\mathscr{H}}=\mathscr{L} \tag{3.2-4}$$

很容易证明:若方程(3.2-3)成立,则当方程(3.2-4)对一种原点的选择成立时,它就对所有的原点选择都将成立①。

我们前面已经提到,在连续介质力学中有两种作用在物体上的外力:

(1) 体力,作用在物体的体积微元上。

(2) 面力,或应力,作用在面积微元上。

体力的例子有重力和电磁力。面力的例子有作用在物体上的气动压力和由于两物体的机械接触而产生的应力,或者在物体两部分之间的应力。

为了确定体力,考察由任意曲面 S 所包围的体积(如图 3.3)。假设由体力产生的合力矢量可以表示为在以 S 所包围的域 B 上的体积分形式,即

---

① 导数 $\dot{\mathscr{P}}$ 和 $\dot{\mathscr{H}}$ 表示某固定质点集的 $\mathscr{P}$ 和 $\mathscr{H}$ 对时间的变化率。以后将分别用 $D\mathscr{P}/Dt$ 和 $D\mathscr{H}/Dt$ 来表示它们(见 10.3 节)。

$$\int_B \boldsymbol{X} \mathrm{d}v$$

具有三个分量 X_1, X_2, X_3(它们的量纲都是单位体积的力,即 $\mathrm{M(LT)^{-2}}$)的矢量 $\boldsymbol{X}$ 称为单位体积上的体力。例如,在重力场中,

$$X_i = \rho g_i$$

其中,g_i 是重力加速度场的分量;ρ 是材料的密度(单位体积的质量)。

作用在物体内部假想曲面上的面力,就是欧拉与柯西应力原理中所提到的应力矢量。作用在物体外表面上的面力也同样可以用应力矢量来表示。根据这一概念,作用在闭合曲面 S 内部占有区域 B 的材料上的总力为

$$\mathscr{F} = \oint_S \overset{\nu}{\boldsymbol{T}} \mathrm{d}S + \int_B \boldsymbol{X} \mathrm{d}v \tag{3.2-5}$$

其中 $\overset{\nu}{\boldsymbol{T}}$ 是作用在外法线为 $\boldsymbol{\nu}$ 的面元 $\mathrm{d}S$ 上的应力矢量。同样,对原点的力矩可以表示为

$$\mathscr{L} = \oint_S \boldsymbol{r} \times \overset{\nu}{\boldsymbol{T}} \mathrm{d}S + \int_B \boldsymbol{r} \times \boldsymbol{X} \mathrm{d}v \tag{3.2-6}$$

联合这些方程,我们就得到运动方程:

$$\oint_S \overset{\nu}{\boldsymbol{T}} \mathrm{d}S + \int_B \boldsymbol{X} \mathrm{d}v = \frac{D}{Dt} \int_B \boldsymbol{V} \rho \mathrm{d}v \qquad \blacktriangle(3.2\text{-}7)$$

$$\oint_S \boldsymbol{r} \times \overset{\nu}{\boldsymbol{T}} \mathrm{d}S + \int_B \boldsymbol{r} \times \boldsymbol{X} \mathrm{d}v = \frac{D}{Dt} \int_B \boldsymbol{r} \times \boldsymbol{V} \rho \mathrm{d}v \qquad \blacktriangle(3.2\text{-}8)$$

除了要求在所有时刻都必须由相同的质点组成外,对区域 $B(t)$ 没有任何要求。除了连续性(即能形成连续介质)外,对质点的选择也没有任何要求。方程(3.2-7)和(3.2-8)可以应用于任何物体。它们可以应用于海洋,也可以用于一勺水。域 $B(t)$ 的边界面可以与弹性固体的外边界相重合,也可以只包括其一小部分。

3.3 柯西公式

由运动方程出发,可以首先导出一个简单结果:**表示面元外部材料对内部材料作用的应力矢量 $\boldsymbol{T}^{(+)}$ 与表示内部材料通过同一面元对外部材料作用的应力矢量 $\boldsymbol{T}^{(-)}$ 大小相等、方向相反。**即

$$\boldsymbol{T}^{(+)} = -\boldsymbol{T}^{(-)} \qquad \blacktriangle(3.3\text{-}1)$$

为了证明此式,考察一个具有两个平行表面、面积为 ΔS、厚度为 δ 的"小盒",如图 3.4 所示。当 δ 收缩到零而 ΔS 仍保持微小但有限时,体力、线动量及其随时间的变化率均为零,小盒侧边的表面力也为零。因此,对于微小的 ΔS,运动方程(3.2-3)意味着

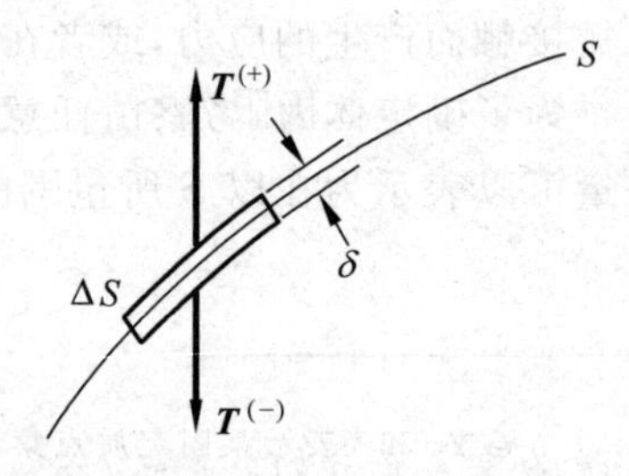

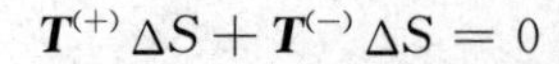

$$\boldsymbol{T}^{(+)} \Delta S + \boldsymbol{T}^{(-)} \Delta S = 0$$

图 3.4 横贯表面 S 的"小盒"的平衡

于是得到方程(3.3-1)。

说明这一结果的另一种方法是:应力矢量是表面法矢量的函数。当法矢量反向时,应力矢量也将反向。

现在来证明:只要知道应力分量 τ_{ij},就可以立刻写出作用在外法线单位矢量为$\boldsymbol{\nu}$(其分量为 ν_1,ν_2,ν_3)的任意平面上的应力矢量。该应力矢量记为 $\overset{\nu}{\boldsymbol{T}}$,其分量 $\overset{\nu}{T}_1,\overset{\nu}{T}_2,\overset{\nu}{T}_3$ 由如下柯西公式给出:

$$\overset{\nu}{T}_i = \nu_j T_{ij} \qquad ▲(3.3\text{-}2)$$

有好几种方法可以导出柯西公式。下面将给出一种初等的推导方法。

考察一个由三个平行于坐标平面的面和一个垂直于单位矢量$\boldsymbol{\nu}$的面所构成的微四面体,如图 3.5。设垂直于$\boldsymbol{\nu}$之平面的面积为 $\mathrm{d}S$。于是其他三个平面的面积为

$$\begin{aligned}\mathrm{d}S_1 &= \mathrm{d}S\cos(\boldsymbol{\nu},\boldsymbol{x}_1)\\ &= \nu_1\mathrm{d}S = \text{平行于 } x_2x_3 \text{ 平面的面元的面积},\\ \mathrm{d}S_2 &= \nu_2\mathrm{d}S = \text{平行于 } x_1x_3 \text{ 平面的面元的面积},\\ \mathrm{d}S_3 &= \nu_3\mathrm{d}S = \text{平行于 } x_1x_2 \text{ 平面的面元的面积},\end{aligned}$$

以及四面体的体积为

$$\mathrm{d}v = \frac{1}{3}h\mathrm{d}S$$

其中 h 是顶点 P 到底面 $\mathrm{d}S$ 的高度。可以写出作用在三个坐标面上、沿 x_1 正向的力:

$$(-\tau_{11}+\varepsilon_1)\mathrm{d}S_1,\quad (-\tau_{21}+\varepsilon_2)\mathrm{d}S_2,\quad (-\tau_{31}+\varepsilon_3)\mathrm{d}S_3$$

其中 $\tau_{11},\tau_{21},\tau_{31}$是顶点 P 处背离 $\mathrm{d}S$ 的应力。加上负号是因为这三个面的外法线方向与坐标轴反向,加入 ε_i 项是因为应力作用在稍不同于 P 点的位置上。如果我们假设应力场是连续的,则 $\varepsilon_1,\varepsilon_2,\varepsilon_3$ 是无限小量。另一方面,作用在垂直于$\boldsymbol{\nu}$的三角形上的力在 x_1 轴正方向上具有分量$(\overset{\nu}{T}_1+\varepsilon)\mathrm{d}S$,体力沿 x_1 方向的分量等于$(X_1+\varepsilon')\mathrm{d}v$,线动量变化率的分量为 $\rho\dot{V}_1\mathrm{d}v$,其中$\dot{V}_1$ 是 x_1 方向的加速度分量。这里,$\overset{\nu}{T}_1$ 和 X_1 都是 P 点处的值,而 ε 和 ε' 也都是无限小量。于是,第一个运动方程为

$$\begin{aligned}&(-\tau_{11}+\varepsilon_1)\nu_1\mathrm{d}S+(-\tau_{21}+\varepsilon_2)\nu_2\mathrm{d}S+(-\tau_{31}+\varepsilon_3)\nu_3\mathrm{d}S\\ &+(\overset{\nu}{T}_1+\varepsilon)\mathrm{d}S+(X_1+\varepsilon')\frac{1}{3}h\mathrm{d}S=\rho\dot{V}_1\frac{1}{3}h\mathrm{d}S\end{aligned} \qquad (3.3\text{-}3)$$

全都除以 $\mathrm{d}S$,取极限 $h\to 0$,并注意到 $\varepsilon_1,\varepsilon_2,\varepsilon_3,\varepsilon,\varepsilon'$都随 h 和 $\mathrm{d}S$ 一起趋于零,得到

$$\overset{\nu}{T}_1 = \tau_{11}\nu_1+\tau_{21}\nu_2+\tau_{31}\nu_3 \qquad (3.3\text{-}4)$$

这就是方程(3.3-2)的第一式。其他各式可以用类似的方法得到。

柯西公式使我们确信:应力 τ_{ij} 的九个分量对确定作用于物体中任意面元上的应力矢量是既必要又充分的。因此,物体中的应力状态完全可以由一组量 τ_{ij} 来表征。由于 $\overset{\nu}{\boldsymbol{T}}_i$ 是矢

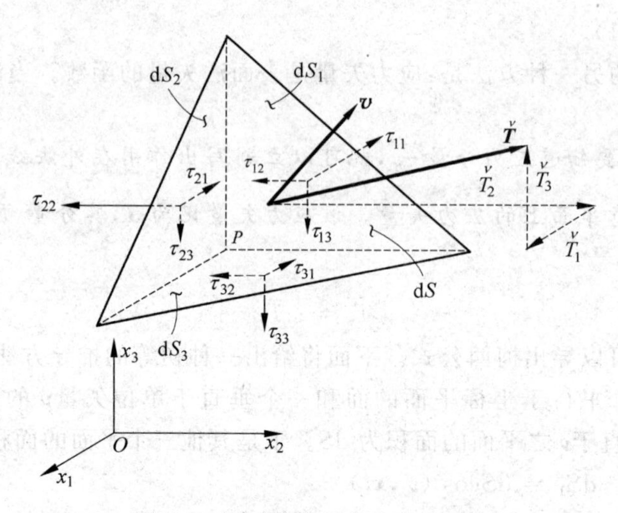

图 3.5 四面体表面上的应力矢量

量,且方程(3.3-2)对任意矢量ν_j都成立,由此可见,τ_{ij}是一个张量。今后τ_{ij}就称为应力张量。

可接受误差的检验

在1.5节中,基于可接受的变动性和限定尺度的极限方法我们定义了连续介质。在1.6节中,将此概念应用于应力的定义。在1.7节中,我们采用真实材料的抽象复制体作为理想化的一种方法。在柯西公式(3.3-4)的证明中我们已经用过该抽象复制体,并按微积分的常用方法舍弃了方程(3.3-3)中的许多项,导出了方程(3.3-4)。我们曾断言:当将方程(3.3-3)对$h\to 0$和$\Delta S\to 0$取极限时,如下各项之和

$$\varepsilon_1\nu_1+\varepsilon_2\nu_2+\varepsilon_3\nu_3+\varepsilon+\frac{1}{3}h(\varepsilon'-\rho\dot{V}_1) \tag{3.3-5}$$

与保留下来的各项

$$\overset{\nu}{T}_1,\tau_{11}\nu_1,\tau_{21}\nu_2,\tau_{31}\nu_3 \tag{3.3-6}$$

相比是微小的。现在,如果我们不允许取极限$h\to 0$和$\Delta S\to 0$,而代之以限制可接受的h不得小于常数h^*和ΔS不得小于某常数乘$(h^*)^2$,于是列于(3.3-5)式中的量必须按$h=h^*$和$\Delta S=\text{const.}\cdot(h^*)^2$来估算,然后再和(3.3-6)式中的量进行比较。为此必须定义一个多小才能忽略的标准,并根据这定义来进行比较。如果我们发现(3.3-5)式中的量与(3.3-6)式中的那些量相比是可以忽略的,那么我们就可以说方程(3.3-3)或方程(3.3-2)是成立的。原则上说,为了将连续介质理论应用于真实世界的物体这冗长而乏味的步骤是应该进行的。

3.4 平衡方程

现在我们将运动方程(3.2-7)和(3.2-8)转换成微分方程形式。如第10章所述，利用高斯理论和柯西公式可以很漂亮地进行这种转换，但是为了保证物理意义的清晰，我们这里将采用初等的讲授方法。

考察一个各面平行于坐标平面的微六面体的静平衡状态。作用在不同表面上的应力如图3.6所示。力$\tau_{11}\mathrm{d}x_2\mathrm{d}x_3$作用在左侧，力$[\tau_{11}+(\partial\tau_{11}/\partial x_1)\mathrm{d}x_1]\mathrm{d}x_2\mathrm{d}x_3$作用在右侧，等等。这些表达式是基于应力连续性假设的，下面将给予说明。体力是$X_i\mathrm{d}x_1\mathrm{d}x_2\mathrm{d}x_3$。

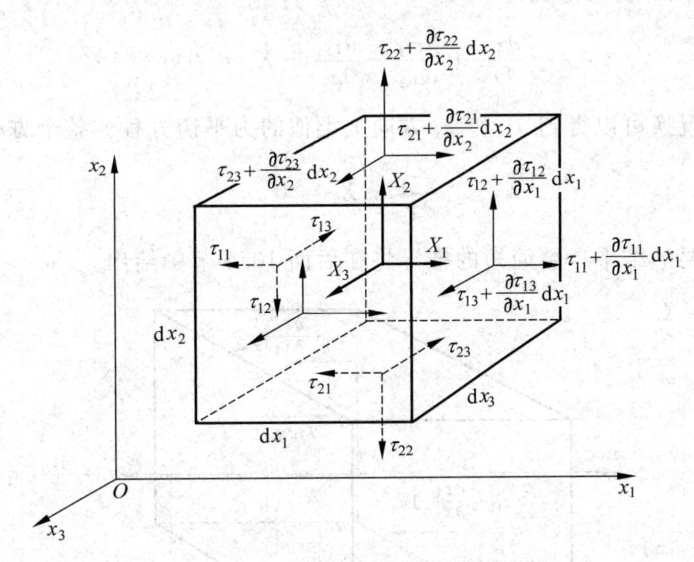

图3.6 微六面体上应力分量的平衡

图中画出的应力可以说明如下。我们涉及的是一个非均匀应力场。每个应力分量都是位置的函数。因此，应力分量τ_{11}是x_1,x_2,x_3的函数，即$\tau_{11}(x_1,x_2,x_3)$。在比点(x_1,x_2,x_3)偏右一点的点$(x_1+\mathrm{d}x_1,x_2,x_3)$处，应力$\tau_{11}$的值为$\tau_{11}(x_1+\mathrm{d}x_1,x_2,x_3)$。但是，若$\tau_{11}$是$x_1$，$x_2,x_3$的连续可微函数，则根据带余项的泰勒定理，我们有

$$\tau_{11}(x_1+\mathrm{d}x_1,x_2,x_3)=\tau_{11}(x_1,x_2,x_3)+\mathrm{d}x_1\frac{\partial\tau_{11}}{\partial x_1}(x_1,x_2,x_3)$$
$$+\mathrm{d}x_1^2\,\frac{1}{2}\,\frac{\partial^2\tau_{11}}{\partial x_1^2}(x_1+\alpha\mathrm{d}x_1,x_2,x_3)$$

其中$0\leqslant\alpha\leqslant1$。若$\partial^2\tau_{11}/\partial x_1^2$是有限的，则可以通过选择足够小的$\mathrm{d}x_1$使得最后项与其他项相比为任意小。用这样的选择，我们有

$$\tau_{11}(x_1+\mathrm{d}x_1,x_2,x_3)=\tau_{11}(x_1,x_2,x_3)+\frac{\partial\tau_{11}}{\partial x_1}(x_1,x_2,x_3)\mathrm{d}x_1$$

在图 3.6 中,我们在应力作用面上简写为 τ_{11} 和 $\tau_{11}+(\partial\tau_{11}/\partial x_1)\mathrm{d}x_1$。左面、底面和后面都位于 x_1,x_2,x_3 处。微元的边长为 $\mathrm{d}x_1,\mathrm{d}x_2,\mathrm{d}x_3$。

所有应力及其导数都是按点(x_1,x_2,x_3)计算的。物体的平衡要求合力为零。考察 x_1 方向上的力。如图 3.7 所示,共有六个面力分量和一个体力分量。它们的和为

$$\left(\tau_{11}+\frac{\partial\tau_{11}}{\partial x_1}\mathrm{d}x_1\right)\mathrm{d}x_2\mathrm{d}x_3-\tau_{11}\mathrm{d}x_2\mathrm{d}x_3+\left(\tau_{21}+\frac{\partial\tau_{21}}{\partial x_2}\mathrm{d}x_2\right)\mathrm{d}x_1\mathrm{d}x_3-\tau_{21}\mathrm{d}x_1\mathrm{d}x_3$$
$$+\left(\tau_{31}+\frac{\partial\tau_{31}}{\partial x_3}\mathrm{d}x_3\right)\mathrm{d}x_1\mathrm{d}x_2-\tau_{31}\mathrm{d}x_1\mathrm{d}x_2+X_1\mathrm{d}x_1\mathrm{d}x_2\mathrm{d}x_3=0 \tag{3.4-1}$$

所有项都除以 $\mathrm{d}x_1\mathrm{d}x_2\mathrm{d}x_3$,得到

$$\frac{\partial\tau_{11}}{\partial x_1}+\frac{\partial\tau_{21}}{\partial x_2}+\frac{\partial\tau_{31}}{\partial x_3}+X_1=0 \tag{3.4-2}$$

利用指标的循环置换可以得到 x_2 和 x_3 方向上类似的力平衡方程。整个方程组可以简写为

$$\frac{\partial\tau_{ij}}{\partial x_j}+X_i=0 \qquad ▲(3.4\text{-}3)$$

这是一个非常重要的结果。更简短的推导将在后面 10.6 节中给出。

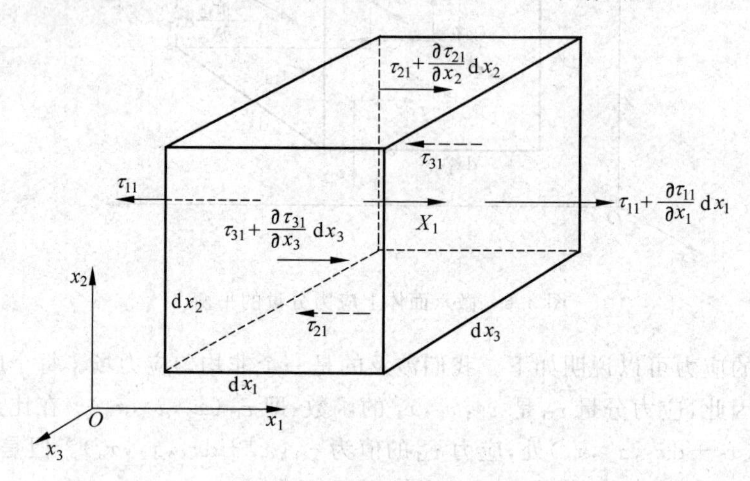

图 3.7 x_1 方向的应力分量

微元的平衡还要求合力矩为零。如果不存在正比于体积的外力矩,通过对力矩的考察将得到一个重要结论:*应力张量是对称的*。即

$$\tau_{ij}=\tau_{ji} \qquad ▲(3.4\text{-}4)$$

这点可以论证如下。参考图 3.6 并考虑所有的力对 x_3 轴的矩,我们看到:所有平行于 Ox_3 轴的力分量、或位于含 Ox_3 轴之平面内的力分量都对力矩没有任何贡献。对 x_3 轴的力矩有贡献的力分量示于图 3.8。于是,加上相应的力臂,我们有

$$
\begin{aligned}
&-\left(\tau_{11}+\frac{\partial \tau_{11}}{\partial x_1}\mathrm{d}x_1\right)\mathrm{d}x_2\,\mathrm{d}x_3\,\frac{\mathrm{d}x_2}{2}+\tau_{11}\,\mathrm{d}x_2\,\mathrm{d}x_3\,\frac{\mathrm{d}x_2}{2} \\
&+\left(\tau_{12}+\frac{\partial \tau_{12}}{\partial x_1}\mathrm{d}x_1\right)\mathrm{d}x_2\,\mathrm{d}x_3\,\mathrm{d}x_1-\left(\tau_{12}+\frac{\partial \tau_{21}}{\partial x_2}\mathrm{d}x_2\right)\mathrm{d}x_1\,\mathrm{d}x_3\,\mathrm{d}x_2 \\
&+\left(\tau_{22}+\frac{\partial \tau_{22}}{\partial x_2}\mathrm{d}x_2\right)\mathrm{d}x_1\,\mathrm{d}x_3\,\frac{\mathrm{d}x_1}{2}-\tau_{22}\,\mathrm{d}x_1\,\mathrm{d}x_2\,\frac{\mathrm{d}x_1}{2} \\
&+\left(\tau_{32}+\frac{\partial \tau_{32}}{\partial x_3}\mathrm{d}x_3\right)\mathrm{d}x_1\,\mathrm{d}x_2\,\frac{\mathrm{d}x_1}{2}-\tau_{32}\,\mathrm{d}x_1\,\mathrm{d}x_2\,\frac{\mathrm{d}x_1}{2} \\
&-\left(\tau_{31}+\frac{\partial \tau_{31}}{\partial x_3}\mathrm{d}x_3\right)\mathrm{d}x_1\,\mathrm{d}x_2\,\frac{\mathrm{d}x_2}{2}+\tau_{31}\,\mathrm{d}x_1\,\mathrm{d}x_2\,\frac{\mathrm{d}x_2}{2} \\
&-X_1\,\mathrm{d}x_1\,\mathrm{d}x_2\,\mathrm{d}x_3\,\frac{\mathrm{d}x_2}{2}+X_2\,\mathrm{d}x_1\,\mathrm{d}x_2\,\mathrm{d}x_3\,\frac{\mathrm{d}x_1}{2}=0
\end{aligned}
$$

用 $\mathrm{d}x_1\mathrm{d}x_2\mathrm{d}x_3$ 去除整个式子,并取极限 $\mathrm{d}x_1\to 0,\mathrm{d}x_2\to 0,\mathrm{d}x_3\to 0$,我们得到

$$\tau_{12}=\tau_{21} \tag{3.4-5}$$

类似地,考虑绕 Ox_2 和 Ox_1 的合力矩将导出由方程(3.4-4)给出的一般结果。更简短的推导将在后面 10.7 节中给出。

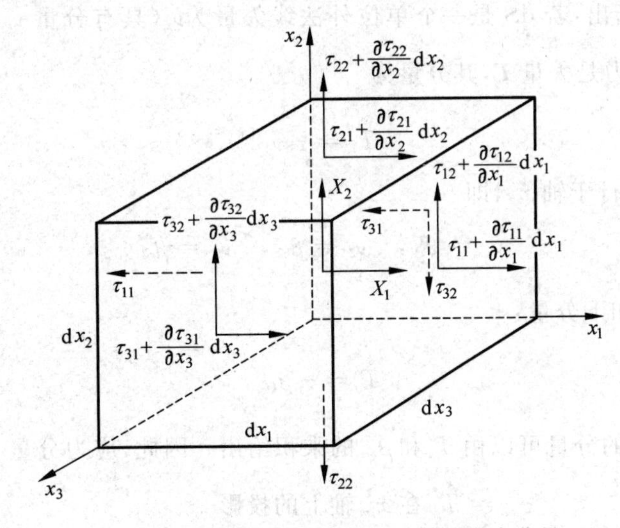

图 3.8　对绕 Ox_3 轴之力矩有贡献的应力分量

到目前为止,我们已经考察了平衡条件。如果希望导出运动方程而非平衡方程,只需要将达朗贝尔原理应用到我们的立方体上。根据达朗贝尔原理,如果将质点的质量与加速度之乘积的负值当作外力(称为惯性力)加到该质点上,就可以将运动中的质点视为处于平衡状态。达朗贝尔原理也适用于质点系,只要把所有质点上惯性力的合力加到质点系的质心上。

对于本节所考察的微元,若 $\boldsymbol{a}$(分量为 a_1,a_2,a_3)表示惯性参考系中质点的加速度矢量,

则由于微元质量为 $\rho \mathrm{d}x_1 \mathrm{d}x_2 \mathrm{d}x_3$，惯性力就是 $-\rho a_i \mathrm{d}x_1 \mathrm{d}x_2 \mathrm{d}x_3$。把它们加入方程(3.4-1)，全部除以 $\mathrm{d}x_1 \mathrm{d}x_2 \mathrm{d}x_3$，就导得运动方程：

$$\rho a_1 = \frac{\partial \tau_{11}}{\partial x_1} + \frac{\partial \tau_{21}}{\partial x_2} + \frac{\partial \tau_{31}}{\partial x_3} + X_1, \cdots \tag{3.4-6}$$

即

$$\rho a_i = \frac{\partial \tau_{ij}}{\partial x_j} + X_i \tag{3.4-7}$$

3.5 坐标转换时应力分量的变化

在前几节中应力分量 τ_{ij} 是相对于笛卡儿直角坐标系 x_1, x_2, x_3 定义的。现在选取原点相同但方向不同的第二个笛卡儿直角坐标系 x_1', x_2', x_3'，并考察在新坐标系中的应力分量，如图 3.9。设这两个坐标系具有线性关系：

$$x'_k = \beta_{ki} x_i \quad (k = 1, 2, 3) \tag{3.5-1}$$

其中 β_{ki} 是 x_k' 轴相对于 x_i 轴的方向余弦。由于 τ_{ij} 是张量(见 3.3 节)，我们立刻可以写出转换规律。然而，为了强调结果的重要性，我们将引入一种基于柯西公式(推导见 3.3 节)的初等推导。柯西公式指出：若 dS 是一个单位外法线矢量为 $\boldsymbol{\nu}$ (具有分量 ν_i)的面元，则作用在 dS 上的单位面积的力是矢量 $\overset{\nu}{\boldsymbol{T}}$，其分量为

$$\overset{\nu}{T}_i = \tau_{ji} \nu_j \tag{3.5-2}$$

若将法矢量 $\boldsymbol{\nu}$ 选为平行于轴 x_k'，即

$$\nu_1 = \beta_{k1}, \quad \nu_2 = \beta_{k2}, \quad \nu_3 = \beta_{k3}$$

则应力矢量 $\overset{k}{\boldsymbol{T}'}$ 具有如下分量：

$$\overset{k}{T}{}'_i = \tau_{ji} \beta_{kj}$$

矢量 $\overset{k}{\boldsymbol{T}'}$ 在 x'_m 轴方向的分量可以由 $\overset{k}{T}{}'_i$ 和 β_{mi} 的乘积给出。因此，应力分量

$$\begin{aligned} \tau'_{km} &= \overset{k}{T'} \text{ 在 } x'_m \text{ 轴上的投影} \\ &= \overset{k}{T}{}'_1 \beta_{m1} + \overset{k}{T}{}'_2 \beta_{m2} + \overset{k}{T}{}'_3 \beta_{m3} \\ &= \tau_{j1} \beta_{kj} \beta_{m1} + \tau_{j2} \beta_{kj} \beta_{m2} + \tau_{j3} \beta_{kj} \beta_{m3} \end{aligned}$$

即

$$\tau'_{km} = \tau_{ji} \beta_{kj} \beta_{mi} \tag{3.5-3}$$

若比较方程(3.5-3)和(2.6-6)，可以看到应力分量的转换与二阶笛卡儿张量相同。所以，由 τ_{ij} 表示的应力的物理概念与欧几里德空间中二阶张量的数学定义是一致的。

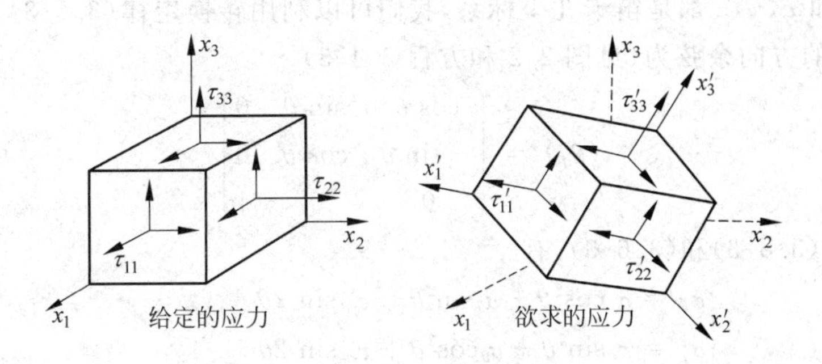

图 3.9 坐标系转动时应力分量的转换

3.6 正交曲线坐标中的应力分量

在连续介质力学中经常引入正交曲线坐标系，只要该坐标系能够简化边界条件。例如，我们要研究圆柱管中的流动或圆轴的扭转，采用圆柱坐标系是很自然的。如果想研究球中应力分布，则采用球坐标系是很自然的。事实上，如果要研究由金属平板到球形盖的爆炸成形，那么对板的初始状态采用直角坐标系而对变形后的状态采用球坐标系是很有效的。

沿曲线坐标的方向分解出应力分量并用相应的下标来表示它们是合理的。例如，在圆柱坐标系 r,θ,z 中，它与直角坐标的关系是：

$$\begin{cases} x = r\cos\theta, \\ y = r\sin\theta, \\ z = z, \end{cases} \quad \begin{cases} \theta = \arctan(y/x), \\ r^2 = x^2 + y^2, \\ z = z \end{cases} \tag{3.6-1}$$

当然可以将应力张量在点 (r,θ,z) 处的分量表示为

$$\begin{pmatrix} \tau_{rr} & \tau_{r\theta} & \tau_{rz} \\ \tau_{\theta r} & \tau_{\theta\theta} & \tau_{\theta z} \\ \tau_{zr} & \tau_{z\theta} & \tau_{zz} \end{pmatrix} \quad \text{或} \quad \begin{pmatrix} \sigma_r & \tau_{r\theta} & \tau_{rz} \\ \tau_{\theta r} & \sigma_\theta & \tau_{\theta z} \\ \tau_{zr} & \tau_{z\theta} & \sigma_z \end{pmatrix} \tag{3.6-2}$$

为了建立这些分量与 σ_x，τ_{xy} 等的关系，我们在点 (r,θ,z) 处建一个局部笛卡儿直角坐标系 x'，y'，z'，其原点位于 (r,θ,z)，x' 轴沿 r 的增加方向，y' 轴沿 θ 的增加方向，而 z' 轴平行于 z 轴（见图 3.10）。于是按惯用的记号，应力 $\tau_{x'x'}$，$\tau_{y'y'}$，…就完全确定了。现在令 r,θ,z 与 x'，y'，z' 等价，就可以定义方程(3.6-2)中的应力分量：

$$\tau_{rr} = \tau_{x'x'}, \quad \tau_{r\theta} = \tau_{x'y'}, \quad \tau_{\theta\theta} = \tau_{y'y'}, \quad \cdots \tag{3.6-3}$$

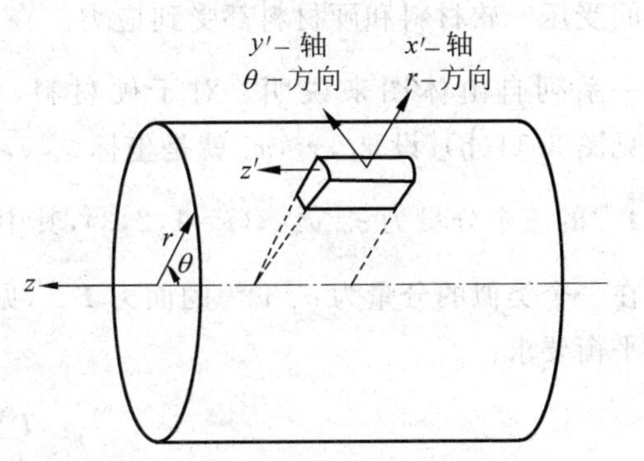

图 3.10 圆柱坐标中的应力分量

由于 x', y', z' 和 x, y, z 都是笛卡儿坐标系，我们可以利用转换定律(3.5-3)。x', y', z' 轴相对于 x, y, z 轴的方向余弦为(见图 2.2 和方程 2.4-3)

$$(\beta_{ij}) = \begin{bmatrix} \cos\theta & \sin\theta & 0 \\ -\sin\theta & \cos\theta & 0 \\ 0 & 0 & 1 \end{bmatrix} \tag{3.6-4}$$

因此，借助方程(3.5-3)和(3.6-3)，有

$$\begin{cases} \sigma_x = \sigma_r \cos^2\theta + \sigma_\theta \sin^2\theta - \tau_{r\theta} \sin 2\theta \\ \sigma_y = \sigma_r \sin^2\theta + \sigma_\theta \cos^2\theta + \tau_{r\theta} \sin 2\theta \\ \sigma_z = \sigma_z \\ \tau_{xy} = (\sigma_r - \sigma_\theta) \sin\theta \cos\theta + \tau_{r\theta} (\cos^2\theta - \sin^2\theta) \\ \tau_{zx} = \tau_{zr} \cos\theta - \tau_{z\theta} \sin\theta \\ \tau_{zy} = \tau_{zr} \sin\theta + \tau_{z\theta} \cos\theta \end{cases} \tag{3.6-5}$$

球坐标系和其他正交曲线坐标系可以用类似的方法处理。

3.7 应力边界条件

力学中的问题通常表现为：已知固体或流体表面上的力、或速度、或位移的一些情况，求物体内部发生了什么变化。例如，风吹到一座具有坚固基础的建筑物上。作用在柱和梁中的应力是多少？它们安全吗？为了解决这些问题，我们以边界条件的形式来表达与外部世界相关的已知事实，然后用微分方程(场方程)将这些信息扩散到物体内部。如果能找到满足所有场方程和边界条件的解，就可以得到整个物体内部的完整信息。

在物体表面或两物体间的界面上，作用在表面上的应力矢量(单位面积的力)在该表面的两侧必须相同。事实上，这正是应力(它定义了物体一部分与另一部分间的相互作用)的基本概念。

考察一个由硬质材料和软质材料组成的立方体，如图 3.11(a) 所示。让它在两个平壁间受压。软材料和硬材料都受到应力。在界面 AB 上点 P 处的情况可以通过图中给出的一系列自由体图来说明。对于硬材料，在 P 点处界面的正侧，作用有应力矢量 $\overset{\nu}{\boldsymbol{T}}{}^{(1)}$，见图 3.11(b)。设 x_1, x_2, x_3 就是坐标 x, y, z，单位法矢量 $\boldsymbol{\nu}^{(1)}$ 有三个分量(0,0,1)，应力矢量 $\overset{\nu}{\boldsymbol{T}}{}^{(1)}$ 的三个分量为 $\sigma_{ij}^{(1)}\nu_j^{(1)}$，$(i=1,2,3)$，其中 $\sigma_{ij}^{(1)}$ 是硬材料中的应力张量。对于软材料，必存在一个类似的分量为 $\sigma_{ij}^{(2)}\nu_j^{(2)}$ 的面力 $\overset{\nu}{\boldsymbol{T}}{}^{(2)}$，见图 3.11(c)。自由体图 3.11(d)所示的薄微盒的平衡要求：

$$\overset{\nu}{\boldsymbol{T}}{}^{(1)} = \overset{\nu}{\boldsymbol{T}}{}^{(2)} \tag{3.7-1}$$

这就是界面两侧应力矢量相等的条件。更明确地说，设界面为 xy 平面，z 轴垂直于 xy 面。

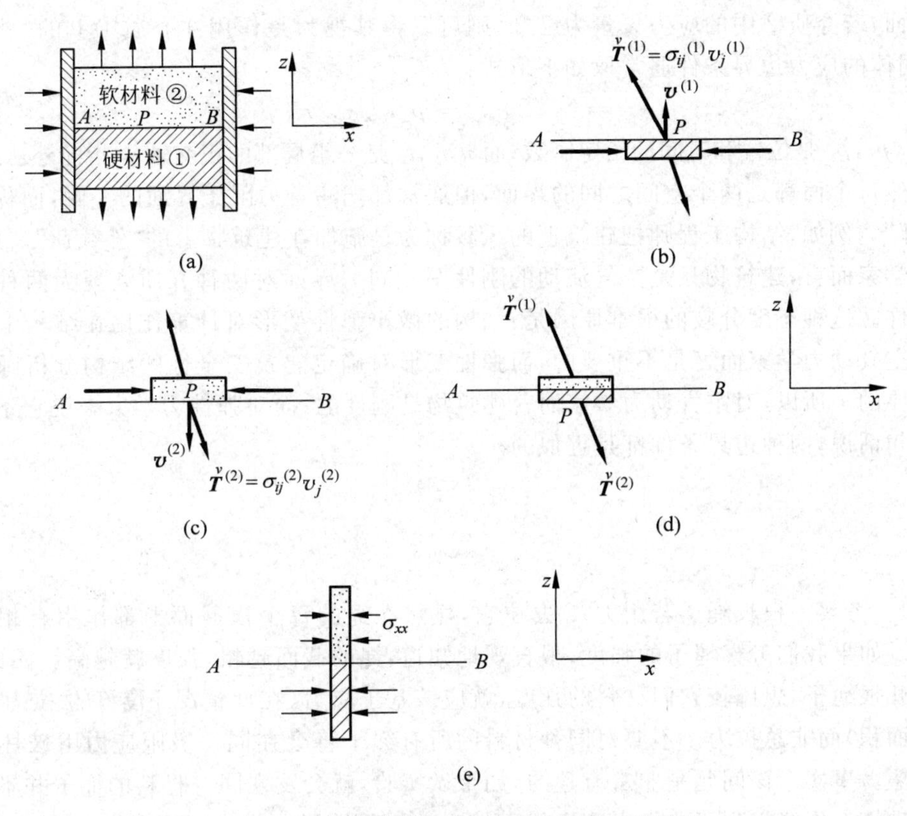

图 3.11　两种材料界面上应力边界条件的推导

(a) 两连续介质①和②之间的界面 AB；(b) 界面上 P 点处材料①之微元的自由体图。应力矢量 $\overset{v}{T}^{(1)}$ 作用在该微元的 AB 面上；(c) P 点处材料②之微元的自由体图；(d) 包含两种材料之扁平微元的自由体图；(e) 垂直方向微元的自由体图，表明 σ_{xx} 在界面处可以是不连续的

则矢量方程(3.7-1)表示了如下三个方程：

$$\sigma_{zz}^{(1)}=\sigma_{zz}^{(2)},\quad \sigma_{xz}^{(1)}=\sigma_{xz}^{(2)},\quad \sigma_{yz}^{(1)}=\sigma_{yz}^{(2)} \tag{3.7-2}$$

这就是介质①和介质②在其界面处的应力边界条件。

注意，这些界面条件没有涉及应力分量 $\sigma_{xx},\sigma_{yy},\sigma_{xy}$ 的任何情况。并不要求这些分量在跨越界面时连续。事实上，若材料 1 和材料 2 的弹性模量不相等，而压应变是均匀的，则一般说：

$$\sigma_{xx}^{(1)}\neq\sigma_{xx}^{(2)},\quad \sigma_{yy}^{(1)}\neq\sigma_{yy}^{(2)},\quad \sigma_{xy}^{(1)}\neq\sigma_{xy}^{(2)} \tag{3.7-3}$$

由图 3.11(e) 可以看到这些不连续性并不与任何平衡条件相冲突。

一种特殊情况是介质②太软了，以至其应力与介质①中的相比完全可以忽略(例如空气和钢)。于是该表面称为自由的，而边界条件为

$$\sigma_{zz}=0,\quad \sigma_{xz}=0,\quad \sigma_{yz}=0 \tag{3.7-4}$$

另一方面,若介质②中的应力矢量为已知,则可以将其视为是作用在介质①上的“外”载荷。于是,固体的应力边界条件通常取如下形式:

$$\sigma_{nn} = p_1, \quad \sigma_{nt_1} = p_2, \quad \sigma_{nt_2} = p_3 \tag{3.7-5}$$

其中 p_1, p_2, p_3 是位置和时间的给定函数,而 n, t_1, t_2 是一组局部的正交轴,n 指向外法线方向。

虽然每个面都是两个空间之间的界面,但通常都把注意力限于界面的一侧,而称另一侧为“外部”。例如,结构工程师把建筑上的风载称为是施加在建筑物上的“外载荷”。反之,对流体力学家而言,建筑物只是空气流动的刚性壁。同一界面对两种介质表现为两种不同的边界条件。这种态度分歧的根本原因是:结构的微小弹性变形对计算作用在结构上之气动压力的空气动力学家而言是不重要的,而弹性变形对确定建筑安全性的结构分析师来说是至关重要的。所以,对空气动力学家而言建筑物是刚性的;而对弹性力学家来说它不是刚性的。换句话说,两种边界条件都是近似的。

习题

3.1 考察一根长绳。若用力 T 去拉它,显然在绳的每个横截面上都作用有相同的总拉力 T。如果我们考察绳子的强度,很直观地知道:绳的截面越粗,强度就越高。因此,如果我们有几根绳子,想比较它们材料的强度,就应该基于应力(在此情况下等于总拉力 T 除以横截面面积)而非总拉力。不要对同种材料的所有绳子将会在同一极限应力下破坏寄予太大的希望。事实上该问题是非常有趣的,如果做实验,就会发现同一材料的绳子并不在同一应力下破坏。你能想到可能发生这样的事件吗?如果绳子非常细又会如何?为了具体化,考察直径为 1 cm,0.1 cm,10^{-2} cm,10^{-3} cm,…,10^{-6} cm 的尼龙丝。你何时开始感到有些不确定性,即其他因素会影响绳子强度的确定?那是些什么因素?

3.2 拿一根粉笔并将其破坏:(a)把它折断,(b)把它扭断。两种情况下粉笔的破坏方式是不同的。为什么?我们能否预测其破坏模式及其解理表面。

3.3 柔和的清风吹过广阔的水面产生了波纹,如图 P3.3。描述作用在水面上的应力矢量。试写出水面的边界条件。

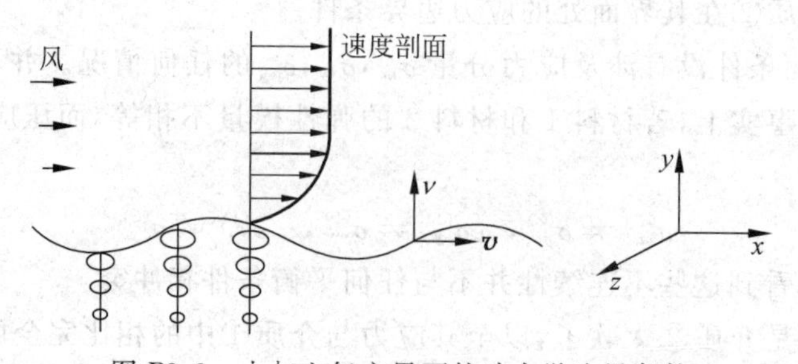

图 P3.3 水与空气之界面的动力学边界条件

3.4　图 P3.4 是水库中的水。在点 P 处，考察 A—A，B—B 等平面。画出作用在这些面上的应力矢量。考察经过 P 点的所有可能平面。所有这些应力矢量的轨迹是什么？

答案：是一个球。

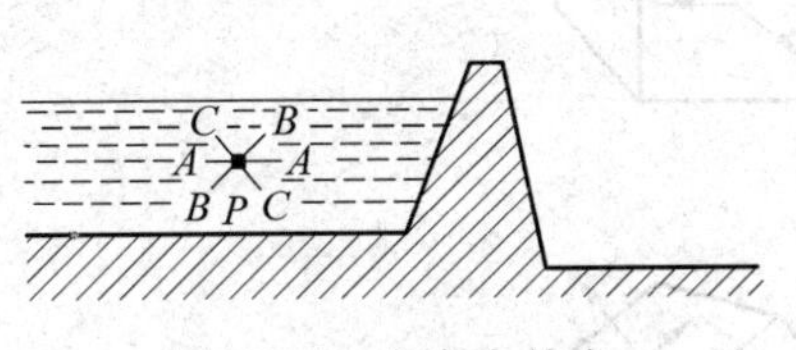

图 P3.4　水库中的水

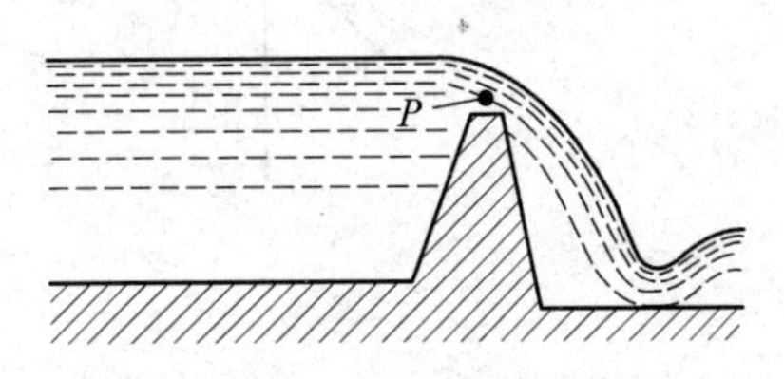

图 P3.5　溢过水坝的水

3.5　水库中的水从坝上溢出(见图 P3.5)。考察接近坝顶的点 P，约距坝顶 10 cm。像题 3.4 那样，再次考察经过该点的所有平面，并描述作用在这些面上的应力矢量。所有这些应力矢量的轨迹还是一个球吗？

现在考察越来越靠近坝顶固体表面的一系列点，例如，距离 1 cm，0.1 cm，10^{-2} cm，10^{-3} cm和 10^{-4} cm。你能否预测当距离变得非常小时的应力矢量轨迹？要特别注意水的粘性。

3.6　标出图 P3.6 中所示应力的名称。

3.7　物体内某处应力张量的分量如下：

$$\begin{array}{c} \\ x \\ y \\ z \end{array}\begin{array}{c} \begin{matrix} x & y & z \end{matrix} \\ \begin{pmatrix} 0 & 1 & 2 \\ 1 & 2 & 0 \\ 2 & 0 & 1 \end{pmatrix} \end{array}$$

试问作用在穿过该处的平面 $x+3y+z=1$ 之外侧(远离原点的一侧)上的应力矢量是什么？该平面上的法向和切向应力分量是什么？

答案：$\overset{\nu}{\boldsymbol{T}}_i=(5,7,3)/\sqrt{11}$；$T^{(n)}=29/11$，$T^{(t)}=0.771$。

解：该平面法线的方向余弦为$(1,3,1)/\sqrt{11}$。因此，

$$\overset{\nu}{T}_1=\frac{0\times1+1\times3+2\times1}{\sqrt{11}}=\frac{5}{\sqrt{11}},\quad \overset{\nu}{T}_2=\frac{7}{\sqrt{11}},\quad \overset{\nu}{T}_3=\frac{3}{\sqrt{11}}$$

若分别用 $\boldsymbol{i},\boldsymbol{j},\boldsymbol{k}$ 表示沿 x,y,z 轴方向的单位矢量，我们有 $\overset{\nu}{\boldsymbol{T}}=(5\boldsymbol{i}+7\boldsymbol{j}+3\boldsymbol{k})/\sqrt{11}$。其法向分量为 $\overset{\nu}{T}_i\nu_i=29/11$。剪应力(切向分量)可以由几种方法得到：

(1) 令切向分量$=s$，法向分量$=n$。于是，

$$s^2+n^2=|\overset{\nu}{T}_i|^2=\frac{25+49+9}{11}=\frac{83}{11}$$

$$s^2=\frac{83}{11}-\left(\frac{29}{11}\right)^2$$

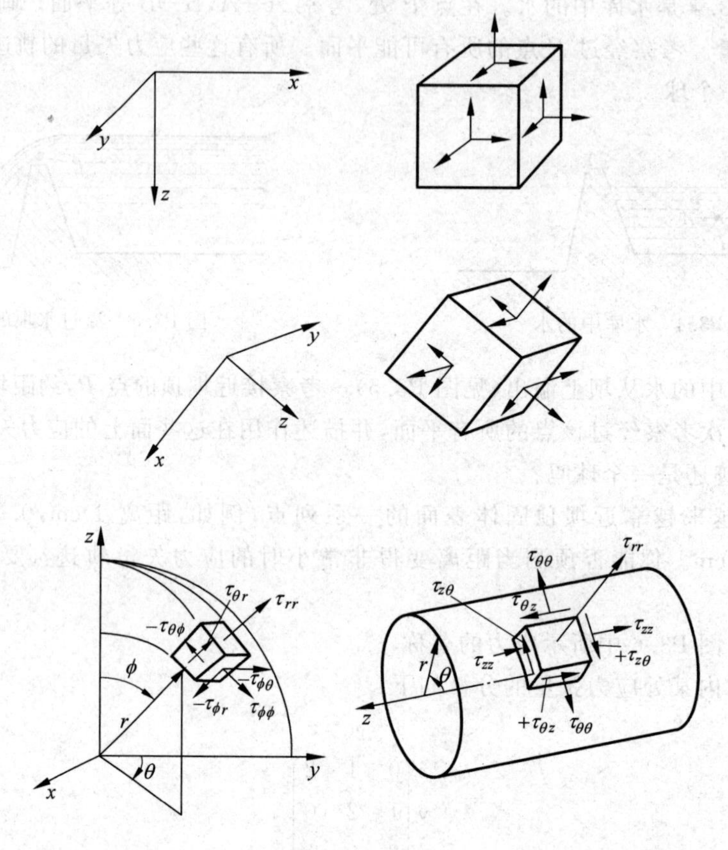

图 P3.6 应力

因此，$s=\frac{6\sqrt{2}}{11}$。

(2) 法向分量的矢量与切向分量的矢量相加等于矢量 $\overset{\nu}{\boldsymbol{T}}$。法向分量沿单位法线 $(1\boldsymbol{i}+3\boldsymbol{j}+1\boldsymbol{k})29/(11\sqrt{11})$ 的方向。令切向分量的矢量为 $x\boldsymbol{i}+y\boldsymbol{j}+z\boldsymbol{k}$；则 $29/(11\sqrt{11})+x=5/\sqrt{11}$ 意味着 $x=(55-29)/36.5=0.712$。类似地，$y=-0.274$，$z=0.109$，而剪应力 $=(x^2+y^2+z^2)^{1/2}=0.771$。

3.8 在 x,y,z 坐标中，物体内某点的应力状态由下列矩阵给出：

$$(\sigma_{ij})=\begin{pmatrix}200 & 400 & 300\\ 400 & 0 & 0\\ 300 & 0 & -100\end{pmatrix}\text{kPa}$$

求作用在通过该点、且平行于平面 $x+2y+2z-6=0$ 之平面上的应力矢量。

答案：$\overset{\nu}{\boldsymbol{T}}=533\boldsymbol{i}+133\boldsymbol{j}+33\boldsymbol{k}$。

3.9 在无体力情况下,如下应力分布是否处于平衡状态:

$$\sigma_x = 3x^2 + 4xy - 8y^2, \quad \tau_{xy} = \frac{1}{2}x^2 - 6xy - 2y^2,$$

$$\sigma_y = 2x^2 + xy + 3y^2, \quad \sigma_z = \tau_{zx} = \tau_{zy} = 0$$

答案:根据方程(3.4-2),是处于平衡状态。

3.10 某点处的应力为:$\sigma_x = 5000$ kPa,$\sigma_y = 5000$ kPa,$\tau_{xy} = \sigma_z = \tau_{zx} = \tau_{zy} = 0$。考察通过该点的所有平面。在每个平面上都作用有应力矢量,它可以分解为正应力和剪应力两部分。考察所有方向上的平面。试证明:材料内该点处的最大剪应力为2500 kPa。

解:将该点选为坐标系的原点。通过该点的平面可以用下列方程表示:

$$lx + my + nz = 0 \tag{1}$$

其中(l,m,n)是平面法线的方向余弦。因此,$(v_1, v_2, v_3) = (l,m,n)$,且$l^2 + m^2 + n^2 = 1$。允许法线矢量取所有可能方向,就得到问题中提到的所有平面。现在,作用在方程(1)所示平面上的应力矢量为:$(\overset{\vee}{T}_1, \overset{\vee}{T}_2, \overset{\vee}{T}_3) = (5000l, 5000m, 0)$。应力矢量的法向分量就是$(\overset{\vee}{T}_i)$在$(v_i)$方向上的分量,即这两个矢量的标量积。也就是说,正应力$=5000(l^2+m^2)$。因此,(切向应力)$^2 = (\overset{\vee}{T}_i)^2 -$(正应力)$^2 = 5000^2(l^2+m^2) - 5000^2(l^2+m^2)^2 = 5000^2[l^2+m^2-(l^2+m^2)^2]$。而$l^2+m^2+n^2=1$,所以,

$$(\text{剪应力})^2 = 5000^2[1 - n^2 - (1-n^2)^2] \tag{2}$$

为了求得使剪应力取相对最大值的n(其值小于1),令

$$0 = \frac{\partial}{\partial n}(\text{剪应力})^2 = 5000^2[-2n + 2(1-n^2)^2 \cdot 2n]$$

其解是$n^2 = 1/2$。因此,由方程(2)得到最大剪应力的平方为$5000^2/4$,最终得到最大剪应力为2500 kPa。

3.11 若点(x_0, y_0, z_0)处的应力状态为

$$(\sigma_{ij}) = \begin{pmatrix} 100 & 0 & 0 \\ 0 & 50 & 0 \\ 0 & 0 & -100 \end{pmatrix} \text{kPa}$$

试求作用在平面$(x-x_0)+(y-y_0)+(z-z_0)=0$上的应力矢量及其正应力和剪应力。

答案:$\overset{\vee}{\boldsymbol{T}} = \frac{1}{\sqrt{3}}(100, 50, -100)$ kPa,$\sigma^{(n)} = 16.7$ kPa,$\tau = 81.7$ kPa。

3.12 若剪切键中的应力不得超过70 MPa,试对图P3.12中的带键轴求载荷P的最大允许值。

3.13 试证明,若$\sigma_z = \sigma_{zx} = \sigma_{zy} = 0$,则在方程(2.4-3)所给的坐标转换下,有$\sigma_x + \sigma_y = \sigma_{x'} + \sigma_{y'}$。就是说,在平面应力分布的情况下,两正应力之和是不变量。

3.14 如图P3.14所示,两块胶合薄板拼接在一起。若胶层的许用剪应力为1.4 MPa,若施加了40 kN的载荷,联结板的最小长度L必须有多长?

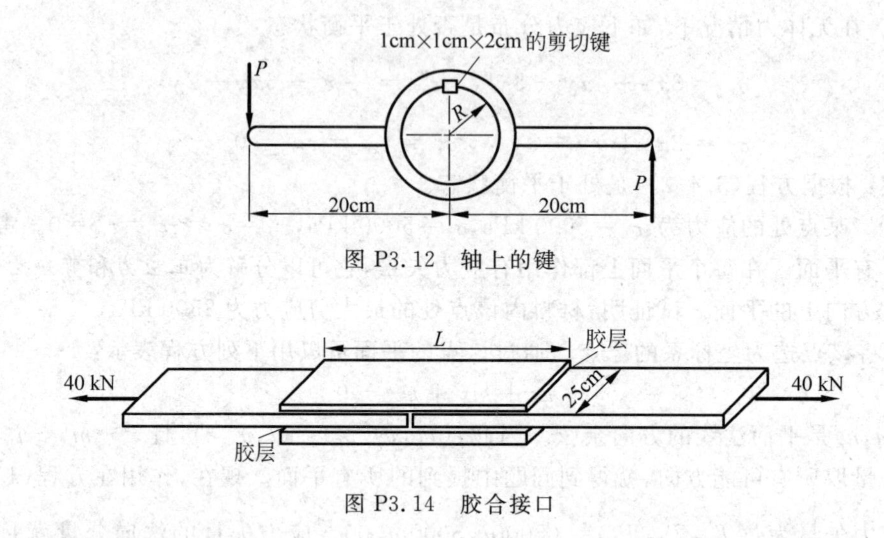

图 P3.12 轴上的键

图 P3.14 胶合接口

3.15 风车的螺旋桨已经安全工作了很长时间。假如你希望利用几何相似设计将其尺寸放大 R_L 倍、转速加快 R_N 倍,但可能采用不同的材料。由离心力引起的拉应力将如何随 R_L 和 R_N 而变化?气动力与相对风速的平方成正比。螺旋桨叶中的弯曲应力将如何随 R_L 和 R_N 而变化?

3.16 一组具有方向数(±1,±1,±1)的八个平面的集合,称为八面体平面。在每种情况下,±号中只取一个(例如,(1,1,−1)等价于平面 $x+y-z=0$)。用 τ_{ij} 表示该应力状态,其中当 $i\neq j$ 时,$\tau_{ij}=0$。试确定作用在八面体每个平面上的应力矢量和剪应力。

3.17 你见过被风刮断的树枝吗?观察过它们是如何裂开的吗?这能告诉我们关于木材强度的哪些特性?

3.18 做各种材料的破坏实验,如:通心粉,芹菜,胡萝卜,像钻头和锉刀一类的高碳钢工具,铝条或镁条,以及硅油灰等。试讨论这些材料的强度特性。

3.19 扭转一个圆杆。试描述杆内的应力状态。采用图 P3.6 或图 3.10 中的符号。特别讨论一下位于杆外表自由面上一点处的应力分量。

3.20 由支承在柱子顶部的雨滴形大罐组成的水塔,在地震作用下发生晃动。垂直于柱体方向的最大横向加速度约为重力加速度的 0.2 倍。因此,地震引起的最大横向惯性力等于罐和水之总重的 20%,并作用在水平方向上。最大的垂直加速度约为同样大小。试讨论柱体内的应力状态。

3.21 试讨论飞机机翼在飞行过程中和着陆时的应力分布状态。

3.22 库埃特(Couette)流动。两个同心圆筒间的空间中充满了流体,如图 P3.22。令内筒静止,外筒以每秒 ω 弧度的角速度旋转。若测得内筒的扭矩为 T,作用在外筒上的扭矩是多少?为什么?

3.23 在设计连杆时,已确定最大剪应力不能超过 20 000 kPa(因为可能引起屈服)。

杆能承受的最大拉应力是多少？用的是钢材。

答案：40 000 kPa。

3.24 取一个矩形截面(比如说，0.5 cm×1 cm×100 cm)的细钢条。查手册找出钢的极限强度。让钢条在最长方向上的两端承受压力。仅根据极限强度，试问钢条应该能承受多大的力？

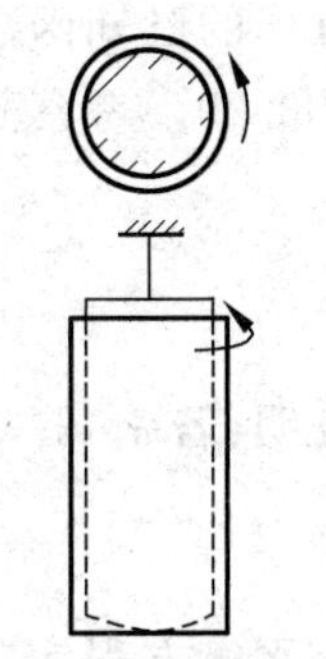

图 P3.22 库埃特流量计

现在试着去压缩钢条。钢条在远小于所期望的载荷下屈曲。试解释这种弹性屈曲现象。

3.25 将一张纸卷成半径约为 3 cm 或 4 cm 的圆筒。这样的管子能够承受相当大的端部压力。

将管子立在桌子上并用手掌去压它。圆筒将会屈曲破坏。试描述该屈曲的几何形状。屈曲载荷与纸的压缩强度(若能避免屈曲)相比是多大？

由于纸在屈曲后不会撕裂，也不会伸长，变形后曲面的度量与变形前曲面的相同。因此，从圆筒到屈曲后曲面的变换是等距变换。

由微分几何得知，如果一个曲面能等距地变换到另一曲面，它们的总曲率在相应点处必须相同。现在，曲面的总曲率是两个主曲率的乘积。对于一张铺平的纸，总曲率为零；因此圆筒的总曲率也为零，同样屈曲后曲面的总曲率也为零。由此可见，我们期望屈曲后的曲面将由总曲率为零的区域来组成，也就是说，许多平的三角形部分装配在一起构成钻石形状。试将这与实验观测相比较。

提示：本习题的讨论对象在航空航天工程中有重要意义。当减轻重量是强制性要求时，薄壁结构被广泛采用。弹性稳定性是设计这些结构时最为关心的问题。

3.26 从天花板垂下一根绳子。设绳子的密度为 2 g/cm^3。求绳中的应力。

解：取 x 轴沿绳子方向。所涉及的唯一应力是 σ_x。假设 $\tau_{xy}=\tau_{xz}=0$。则平衡方程为

$$\frac{\partial \sigma_x}{\partial x}+\rho g=0$$

其中 g 为重力加速度。方程解为

$$\sigma_x=-\rho g x+\text{const.}$$

但是，当 $x=L$(绳子的长度)时，$\sigma_x=0$。因此，常数为 $\rho g L$。于是，$\sigma_x=\rho g(L-x)$。最大拉力发生在天花板处，那里有 $\sigma_x=\rho g L$。

3.27 考察等温大气层中的一个垂直柱体。等温大气遵循气体定律 $p/\rho=RT$，或者 $\rho=p/RT$，其中 ρ 是气体密度，p 是压力，R 是气体常数，T 是绝对温度。该气体受重力加速度作用，因此单位体积的体力为 ρg，指向地面。若在地平面 $z=0$ 处的压力为 p_0，试确定压力和离地高度 z 之间的关系。

答案：$p=p_0\exp[-(g/RT)z]$。

3.28 试讨论为什么题 3.27 中给出的解对地球大气层而言是不真实的？若温度 T 是

高度 z 的已知函数,解又是什么?

3.29 考察薄板中的二维应力状态,其中 $\tau_{zz}=\tau_{zx}=\tau_{zy}=0$。无体力情况下板的平衡方程为

$$\frac{\partial \sigma_x}{\partial x}+\frac{\partial \tau_{xy}}{\partial y}=0, \quad \frac{\partial \tau_{xy}}{\partial x}+\frac{\partial \sigma_y}{\partial y}=0$$

试证明:若 $\sigma_x,\sigma_y,\sigma_{xy}$ 能由一个任意函数 $\Phi(x,y)$ 按下式导出:

$$\sigma_x=\frac{\partial^2 \Phi}{\partial y^2}, \quad \sigma_y=\frac{\partial^2 \Phi}{\partial x^2}, \quad \sigma_{xy}=\frac{\partial^2 \Phi}{\partial x \partial y}$$

则该平衡方程就自动满足。因此,有无限多个解都能满足该平衡方程。

3.30 在区域 $-1\leqslant x,y\leqslant 1$ 内的方板中,受如下应力作用:

$$\left.\begin{aligned}\sigma_{xx}&=cx+dy\\ \sigma_{yy}&=ax+by\end{aligned}\right\} \quad (a,b,c,d\text{ 是常数})$$

$$\sigma_{zz}=\sigma_{zx}=\sigma_{zy}=0$$

为了保持平衡,剪应力 σ_{xy} 应是多少?假设板的材料是各向同性的,并服从胡克定律。应变又怎样?它们相容吗?若常数 $a=b=0$,而 c 和 d 不为零,该组应力能满足什么样的边界条件?

CHAPTER

第 4 章

主应力和主轴

主应力、应力不变量、应力偏量和最大剪应力都是重要概念。它们以最简单的数值形式告诉了我们应力的状态。它们与材料强度直接相关。人们必须频繁地去求它们的值，为此，我们专门用一章来讨论它们。

4.1 引　　言

我们已经看到：确定物体内任意给定点处的物质相互作用状态需要 9 个应力分量，其中有 6 个分量是独立的。这 9 个分量构成一个对称矩阵：

$$\boldsymbol{\sigma}=\begin{pmatrix}\sigma_{11} & \sigma_{12} & \sigma_{13}\\ \sigma_{21} & \sigma_{22} & \sigma_{23}\\ \sigma_{31} & \sigma_{32} & \sigma_{33}\end{pmatrix}\quad(\sigma_{ij}=\sigma_{ji})$$

当坐标转换时，这些分量与张量分量一样地转换。后面可以看到，由于应力张量是对称的，可以找到一组坐标，在其中应力分量矩阵退化为对角形式：

$$\boldsymbol{\sigma}=\begin{pmatrix}\sigma_1 & 0 & 0\\ 0 & \sigma_2 & 0\\ 0 & 0 & \sigma_3\end{pmatrix}$$

这组对应于应力矩阵为对角阵的特殊坐标轴称为*主轴*，相应的应力分量称为*主应力*。由主轴确定的平面称为*主平面*。物理上，每个主应力都是作用在主平面上的正应力。在主平面上，应力矢量垂直于该平面，且没有剪应力分量。

知道主轴和主应力显然是很有用的，因为它们能帮助我们直观地了解任意一点的应力状态。事实上这是如此重要，以至求解连续介质力学问题时，在最终答案简化为主值以前是很少停止的。因此，我们不仅需要知道存在主应力，且原则上可以找到，而且要实际地把它们找出来。我们将指出，应力张量的对称性是主轴存在的根本原因。根据类比和完全相同的数学处理,其他对称张量(例如应变张量)也必定存在主轴和主值。事实上,我们将要给出的把实对称矩阵简化为主矩阵的可能性并不仅限于三维矩阵,而可以推广到 n 维矩阵。我们将发现,在研究弹性体的机械振动或总的来说在研究声学时这一推广是极为重要的。在振动理论中,主值对应于*振动频率*,主坐标描述了振动的*正交模态*。现在不再讨论这些课题,我们只想指出:我们正准备研究的课题比应力一个方面来说具有更为广泛的应用。

另一方面,若张量不对称,则既不能保证存在实数的主值,也不可能通过旋转坐标将其简化为对角形式。因此对称性是一个很重要的优点。

作为引论,我们将较详细地讨论二维情况。然后用缩写符号讨论三维情况。最后,将利用主应力讨论应力状态的若干几何表示,并引入一些附加的定义。

4.2 平面应力状态

我们来考察一个简化的物理情况,即一张薄膜被作用于其四周、并与其同平面的力所拉伸。图 4.1 给出了一个例子。表面 $z=h$ 和 $z=-h$ 是自由的(不受力)。在此情况下我们可以安全地说,由于应力分量 σ_{zz},σ_{zy} 和 σ_{zx} 在表面上为零,而薄膜又很薄,所以它们在整个薄膜内都近似为零,即

$$\sigma_{zz} = \sigma_{zy} = \sigma_{zx} = 0 \tag{4.2-1}$$

满足这些方程的应力状态称为在 xy 平面内的*平面应力状态*。显然,在平面应力中,我们只关心如下对称矩阵中的应力分量:

$$\begin{bmatrix} \sigma_x & \tau_{xy} & 0 \\ \tau_{xy} & \sigma_y & 0 \\ 0 & 0 & 0 \end{bmatrix}$$

其中为了清晰,分别用 σ_x,σ_y 和 τ_{xy} 来代替 σ_{xx},σ_{yy} 和 σ_{xy}。

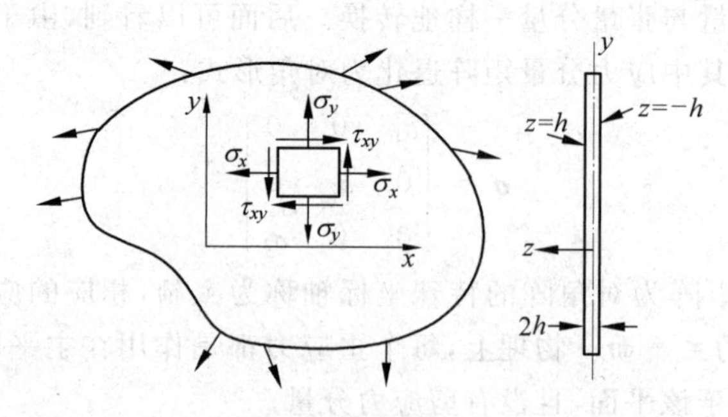

图 4.1 一种近似的平面应力

现在,我们来考察由 x-y 至 x'-y' 的坐标转动,利用 3.5 节的结果来求新坐标系下的应力分量:

$$\begin{pmatrix} \sigma'_x & \tau'_{xy} & 0 \\ \tau'_{xy} & \sigma'_y & 0 \\ 0 & 0 & 0 \end{pmatrix}$$

此时，两个笛卡儿直角坐标系中的方向余弦可以用一个角度 θ 来表示(见图 4.2)。方向余弦矩阵为

$$\begin{pmatrix} \beta_{11} & \beta_{12} & \beta_{13} \\ \beta_{21} & \beta_{22} & \beta_{23} \\ \beta_{31} & \beta_{32} & \beta_{33} \end{pmatrix} = \begin{pmatrix} \cos\theta & \sin\theta & 0 \\ -\sin\theta & \cos\theta & 0 \\ 0 & 0 & 1 \end{pmatrix} \quad (4.2\text{-}2)$$

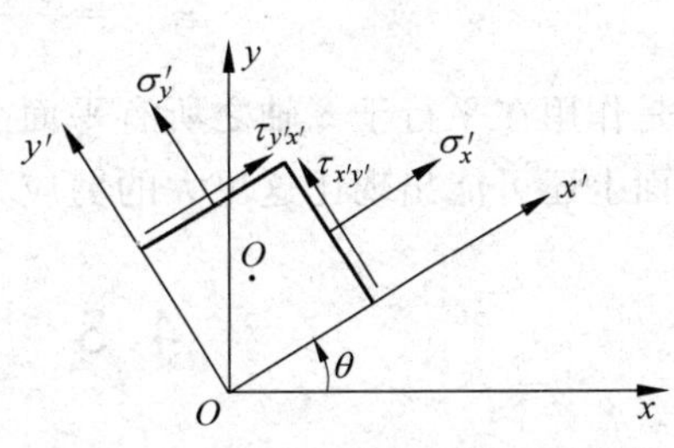

图 4.2　平面应力状态中的坐标变化

用 x, y 和 x', y' 代替 x_1, x_2 和 x'_1, x'_2；σ_x 代替 τ_{11}；τ_{xy} 代替 τ_{12} 等，再根据方程(4.2-2)确定方向余弦 β_{ij}，将它们代入方程(3.5-3)得到新的分量为

$$\sigma_{x'} = \sigma_x \cos^2\theta + \sigma_y \sin^2\theta + 2\tau_{xy} \sin\theta\cos\theta \quad (4.2\text{-}3)$$

$$\sigma_{y'} = \sigma_x \sin^2\theta + \sigma_y \cos^2\theta - 2\tau_{xy} \sin\theta\cos\theta \quad (4.2\text{-}4)$$

$$\tau_{x'y'} = (-\sigma_x + \sigma_y)\sin\theta\cos\theta + \tau_{xy}(\cos^2\theta - \sin^2\theta) \quad (4.2\text{-}5)$$

由于

$$\sin^2\theta = \frac{1}{2}(1-\cos 2\theta), \quad \cos^2\theta = \frac{1}{2}(1+\cos 2\theta)$$

上述方程可以写成：

$$\sigma_{x'} = \frac{\sigma_x + \sigma_y}{2} + \frac{\sigma_x - \sigma_y}{2}\cos 2\theta + \tau_{xy}\sin 2\theta \quad (4.2\text{-}6)$$

$$\sigma_{y'} = \frac{\sigma_x + \sigma_y}{2} - \frac{\sigma_x - \sigma_y}{2}\cos 2\theta - \tau_{xy}\sin 2\theta \quad (4.2\text{-}7)$$

$$\tau_{x'y'} = -\frac{\sigma_x - \sigma_y}{2}\cos 2\theta + \tau_{xy}\sin 2\theta \quad (4.2\text{-}8)$$

由这些方程可以得到

$$\sigma_{x'} + \sigma_{y'} = \sigma_x + \sigma_y \quad (4.2\text{-}9)$$

$$\frac{\partial\sigma_{x'}}{\partial\theta} = 2\tau_{x'y'}, \quad \frac{\partial\sigma_{y'}}{\partial\theta} = -2\tau_{x'y'} \quad (4.2\text{-}10)$$

$$\tau_{x'y'} = 0 \quad \left(\tan 2\theta = \frac{2\tau_{xy}}{\sigma_x - \sigma_y}\right) \quad (4.2\text{-}11)$$

与方程(4.2-11)给出的特殊 θ 值相应的 x' 和 y' 轴的方向称为**主方向**；坐标轴 x' 和 y' 称为**主轴**，$\sigma_{x'}$ 和 $\sigma_{y'}$ 称为**主应力**。

若 x' 和 y' 为主轴，则 $\tau_{x'y'}=0$，方程(4.2-10)还表明：对所有可选的 θ 值，$\sigma_{x'}$ 不是最大值就是最小值。$\sigma_{y'}$ 也一样。将(4.2-11)式中的 θ 代入方程(4.2-6)或(4.2-7)，可以得到：

$$\left.\begin{matrix}\sigma_{\max} \\ \sigma_{\min}\end{matrix}\right\} = \frac{\sigma_x + \sigma_y}{2} \pm \sqrt{\left(\frac{\sigma_x - \sigma_y}{2}\right)^2 + \tau_{xy}^2} \quad ▲(4.2\text{-}12)$$

另一方面,将(4.2-8)式中的 $\tau_{x'y'}$ 对 θ 求导,并令该导数为零,我们得到能使 $\tau_{x'y'}$ 取极值的 θ 值。可以看到该角度与(4.2-11)式给出的主方向成 $\pm45°$,而 $\tau_{x'y'}$ 的最大值为

$$\tau_{\max}=\frac{\sigma_{\max}-\sigma_{\min}}{2}=\sqrt{\left(\frac{\sigma_x-\sigma_y}{2}\right)^2+\tau_{xy}^2} \quad ▲(4.2\text{-}13)$$

这是作用在平行于 z 轴之所有平面上的最大剪应力。当还考虑与 z 轴斜交的平面时,其他平面上还可能出现比这更大的剪应力(见 4.8 节)。

4.3 平面应力的莫尔圆

方程(4.2-6)～方程(4.2-13)的几何表示已经由莫尔(Otto Mohr,Zivilingenieur,1882, p.113)给出。图 4.3 中给出了一个例子。作用在平面上的正应力和剪应力可以画在以正应力为横坐标、剪应力为纵坐标的应力平面上。对于正应力,拉应力画为正值而压应力为负值。对于剪应力,需要一个特殊的规则。我们规定(仅用于画莫尔圆):对微元中心 O 产生顺时针力矩的微元表面上的剪应力为正(如图 4.2 所示);对中心 O 产生逆时针力矩的剪应力为负。因此,图 4.2 中的 $\tau_{x'y'}$ 为负,而 $\tau_{y'x'}$ 为正。根据这一特殊规则,我们在图 4.3 中画出横坐标为 σ_x、纵坐标为 $-\tau_{xy}$ 的 A 点和横坐标为 σ_y、纵坐标为 τ_{yx} 的 B 点;然后,连出 AB 线,它与 σ 轴相交于 C 点;再以 C 点为圆心画出通过 A 和 B 的圆,这就是莫尔圆。

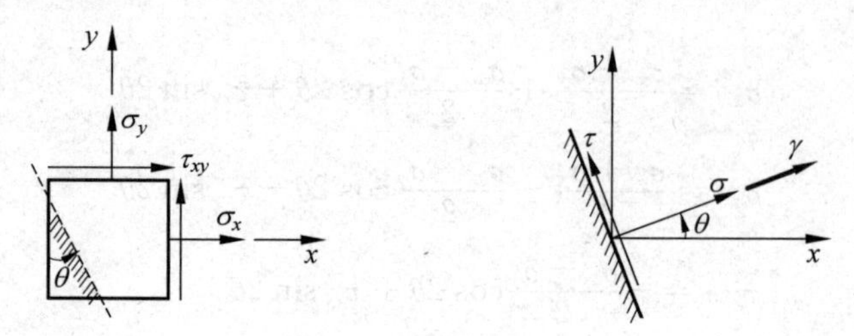

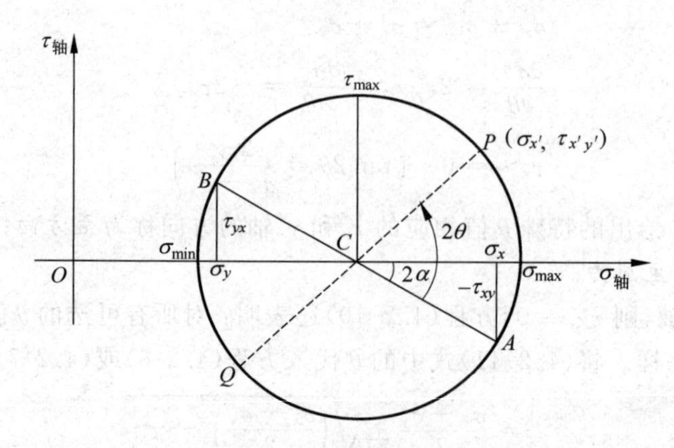

图 4.3 平面应力的莫尔圆

为了得到法线与 x 轴沿逆时针方向成 θ 角的平面上的应力，画出与直线 CA 成 2θ 角的半径 CP，如图 4.3 所示。于是 P 点的横坐标给出该平面上的正应力，而纵坐标是剪应力。位于直径 PQ 另一端的点则表示了作用在法线与 x 轴成 $\theta+(\pi/2)$ 角之平面上的应力。

为了证明这样作图的正确性，我们指出：莫尔圆的中心位于 C 点，那里，

$$\overline{OC}=\frac{\sigma_x+\sigma_y}{2} \tag{4.3-1}$$

且半径为

$$\overline{AC}=\overline{CP}=\sqrt{\left(\frac{\sigma_x-\sigma_y}{2}\right)^2+\tau_{xy}^2} \tag{4.3-2}$$

由图 4.3 可见，P 点的横坐标为

$$\begin{aligned}\sigma_{x'}&=\overline{OC}+\overline{CP}\cos(2\theta-2\alpha)\\&=\overline{OC}+\overline{CP}(\cos 2\theta\cos 2\alpha+\sin 2\theta\sin 2\alpha)\end{aligned} \tag{4.3-3}$$

而从图中还可以看到：

$$\cos 2\alpha=\frac{\sigma_x-\sigma_y}{2\,\overline{CP}},\quad \sin 2\alpha=\frac{\tau_{xy}}{\overline{CP}} \tag{4.3-4}$$

将这些结果代入方程(4.3-3)，得

$$\sigma_{x'}=\frac{\sigma_x+\sigma_y}{2}+\frac{\sigma_x-\sigma_y}{2}\cos 2\theta+\tau_{xy}\sin 2\theta \tag{4.3-5}$$

这与(4.2-6)式完全相同。

同理，我们得到 P 的纵坐标为

$$\begin{aligned}\tau_{x'y'}&=\overline{CP}\sin(2\theta-2\alpha)=\overline{CP}(\sin 2\theta\cos 2\alpha-\cos 2\theta\sin 2\alpha)\\&=\frac{\sigma_x-\sigma_y}{2}\sin 2\theta-\tau_{xy}\cos 2\theta\end{aligned} \tag{4.3-6}$$

这与(4.2-8)式大小相同、但符号不同。这符号是由这里对莫尔圆采用的约定所决定的。按(4.2-8)式取正值的 $\tau_{x'y'}$ 将产生逆时针力矩，因而其纵坐标在莫尔圆上必须画为负值。所以，与(4.2-8)式完全一致，莫尔圆的适用性得到证明。

莫尔圆给出了应力如何随平面方向而变化的直观图形。它告诉我们如何确定主轴的位置。它还说明了：出现最大剪应力的平面发生在与主平面成 45°角的方向上。但是在实际应用中，直接求解 4.5 节中的方程(4.5-3)是计算主应力的快捷途径。

4.4　三维应力状态的莫尔圆

设 $\sigma_1,\sigma_2,\sigma_3$ 为一点的主应力。作用于任意截面上的应力矢量的分量可以由张量转换定理(方程(3.5-3))得到。Otto Mohr 证明了重要结论：若将作用于任意截面上的正应力 $\sigma_{(n)}$ 和剪应力 τ 绘制在以 σ 和 τ 为坐标轴的平面上，如图 4.4 所示，则它们必将落在由圆心位于 σ 轴上的三个圆所围成的、封闭的阴影区内。

事实上,该结论对说明如下事实很有启发性:若$\sigma_1 \geqslant \sigma_2 \geqslant \sigma_3$,则对所有可能的平面来说,$\sigma_1$是最大应力,$(\sigma_1-\sigma_3)/2$是最大剪应力。最大剪应力的作用平面与作用有$\sigma_1$和$\sigma_3$的两个主平面都成45°角。

很容易解释图4.4中三个边界圆的意义。将x,y,z轴选为主轴方向。在垂直于x轴的平面上作用有正应力(譬如σ_1)而无剪应力。在垂直于y轴的平面上作用有正应力(譬如σ_2)也无剪应力。现在考察平行于z轴的所有平面。对这些平面,作用于其上的正应力和剪应力由(4.2-3)至(4.2-5)式或(4.2-6)至(4.2-8)式精确地给出。因此,可以应用4.3节所述的莫尔圆作图法,且通过σ_1和σ_2点的圆代表了这些平面上所有应力状态的集合。类似地,另外两个圆(一个通过σ_2、σ_3点,另一个通过σ_3、σ_1点)代表了作用在所有平行于x轴或y轴之平面上的所有应力状态的集合。剩下来只需要证明:作用在所有其他平面上的应力都落在阴影区内。该证明已在本书较早的版本中给出。证明很长,这里省略。

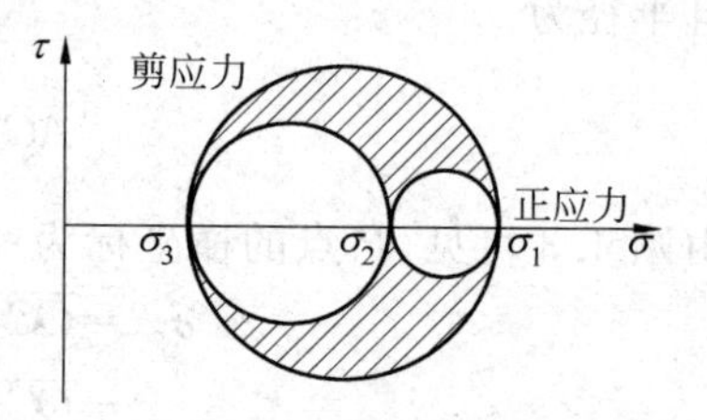

图4.4 莫尔圆

4.5 主应力

在一般应力状态中,作用在法线为$\boldsymbol{\nu}$的平面上的应力矢量与$\boldsymbol{v}$的方向有关。在物体内的给定点处,应力矢量与法线$\boldsymbol{\nu}$的夹角随平面的方向而变化。我们将证明:总可以找到这样方向的平面,使得应力矢量正好与其相垂直。事实上,在物体内任意点处至少有三个相互正交的平面能满足这一要求。这样的平面称为*主平面*,其法线称为*主轴*,作用在主平面上的正应力的值称为*主应力*。

设$\boldsymbol{\nu}$为沿主轴方向的单位矢量,σ为相应的主应力。于是在直角笛卡儿坐标系x_1,x_2,x_3中,作用在与$\boldsymbol{\nu}$垂直之平面上的应力矢量具有分量$\sigma\nu_i$。另一方面,这同一个矢量可以由表达式$\tau_{ji}\nu_j$给出,其中τ_{ij}是应力张量。为此,改写$\nu_i=\delta_{ji}\nu_j$,令这两个表达式相等,并将各项移到同一边,有

$$(\tau_{ji}-\sigma\delta_{ji})\nu_j=0 \quad (i=1,2,3) \tag{4.5-1}$$

取$i=1,2,3$,这三个方程可以对v_1,v_2和v_3求解。因为$\boldsymbol{\nu}$是单位矢量,我们必须找到一组满足$\nu_1^2+\nu_2^2+\nu_3^2=1$的非零解。因此,方程(4.5-1)提出了一个本征值问题。由于τ_{ij}作为矩阵是实对称的,我们只需要回顾一下矩阵理论中的一个结果就可以断言:*存在三个实数的主应力和一组正交的主轴。主应力是全为正,全为负,或者是有正有负取决于二次型$\tau_{ij}x_ix_j$是正定的、负定的或是不定的*。但是,由于这些结果的重要性,我们将重新推导如下。

方程(4.5-1)要有一组非零解ν_1,ν_2和ν_3,当且仅当系数行列式为零,即

$$|\tau_{ij}-\sigma\delta_{ij}|=0 \tag{4.5-2}$$

方程(4.5-2)是关于σ的三次方程;它的根就是主应力。对于主应力的每个值,都可以

确定一个单位矢量$\boldsymbol{\nu}$。

将方程(4.5-2)展开，得

$$|\tau_{ij}-\sigma\delta_{ij}|=\begin{vmatrix}\tau_{11}-\sigma & \tau_{12} & \tau_{13}\\ \tau_{21} & \tau_{22}-\sigma & \tau_{23}\\ \tau_{31} & \tau_{32} & \tau_{33}-\sigma\end{vmatrix}$$
$$=-\sigma^3+I_1\sigma^2-I_2\sigma^1+I_3 \tag{4.5-3}$$

其中，

$$I_1=\tau_{11}+\tau_{22}+\tau_{33} \tag{4.5-4}$$

$$I_2=\begin{vmatrix}\tau_{22} & \tau_{23}\\ \tau_{32} & \tau_{33}\end{vmatrix}+\begin{vmatrix}\tau_{33} & \tau_{31}\\ \tau_{13} & \tau_{11}\end{vmatrix}+\begin{vmatrix}\tau_{11} & \tau_{12}\\ \tau_{21} & \tau_{22}\end{vmatrix} \tag{4.5-5}$$

$$I_3=\begin{vmatrix}\tau_{11} & \tau_{12} & \tau_{13}\\ \tau_{21} & \tau_{22} & \tau_{23}\\ \tau_{31} & \tau_{32} & \tau_{33}\end{vmatrix} \tag{4.5-6}$$

另一方面，若$\sigma_1,\sigma_2,\sigma_3$是方程(4.5-3)的根，则可以写为

$$(\sigma-\sigma_1)(\sigma-\sigma_2)(\sigma-\sigma_3)=0 \tag{4.5-7}$$

可以看到，根与系数之间存在如下关系：

$$I_1=\sigma_1+\sigma_2+\sigma_3 \tag{4.5-8}$$

$$I_2=\sigma_1\sigma_2+\sigma_2\sigma_3+\sigma_3\sigma_1 \tag{4.5-9}$$

$$I_3=\sigma_1\sigma_2\sigma_3 \tag{4.5-10}$$

由于主应力表征了一点应力的物理状态，它们与任何参考坐标系无关。因此，方程(4.5-7)也与参考坐标系的方向无关。但是方程(4.5-7)与方程(4.5-3)是同一个方程。因此，方程(4.5-3)和系数I_1,I_2,I_3是不随坐标系的转动而变化的。I_1,I_2,I_3称为当坐标系转动时应力张量的不变量。

现在来证明：对于对称的应力张量，三个主应力都是实数，且三个主平面相互正交。当应力张量对称时，即

$$\tau_{ij}=\tau_{ji} \tag{4.5-11}$$

就可以建立这些重要的性质。证明如下。

设$\overset{1}{\boldsymbol{\nu}},\overset{2}{\boldsymbol{\nu}},\overset{3}{\boldsymbol{\nu}}$是沿主轴方向的单位矢量，其分量$\overset{1}{\nu}_i,\overset{2}{\nu}_i,\overset{3}{\nu}_i(i=1,2,3)$分别是与方程(4.5-1)的根$\sigma_1,\sigma_2,\sigma_3$相对应的解，则

$$\begin{cases}(\tau_{ij}-\sigma_1\delta_{ij})\overset{1}{\nu}_j=0\\ (\tau_{ij}-\sigma_2\delta_{ij})\overset{2}{\nu}_j=0\\ (\tau_{ij}-\sigma_3\delta_{ij})\overset{3}{\nu}_j=0\end{cases} \tag{4.5-12}$$

将第一个方程乘以$\overset{2}{\nu}_i$，第二个方程乘以$\overset{1}{\nu}_i$，对i求和，再将得到的方程相减，有

$$(\sigma_2-\sigma_1)\overset{1}{\nu}_i\overset{2}{\nu}_i=0 \tag{4.5-13}$$

考虑到对称条件(4.5-11),它意味着:

$$\tau_{ij}\overset{1}{\nu}_j\overset{2}{\nu}_i=\tau_{ji}\overset{1}{\nu}_j\overset{2}{\nu}_i=\tau_{ij}\overset{2}{\nu}_j\overset{1}{\nu}_i \tag{4.5-14}$$

最后一个等式通过交换哑标 i 和 j 得到。

现在,若暂时假设方程(4.5-3)有复根,则由于该方程的系数都是实数,必定存在共轭复根,这组根可以表示为

$$\sigma_1=\alpha+\mathrm{i}\beta,\quad \sigma_2=\alpha-\mathrm{i}\beta,\quad \sigma_3$$

其中 α,β,σ_3 是实数,i 表示虚数 $\sqrt{-1}$。在这种情况下,方程(4.5-12)表明 $\overset{1}{\nu}_j$,$\overset{2}{\nu}_j$ 相互共轭,并可以记为

$$\overset{1}{\nu}_j\equiv a_j+\mathrm{i}b_j,\quad \overset{2}{\nu}_j\equiv a_j-\mathrm{i}b_j$$

于是,

$$\begin{aligned}\overset{1}{\nu}_j\overset{2}{\nu}_j&=(a_j+\mathrm{i}b_j)(a_j-\mathrm{i}b_j)\\&=a_1^2+a_2^2+a_3^2+b_1^2+b_2^2+b_3^2\neq 0\end{aligned}$$

从方程(4.5-13)得到 $(\sigma_1-\sigma_2)=2\mathrm{i}\beta=0$。因此 $\beta=0$。但是这与根为复数的原始假设相矛盾。因此,存在复根的假设是不成立的,$\sigma_1,\sigma_2,\sigma_3$ 全都是实数。

当 $\sigma_1\neq\sigma_2\neq\sigma_3$ 时,方程(4.5-13)以及相似的方程意味着:

$$\overset{1}{\nu}_i\overset{2}{\nu}_i=0,\quad \overset{2}{\nu}_i\overset{3}{\nu}_i=0,\quad \overset{3}{\nu}_i\overset{1}{\nu}_i=0 \tag{4.5-15}$$

即主矢量相互正交。若 $\sigma_1=\sigma_2\neq\sigma_3$,则 $\overset{3}{\nu}_i$ 将固定不变,而可以得到垂直于 $\overset{3}{\nu}_i$ 的无数对矢量 $\overset{1}{\nu}_i$ 和 $\overset{2}{\nu}_i$。若 $\sigma_1=\sigma_2=\sigma_3$,则任何一组正交的轴都可以选为主轴。

若将参考坐标轴 x_1,x_2,x_3 选为与主轴重合,则应力分量的矩阵变为

$$(\tau_{ij})=\begin{pmatrix}\sigma_1&0&0\\0&\sigma_2&0\\0&0&\sigma_3\end{pmatrix} \tag{4.5-16}$$

4.6 剪 应 力

我们已经看到,在以 $\boldsymbol{\nu}$ (分量为 ν_i)为单位外法线矢量的面元上作用有应力矢量 $\overset{\nu}{\boldsymbol{T}}$(其分量为 $\overset{\nu}{T}_i=\tau_{ji}\nu_j$)。$\overset{\nu}{\boldsymbol{T}}$ 在 $\boldsymbol{\nu}$ 方向的分量是作用在该面元上的正应力。用 $\sigma_{(n)}$ 表示该正应力。由于某矢量在单位矢量方向上的分量由这两个矢量的点积得到,即

$$\sigma_{(n)}=\overset{\nu}{T}_i\nu_i=\tau_{ij}\nu_i\nu_j \tag{4.6-1}$$

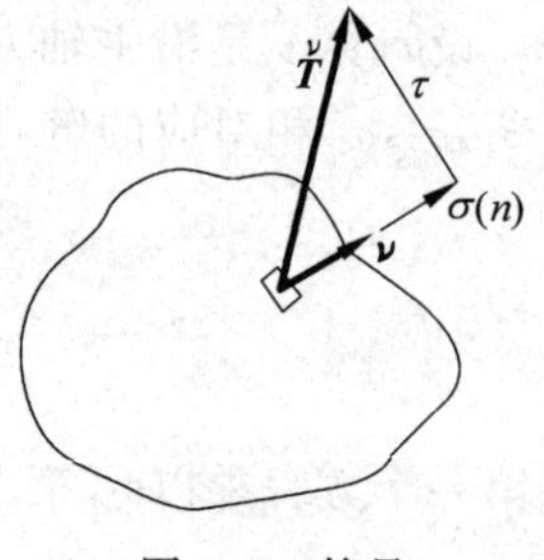

图 4.5 符号

另一方面,由于矢量 $\overset{\nu}{\boldsymbol{T}}$ 可以分解为两个相互垂直的分量 $\sigma_{(n)}$ 和 τ,其中 τ 表示与面元相切的剪应力(见图 4.5),作用在法线为 $\boldsymbol{v}$ 的面元上的剪应力大小可以由如下方程给出:

$$\tau^2 = |\overset{\nu}{T}_i|^2 - \sigma_{(n)}^2 \tag{4.6-2}$$

选主轴为坐标轴，设 $\sigma_1, \sigma_2, \sigma_3$ 为主应力，则

$$\begin{cases} \overset{\nu}{T}_1 = \sigma_1 \nu_1, \quad \overset{\nu}{T}_2 = \sigma_2 \nu_2, \quad \overset{\nu}{T}_3 = \sigma_3 \nu_3 \\ |\overset{\nu}{T}_1|^2 = (\sigma_1 \nu_1)^2 + (\sigma_2 \nu_2)^2 + (\sigma_3 \nu_3)^2 \end{cases} \tag{4.6-3}$$

再由方程(4.6-1)得

$$\sigma_{(n)} = \sigma_1 \nu_1^2 + \sigma_2 \nu_2^2 + \sigma_3 \nu_3^2 \tag{4.6-4}$$

$$\sigma_{(n)}^2 = [\sigma_1 \nu_1^2 + \sigma_2 \nu_2^2 + \sigma_3 \nu_3^2]^2 \tag{4.6-5}$$

代入方程(4.6-2)，并注意到：

$$(\nu_1)^2 - (\nu_1)^4 = (\nu_1)^2[1 - (\nu_1)^2] = (\nu_1)^2[(\nu_2)^2 + (\nu_3)^2] \tag{4.6-6}$$

则有

$$\begin{aligned} \tau^2 =& (\nu_1)^2(\nu_2)^2(\sigma_1 - \sigma_2)^2 + (\nu_2)^2(\nu_3)^2(\sigma_2 - \sigma_3)^2 \\ &+ (\nu_3)^2(\nu_1)^2(\sigma_3 - \sigma_1)^2 \end{aligned} \tag{4.6-7}$$

例如，若 $\nu_1 = \nu_2 = 1/\sqrt{2}, \nu_3 = 0$，则 $\tau = \pm\frac{1}{2}(\sigma_1 - \sigma_2)$。

习题

4.1 试证明 $\tau_{\max} = \pm\frac{1}{2}(\sigma_{\max} - \sigma_{\min})$，且 $\tau_{\max}$ 的作用面与最大和最小主应力方向间的夹角为 45°。

解：本问题是寻找 τ 的最大值和最小值。现在 τ^2 已由方程(4.6-7)给出。我们必须找到 τ^2 对 ν_1、ν_2、ν_3 在 $\nu_1^2 + \nu_2^2 + \nu_3^2 = 1$ 条件下的极值。利用拉格朗日乘子法来寻找函数

$$\begin{aligned} f \equiv& (\nu_1)^2(\nu_2)^2(\sigma_1 - \sigma_2)^2 + (\nu_2)^2(\nu_3)^2(\sigma_2 - \sigma_3)^2 \\ &+ (\nu_3)^2(\nu_1)^2(\sigma_3 - \sigma_1)^2 + \lambda(\nu_1^2 + \nu_2^2 + \nu_3^2 - 1) \end{aligned}$$

的极值。采用常用方法，计算偏导数 $\partial f/\partial v_i$ 和 $\partial f/\partial\lambda$，令它们等于零，并对 v_1, v_2, v_3 和 λ 求解。这样可以导得如下方程：

$$\frac{\partial f}{\partial v_1} = 0: 2\nu_1(\nu_2)^2(\sigma_1 - \sigma_2)^2 + 2\nu_1(\nu_3)^2(\sigma_3 - \sigma_1)^2 + 2\nu_1\lambda = 0 \tag{1}$$

$$\frac{\partial f}{\partial v_2} = 0: 2\nu_2(\nu_1)^2(\sigma_1 - \sigma_2)^2 + 2\nu_2(\nu_3)^2(\sigma_3 - \sigma_2)^2 + 2\nu_2\lambda = 0 \tag{2}$$

$$\frac{\partial f}{\partial v_3} = 0: 2\nu_3(\nu_2)^2(\sigma_3 - \sigma_2)^2 + 2\nu_3(\nu_1)^2(\sigma_3 - \sigma_1)^2 + 2\nu_3\lambda = 0 \tag{3}$$

$$\frac{\partial f}{\partial\lambda} = 0: \nu_1^2 + \nu_2^2 + \nu_3^2 = 1 \tag{4}$$

显然 $\nu_1 = 0$ 是方程(1)的一个解。令 $\nu_1 = 0$，方程(2)和(3)变为

$$\nu_3^2(\sigma_2-\sigma_3)^2+\lambda=0,\quad \nu_2^2(\sigma_2-\sigma_3)^2+\lambda=0$$

仅当 $\nu_3=\nu_2$ 时这些方程才能满足。令 $\nu_3=\nu_2$，方程(4)变为 $0+\nu_2^2+\nu_2^2=1$，或 $\nu_2=1/\sqrt{2}$。因此，第一组解为

$$\nu_1=0,\quad \nu_2=\nu_3=\frac{1}{\sqrt{2}},\quad \lambda=-\frac{(\sigma_2-\sigma_3)^2}{2}$$

将此代回 f 或方程(4.6-7)，得到 τ^2 的极值：

$$\tau_{\text{ext}}^2=\frac{(\sigma_2-\sigma_3)^2}{4},\quad \text{或者}\quad \tau_{\max}\ \text{或}\ \tau_{\min}=\frac{\sigma_2-\sigma_3}{2}。$$

顺序地令 $v_2=0$ 和 $v_3=0$，就可以得到方程(1)、(2)、(3)和(4)的另外两组解。于是得到相对的最大值或最小值

$$\frac{\sigma_2-\sigma_3}{2},\quad \frac{\sigma_3-\sigma_1}{2},\quad \frac{\sigma_1-\sigma_2}{2}$$

它们的最大者就是 τ 的绝对最大值。

绝对最大剪应力所在平面的法线方向由相应的 v 给定。无论哪个解，我们都有

$$\nu_i=\nu_j=\frac{1}{\sqrt{2}}\quad (i\neq j)$$

这意味着对 x_i 和 x_j 轴倾斜 45°。

4.7 应力偏量

张量

$$\tau'_{ij}=\tau_{ij}-\sigma_0\delta_{ij} \tag{4.7-1}$$

称为应力偏量，其中 δ_{ij} 为克罗内克 δ(Kronecker Delta)，σ_0 是平均应力：

$$\sigma_0=\frac{1}{3}(\sigma_1+\sigma_2+\sigma_3)=\frac{1}{3}(\tau_{11}+\tau_{22}+\tau_{33})=\frac{1}{3}I_1 \tag{4.7-2}$$

其中 I_1 是 4.5 节中的第一不变量。在描述金属的塑性行为时，将 τ_{ij} 分解为静水部分 $\sigma_0\delta_{ij}$ 和偏量 τ'_{ij} 是非常重要的。

应力偏量的第一不变量总等于零：

$$I'_1=\tau'_{11}+\tau'_{22}+\tau'_{33}=0 \tag{4.7-3}$$

为了确定主偏应力，可以遵循 4.5 节的过程。行列式方程

$$|\tau_{ij}-\sigma'\delta_{ij}|=0 \tag{4.7-4}$$

可以展开为

$$\sigma'^3-J_2\sigma'-J_3=0 \tag{4.7-5}$$

容易证明，J_1，J_2 和 4.5 节定义的不变量 I_2，I_3 有如下关系：

$$J_2=3\sigma_0^2-I_2 \tag{4.7-6}$$

$$J_3 = I_3 - I_2\sigma_0 + 2\sigma_0^3 = I_3 + J_2\sigma_0 - \sigma_0^3 \tag{4.7-7}$$

考虑到方程(4.7-3),也容易证明如下的替换表达式:

$$\begin{aligned} J_2 &= -\tau'_{11}\tau'_{22} - \tau'_{33}\tau'_{22} - \tau'_{11}\tau'_{33} + \tau_{12}^2 + \tau_{23}^2 + \tau_{31}^2 \\ &= \frac{1}{6}[(\tau_{11}-\tau_{22})^2 + (\tau_{22}-\tau_{33})^2 + (\tau_{33}-\tau_{11})^2] + \tau_{12}^2 + \tau_{23}^2 + \tau_{31}^2 \\ &= \frac{1}{2}[(\tau'_{11})^2 + (\tau'_{22})^2 + (\tau'_{33})^2] + \tau_{12}^2 + \tau_{23}^2 + \tau_{31}^2 \end{aligned} \tag{4.7-8}$$

因此,

$$J_2 = \frac{1}{2}\tau'_{ij}\tau'_{ij} \tag{4.7-9}$$

为了证明这四个方程,首先注意因为 J_2,J_3 和 I_2,I_3 都是不变量,用特定选择的坐标系来证明方程(4.7-6)和方程(4.7-7)是充分的。我们观察到,应力张量的主轴和应力偏量的主轴是重合的。选择 x_1,x_2,x_3 沿主轴方向。于是若 $\sigma'_1,\sigma'_2,\sigma'_3$ 是主偏应力,则有

$$\sigma'_1 = \sigma_1 - \sigma_0, \quad \sigma'_2 = \sigma_2 - \sigma_0, \quad \sigma'_3 = \sigma_3 - \sigma_0 \tag{4.7-10}$$

$$J_2 = -(\sigma'_1\sigma'_2 + \sigma'_2\sigma'_3 + \sigma'_3\sigma'_1) \tag{4.7-11}$$

$$J_3 = \sigma'_1\sigma'_2\sigma'_3 \tag{4.7-12}$$

注意,由于我们在方程(4.7-5)中的符号选择,方程(4.7-11)中出现负号。这样选择符号的理由是显然的,因为由(4.7-8)式的最后两行可以看到,这样定义的 J_2 确实是正定的。将式(4.7-10)直接代入方程(4.7-11),有

$$\begin{aligned} J_2 &= -(\sigma_1-\sigma_0)(\sigma_2-\sigma_0) - (\sigma_2-\sigma_0)(\sigma_3-\sigma_0) - (\sigma_3-\sigma_0)(\sigma_1-\sigma_0) \\ &= -(\sigma_1\sigma_2 + \sigma_2\sigma_3 + \sigma_3\sigma_1) + 2\sigma_0(\sigma_1+\sigma_2+\sigma_3) - 3\sigma_0^2 \\ &= -I_2 + 6\sigma_0^2 - 3\sigma_0^2 = 3\sigma_0^2 - I_2 \end{aligned} \tag{4.7-13}$$

这就证明了方程(4.7-6)。同样,将方程(4.7-10)代入(4.7-12)式就可以证明方程(4.7-7)。现在我们回到任意方向的坐标系。直接令方程(4.7-5)和方程(4.7-4)中的系数相等,就像方程(4.5-5)一样得到:

$$J_2 = -\begin{vmatrix} \tau'_{22} & \tau'_{23} \\ \tau'_{32} & \tau'_{33} \end{vmatrix} - \begin{vmatrix} \tau'_{33} & \tau'_{31} \\ \tau'_{13} & \tau'_{11} \end{vmatrix} - \begin{vmatrix} \tau'_{11} & \tau'_{12} \\ \tau'_{21} & \tau'_{22} \end{vmatrix} \tag{4.7-14}$$

展开行列式可以得到(4.7-8)式的第一行。在 $\tau'_{12},\tau'_{23},\tau'_{31}$ 上的撇号可以省略,因为它们就分别等于 $\tau_{12},\tau_{23},\tau_{31}$。若将等于零的量 $\frac{1}{2}(\tau'_{11}+\tau'_{22}+\tau'_{33})^2$ 加进第一行,并对结果进行简化,就可以得到(4.7-8)式的第三行。为了得到(4.7-8)式的第二行,首先要注意:

$$\tau_{11} - \tau_{22} = (\tau_{11}-\sigma_0) - (\tau_{22}-\sigma_0) = \tau'_{11} - \tau'_{22}$$

因此有

$$(\tau_{11}-\tau_{22})^2 + (\tau_{22}-\tau_{33})^2 + (\tau_{33}-\tau_{11})^2 = 2(\tau'^2_{11} + \tau'^2_{22} + \tau'^2_{33}) - 2(\tau'_{11}\tau'_{22} + \tau'_{22}\tau'_{33} + \tau'_{33}\tau'_{11})$$

在右端加进零值的项 $(\tau'_{11}+\tau'_{22}+\tau'_{33})^2$,其和将简化为 $3(\tau'^2_{11}+\tau'^2_{22}+\tau'^2_{33})$。于是显然(4.7-8)式的第三行和第二行是相等的。最后的方程(4.7-9)没有什么新意,它只是(4.7-8)式第三行

的不同表述。这样,所有的方程都已得证。

应用实例:高压容器中的材料试验

如果在实验室里作图 4.6(a)的简支钢梁试验,侧向载荷 P 加在中心,P 与载荷作用点处挠度 δ 之间的关系将为图 4.6(b) 所示的曲线。在 P-δ 曲线上与经过原点的直线偏离某一指定量的点称为*屈服点*。如果该梁设计为支承一个工程结构,那么它承载时不应该超过屈服点,因为超过了这个点,挠度就会迅速而不可逆地增加,并将产生“永久变形”。

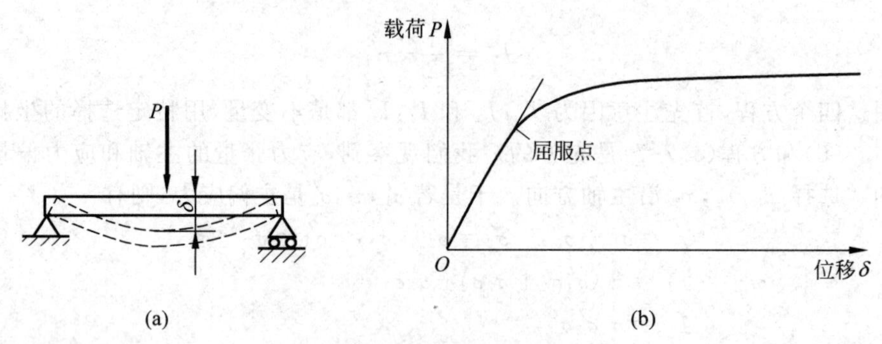

图 4.6 高压容器中的钢梁试验

(a) 梁;(b) 载荷-位移曲线

现在,我们要提出这样的问题:如果我们想在太平洋中 10 911 米深的马里兰沟内建一个用作测试仪器的梁,在海下载荷-挠度曲线是怎样的?深海的静水压力会改变梁的载荷-位移曲线吗?

类似这样的问题对地震学家、地质学家、工程师和材料科学家都是极有兴趣的。尽管没有人在海洋深处做过这样的试验,但是布雷奇曼(Percy Williams Bridgman,1882—1961)在哈佛曾做过模拟试验。他建造了一个可以达到接近海洋深处压力的高压试验容器。试验结果表明实际上 P-δ 曲线并不受静水压力的影响。

因此,钢的屈服是不受静水压力影响的。换句话说,屈服与应力或应变有关,但只与应力张量中和静水压力无关的那部分有关。这就导致了研究方程(4.7-1)所定义的应力偏量 τ'_{ij},它的静水压力部分 $\tau'_{\alpha\alpha}$ 为零。大多数材料的屈服与 τ_{ij} 无关,而与 τ'_{ij} 有关。

4.8 拉梅应力椭球

在单位外法线为 $\boldsymbol{\nu}$ (分量为 ν_i)的任意面元上作用有应力矢量 $\overset{\nu}{\boldsymbol{T}}$,其分量为

$$\overset{\nu}{T}_i = \tau_{ji}\nu_j$$

将应力张量的主轴选为坐标轴 x_1, x_2, x_3,将主应力记为 $\sigma_1, \sigma_2, \sigma_3$,则

$$\tau_{ij} = 0 \quad (i \neq j)$$

并且

$$\check{T}_1=\sigma_1\nu_1,\quad \check{T}_2=\sigma_2\nu_2,\quad \check{T}_3=\sigma_3\nu_3 \tag{4.8-1}$$

因为$\boldsymbol{\nu}$为单位向量,我们有

$$(\nu_1)^2+(\nu_2)^2+(\nu_3)^2=1 \tag{4.8-2}$$

对 ν_i 求解方程(4.8-1),并将其代入(4.8-2)式,可以看到$\check{T}_i$ 的分量满足如下方程:

$$\frac{(\check{T}_1)^2}{(\sigma_1)^2}+\frac{(\check{T}_2)^2}{(\sigma_2)^2}+\frac{(\check{T}_3)^2}{(\sigma_3)^2}=1 \tag{4.8-3}$$

这是一个在以$\check{T}_1,\check{T}_2,\check{T}_3$ 为轴的直角坐标系中的椭球方程。该椭球是一个自公共中心出发的矢量 $\check{\boldsymbol{T}}$ 之端点的轨迹(见图 4.7)。

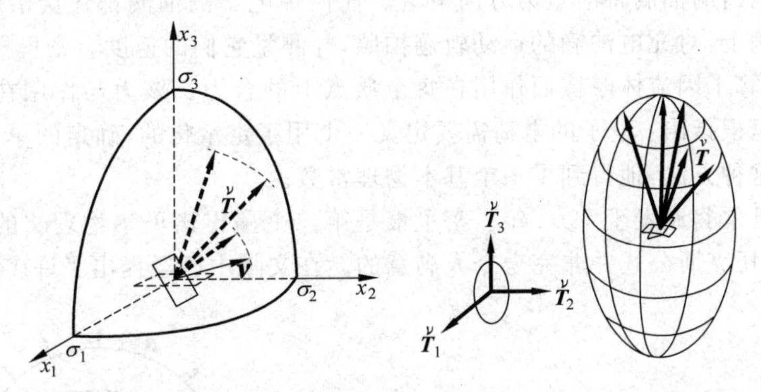

图 4.7　应力椭球,它是当$\boldsymbol{\nu}$变化时矢量 $\check{\boldsymbol{T}}$ 之端点的轨迹

习题

4.2　设 $\tau_{xx}=1000\ \text{kPa},\tau_{yy}=-1000\ \text{kPa},\tau_{zz}=0,\tau_{xy}=500\ \text{kPa},\tau_{yz}=-200\ \text{kPa},\tau_{zx}=0$。试问作用在法矢量为$\boldsymbol{\nu}=0.10\boldsymbol{i}+0.30\boldsymbol{j}+\sqrt{0.90}\boldsymbol{k}$ 之面上的应力矢量的模是多少?作用在该面上之应力矢量的三个分量(x,y,z 方向)是多少?作用在该面上的正应力是多大?作用在该面上的合剪应力是多大?

答案:$(\check{T}_i)=(250,-440,-60)$,应力矢量模=509 kPa,正应力=−164 kPa,剪应力=481 kPa。

4.3　斯托克斯(George Stokes)于 1850 年给出了粘性(牛顿)流体中半径为 a 的球体问题的解(见图 P4.3),该球以等速 U 沿 x 方向运动。在球的表面,应力矢量的三个分量为

$$\check{T}_x=-\frac{x}{a}p_0+\frac{3}{2}\mu\frac{U}{a},\quad \check{T}_y=-\frac{y}{a}p_0,\quad \check{T}_z=-\frac{z}{a}p_0 \tag{1}$$

其中 p_0 是远离球体处的压力。试求作用在球上的合力。

解：作用在球上的总表面力为

$$F_x = \oint \overset{\nu}{T}_x \mathrm{d}S, \quad F_y = \oint \overset{\nu}{T}_y \mathrm{d}S, \quad F_z = \oint \overset{\nu}{T}_z \mathrm{d}S \tag{2}$$

因对称性：

$$\oint x\mathrm{d}S = \oint y\mathrm{d}S = \oint z\mathrm{d}S = 0 \tag{3}$$

因此，合力的唯一非零分量为

$$F_x = \oint \frac{3}{2}\mu \frac{U}{a}\mathrm{d}S = 4\pi a^2 \frac{3}{2}\mu \frac{U}{a} = 6\pi\mu a U \tag{4}$$

提示：密里根(Robert Andrew Millikan，曾于1923年获得诺贝尔奖)利用云室测量了电子的电荷。云室里充满了微小的、近似球形的油滴。对云室内两个平行的导电板充电，产生电场。不带电荷的油滴将沿重力方向下落。任何带电子的油滴都还会沿电场方向运动。将光线照到油滴上，对充电油滴的运动轨迹拍照，并测量它们的速度。密里根用斯托克斯公式(方程(4))计算了因流体摩擦而作用在每个质点上的合力。该力与作用在电子上的电场力相平衡。密里根指出：电子的电荷需要定义一个用于定量化的、确定的单位，他又测定了这个单位。用这种方法，他得到了一个基本物理常数。

第一次诺贝尔奖颁发于1901年。密里根是第二个赢得诺贝尔物理奖的美国人。然而从理论上看，斯托克斯公式并非完全令人满意的。在文献中已经提出了许多改进意见。

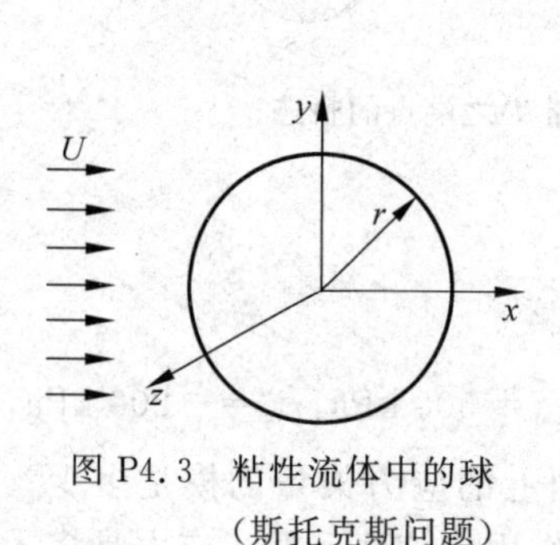

图 P4.3 粘性流体中的球(斯托克斯问题)

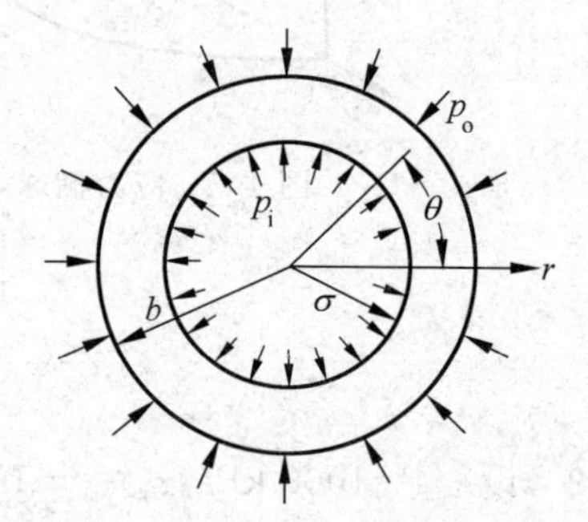

图 P4.4 承受内压和外压的厚壁圆筒

4.4 内径为 a、外径为 b 的弹性厚壁圆筒承受内压 p_i 和外压 p_o(见图 P4.4)。圆筒内的应力为

$$\sigma_{rr} = \frac{a^2b^2(p_o - p_i)}{r^2(b^2 - a^2)} + \frac{p_i a^2 - p_o b^2}{b^2 - a^2}$$

$$\sigma_{\theta\theta} = -\frac{a^2b^2(p_o - p_i)}{r^2(b^2 - a^2)} + \frac{p_i a^2 - p_o b^2}{b^2 - a^2}$$

$$\sigma_{r\theta} = 0$$

其中 r 是圆筒内任意点的径向位置。试求出现最大主应力处的半径，以及筒壁内绝对最大

主应力的值。筒壁内 $\sigma_{\theta\theta}$ 的平均值是多少?

这个解是由拉梅在线弹性理论假设下得到的(第 12 章)。应注意筒壁内的应力分布是不均匀的。内壁处的应力集中是很大的。

4.5 假设你正在设计高压容器,例如炮筒。因爆炸产生的压力太大,使得最大环向应力 $\sigma_{\theta\theta}$ 超出了许用拉应力 σ_{cr}。为了减小内壁的拉应力,可以在炮筒上"红套"一个外壳。外壳在受热状态下套上去,然后,随着它的冷却使炮筒外壁受到压力为 p_o 的压缩载荷,从而降低炮筒内部的拉应力 $\sigma_{\theta\theta}$。假设 $\sigma_{\theta\theta}>\sigma_{rc}$,即应力超过了许用应力。利用习题 4.4 的结果,试设计一个能使最大主应力小于许用应力的多层炮筒。

4.6 人体的血管是惊人的器官。在不受任何载荷作用时,它具有很大的残余应力。如果在体内切出一段,其长度将缩短 30%到 40%。如果再沿径向将其切开,它将会展开成一个扇形。开口扇形是血管零应力状态的最好近似,因为对该试样作任何进一步的切割都不会在血管壁内再产生可测量的应变变化。开口扇形零应力状态的意义已经研究过(见 Y. C. Fung,"我们血管中的残余应力起了什么作用?",*Annals of Biomedical Engineering* **19**: 237-249,1991)。已经发现由于残余应变的存在,在正常生活条件下血管壁中的环向应变分布沿管壁是非常均匀的。从零应力到生理条件的整个应变范围内,血管的应力-应变关系是非线性的。但是,如果仅考虑正常生活情况附近应力和应变的微小变化,则增量应力-应变关系可以线性化。现在,如果进一步假设线性应力-应变关系中的弹性常数沿整个血管壁不变,则在正常情况附近作微小变化的限制下,习题 4.4 给出的拉梅解可以适用。现在假设一个正常的、健康的人突然得了高血压,他或她出现了增量为 Δp_i 的异常高的血压。试画出血管壁中的增量应力图。它们是均匀的吗?哪里增量应力最大?我们在第 13 章中将看到,血管将会重构自己以适应增量应力。

4.7 应力集中。试写出带圆孔平板的边界条件,该板两端承受正应力 $\sigma_x=\text{const}=p$ 的均匀拉伸静载荷(如图 P4.7 所示)。

若板由线弹性材料制成,则解已知为

$$\sigma_r=\frac{p}{2}\left(1-\frac{a^2}{r^2}\right)\left[1+\left(1-3\frac{a^2}{r^2}\right)\cos 2\theta\right],$$

$$\sigma_\theta=\frac{p}{2}\left[1+\frac{a^2}{r^2}-\left(1+3\frac{a^4}{r^4}\right)\cos 2\theta\right],$$

$$\tau_{r\theta}=-\frac{p}{2}\left(1-\frac{a^2}{r^2}\right)\left(1+3\frac{a^2}{r^2}\right)\sin 2\theta$$

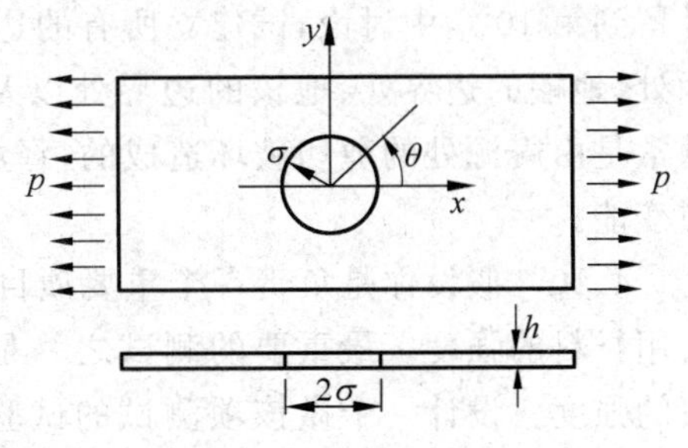

图 P4.7 薄板中的圆孔

(a) 检验应力边界条件,看它们能否满足。

(b) 求正应力 σ_θ 最大点的位置。

(c) 求整个板内的最大剪应力。

(d) 求板内的最大主应力。

提示:你可以看到,沿孔的周围最大应力是增加的。这就是应力集中现象。

答案：(a) 水平边界和圆孔是自由的。在孔边上的边界条件为

$$\text{当 } r=a \text{ 时}，\quad \sigma_{rr}=0，\quad \tau_{r\theta}=0$$

(b) 当 $\theta=\pi/2$时，σ_θ 达到最大值 $3p$。

(c) 最大剪应力等于 $3p/2$，发生在 $r=a,\theta=\pi/2$处，作用在与 z 轴成 45°的平面上。

(d) 最大主应力是 $3p$。

4.8 飞机侧面开窗口导致应力升高。假设你被指定去设计让乘客观看外面的窗口。为了帮助你作出设计决定，考虑一个理想问题：在承受拉应力 S 的无限大铝合金板中开一个椭圆孔，椭圆的短轴平行于拉伸方向，如图 P4.8 所示。该问题已经解出，结果是：孔的长轴两端处的拉应力为

$$\sigma = S\left(1+2\,\frac{a}{b}\right)$$

其中 $2a$ 是椭圆长轴，$2b$ 是短轴(如图 P4.8 所示)。从这个结果中你学到了什么？

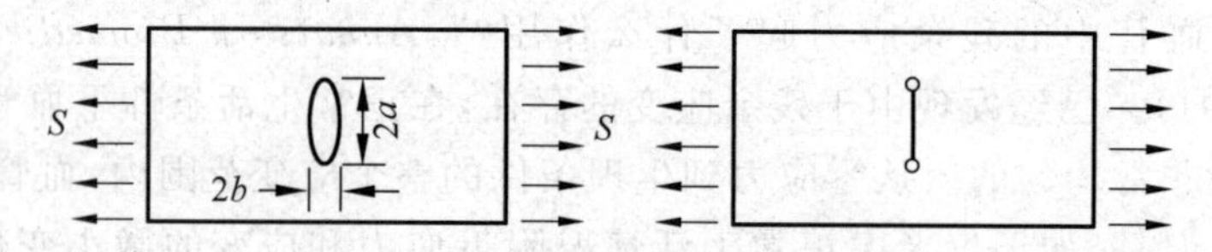

图 P4.8 平板中的椭圆孔；应力释放孔

飞机壁板内的裂纹可以用细长椭圆孔来模拟。为什么裂纹垂直于拉伸方向时是非常危险的？

解释在裂纹两端钻小孔的好处。这些孔能阻止裂纹扩展吗？

4.9 当 $t=0$ 时，在震源 C 处发生地震(见图 P4.9)。分析环绕世界的地震波并不容易，但是建立数学问题的方程并不困难。运动方程和连续性条件留到第 10 章中讨论，试建立所有的边界条件，包括：地球表面处、地幔的边界处、地核的边界处以及震源处的条件。地震通常是由震源处的剪切破坏造成的，释放了残余应变和相应的应变能。

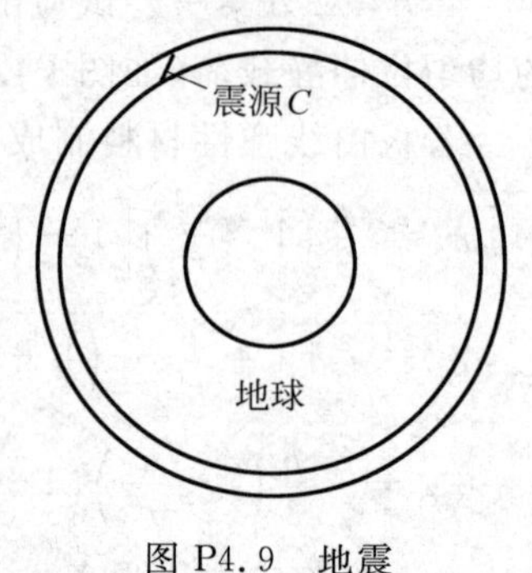

图 P4.9 地震

4.10 假设你是负责一个重要项目的工程师，你必须测试所用材料的强度。最重要的测试之一是确定材料在单轴拉伸下的强度。设计一个做该项测试的试验机。设计试件的形状和结构。图 P4.10 给出了一个试件。它合适吗？在此讨论中，必须考虑试件中的应力分布，力传递给试件的方式也很重要。

假设你正在为研究软组织强度(如肌肉、腱、皮肤和血管)的生物学家设计这个设备。那么制作图 P4.10 所示的试件是不现实的。你用什么来替代呢？

4.11 混凝土、岩石和骨头在受压时强度较大，通常工作于承压状态。为了测试它们的承压强度，必须考虑一些与习题4.10答案完全不同的因素。试设计这些材料作承压试验用的试件。

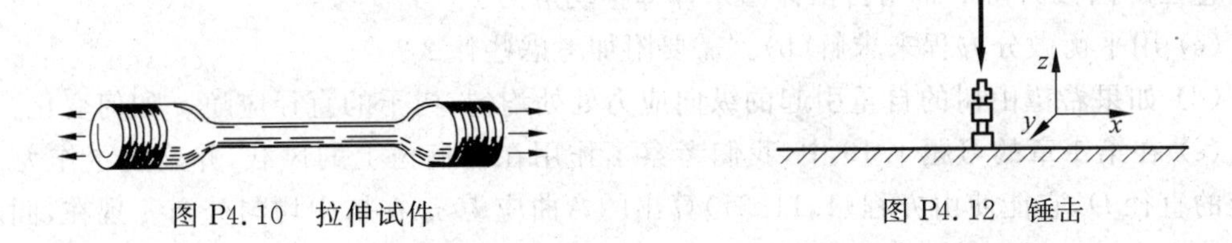

图 P4.10 拉伸试件　　图 P4.12 锤击

4.12 用锤子打击一个半无限大的弹性体(图 P4.12)。应该设置什么样的边界条件？

解：初始条件：变形处处为零。当锤子打击时，边界条件是：

(a) 在平表面上，但不在锤子下，

$$\overset{\nu}{T}_i = 0 \quad (i = 1,2,3)$$

(b) 半无限体在无限远处的条件：令 u_i 是物体变形引起的位移分量，σ_{ij} 是应力；则

$$(u_i) = 0, \quad (\sigma_{ij}) = 0 \quad (i = 1,2,3)$$

(c) 在锤子下的表面处，垂直于表面的应力矢量与位移都必须一致。因此，若用(T)和(H)分别表示桌子和锤子，则在共同界面上必有

$$(\overset{\nu}{u}_i)^{(\mathrm{T})} = (\overset{\nu}{u}_i)^{(\mathrm{H})}, \quad (\overset{\nu}{T}_i)^{(\mathrm{T})} = (\overset{\nu}{T}_i)^{(\mathrm{H})}$$

设法线 ν 垂直于界面，界面可以用方程 $z=f(x,y,t)$ 来描述。则 $\nu_1 : \nu_2 : \nu_3 = \partial f/\partial x : \partial f/\partial y : -1$。但是，我们并不知道函数 $f(x,y,t)$，它只有在将锤子和桌子一起求解整个应力分布问题后才能严格地确定。

为了代替精确解，可以提出一个近似问题。例如，可以假设：当锤子打击桌面时，应力矢量垂直于桌子的分量远大于切向分量。于是，若略去后一分量(这种情况称为“有润滑”的锤击)，则锤子下的边界条件可以写为

$$\overset{z}{T}_x = 0, \quad \overset{z}{T}_y = 0, \quad \overset{z}{T}_z = F(x,y)\delta(t)$$

其中 $\delta(t)$ 是狄拉克(Dirac)单位脉冲函数，当 t 为有限时它等于零，但当 $t\to 0$ 时它趋于 ∞，而且将 $\delta(t)$ 从 $-\varepsilon$ 到 $+\varepsilon$ 对 t 积分正好等于1，ε 是一个正数。$F(x,y)$ 未知。可以简单假设为 $F(x,y)=\text{const}$。

提示：或许锤子与桌面之间是不规则的接触，局部破坏、滑移等。如果要认真对待这些可能性，那就必须精确地给定它们，然后研究它们的后果。

4.13 假设前一问题中的半无限体是广阔的水面，载荷是从飞机上投下来的包裹(图 P4.13)。水肯定会飞溅。在该情况下已知的边界条件是什么？

4.14 棕榈树支撑自身的重量(如图 P4.14 所示)。

(a) 假设树冠重 100 kgf，树干的横截面积是 100 cm^2。树干的密度是 2 g/cm^3，树高

10 m。设树干是均匀圆柱体,试求仅由树的自重引起的、树干在离树冠的距离为 x 处的应力。试用平衡方程 $\tau_{ij,j}+X_i=0$ 求解该问题。

(b) 通过朝树根方向增加树干的横截面积可以降低由树的自重引起的应力。试研究这种变直径的圆截面树干。用自由体图来计算平均应力。

(c) 用平衡微分方程来求解(b)。需要附加考虑些什么?

(d) 如果希望由树的自重引起的纵向应力处处均匀,树干的直径应随 x 如何变化?

(e) 在第 1 章的习题 1.19 中,我们考察了作用在棕榈树上的风载,并确定了作为 x 之函数的直径 D,它能使由方程(1.11-31)算出的弯曲应力 σ_0 在树中均匀分布。现在,同时考虑风载和自重。设树干材料的抗拉强度为 σ_1,抗压强度为 σ_2。当最大主应力等于 σ_1 时材料断裂。当压应力超过 σ_2 时材料压碎。若树被设计成具有均匀的最大拉应力(与 x 无关),那么 $D(x)$是什么?若设计成具有均匀最大压应力,$D(x)$又是什么?

图 P4.13 降落的包裹

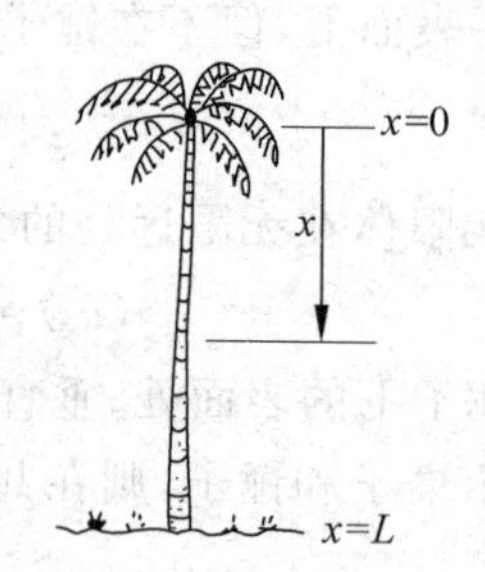

图 P4.14 支撑自身重量的棕榈树

4.15 什么是总和 $\tau_{\alpha\alpha}$ 的物理意义?

答案:它是三个正交方向上的正应力之和。如果我们考察一个在静水中的立方体,它的所有面上都承受压力 p,面上没有剪应力,因此 $\tau_{\alpha\alpha}=-3p$ 或 $p=-\tau_{\alpha\alpha}/3$。

若在立方体的每个面上作用等强度的均匀拉力,则 $\tau_{\alpha\alpha}/3$ 代表该拉力。

若三个应力 $\tau_{xx},\tau_{yy},\tau_{zz}$ 不相等,则 $\tau_{\alpha\alpha}/3$ 代表平均正应力。

4.16 在笛卡儿直角坐标系 x_1,x_2,x_3 中,物体内一点处的应力具有如下分量:

$$(\sigma_{ij})=\begin{pmatrix}1 & 0 & -1\\ 0 & -1 & 0\\ -1 & 0 & 1\end{pmatrix}$$

试求不变量 I_1,I_2,I_3 以及主应力的值。

答案:$I_1=1,I_2=-2,I_3=0$;$(\sigma_1,\sigma_2,\sigma_3)=(0,2,-1)$。

4.17 设 τ_{ij} 是一个应力张量。试计算如下的积:(a)$\varepsilon_{ijk}\tau_{jk}$;(b)$\varepsilon_{ijk}\varepsilon_{ist}\tau_{kt}$。

4.18 板在 x 方向受拉,y 方向受压,z 方向自由。在平行于 z 轴、与 x 轴成 45°的平面内有一个缺陷。若作用在缺陷上的剪应力超过临界值 τ_{cr},板将破坏。试确定导致板破坏的 σ_x 和 σ_y 的临界组合值。

4.19 考察一根横截面积为 1 cm^2 的杆。

(a) 假设材料具有如下强度特性，超过这些特性杆就会破坏：最大剪应力 400 kPa；最大拉伸应力 1.0 MPa；最大压应力 10.0 MPa。设拉力 P 作用于杆上，当 P 为何值时杆将破坏？破坏面的倾斜角预期是多少？

(b) 若强度特性是：最大剪应力 500 kPa；最大拉应力 0.9 MPa；最大压应力 10.0 MPa。试回答与(a)同样的问题。

4.20 圆柱形杆受轴向载荷拉伸、弯矩弯曲、扭矩扭转，导致圆柱表面一点处微元内的应力为

$$\sigma_r = 0, \quad \tau_{rz} = \tau_{r\theta} = 0, \quad \sigma_z = 1\ \text{kPa}, \quad \tau_{z\theta} = 2\ \text{kPa}, \quad \sigma_\theta = 0$$

试求该点处的主应力。

4.21 在地球内存在由土壤重量引起的静水压力和地壳应变引起的剪应力。在地球内某点处，静水压力是 10 MPa，相对于所选参考坐标系 x_1, x_2, x_3 计算的剪应力是 $\tau_{12}=$ 5 MPa，$\tau_{23}=\tau_{31}=0$。试求该点处的主应力和主平面。

答案：$\sigma_1=-5$ MPa，作用在法矢量为 $v_1=-v_2=\sqrt{2}/2, v_3=0$ 的平面上，该平面与负 x_1 轴成 45°。与主应力 $\sigma_2=-10$ MPa 相应的主轴是 x_3 轴，与主应力 $\sigma_3=-15$ MPa 相应的主轴是与正 x_1 轴成 45°的矢量。

4.22 开着重 1600 kgf 汽车的驾驶员猛然刹车，刹车迅速把轮子锁住。假设轮胎与地面间的最大摩擦系数是 1/4，还假设每个车轮用四个螺栓连接到轮毂上。

(a) 试计算每一个螺栓必须受到的剪力，螺栓直径为 1 cm，螺栓轴离轮轴 6 cm，轮轴高出地面 36 cm。

(b) 螺栓材料的许用剪应力为 150 MPa。试问螺栓中的剪应力是否在许用极限以内？(假设螺栓无初应力)

(c) 车库的修理工把轮子装到车上去时，用大扳手使劲拧紧螺帽，对螺栓施加了 140 MPa 的拉应力。该拉应力就是螺栓中的初应力。现在，当刹车时，又加了(b)中算出的剪应力，螺栓仍然安全吗？为了回答该问题，试计算在拉伸和剪切联合作用下螺栓中的最大剪应力；然后将它与许用剪应力作比较。

答案：(a) 1470 N。(b) 刹车引起的剪应力＝18.71 MPa。车重引起的剪应力＝12.47 MPa。最严重情况下的剪应力＝31.18 MPa。它小于许用值 150 MPa；所以螺栓是安全的。(c)通过作莫尔圆或由方程(4.2-12)得到 $\tau_{max}=76.63$ MPa和 $\sigma_{max}=146.63$ MPa。显然，螺栓对剪切是安全的。但是，最好用手册检验一下拉应力，看看 σ_{max}是否允许。

4.23 深海钻井平台的基础承受静水压力 p，以及由平台自重引起的垂直方向的附加应力 q 和由地震引起的剪应力 τ。试求三个主应力和最大剪应力。

CHAPTER

第 5 章

变形分析

加于固体上的力产生变形，加于流体上的力产生流动。通常，分析的主要任务是求变形或流动。本章的任务是采用与该物体的应力状态相关的方法来分析固体的变形。

5.1 变　　形

如果拉伸橡皮带，它就会伸长。如果压缩圆柱体，它将缩短。如果用力弯杆子，它就会弯曲。如果扭一根轴，它将扭转。如图 5.1 所示。拉应力产生拉伸应变。剪应力产生剪应变。这是常理。为了定量地表示这些现象，必须定义应变的度量。

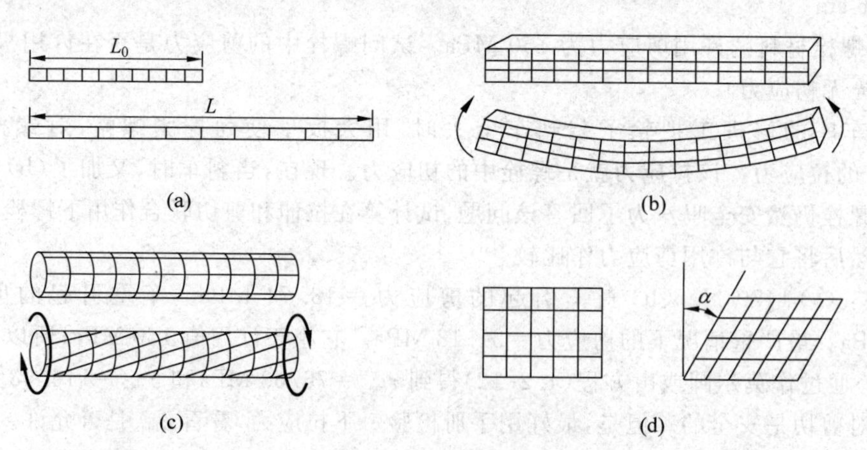

图 5.1　变形的模式

(a) 拉伸；(b) 弯曲；(c) 扭转；(d) 简单剪切

考察初始长度为 L_0 的弦。若将它拉伸至长度 L，如图 5.1(a) 所示，用无量纲比值(如 L/L_0，$(L-L_0)/L_0$，$(L-L_0)/L$)来描述变化是很自然的。无量纲比值可以不考虑绝对长度。通常认为，是这些比值，而非长度 L_0 或 L，与弦中的应力有关。这个预测可以用实验验证。比值 L/L_0 称为伸长比，用符号 λ 表示。比值

$$\varepsilon = \frac{L - L_0}{L_0}, \quad \varepsilon' = \frac{L - L_0}{L} \tag{5.1-1}$$

是应变度量。可以采用其中的任何一个，尽管它们数值上并不相同。例如，若 $L=2$ 和 $L_0=1$，我们有 $\lambda=2$，$\varepsilon=1$ 和 $\varepsilon'=1/2$。我们也有理由(后面会讨论)引入如下度量：

$$e = \frac{L^2 - L_0^2}{2L^2}, \quad \bar{\varepsilon} = \frac{L^2 - L_0^2}{2L_0^2} \tag{5.1-2}$$

若 $L=2$ 和 $L_0=1$，我们有 $e=3/8$ 和 $\bar{\varepsilon}=3/2$。但是，若 $L=1.01$ 且 $L_0=1.00$，则 $e \doteq 0.01$，$\bar{\varepsilon} \doteq 0.01$，$\varepsilon \doteq 0.01$ 和 $\varepsilon' \doteq 0.01$。因此，对于无限小的伸长，所有这些应变度量都近似相等。然而，在有限伸长时它们是不同的。

上述各种应变度量可以用来描述更为复杂的变形。例如，若用作用于两端的弯矩来弯曲矩形梁，如图 5.1(b) 所示，梁将绕曲成一个圆弧。上表面的纤维将缩短，而下表面的纤维被拉长。这些纵向应变与作用在梁上的弯矩有关。

为了说明剪切，考察图 5.1(c) 所示的圆柱形轴。当轴被扭转时，轴中的微元将像图 5.1(d)那样畸变。在这种情况下，角度 α 可以作为应变的度量。然而，更为普遍的是用 $\tan\alpha$ 或 $\frac{1}{2}\tan\alpha$ 作为剪应变；其理由将在后面阐明。

选择适当的应变度量原则上是由应力应变关系(即材料的本构方程)决定的。例如，如果拉伸一根弦，它将伸长。试验结果可以画成拉应力 σ 对伸长比 λ 或应变 e 的曲线。于是可以得到联系 σ 和 e 的经验公式。对于微小应变情况是简单的，因为用不同的应变度量来表示都是重合的。已经发现，对于大多数工程材料承受微小的单轴拉伸应变时，在一定的应力范围内都满足如下关系：

$$\sigma = E\varepsilon \tag{5.1-3}$$

其中 E 是常数，称为*杨氏模量*。方程(5.1-3)称为*胡克定律*。服从这关系的材料称为*胡克材料*。当 σ 小于一定界限(称为*拉伸屈服应力*)时，钢就是胡克材料。

承受微小剪应变的胡克材料对应于方程(5.1-3)的关系是

$$\tau = G\tan\alpha \tag{5.1-4}$$

其中 G 是另一个常数，称为*剪切模量*或*刚性模量*。方程(5.1-4)的适用范围也有界限，目前是*剪切屈服应力*。一般来说，受拉、受压和受剪情况下的屈服应力是不同的。

方程(5.1-3)和方程(5.1-4)是最简单的本构方程。更一般的情况将在第 7～9 章中讨论。

自然界和工程中的大多数物体的变形都要比刚才讨论的情况复杂得多。所以，我们需要一个更为一般的处理方法。无论如何，先来看一下变形的数学描述。

设某物体占有空间 S。在笛卡儿直角坐标系中，物体中的每一质点都有一组坐标。当物体变形后，每一质点都占有一个新的位置，该位置可以用一组新的坐标来表示。例如，当物体运动和变形时，初始位于坐标(a_1, a_2, a_3)处的质点 P 将移动到坐标为(x_1, x_2, x_3)的位

置 Q。矢量 $\overrightarrow{PQ}$ 称为该点的位移矢量(见图 5.2)。显然,位移矢量的分量为

$$x_1 - a_1,\quad x_2 - a_2,\quad x_3 - a_3$$

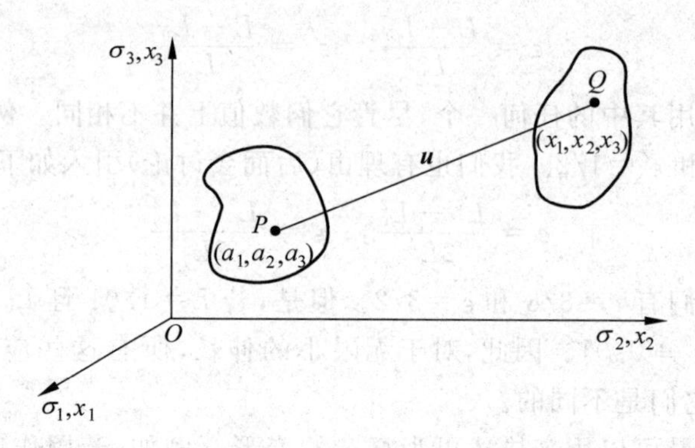

图 5.2 位移矢量

如果已知物体中任意点的位移,就可以由初始物体构造出变形后的物体。因此,变形可以用位移场来描述。设变量 (a_1,a_2,a_3) 表示物体初始构形中任意点的坐标,(x_1,x_2,x_3) 表示物体变形后该点的坐标。于是,若 (x_1,x_2,x_3) 是 (a_1,a_2,a_3) 的已知函数:

$$x_i = x_i(a_1,a_2,a_3) \tag{5.1-5}$$

则物体的变形就知道了。这是一个从 a_1,a_2,a_3 到 x_1,x_2,x_3 的变换(映射)。在连续介质力学中,假设变形是连续的。因此,相邻区域变形后仍然是相邻的。我们还假设:变换是一一对应的,即(5.1-5)式中的函数是单值、连续的,物体中的每个点都具有唯一的逆变换:

$$a_i = a_i(x_1,x_2,x_3) \tag{5.1-6}$$

位移矢量 $\boldsymbol{u}$ 可以用其分量来确定:

$$u_i = x_i - a_i \tag{5.1-7}$$

若位移矢量与初始位置中的每个质点相关,则可以写出:

$$u_i(a_1,a_2,a_3) = x_i(a_1,a_2,a_3) - a_i \tag{5.1-8}$$

若位移矢量与变形后位置中的质点相关,则写成:

$$u_i(x_1,x_2,x_3) = x_i - a_i(x_1,x_2,x_3) \tag{5.1-9}$$

习题

5.1 为了保证变换(5.1-5)是单值、连续、可微的,函数 $x_i(a_1,a_2,a_3)$ 必须满足什么条件?

提示:若变换是单值、连续、可微的,则函数 $x_i(a_1,a_2,a_3)$ 必须是单值、连续、可微的,并在物体所占有的空间中雅克比行列式 $|\partial x_i/\partial a_j|$ 不等于零。最后一句话是很重要的(见 2.5 节)。

5.2 应　　变

物体中应力与应变有关的概念首先由胡克(Robert Hooke, 1635-1703)以回文构词法(*ceiiinosssttuv*)的形式发表于1676年。他于1678年将其解释为

Ut tensio sic vis

或“任何弹性体的力量与伸长成正比”。对任何曾用过弹簧或拉过橡皮带的人来说,这句话的意思是很清楚的。

刚体运动并不引起应力。因此,位移本身并不直接与应力相关。为了建立位移和应力的关系,必须考察物体的拉伸和扭转。为此我们来考察物体中的三个相邻点 P,P',P''(见图5.3)。如果在变形后的构形中它们移动到 Q,Q',Q''点,我们若能知道各边的长度变化,则三角形的面积和角度变化就可以完全确定。但是,三角形的“位置”却无法用边长的变化来确定。同样,若已知物体内任意两点间的长度变化,则除了物体在空间中的位置外,物体的新构形将完全确定。物体内任意两点间距离变化的描述是变形分析的关键。

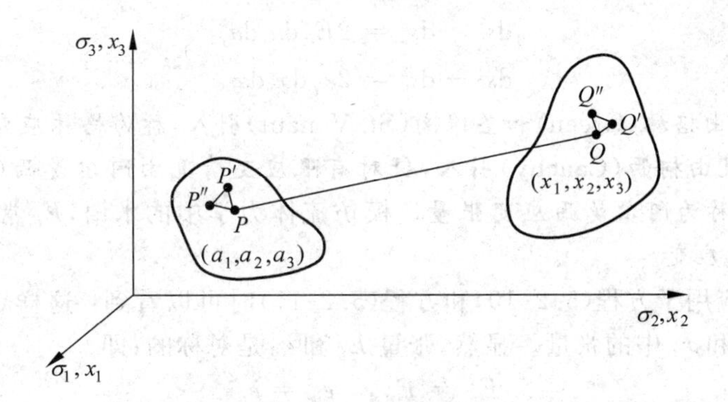

图5.3 物体的变形

考察连接点 $P(a_1,a_2,a_3)$ 和相邻点 $P'(a_1+\mathrm{d}a_1,a_2+\mathrm{d}a_2,a_3+\mathrm{d}a_3)$ 的无限小线元。初始构形中线元 PP' 长度 $\mathrm{d}s_0$ 的平方为

$$\mathrm{d}s_0^2=\mathrm{d}a_1^2+\mathrm{d}a_2^2+\mathrm{d}a_3^2 \tag{5.2-1}$$

当 P 和 P' 分别变形至点 $Q(x_1,x_2,x_3)$ 和 $Q'(x_1+\mathrm{d}x_1,x_2+\mathrm{d}x_2,x_3+\mathrm{d}x_3)$,新线元 QQ' 长度 $\mathrm{d}s$ 的平方为

$$\mathrm{d}s^2=\mathrm{d}x_1^2+\mathrm{d}x_2^2+\mathrm{d}x_3^2 \tag{5.2-2}$$

由方程(5.1-5)和方程(5.1-6),我们有

$$\mathrm{d}x_i=\frac{\partial x_i}{\partial a_j}\mathrm{d}a_j,\quad \mathrm{d}a_i=\frac{\partial a_i}{\partial x_j}\mathrm{d}x_j \tag{5.2-3}$$

由此,引入 Kronecker Delta,可以写成:

$$ds_0^2 = \delta_{ij}\mathrm{d}a_i\mathrm{d}a_j = \delta_{ij}\frac{\partial a_i}{\partial x_l}\frac{\partial a_j}{\partial x_m}\mathrm{d}x_l\mathrm{d}x_m \tag{5.2-4}$$

$$ds^2 = \delta_{ij}\mathrm{d}x_i\mathrm{d}x_j = \delta_{ij}\frac{\partial x_i}{\partial a_l}\frac{\partial x_j}{\partial a_m}\mathrm{d}a_l\mathrm{d}a_m \tag{5.2-5}$$

可以写出两个线元长度平方之差,更换一些哑标后可以得到:

$$ds^2 - ds_0^2 = \left(\delta_{\alpha\beta}\frac{\partial x_\alpha}{\partial a_i}\frac{\partial x_\beta}{\partial a_j} - \delta_{ij}\right)\mathrm{d}a_i\mathrm{d}a_j \tag{5.2-6}$$

或

$$ds^2 - ds_0^2 = \left(\delta_{ij} - \delta_{\alpha\beta}\frac{\partial a_\alpha}{\partial x_i}\frac{\partial a_\beta}{\partial x_j}\right)\mathrm{d}x_i\mathrm{d}x_j \tag{5.2-7}$$

我们定义应变张量为

$$E_{ij} = \frac{1}{2}\left(\delta_{\alpha\beta}\frac{\partial x_\alpha}{\partial a_i}\frac{\partial x_\beta}{\partial a_j} - \delta_{ij}\right) \tag{5.2-8}$$

$$e_{ij} = \frac{1}{2}\left(\delta_{ij} - \delta_{\alpha\beta}\frac{\partial a_\alpha}{\partial x_i}\frac{\partial a_\beta}{\partial x_j}\right) \tag{5.2-9}$$

则有

$$ds^2 - ds_0^2 = 2E_{ij}\mathrm{d}a_i\mathrm{d}a_j \tag{5.2-10}$$

$$ds^2 - ds_0^2 = 2e_{ij}\mathrm{d}x_i\mathrm{d}x_j \tag{5.2-11}$$

应变张量 E_{ij} 由格林(Green)和圣维南(St. Venant)引入,称为格林应变张量。应变张量 e_{ij} 针对小应变情况由柯西(Cauchy)引入,针对有限应变情况由阿尔曼西(Almansi)和哈默尔(Hamel)引入,称为阿尔曼西应变张量。模仿流体力学中的术语,E_{ij} 常称为拉格朗日应变,而 e_{ij} 称为欧拉应变。

当将商规则应用于方程(5.2-10)和方程(5.2-11)时可以看到:这样定义的 E_{ij} 和 e_{ij} 分别是在坐标系 a_i 和 x_i 中的张量。显然,张量 E_{ij} 和 e_{ij} 是对称的;即

$$E_{ij} = E_{ji}, \quad e_{ij} = e_{ji} \tag{5.2-12}$$

方程(5.2-10)和方程(5.2-11)的直接引论是:$ds^2 - ds_0^2 = 0$ 就意味着 $E_{ij} = e_{ij} = 0$,反之亦然。然而,每个线元的长度保持不变的变形是刚体运动。因此,物体的变形为刚体运动的充分必要条件是:在整个物体中应变张量 E_{ij} 和 e_{ij} 的所有分量均为零。

5.3 用位移表示应变分量

若引入位移矢量 $\boldsymbol{u}$,其分量为

$$u_\alpha = x_\alpha - a_\alpha \quad (\alpha = 1,2,3) \tag{5.3-1}$$

则

$$\frac{\partial x_\alpha}{\partial a_i} = \frac{\partial u_\alpha}{\partial a_i} + \delta_{\alpha i}, \quad \frac{\partial a_\alpha}{\partial x_i} = \delta_{\alpha i} - \frac{\partial u_\alpha}{\partial x_i} \tag{5.3-2}$$

应变张量简化为简单形式：

$$\begin{aligned}E_{ij} &= \frac{1}{2}\left[\delta_{\alpha\beta}\left(\frac{\partial u_\alpha}{\partial a_i}+\delta_{\alpha i}\right)\left(\frac{\partial u_\beta}{\partial a_j}+\delta_{\beta j}\right)-\delta_{ij}\right] \\ &= \frac{1}{2}\left[\frac{\partial u_i}{\partial a_j}+\frac{\partial u_j}{\partial a_i}+\frac{\partial u_\alpha}{\partial a_i}\frac{\partial u_\alpha}{\partial a_j}\right]\end{aligned} \tag{5.3-3}$$

和

$$\begin{aligned}e_{ij} &= \frac{1}{2}\left[\delta_{ij}-\delta_{\alpha\beta}\left(-\frac{\partial u_\alpha}{\partial x_i}+\delta_{\alpha i}\right)\left(-\frac{\partial u_\beta}{\partial x_j}+\delta_{\beta j}\right)\right] \\ &= \frac{1}{2}\left[\frac{\partial u_i}{\partial x_j}+\frac{\partial u_j}{\partial x_i}-\frac{\partial u_\alpha}{\partial x_i}\frac{\partial u_\alpha}{\partial x_j}\right]\end{aligned} \tag{5.3-4}$$

在非缩简符号下（x_1, x_2, x_3 改为 x, y, z；a_1, a_2, a_3 改为 a, b, c；u_1, u_2, u_3 改为 u, v, w），得到经典形式：

$$\begin{cases}E_{aa} = \dfrac{\partial u}{\partial a}+\dfrac{1}{2}\left[\left(\dfrac{\partial u}{\partial a}\right)^2+\left(\dfrac{\partial v}{\partial a}\right)^2+\left(\dfrac{\partial w}{\partial a}\right)^2\right] \\ e_{xx} = \dfrac{\partial u}{\partial x}-\dfrac{1}{2}\left[\left(\dfrac{\partial u}{\partial x}\right)^2+\left(\dfrac{\partial v}{\partial x}\right)^2+\left(\dfrac{\partial w}{\partial x}\right)^2\right] \\ E_{ab} = \dfrac{1}{2}\left[\dfrac{\partial u}{\partial b}+\dfrac{\partial v}{\partial a}+\left(\dfrac{\partial u}{\partial a}\dfrac{\partial u}{\partial b}+\dfrac{\partial v}{\partial a}\dfrac{\partial v}{\partial b}+\dfrac{\partial w}{\partial a}\dfrac{\partial w}{\partial b}\right)\right] \\ e_{xy} = \dfrac{1}{2}\left[\dfrac{\partial u}{\partial y}+\dfrac{\partial v}{\partial x}-\left(\dfrac{\partial u}{\partial x}\dfrac{\partial u}{\partial y}+\dfrac{\partial v}{\partial x}\dfrac{\partial v}{\partial y}+\dfrac{\partial w}{\partial x}\dfrac{\partial w}{\partial y}\right)\right]\end{cases} \tag{5.3-5}$$

注意，当计算拉格朗日应变张量时，u, v, w 被看作是在无应变构形中物体中点的位置 a, b, c 的函数；反之，当计算欧拉应变张量时，它们被看作是应变后构形中物体中点的位置 x, y, z 的函数。

若位移分量 u_i 的一阶导数非常小，以致 u_i 之偏导数的平方和乘积都可以忽略，则 e_{ij} 可以简化为柯西小应变张量：

$$e_{ij} = \frac{1}{2}\left[\frac{\partial u_i}{\partial x_j}+\frac{\partial u_j}{\partial x_i}\right] \tag{5.3-6}$$

在非缩简符号下有

$$\begin{cases}e_{xx} = \dfrac{\partial u}{\partial x}, \quad e_{xy} = \dfrac{1}{2}\left(\dfrac{\partial u}{\partial y}+\dfrac{\partial v}{\partial x}\right) = e_{yx} \\ e_{yy} = \dfrac{\partial v}{\partial y}, \quad e_{yz} = \dfrac{1}{2}\left(\dfrac{\partial v}{\partial z}+\dfrac{\partial w}{\partial y}\right) = e_{zy} \\ e_{zz} = \dfrac{\partial w}{\partial z}, \quad e_{zx} = \dfrac{1}{2}\left(\dfrac{\partial w}{\partial x}+\dfrac{\partial u}{\partial z}\right) = e_{xz}\end{cases} \tag{5.3-7}$$

在无限小位移情况下，拉格朗日和欧拉应变张量的区别消失了，因此是对变形前还是对变形后的点位求位移导数是不重要的。

注意:剪应变的符号

在大多数的书籍和论文中,应变分量定义为

$$e_x = \frac{\partial u}{\partial x};\quad \gamma_{xy} = 2e_{xy} = \frac{\partial u}{\partial y} + \frac{\partial v}{\partial x}$$

$$e_y = \frac{\partial v}{\partial y};\quad \gamma_{yz} = 2e_{yz} = \frac{\partial v}{\partial z} + \frac{\partial w}{\partial y}$$

$$e_z = \frac{\partial w}{\partial z};\quad \gamma_{zx} = 2e_{zx} = \frac{\partial w}{\partial x} + \frac{\partial u}{\partial z}$$

换句话说,用 γ_{xy},γ_{yz},γ_{zx} 表示的剪应变分别是应变分量 e_{xy},e_{yz},e_{zx} 的两倍。我们不采用这种符号,因为分量 e_x,γ_{xy} 等在一起并不构成张量,这样会失去许多数学上的方便性。但是当你阅读其他书籍和论文时应该注意这个区别。

5.4 小应变分量的几何解释

设 x,y,z 是一组笛卡儿直角坐标系。考察平行于 x 轴($\mathrm{d}y=\mathrm{d}z=0$)、长度为 $\mathrm{d}x$ 的线元。由变形引起的该线元长度平方的变化为

$$\mathrm{d}s^2 - \mathrm{d}s_0^2 = 2e_{xx}(\mathrm{d}x)^2$$

因此,

$$\mathrm{d}s - \mathrm{d}s_0 = \frac{2e_{xx}(\mathrm{d}x)^2}{\mathrm{d}s + \mathrm{d}s_0}$$

但是,在此情况下 $\mathrm{d}s=\mathrm{d}x$,并且若假设位移 u,v,w 和应变分量 e_{ij} 都是无限小量,则 $\mathrm{d}s_0$ 和 $\mathrm{d}s$ 仅差一个二阶小量。因此有

$$\frac{\mathrm{d}s - \mathrm{d}s_0}{\mathrm{d}s} = e_{xx} \tag{5.4-1}$$

可以看到,e_{xx} 表示伸长,或平行于 x 轴之矢量的单位长度的长度变化。图 5.4 中的情况 1 图示了上述讨论在体积微元上的应用。

为了看清分量 e_{xy} 的意义,考察物体内以 $\mathrm{d}x$,$\mathrm{d}y$ 为两边的微小矩形。由图 5.4 的情况 2、3 和 4 中可以看到,和式 $\frac{\partial u}{\partial y} + \frac{\partial v}{\partial x}$ 代表了原来为直角的 xOy 角的变化。因此,

$$e_{xy} = \frac{1}{2}\left(\frac{\partial v}{\partial x} + \frac{\partial u}{\partial y}\right) = \frac{1}{2}\tan(xOy\text{ 角的变化}) \tag{5.4-2}$$

在工程应用中,应变分量 e_{ij} 的两倍,即 $2e_{ij}$,被称为剪应变或剪切变形。图 5.4 的情况 3 对这个名词的理解很有启发,该情况称为简单剪切。

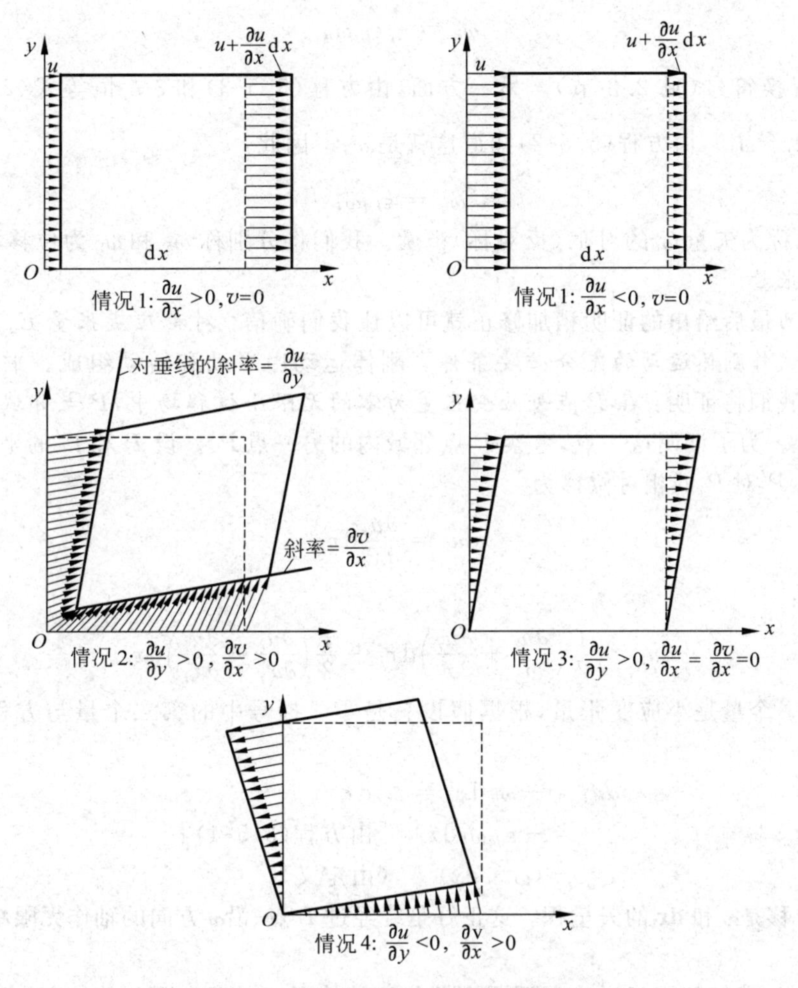

图 5.4 变形梯度和小应变分量的解释

5.5 无限小转动

考察无限小位移场 $u_i(x_1, x_2, x_3)$。由 u_i 构造笛卡儿张量：

$$\omega_{ij}=\frac{1}{2}\left(\frac{\partial u_j}{\partial x_i}-\frac{\partial u_i}{\partial x_j}\right) \tag{5.5-1}$$

它是反对称的，即

$$\omega_{ij}=-\omega_{ji} \tag{5.5-2}$$

因此，张量 ω_{ij} 仅有三个独立分量 $\omega_{12}, \omega_{23}, \omega_{31}$，因为 $\omega_{11}, \omega_{22}, \omega_{33}$ 为零。由这样一个反对称张量，我们总可以建立一个对偶矢量：

$$\omega_k = \frac{1}{2}\varepsilon_{kij}\omega_{ij} \tag{5.5-3}$$

其中 ε_{kij} 是置换符号(见 2.3 节)。另一方面,由方程(5.5-3)和 ε-δ 恒等式(2.3-19)得到 $\varepsilon_{ijk}\omega_k=\frac{1}{2}(\omega_{ij}-\omega_{ji})$,由方程(5.5-2)知道这就是 ω_{ij}。因此,

$$\omega_{ij} = \varepsilon_{kij}\omega_k \tag{5.5-4}$$

于是 ω_{ij} 可以称为矢量 ω_k 的对偶(反对称)张量。我们将分别称 ω_k 和 ω_{ij} 为位移场 u_i 的转动矢量和转动张量。

对 5.2 节最后给出的证明稍加修正就可以让我们确信:对称应变张量 E_{ij} 或 e_{ij} 为零是质点周围邻域作刚体运动的充分必要条件。刚体运动由平动和转动组成。平动是 u_i。转动是什么?我们将证明:在 P 点处应变张量为零的无限小位移场中,P 点邻域处的转动由矢量 ω_i 给出。为了证明这一点,考察 P 点邻域内的另一点 P'。设 P 和 P' 的坐标分别为 x_i 和 $x_i+\mathrm{d}x_i$。P' 对 P 的相对位移为

$$\mathrm{d}u_i = \frac{\partial u_i}{\partial x_j}\mathrm{d}x_j \tag{5.5-5}$$

它可以写成:

$$\mathrm{d}u_i = \frac{1}{2}\left(\frac{\partial u_i}{\partial x_j}+\frac{\partial u_j}{\partial x_i}\right)\mathrm{d}x_j + \frac{1}{2}\left(\frac{\partial u_i}{\partial x_j}-\frac{\partial u_j}{\partial x_i}\right)\mathrm{d}x_j$$

括号中的第一个量是小应变张量,根据假设它是零。括号中的第二个量与方程(5.5-1)相同。因此,

$$\begin{aligned} du_i &= -\omega_{ij}\,\mathrm{d}x_j = \omega_{ji}\,\mathrm{d}x_j \\ &= -\varepsilon_{ijk}\omega_k\,\mathrm{d}x_j \quad [\text{由方程(5.5-4)}] \\ &= (\boldsymbol{\omega}\times\mathbf{dx})_i \quad (\text{由定义}) \end{aligned} \tag{5.5-6}$$

于是,相对位移是 $\boldsymbol{\omega}$ 和 $\mathbf{dx}$ 的矢量积。这正好是绕经过 P 点、沿 $\boldsymbol{\omega}$ 方向的轴作无限小转动 $|\boldsymbol{\omega}|$ 所引起的位移。

应该指出,我们仅限于讨论了无限小角位移的情况。对于有限位移情况,角度的度量与 ω_{ij} 的关系是比较复杂的。

5.6 有限应变分量

当应变分量不为小量时,给出应变张量的分量的简单几何解释也很容易。

考察一组笛卡儿坐标系,其中像 5.2 节那样定义了应变分量。设变形前线元为 $\mathbf{da}$,其分量为 $\mathrm{d}a_1=\mathrm{d}s_0$,$\mathrm{d}a_2=0$,$\mathrm{d}a_3=0$。设该线元的伸长 E_1 定义为

$$E_1 = \frac{\mathrm{d}s-\mathrm{d}s_0}{\mathrm{d}s_0} \tag{5.6-1}$$

或

$$\mathrm{d}s = (1+E_1)\mathrm{d}s_0 \tag{5.6-2}$$

由方程(5.2-10)我们有

$$ds^2 - ds_0^2 = 2E_{ij}\,da_i da_j = 2E_{11}\,(da_1)^2 \tag{5.6-3}$$

联合方程(5.6-2)和方程(5.6-3),得

$$(1+E_1)^2 - 1 = E_{11} \tag{5.6-4}$$

上式给出了用 E_1 表示的 E_{11}的意义。反过来,

$$E_1 = \sqrt{1+2E_{11}} - 1 \tag{5.6-5}$$

当 E_{11}远小于1时,它简化为

$$E_1 \doteq E_{11} \tag{5.6-6}$$

为了得到分量 E_{12}的物理意义,考察两个在初始状态相互正交的线元 $\mathbf{d}\boldsymbol{s}_0$ 和 $\mathbf{d}\bar{\boldsymbol{s}}_0$:

$$\begin{cases} \mathbf{d}\boldsymbol{s}_0:\ da_1 = ds_0, \quad da_2 = 0, \quad da_3 = 0 \\ \mathbf{d}\bar{\boldsymbol{s}}_0:\ da_1 = 0, \quad da_2 = d\bar{s}_0, \quad da_3 = 0 \end{cases} \tag{5.6-7}$$

变形后,这些线元变成 $\mathbf{d}\boldsymbol{s}$(分量为 dx_i)和 $\mathbf{d}\bar{\boldsymbol{s}}$(分量为 dx_i)。求变形后线元的点积,得

$$ds\,d\bar{s}\cos\theta = dx_k\,d\bar{x}_k = \frac{\partial x_k}{\partial a_i}da_i\,\frac{\partial x_k}{\partial a_j}da_j$$

$$= \frac{\partial x_k}{\partial a_1}\frac{\partial x_k}{\partial a_2}ds_0\,d\bar{s}_0$$

但是,根据方程(5.2-8)给出的定义,因为 $\delta_{12}=0$,有

$$E_{12} = \frac{1}{2}\frac{\partial x_k}{\partial a_1}\frac{\partial x_k}{\partial a_2}$$

因此,

$$ds\,d\bar{s}\cos\theta = 2E_{12}\,ds_0\,d\bar{s}_0 \tag{5.6-8}$$

但是,由(5.6-1)式和(5.6-5)式得

$$ds = \sqrt{1+2E_{11}}\,ds_0, \quad d\bar{s} = \sqrt{1+2E_{22}}\,d\bar{s}_0$$

所以,(5.6-8)式导致:

$$\cos\theta = \frac{2E_{12}}{\sqrt{1+2E_{11}}\,\sqrt{1+2E_{22}}} \tag{5.6-9}$$

角度 θ 是变形后线元 $\mathbf{d}\boldsymbol{s}$ 与 $\mathbf{d}\bar{\boldsymbol{s}}$ 的夹角。初始正交的两线元间的角度变化为 $\alpha_{12}=\pi/2-\theta$。因此,由(5.6-9)式得

$$\sin\alpha_{12} = \frac{2E_{12}}{\sqrt{1+2E_{11}}\,\sqrt{1+2E_{22}}} \tag{5.6-10}$$

这些方程表明了 E_{12}与角度 θ 及 α_{12}之间的关系。由于这些方程涉及 E_{11}和 E_{22},所以对它的解释不像无限小应变情况那样简单。

对欧拉应变分量可以作完全类似地解释。定义变形后单位长度的伸长为

$$e_1 = \frac{ds - ds_0}{ds} \tag{5.6-11}$$

我们发现

$$e_1 = 1 - \sqrt{1-2e_{11}} \tag{5.6-12}$$

此外，若定义 β_{12} 为变形后变成正交的两个线元在初始状态下的夹角对直角的偏离，则有

$$\sin\beta_{12} = \frac{2e_{12}}{\sqrt{1-2e_{11}}\ \sqrt{1-2e_{22}}} \tag{5.6-13}$$

在小应变情况下，(5.6-10)式和(5.6-13)式简化为大家熟悉的结果：

$$e_1 \doteq e_{11}, \quad E_1 \doteq E_{11}, \quad \alpha_{12} \doteq 2E_{12}, \quad \beta_{12} \doteq 2e_{12} \tag{5.6-14}$$

5.7 主应变：莫尔圆

我们可以毫不费力地将4.1到4.8节的结果推广至应变上，因为这些性质都是基于所考虑的张量是对称的这一简单事实而导出的。我们要做的一切就是将名词应力换成应变。于是有

(a) 存在三个主应变 e_1, e_2, e_3，它们是如下行列式方程的根：

$$|e_{ij} - e\delta_{ij}| = 0 \tag{5.7-1}$$

该三次方程的根都是实数。

(b) 对应于每一个主应变，例如 e_1，都有一个主轴，其方向余弦 $\nu_1^{(1)}, \nu_2^{(1)}, \nu_3^{(1)}$ 是如下方程组的解：

$$(e_{ij} - e_1\delta_{ij})\nu_j^{(1)} = 0 \quad (i = 1,2,3) \tag{5.7-2}$$

三组解 $(\nu_1^{(1)}, \nu_2^{(1)}, \nu_3^{(1)})$，$(\nu_1^{(2)}, \nu_2^{(2)}, \nu_3^{(2)})$，$(\nu_1^{(3)}, \nu_2^{(3)}, \nu_3^{(3)})$ 是三个单位矢量的分量。若方程(5.7-1)的根 e_1, e_2, e_3 是不同的($e_1 \neq e_2 \neq e_3$)，则三个主轴相互正交。若有两个主应变相同，则方程(5.7-2)有无穷多个解，由这些解可以选择无穷多个相互正交的矢量对作为主轴。若三个根全都相同，则任意一组三个相互正交的单位矢量都可以作为主轴。

(c) 垂直于主轴的平面称为*主平面*。

(d) 若坐标轴 x_1, x_2, x_3 与主轴重合，则应变张量取为正则型

$$\begin{pmatrix} e_1 & 0 & 0 \\ 0 & e_2 & 0 \\ 0 & 0 & e_3 \end{pmatrix}$$

(e) 可以定义应变偏量 $e'_{ij} = e_{ij} - \frac{1}{3}e_{\alpha\alpha}\delta_{ij}$。张量 e_{ij} 和 e'_{ij} 具有如下独立的应变不变量：

$$\begin{cases} I_1 = e_{ij}\delta_{ij}, \quad J_1 = e'_{ij}\delta_{ij} = 0 \\ I_2 = \dfrac{1}{2}e_{ik}e_{ik}, \quad J_2 = \dfrac{1}{2}e'_{ik}e'_{ik} \\ I_3 = \dfrac{1}{3}e_{ik}e_{km}e_{mi}, \quad J_3 = \dfrac{1}{3}e'_{ik}e'_{km}e'_{mi} \end{cases} \tag{5.7-3}$$

(f) 可以利用莫尔圆进行应变的图形分析。拉梅椭圆也可以应用于应变。

5.8　极坐标中的小应变分量

我们在3.6节中曾指出，希望引入曲线坐标作为参考坐标。应变分量可以参考一个沿曲线坐标方向的局部直角参考系。例如，在极坐标系 r,θ,z 中，应变分量可以记为 $e_{rr}, e_{\theta\theta}, e_{zz}, e_{r\theta}, e_{\theta z}, e_{zr}$，它们通过张量转换定律与 $e_{xx}, e_{yy}, e_{zz}, e_{xy}, e_{yz}, e_{zx}$ 相联系，就和应力情况一样(见3.6节)。

但是，若将位移矢量沿曲线坐标方向分解为分量，则应变-位移关系涉及位移分量的导数，因而将受到坐标系曲率的影响。应变-位移关系将与直角坐标中的相应公式明显不同。

真正一般的处理曲线坐标系的方法是一般张量分析。读者可以参考更深入的专著。作者的固体力学基础一书给出了简介(Y. C. Fung，1965，Prentice Hall, Englewood Cliffs, N.J)。由于本书仅限于笛卡儿张量，我们必须用特殊的方式来处理每组曲线坐标。

我们将介绍在圆柱坐标中的两种特殊方法：坐标转换法和详细推导法。本节将讨论前一种方法，后一方法将在5.9节中讨论。

在第一种方法中，我们从极坐标 r,θ,z 与直角坐标 x,y,z 的关系入手：

$$\begin{cases} x = r\cos\theta, & \theta = \arctan\dfrac{y}{x}, \\ y = r\sin\theta, & r^2 = x^2 + y^2, \end{cases} \quad z = z \tag{5.8-1}$$

$$\frac{\partial r}{\partial x} = \frac{x}{r} = \cos\theta, \qquad \frac{\partial r}{\partial y} = \frac{y}{r} = \sin\theta \tag{5.8-2}$$

$$\frac{\partial \theta}{\partial x} = -\frac{y}{r^2} = -\frac{\sin\theta}{r}, \qquad \frac{\partial \theta}{\partial y} = \frac{x}{r^2} = \frac{\cos\theta}{r} \tag{5.8-3}$$

由此，笛卡儿方程中对 x 和 y 的任何偏导数都可以转换成对 r 和 θ 的偏导数：

$$\begin{cases} \dfrac{\partial}{\partial x} = \dfrac{\partial}{\partial r}\dfrac{\partial r}{\partial x} + \dfrac{\partial}{\partial \theta}\dfrac{\partial \theta}{\partial x} = \cos\theta\dfrac{\partial}{\partial r} - \sin\theta\dfrac{1}{r}\dfrac{\partial}{\partial \theta} \\ \dfrac{\partial}{\partial y} = \dfrac{\partial}{\partial r}\dfrac{\partial r}{\partial y} + \dfrac{\partial}{\partial \theta}\dfrac{\partial \theta}{\partial y} = \sin\theta\dfrac{\partial}{\partial r} + \cos\theta\dfrac{1}{r}\dfrac{\partial}{\partial \theta} \end{cases} \tag{5.8-4}$$

现在，在极坐标中将位移矢量 $\boldsymbol{u}$ 的分量记为 u_r, u_θ, u_z，如图5.5所示。同一矢量沿直角坐标方向分解的分量为 u_x, u_y, u_z。由图5.5可见，这些位移间的关系如下：

$$\begin{cases} u_x = u_r\cos\theta - u_\theta\sin\theta \\ u_y = u_r\sin\theta + u_\theta\cos\theta \\ u_z = u_z \end{cases} \tag{5.8-5}$$

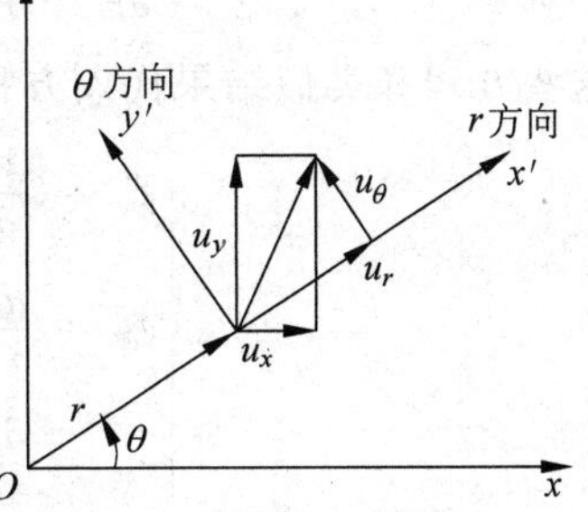

图5.5　极坐标中的位移矢量

极坐标中的应变分量记为

$$\begin{pmatrix} e_{rr} & e_{r\theta} & e_{rz} \\ e_{\theta r} & e_{\theta\theta} & e_{\theta z} \\ e_{zr} & e_{z\theta} & e_{zz} \end{pmatrix} \tag{5.8-6}$$

这些确实就是局部直角坐标系 $x'y'z'$ 中的应变分量,其中 x' 与 r 方向重合,y' 与 θ 方向重合,z' 与 z 轴重合。两组坐标轴之间的方向余弦为

	x	y	z
r 或 x'	$\cos\theta$	$\sin\theta$	0
θ 或 y'	$-\sin\theta$	$\cos\theta$	0
z 或 z'	0	0	1

张量转换定律适用,于是有

$$\begin{cases} e_{rr}=e_{xx}\cos^2\theta+e_{yy}\sin^2\theta+e_{xy}\cos\theta\sin\theta \\ e_{\theta\theta}=e_{xx}\sin^2\theta+e_{yy}\cos^2\theta-e_{xy}\cos\theta\sin\theta \\ e_{r\theta}=(e_{yy}-e_{xx})\cos\theta\sin\theta+e_{xy}(\cos^2\theta-\sin^2\theta) \\ e_{zr}=e_{zx}\cos\theta+e_{zy}\sin\theta \\ e_{z\theta}=-e_{zx}\sin\theta+e_{zy}\cos\theta \\ e_{zz}=e_{zz} \end{cases} \tag{5.8-8}$$

最终,我们有

$$\begin{cases} e_{xx}=\dfrac{\partial u_x}{\partial x},\quad e_{yy}=\dfrac{\partial u_y}{\partial y},\quad e_{zz}=\dfrac{\partial u_z}{\partial z} \\ e_{xy}=\dfrac{1}{2}\left(\dfrac{\partial u_x}{\partial y}+\dfrac{\partial u_y}{\partial x}\right),\quad e_{yz}=\dfrac{1}{2}\left(\dfrac{\partial u_y}{\partial z}+\dfrac{\partial u_z}{\partial y}\right) \\ e_{zx}=\dfrac{1}{2}\left(\dfrac{\partial u_z}{\partial x}+\dfrac{\partial u_x}{\partial z}\right) \end{cases} \tag{5.8-9}$$

现在,将(5.8-4)和(5.8-3)式代入(5.8-9)式,有

$$\begin{cases} e_{xx}=\left(\cos\theta\dfrac{\partial}{\partial r}-\dfrac{\sin\theta}{r}\dfrac{\partial}{\partial\theta}\right)(u_r\cos\theta-u_\theta\sin\theta) \\ \quad\;\;=\cos^2\theta\dfrac{\partial u_r}{\partial r}+\sin^2\theta\left(\dfrac{u_r}{r}+\dfrac{1}{r}\dfrac{\partial u_\theta}{\partial\theta}\right)-\cos\theta\sin\theta\left(\dfrac{\partial u_\theta}{\partial r}+\dfrac{1}{r}\dfrac{\partial u_r}{\partial\theta}-\dfrac{u_\theta}{r}\right) \\ e_{yy}=\sin^2\theta\dfrac{\partial u_r}{\partial r}+\cos^2\theta\left(\dfrac{u_r}{r}+\dfrac{1}{r}\dfrac{\partial u_\theta}{\partial\theta}\right)+\cos\theta\sin\theta\left(\dfrac{\partial u_\theta}{\partial r}+\dfrac{1}{r}\dfrac{\partial u_r}{\partial\theta}-\dfrac{u_\theta}{r}\right) \\ e_{xy}=\dfrac{\sin^2\theta}{2}\left(\dfrac{\partial u_r}{\partial r}-\dfrac{1}{r}\dfrac{\partial u_\theta}{\partial\theta}-\dfrac{u_r}{r}\right)+\dfrac{\cos^2\theta}{2}\left(\dfrac{\partial u_\theta}{\partial r}+\dfrac{1}{r}\dfrac{\partial u_r}{\partial\theta}-\dfrac{u_\theta}{r}\right) \end{cases} \tag{5.8-10}$$

将这些方程和类似结果代入方程(5.8-8)并化简,得

$$\begin{cases} e_{rr}=\dfrac{\partial u_r}{\partial r},\quad e_{r\theta}=\dfrac{1}{2}\left(\dfrac{1}{r}\dfrac{\partial u_r}{\partial\theta}+\dfrac{\partial u_\theta}{\partial r}-\dfrac{u_\theta}{r}\right) \\ e_{\theta\theta}=\dfrac{u_r}{r}+\dfrac{1}{r}\dfrac{\partial u_\theta}{\partial\theta},\quad e_{\theta z}=\dfrac{1}{2}\left(\dfrac{1}{r}\dfrac{\partial u_z}{\partial\theta}+\dfrac{\partial u_\theta}{\partial z}\right) \\ e_{zz}=\dfrac{\partial u_z}{\partial z},\quad e_{zr}=\dfrac{1}{2}\left(\dfrac{\partial u_r}{\partial z}+\dfrac{\partial u_z}{\partial r}\right) \end{cases} \tag{5.8-11}$$

由此可以看到:坐标转换方法虽然较繁但很直接。注意,方程(5.8-11)和方程(5.8-9)

的结构是不同的。用张量分析的语言说，该区别来自两个坐标系中基本度量张量的不同。

再次提醒读者：这里的应变采用了张量符号，因此剪应变分量 $e_{r\theta}$，e_{rz}，$e_{\theta z}$ 是大多数书籍中常用的 $\gamma_{r\theta}$，γ_{rz}，$\gamma_{\theta z}$ 的一半。

5.9 极坐标中应变-位移关系的直接推导

前节的结果可以直接由小应变分量的几何定义导出。回顾一下，正应变分量表示单位长度的长度变化率，而剪应变分量表示直角变化量的一半。对于无限小位移情况，这些变化可以直接由像图 5.6 那样的图形中看出来。

首先考察 r 方向的位移 u_r。由图 5.6(a)可以看到：

$$e_{rr}=\frac{u_r+\left(\frac{\partial u_r}{\partial r}\right)\mathrm{d}r-u_r}{\mathrm{d}r}=\frac{\partial u_r}{\partial r} \tag{5.9-1}$$

由同一张图还可以看到：环向微元的径向位移会引起该微元的伸长，因此，引起了 θ 方向的应变。初始长度为 $r\mathrm{d}\theta$ 的微元 ab 移动到 $a'b'$，长度变为 $(r+u_r)d\theta$。因此，由该径向位移引起的切向应变为

$$e_{\theta\theta}^{(1)}=\frac{(r+u_r)\mathrm{d}\theta-r\mathrm{d}\theta}{r\mathrm{d}\theta}=\frac{u_r}{r} \tag{5.9-2}$$

另一方面，如图 5.6(b)所示，切向位移 u_θ 引起的切向应变为

$$\varepsilon_{\theta\theta}^{(2)}=\frac{\left(u_\theta+\frac{\partial u_\theta}{\partial\theta}\mathrm{d}\theta\right)-u_\theta}{r\mathrm{d}\theta}=\frac{1}{r}\frac{\partial u_\theta}{\partial\theta} \tag{5.9-3}$$

总的切向应变为

$$e_{\theta\theta}=\frac{u_r}{r}+\frac{1}{r}\frac{\partial u_\theta}{\partial\theta} \tag{5.9-4}$$

与直角坐标系中的情况一样，轴向的正应变为

$$e_{zz}=\frac{\partial u_z}{\partial z} \tag{5.9-5}$$

剪应变 $e_{r\theta}$ 等于角度变化量 $\angle C'a'b'-\angle Cab$ 的一半，如图 5.6(c)所示。直接从图上看到：

$$e_{r\theta}=\frac{1}{2}\left(\frac{1}{r}\frac{\partial u_r}{\partial\theta}+\frac{\partial u_\theta}{\partial r}-\frac{u_\theta}{r}\right) \tag{5.9-6}$$

第一项来自径向位移在 θ 方向的变化，第二项来自切向位移在径向的变化，最后一项的出现是由于微元作为刚体绕通过 O 点的轴转动而引起的线元 $a'C'$ 的斜率变化。

剩下的应变分量 e_{rz} 和 $e_{z\theta}$ 可以参考图 5.6(d)和(e)导出。我们有

$$e_{z\theta}=\frac{1}{2}\left[\frac{(\partial u_z/\partial\theta)\mathrm{d}\theta}{r\mathrm{d}\theta}+\frac{(\partial u_\theta/\partial z)\mathrm{d}z}{\mathrm{d}z}\right]=\frac{1}{2}\left(\frac{1}{r}\frac{\partial u_z}{\partial\theta}+\frac{\partial u_\theta}{\partial z}\right) \tag{5.9-7}$$

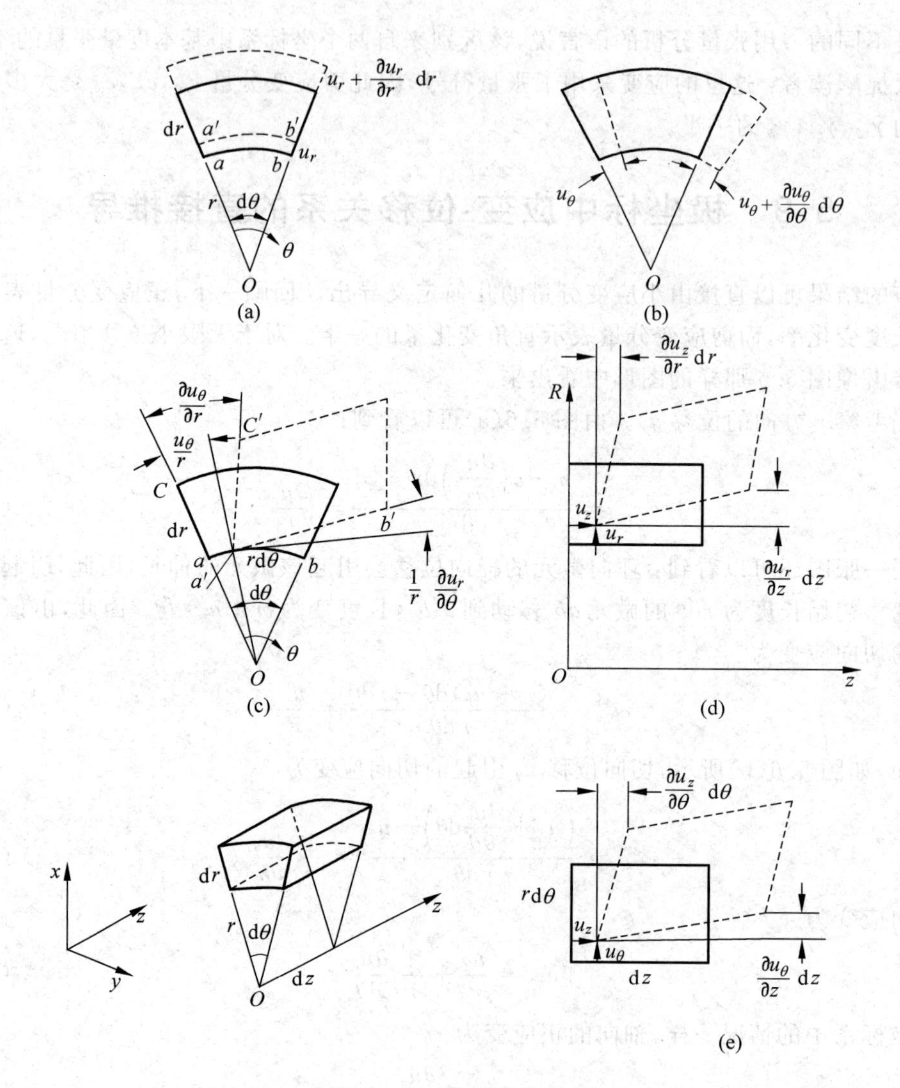

图 5.6 圆柱坐标中的位移

取自 E. E. Sechler，*Elasticity in Engineering*，Courtesy Mrs. Magaret Sechler。物体内微元的自由体图，左下角给出两个坐标系

(a) 由径向位移场沿径向变化而引起的径向应变；(b) 由环向位移场沿环向变化而引起的环向应变；(c) $\partial u_\theta/\partial r$ 和 $(1/r)\partial u_r/\partial\theta$ 引起剪应变 $e_{r\theta}$；(d) $\partial u_z/\partial r$ 和 $\partial u_r/\partial z$ 引起剪应变 e_{rz}；(e) $(1/r)\partial u_z/\partial\theta$ 和 $\partial u_\theta/\partial z$ 引起剪应变 $e_{z\theta}$

和

$$e_{zr}=\frac{1}{2}\left[\frac{(\partial u_r/\partial z)\mathrm{d}z}{\mathrm{d}z}+\frac{(\partial u_z/\partial r)\mathrm{d}r}{\mathrm{d}r}\right]=\frac{1}{2}\left(\frac{\partial u_r}{\partial z}+\frac{\partial u_z}{\partial r}\right)\tag{5.9-8}$$

当然，这些方程和方程(5.8-11)是一样的。事实上，直接几何推导法比上节的代数方法提

供了更为清晰的思维图像。

5.10　其他应变度量

一定不要以为我们已经定义的应变张量是唯一适用于描述变形的量。当我们将变形分析基于任意两点间距离平方的变化时，它们是最自然的一种描述(见5.2节)。由于有毕达哥拉斯(Pythagoras)定理，即直角三角形斜边的平方等于直角边平方之和，所以距离平方是一个方便的出发点。利用该定理，我们知道在笛卡儿直角坐标系中，坐标为 x_i 和 $x_i+\mathrm{d}x_i$ 的两点间距离的平方为

$$\mathrm{d}s^2=\mathrm{d}x_1^2+\mathrm{d}x_2^2+\mathrm{d}x_3^2$$

在5.2节中，我们的分析是以此方程为基础的；其结果是应变张量的一种自然定义。

然而，变形并不一定非得用这种方式来描述。例如，我们可以坚持采用距离的变化 $\mathrm{d}s$(而不是 $\mathrm{d}s^2$)来作出发点，或者采用位移场9个一阶偏导数的集合：

$$\begin{pmatrix} \dfrac{\partial u}{\partial x} & \dfrac{\partial u}{\partial y} & \dfrac{\partial u}{\partial z} \\ \dfrac{\partial v}{\partial x} & \dfrac{\partial v}{\partial y} & \dfrac{\partial v}{\partial z} \\ \dfrac{\partial w}{\partial x} & \dfrac{\partial w}{\partial y} & \dfrac{\partial w}{\partial z} \end{pmatrix} \tag{5.10-1}$$

这些称为“变形梯度”的导数确实是很方便的。我们可以将矩阵 $(\partial u_i/\partial x_j)$ 分解为对称部分和反对称部分之和：

$$\begin{bmatrix} \dfrac{\partial u}{\partial x} & \dfrac{1}{2}\left(\dfrac{\partial u}{\partial y}+\dfrac{\partial v}{\partial x}\right) & \dfrac{1}{2}\left(\dfrac{\partial u}{\partial z}+\dfrac{\partial w}{\partial x}\right) \\ \dfrac{1}{2}\left(\dfrac{\partial u}{\partial y}+\dfrac{\partial v}{\partial x}\right) & \dfrac{\partial v}{\partial y} & \dfrac{1}{2}\left(\dfrac{\partial v}{\partial z}+\dfrac{\partial w}{\partial y}\right) \\ \dfrac{1}{2}\left(\dfrac{\partial u}{\partial z}+\dfrac{\partial w}{\partial x}\right) & \dfrac{1}{2}\left(\dfrac{\partial v}{\partial z}+\dfrac{\partial w}{\partial y}\right) & \dfrac{\partial w}{\partial z} \end{bmatrix}$$

$$+\begin{bmatrix} 0 & \dfrac{1}{2}\left(\dfrac{\partial u}{\partial y}-\dfrac{\partial v}{\partial x}\right) & \dfrac{1}{2}\left(\dfrac{\partial u}{\partial z}-\dfrac{\partial w}{\partial x}\right) \\ -\dfrac{1}{2}\left(\dfrac{\partial u}{\partial y}-\dfrac{\partial v}{\partial x}\right) & 0 & \dfrac{1}{2}\left(\dfrac{\partial v}{\partial z}-\dfrac{\partial w}{\partial y}\right) \\ -\dfrac{1}{2}\left(\dfrac{\partial u}{\partial z}-\dfrac{\partial w}{\partial x}\right) & -\dfrac{1}{2}\left(\dfrac{\partial v}{\partial z}-\dfrac{\partial w}{\partial y}\right) & 0 \end{bmatrix} \tag{5.10-2}$$

显然，变形梯度矩阵的对称部分就是5.3节定义的小应变矩阵。

其他著名的应变度量有柯西应变张量和芬格(Finger)应变张量。当映射由方程(5.1-5)和方程(5.1-6)给出时，柯西应变张量为

$$C_{ij}=\frac{\partial a_k}{\partial x_i}\frac{\partial a_k}{\partial x_j},\quad \overline{C}_{ij}=\frac{\partial x_k}{\partial a_i}\frac{\partial x_k}{\partial a_j} \tag{5.10-3}$$

而芬格应变张量为

$$B_{ij}=\frac{\partial x_i}{\partial a_k}\frac{\partial x_j}{\partial a_k},\quad \bar{B}_{ij}=\frac{\partial a_i}{\partial x_k}\frac{\partial a_j}{\partial x_k} \tag{5.10-4}$$

对于这些张量,零应变不是由 C_{ij} 或 B_{ij} 等于零来表示,而是 $C_{ij}=\delta_{ij}$ 或 $B_{ij}=\delta_{ij}$。

我们不再进一步讨论这些应变度量,只希望指出:这些应变度量可能在更深入的连续介质理论中对一些特殊应用是方便的。

习题

5.2 血管是不可压缩的,即其体积不会变化。在通常情况下,血管可以看作一个圆柱壳。假设因某种原因人的血压上升了,使该血管的内径由 a 增加至 $a+\Delta a$,而轴向长度不变。试计算因血压升高引起的血管内环向和径向应变的变化。

5.3 (a) 位移场 u_i 为坐标 x_i 的线性函数的变形状态称为均匀变形。在均匀变形后变成一个球 $x^2+y^2+z^2=r^2$ 的曲面方程是什么?[采用 $f(x,y,z)=0$ 形式的方程,其中 x,y,z 为笛卡儿直角坐标。]

(b) 作为均匀变形的特殊情况,考察在同一笛卡儿坐标系中由 (x,y,z) 到 (x',y',z') 的如下线性变换(见图 P5.3):

(1) 纯剪切:$x'=kx, y'=k^{-1}y, z'=z$。

(2) 简单剪切:$x'=x+2sy, y'=y, z'=z$。

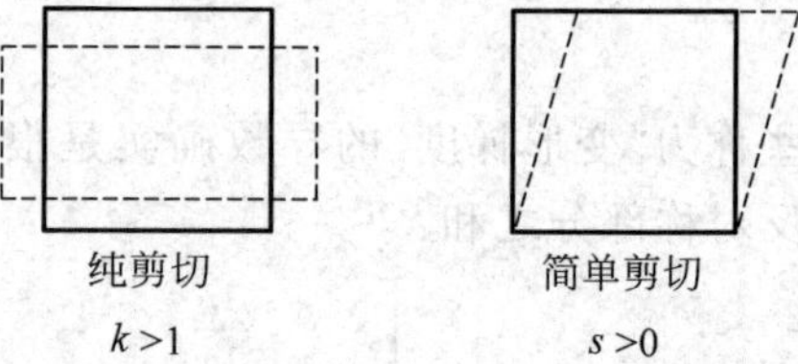

图 P5.3 纯剪切和简单剪切

可以将 (x,y,z) 看作变形前质点的坐标,(x',y',z') 为变形后的坐标。试证明:若 $s=\frac{1}{2}(k-k^{-1})$,则纯剪切可以看作相对于与 Ox、Oy 成 $\arctan(k^{-1})$ 角的斜轴的简单剪切。同样,简单剪切可以看作当 $k=\sqrt{s^2+1}+s$ 时的简单剪切,而应变椭圆的主轴与 Ox 轴的夹角为 $\frac{1}{4}\pi-\frac{1}{2}\arctan s=\arctan(k^{-1})$。

(这两种情况下应变椭圆的图可以查阅 J. C. Jaeger, *Elasticity, Fracture and Flow*. London: Methuen & Co., 1956, p. 32.)

解:我们定义均匀变形是位移场 u_i 为坐标的线性函数的一种变形,因此点 x_i 移动到 x_i' 的变换公式为

$$x_i'=x_i+u_i=x_i+u_i^{(0)}+a_{ik}x_k \tag{1}$$

其中 $u_i^{(0)}$ 和 a_{ik} 是常数。在此变换下,球 $x'^2+y'^2+z'^2=r^2$ 对应于椭球:

$$[u_i^{(0)}+x_i+a_{ik}x_k][u_i^{(0)}+x_i+a_{ik}x_k]=r^2 \tag{2}$$

现在,纯剪切和简单剪切由如下方程定义,且图形上可以表示为图 P5.2 所示的正方形。

纯剪切：

$$x' = kx, \quad y' = y/k, \quad z' = z \tag{3}$$

简单剪切：

$$x' = x + 2sy, \quad y' = y, \quad z' = z \tag{4}$$

这两种变换在图形上完全不同。但实际上，它们是相似的。考察应变椭圆能最好地证明该相似性。

由于 $z'=z$，考察 xy 平面内曲线的变换就足够了。由方程(3)，圆 $x'^2+y'^2=1$ 将变换成椭圆

$$k^2x^2 + \frac{y^2}{k^2} = 1 \tag{5}$$

但是由方程(4)，同一个圆将变换成另一个椭圆

$$x^2 + 4sxy + (1+4s^2)y^2 = 1 \tag{6}$$

让我们通过转动坐标来简化方程(6)。根据方程(2.4-2)，若 x,y 转过 θ 角后到 ξ,η，则有

$$x = \xi\cos\theta - \eta\sin\theta, \quad y = \xi\sin\theta + \eta\cos\theta \tag{7}$$

代入方程(6)，并简化，得

$$\begin{aligned}&\xi^2[\cos^2\theta + 4s\sin\theta\cos\theta + (1+4s^2)\sin^2\theta]\\ &+\eta^2[\sin^2\theta - 4s\sin\theta\cos\theta + (1+4s^2)\cos^2\theta]\\ &+\xi\eta[-2\sin\theta\cos\theta + 4s(\cos^2\theta - \sin^2\theta) + 2(1+4s^2)\sin\theta\cos\theta] = 1\end{aligned} \tag{8}$$

若 $s=-\cot 2\theta$，或 $\theta=-\frac{1}{2}\arctan(1/s)$，则 $\xi\eta$ 的系数将为零。取该 θ 值，方程(8)中 ξ^2 的系数变为

$$\begin{aligned}&\cos^2\theta - 2\cot 2\theta\sin 2\theta + (1+4\cot^2 2\theta)\sin^2\theta\\ &=1 - 2\cos 2\theta + \cos^2 2\theta/\cos^2\theta = \tan^2\theta\end{aligned}$$

同样，方程(8)中 η^2 的系数可以简化为$\cot^2\theta$。因此，方程(8)

$$\tan^2\theta\xi^2 + \cot^2\theta\eta^2 = 1 \tag{9}$$

若令 $k=\tan\theta$，方程(9)正好简化为方程(5)。因此，这两个应力椭圆相等；其中一个为另一个转过了 θ 角。这就证明了纯剪切和简单剪切之间的等价性。

为了得到 k 和 s 之间的关系，我们指出：

$$\cot 2\theta = \frac{\cos 2\theta}{\sin 2\theta} = \frac{\cos^2\theta - \sin^2\theta}{2\cos\theta\sin\theta} = \frac{1}{2}[\cot\theta - \tan\theta]$$

由于 $s=-\cot 2\theta$ 而 $k=\tan\theta$，因此有

$$-s = \frac{1}{2}\left(\frac{1}{k} - k\right) \quad \text{和} \quad k = s + \sqrt{s^2+1} \tag{10}$$

5.4 长 60 cm，直径 6 cm，厚 0.12 cm 的钢管沿轴向拉长了 0.010 cm，径向膨胀了 0.001 cm，并扭转了 1°。试确定管中的应变分量。

5.5 对图 P5.5 所示的桁架，试确定：

(a) 杆受的载荷。

(b) 杆内的应力。

(c) 假设杆服从一维应力-应变关系 $e=\sigma/E$，且钢的杨氏模量为 $E=207$ GPa(3×10^7 psi)。求杆的纵向应变 e。

(d) 求载荷作用点 B 处的位移矢量。

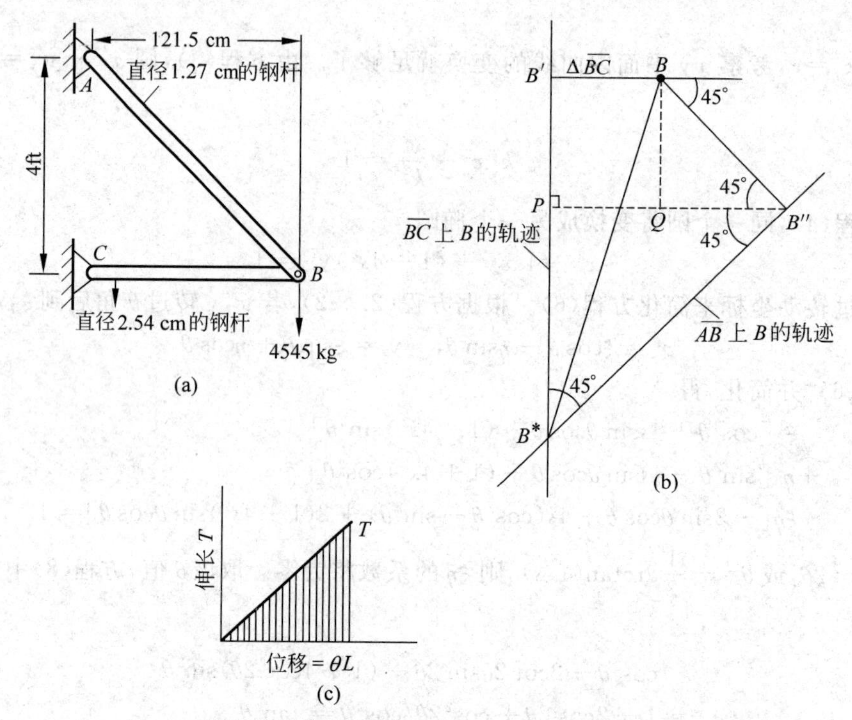

图 P5.5 简单桁架和确定 B 点位移的方法

(a) 简单桁架；(b) BC 臂上 B 点的移动轨迹，即 $BB'B^*$，以及 AB 臂上 B 点的移动轨迹 $BB''B^*$；
(c) 阴影区面积正比于杆受拉时杆内存储的应变能

答案：(b) $\sigma_{AB}=503$ MPa(72 000 lb/in^2)，$\sigma_{BC}=-88.2$ MPa($-12\ 800$ lb/in^2)；

(c) $e_{AB}=2.4\times10^{-3}$，$e_{BC}=-4.25\times10^{-4}$；

(d) 0.640 cm(0.252 in)。

解：和第 1 章一样，杆中的载荷由静力平衡方程确定。我们得到 AB 杆受到 6428 kg ($\sqrt{2}\times10^4$ lbs)的拉力，BC 杆受到 4545 kg($-10\ 000$ lbs)的压力。应力可以由载荷除以构件的横截面积得到。再除以杨氏模量得到应变 $e_{AB}=2.4\times10^{-3}$ 和 $e_{BC}=-4.25\times10^{-4}$。

为了确定 B 点的位移，注意钢杆两端铰支。杆 BC 的缩短导致 B 点向左移动，而杆 BC 可以绕 C 点转动，因此 B 点可能位置的轨迹是以 C 为圆心、BC 为半径的圆弧。对于非常小的 $\Delta\overline{BC}$(与$\overline{BC}$相比)，该轨迹是垂直于$\overline{BC}$的线段。同样，杆 AB 伸长了 $\Delta\overline{AB}$，AB 上 B 点的轨迹是与 AB 垂直的圆弧。两个圆弧的交点 B^* 就是结点 B 的最终位置。

为了计算位移$\overline{BB^*}$，由图 P5.5(b)中可以看到：

$$\overline{BB^*}=\sqrt{\overline{BB'}^2+\overline{B'B^*}^2}=\sqrt{\overline{BB'}^2+(\overline{B'P}+\overline{PB^*})^2}$$
$$=\sqrt{\overline{BB'}^2+(\overline{B'P}+\overline{PB''})^2}=\sqrt{\overline{BB'}^2+(\overline{B'P}+\overline{PQ}+\overline{QB''})^2}$$
$$=\sqrt{\overline{BB'}^2+(\overline{BQ}+\overline{BB'}+\overline{QB''})^2}$$

现在，

$$\overline{BB'}=|e_{BC}|\cdot 121\text{ cm}=5.62\times 10^{-2}\text{cm}$$
$$\overline{BQ}=\overline{BB''}\cos 45^\circ=e_{AB}\,\overline{AB}\cos 45^\circ=0.293\text{ cm}$$

同样，$\overline{QB''}=\overline{BQ}=0.293$ cm。因此，代入后得到$\overline{BB^*}=0.640$ cm。

提示：求 B 点位移的另一方法。载荷所做的功等于杆中存储的应变能。当杆受到从 0 到 T 逐渐增加的拉力时，其长度变化量为 $el=TL/EA$，其中 L 是杆的长度，A 是其横截面积。存储在杆中的应变能等于$\frac{1}{2}(T^2L/EA)$（如图 P5.5(c)所示）。现在，当载荷 W 缓慢地施加到支架上时，载荷所做的功为$\frac{1}{2}W\delta$，其中 δ 是沿载荷方向的位移，即位移的垂直分量。系数 1/2 是必要的，因为结构是线弹性的，载荷-变形关系是线性的，因此曲线下面积（它表示所做的功）为 1/2 载荷乘以变形。令外力功与所存储的应变能相等，得

$$\frac{1}{2}W\delta=\frac{1}{2}\frac{T_{AB}^2L_{AB}}{EA_{AB}}+\frac{1}{2}\frac{T_{BC}^2L_{BC}}{EA_{BC}}$$

将数值代入此方程，得到：$\delta=0.635$ cm。结点 B 的总位移为$(\delta^2+\Delta\,\overline{BC}^2)^{\frac{1}{2}}=0.640$ cm。

5.6 火箭发射塔受到因阳光下火箭非均匀受热而引起的热变形的影响（如图 P5.6 所示）。设火箭的主体结构为圆柱体，若下列假设成立，试确定顶点 A 的水平位移：

(a) 线性热膨胀系数是 $\alpha=10^{-5}/℉=0.555\times10^{-5}/℃$。

(b) 面向太阳一侧箭体的最高温度比阴影侧的最低温度高 20℉。

(c) 温度沿火箭长度方向（纵轴）均匀分布，而沿 x 轴方向线性变化。

(d) 根据(c)，火箭的横截面在热膨胀中仍然保持平面。

(e) 火箭处于无载荷状态下，可自由变形。

提示：先计算热应变，然后积分得到变形。

答案：两侧的热应变差$=\alpha T=20\times10^{-5}$。顶部位移$=26.3$ cm。

5.7 推导当发生小应变 e_{ij} 时单位体积微元的体积变化表达式。试证明：在小应变情况下，不变量 $I_1=e_{11}+e_{22}+e_{33}$ 代表单位体积的体积变化。

解：根据 5.7 节，我们可以找到一组使应变张量取 $e_k\delta_{ik}$（k 不求和）形式的笛卡儿直角坐标系，其中 e_1,e_2,e_3 是主应变。考察应变作用下的物体，并选取一个各边沿应变主轴方向的立方体。初始长度为 1 的每条边变形后的长度变为 $1+e_i$。因此，新的体积为

$$(1+e_1)(1+e_2)(1+e_3)=1+e_1+e_2+e_3+\text{高阶项}$$

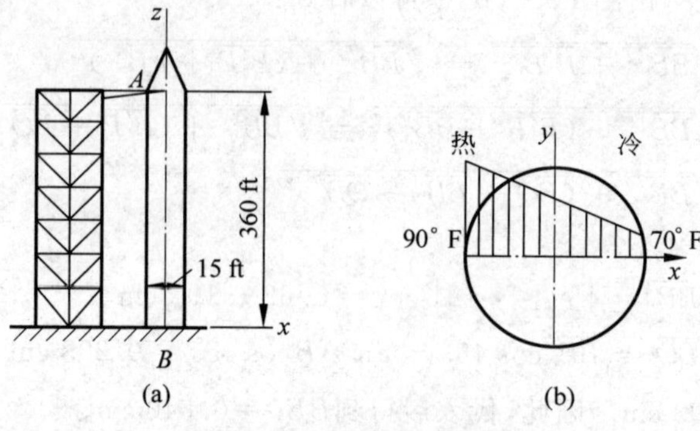

图 P5.6 发射塔的热变形
(a) 火箭几何尺寸；(b) 温度分布

所以，忽略高阶项，就可以看到单位体积的变化为 $e_1+e_2+e_3$。

由方程(5.7-3)知道 $I_1=e_{ij}\delta_{ij}$ 是不变量。在主坐标下它等于 $e_1+e_2+e_3$。由于 $I_1=e_1+e_2+e_3$ 对任何笛卡儿坐标都成立。所以，$I_1=e_{ij}\delta_{ij}$ 就表示小变形情况下单位体积的体积变化。

5.8 已知在参考坐标系 x_1,x_2,x_3 下的应力场 σ_{ij}，求：

(a) 主应力的定义是什么？

(b) 主轴的定义是什么？

(c) 简单叙述原则上怎样能确定主方向(即主轴的方向)。

(d) 考察同一坐标系下的应变张量 e_{ij}。如何确定主应变和相应的主方向？

(e) 若应力和应变张量有如下关系：

$$\sigma_{ij}=\lambda e_{kk}\delta_{ij}+2\mu e_{ij}$$

其中 λ 和 μ 是常数。试证明应力主轴与应变主轴重合。

5.9 在一次地震研究中，瑞利(Lord Rayleigh)研究了弹性力学线性化方程的如下形式解答：

$$u=A\mathrm{e}^{-by}\exp[ik(x-ct)]$$
$$v=B\mathrm{e}^{-by}\exp[ik(x-ct)]$$
$$w=0$$

若用平面 xOz 表示地面，y 表示距地表的深度，u,v,w 表示地球内质点的位移，则瑞利解表示波以速度 c 沿 x 方向的传播，且波幅以指数规律随离开地面而衰减。假设波产生于地球内部。地球表面自由；即作用于地表处的应力矢量为零。在考察运动方程和边界条件后，瑞利找到了常数 A,B,b 和 c，并得到如下解：

$$u=A(\mathrm{e}^{-0.8475ky}-0.5773\mathrm{e}^{-0.3933ky})\cos k(x-c_Rt)$$
$$v=A(-0.8475\mathrm{e}^{-0.8475ky}+1.46793\mathrm{e}^{-0.3933ky})\sin k(x-c_Rt)$$
$$w=0$$

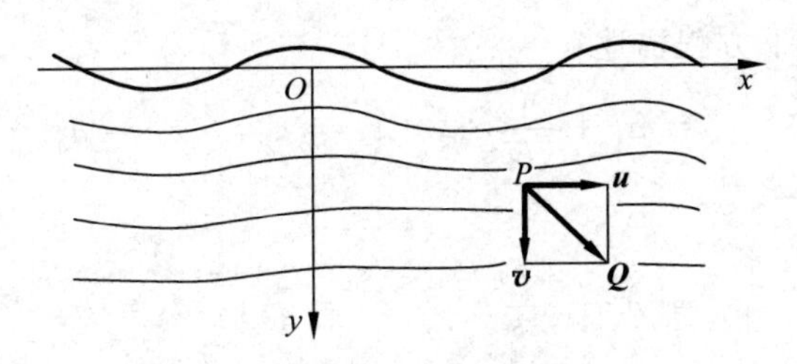

图 P5.9　瑞利表面波

常数 c_R 称为瑞利波速，若泊松比为 1/4，它等于剪切波速的 0.9194 倍。该解满足在具有自由表面 $y=0$ 的半无限大弹性体内波传播的条件。质点在 xOy 平面内运动，其波幅随离自由表面的距离增大而减小(如图 P5.9 所示)。瑞利波是发生地震时能从地震记录曲线中看到的最主要的波之一。

(a) 试画出波形；

(b) 试画出自由表面 $y=0$ 上几个不同 x 值处质点的运动路径。试对位于不同的 $y>0$ 值处的几个质点也画出其运动路径。

(c) 试证明质点的运动是逆行的。

(d) 试确定在任意给定瞬间发生最大主应变的地点，并给出该应变值。

部分解：

(d) 因为 $w=0$，只有应变分量 e_{xx}, e_{yy}, e_{xy} 不等于零。指数函数 e^{-by}(其中 $b>0$)表明 u, v, w 及其导数的最大值发生在 $y=0$ 处。当 $t=0$ 时，该平面上有

$$e_{xx} = \frac{\partial u}{\partial x} = -Ak(1-0.5773)\sin kx$$

$$e_{yy} = \frac{\partial v}{\partial y} = Ak[0.8475^2 - 1.4679 \times 0.3933]\sin kx$$

$$e_{xy} = \frac{Ak}{2}[(-0.8475 + 0.5773 \times 0.3933) + (-0.8475 + 1.4679)]\cos kx = 0$$

因此，最大主应变为

$$e_{xx} = \pm 0.4227Ak, \quad e_{yy} = \pm 0.140\,94Ak$$

5.10　考虑单位尺寸的正方形板，变形如图 P5.10 所示。试求应变分量。

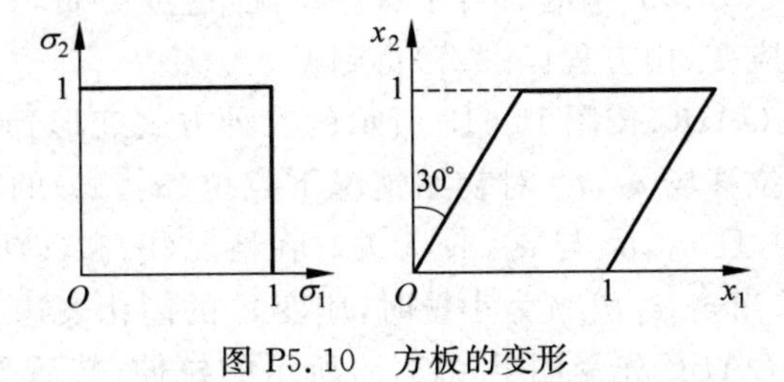

图 P5.10　方板的变形

解：变形可以用如下方程描述：

$$x_1 = a_1 + \frac{1}{\sqrt{3}}a_2, \quad x_2 = a_2, \quad x_3 = a_3$$

或

$$a_1 = x_1 - \frac{1}{\sqrt{3}}x_2, \quad a_2 = x_2, \quad a_3 = x_3$$

因此，

$$\begin{aligned} ds^2 - ds_0^2 &= \left\{\left[\left(\frac{\partial x_1}{\partial a_1}\right)^2 - 1\right]da_1^2 + 2\frac{\partial x_1}{\partial a_1}\frac{\partial x_1}{\partial a_2}da_1 da_2 + \left[\left(\frac{\partial x_1}{\partial a_2}\right)^2 + \left(\frac{\partial x_2}{\partial a_2}\right)^2 - 1\right]da_2^2\right\} \\ &= \left\{\left[1 - \left(\frac{\partial a_1}{\partial x_1}\right)^2\right]dx_1^2 - 2\frac{\partial a_1}{\partial x_1}\frac{\partial a_1}{\partial x_2}dx_1 dx_2 + \left[1 - 1 - \left(\frac{\partial a_1}{\partial x_2}\right)^2\right]dx_2^2\right\} \\ &= \frac{2}{\sqrt{3}}da_1 da_2 + \frac{1}{3}da_2^2 = \frac{2}{\sqrt{3}}dx_1 dx_2 - \frac{1}{3}dx_2^2 \end{aligned}$$

但是根据方程(5.2-10)。这就是 $2E_{11}da_1^2 + 2(E_{12}+E_{21})da_1 da_2 + 2E_{22}da_2^2$。所以，

$$E_{12} = \frac{1}{2\sqrt{3}}, \quad E_{22} = \frac{1}{6}; \quad e_{21} = \frac{1}{2\sqrt{3}}, \quad e_{22} = -\frac{1}{6}$$

其余应变分量都等于零。

5.11 再次考虑该正方形板，但现在仅有微小的向右剪切，因此，

$$x_1 = a_1 + 0.01a_2, \quad a_1 = x_1 - 0.01x_2, \quad x_2 = a_2, \quad x_3 = a_3$$

于是

$$ds^2 - ds_0^2 = 0.01da_1 da_2 + (0.01)^2 da_2^2 = 0.01dx_1 dx_2 - (0.01)^2 dx_2^2$$

所以，有

$$E_{12} = 0.0025, \quad E_{22} = 5\times 10^{-5}; \quad e_{21} = 0.0025, \quad e_{22} = -5\times 10^{-5}$$

在此情况下，E_{ij} 和 e_{ij} 的值几乎相等。

5.12 正方形板均匀地从构形(a)变形到构形(b)，如图 P5.12 所示的三种情况。试确定应变分量 E_{11}, E_{22}, E_{12} 和 e_{11}, e_{22}, e_{12}。

答案：第一种情况下导致构形(a)到构形(b)的变换是：$x_1 = 1.4a_1, x_2 = 1.2a_2, x_3 = a_3$。第二种情况下该变换是 $x_1 = 1.2a_1 + 0.5a_2, x_2 = 1.2a_2, x_3 = a_3$。对第三种情况我们有 $x_1 = 1.01a_1 + 0.02a_2$，$x_2 = 1.01a_2, x_3 = a_3$。对于这些情况，应变分量可以由方程(5.3-5)得到。第三种情况限于无限小应变，由方程(5.3-7)得到。

5.13 单位正方形 $OABC$ 按图 P5.13 所示的三种方式变形到 $OA'B'C'$。试写出各种情况下正方形内每点的位移场 u_1, u_2 对初始情况下点位(a_1, a_2)的函数关系。然后确定应变 E_{ij} 和 e_{ij}。假设 $u_3 = 0$，且 u_1, u_2 与 u_3, a_3 无关。在情况(b)和(c)中，假设 OA, OA', OC 和 OC' 的长度均为 1。再求当 $\varepsilon_1, \varepsilon_2, \theta, \psi$ 为小量时，应变 e_{ij} 的简化表达式。

5.14 单位正方形 $OABC$ 先受图 P5.13(a)所示的拉伸，然后受图 P5.13(b)所示的畸变，最后作图 P5.13(c)所示的旋转。在依次完成这三步后，应变 E_{ij} 和 e_{ij} 的值是多少？先回

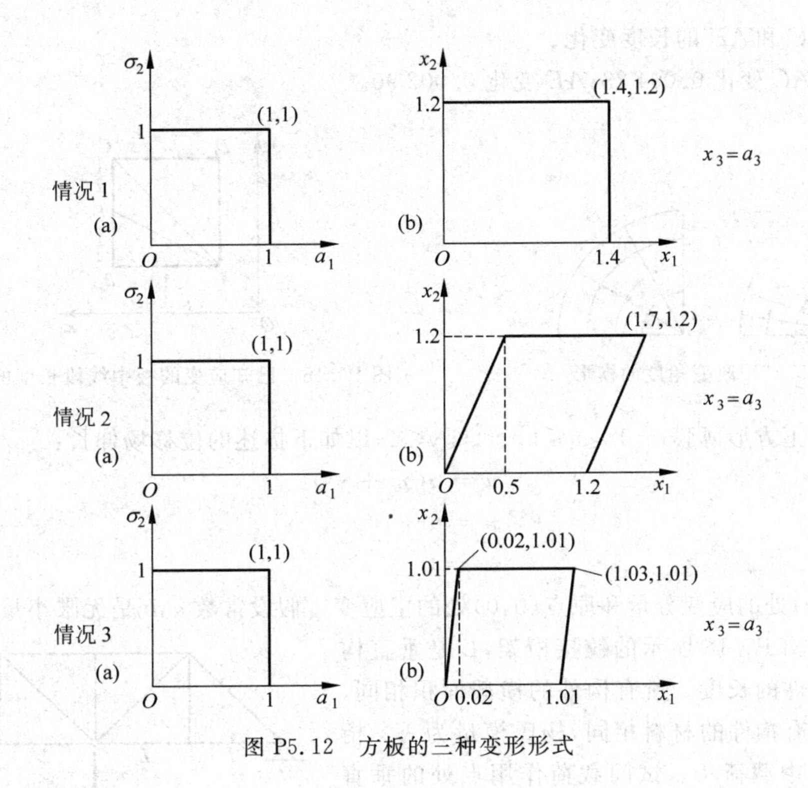

图 P5.12　方板的三种变形形式

图 P5.13　从 $OABC$ 到 $OA'B'C$ 的变形

答 $\varepsilon_1,\varepsilon_2,\theta,\psi$ 为有限值的情况，然后回答 $\varepsilon_1,\varepsilon_2,\theta,\psi$ 为无限小的情况。

5.15　当图 P5.15 中的一个楔形变换成另一个楔形时，试求应变分量 E_{ij} 和 e_{ij}。第一个楔形的顶角为 30°，第二个为 90°。两者的半径相同。

5.16　令 $ABCD$ 是 xOy 平面中的单位正方形（见图 P5.16）。$ABCD$ 是大的可变形体的一部分，整个物体承受下式给出的均匀小应变：

$$\begin{pmatrix} 1 & 2 & 3 \\ 2 & 1 & 0 \\ 3 & 0 & 2 \end{pmatrix} \times 10^{-3}$$

试求线段 AC 和 AE 的长度变化。

答案：AC 变化 0.004 23；AE 变化 0.002 90。

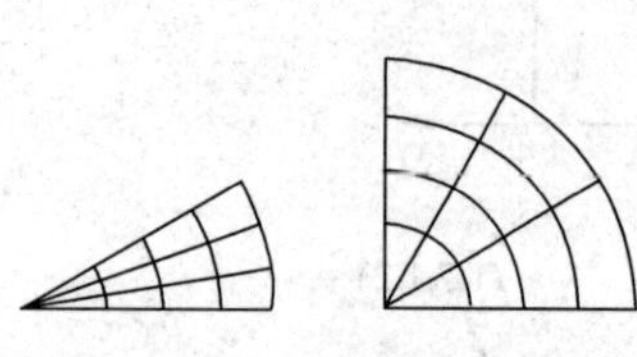

图 P5.15 改变角度的楔形

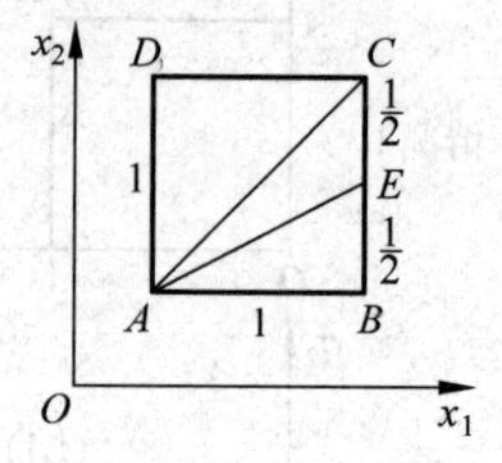

图 P5.16 已知应变的板中线段长度的变化

5.17 正方形薄膜，$-1\leqslant x\leqslant 1,-1\leqslant y\leqslant 1$，以如下描述的位移场伸长：

$$u = a(x^2 + y^2)$$
$$v = bxy$$
$$w = 0$$

试求点(x,y)处的应变分量和原点$(0,0)$处的主应变。假设常数 a,b 是无限小量。

5.18 图 P5.18 所示的铰接桁架，L 是垂直构件和水平构件的长度。所有构件的横截面积相同，均为 A。所有构件的材料相同，杨氏模量为 E。桁架中点受集中载荷 P。试问载荷作用点处的垂直挠度是多少？

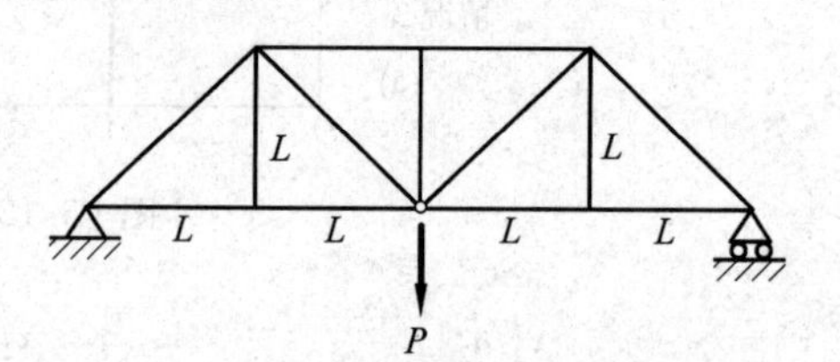

图 P5.18 桁架结点处垂直挠度的计算

答案：用习题 5.4 所述的应变能方法来求解本题。挠度为 $5.828PL/AE$。

5.19 如像流水、金属成型和细胞膜中那样，有许多情况会发生如下位移：材料是不可压缩的。z 方向的位移分量 w 为零。位移 u,v 是无限小量，且是 x,y 的函数。如果在某区域内我们已知：

$$u = (1 - y^2)(a + bx + cx^2)$$

其中 a,b,c 是常数，试计算 y 方向的位移 v。

提示：利用习题 5.6 中的结果。

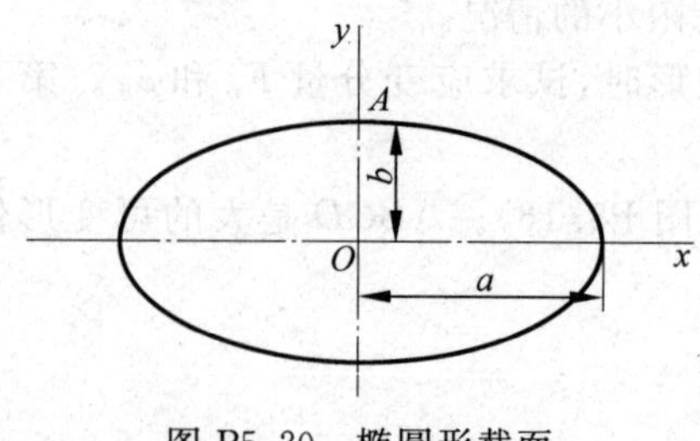

图 P5.20 椭圆形截面

5.20 在椭圆截面圆柱杆(图 P5.20)的扭转问题中，已知位移可以用如下方程描述：

$$u = \alpha zy,\quad v = \alpha zx,\quad w = -\frac{a^2 - b^2}{a^2 + b^2}\alpha xy$$

其中 α 是单位长度杆的扭角，单位为弧度。令 $a=2\ \mathrm{cm}$，$b=1\ \mathrm{cm}$。试计算 A 点处$(x=0,y=0)$的应变。A 点处的最大剪应变是多大？试求最大拉应变和最大剪应变的作用面。

部分答案：$e_{xz}=-\frac{8}{5}\alpha, e_{yz}=0$，最大剪应变$=-\frac{8}{5}\alpha$，最大正应变$=\pm\frac{8}{5}x$。

5.21　对任意解析函数$\varphi(x_1,x_2,x_3)$求微分，可以得到由如下方程定义的位移场$\boldsymbol{u}(u_1,u_2,u_3)$：

$$u_i=\frac{\partial\varphi}{\partial x_i}$$

该位移场的应变分量和应变不变量是什么？

考察一种特殊情况

$$\varphi=\frac{C}{R^2}+DR^2$$

其中

$$R^2=x_1^2+x_2^2+x_3^2$$

而C，D都是常数。将它应用于空心球体中，球的内半径为a，外半径为b。试求该球体中的应变值。

5.22　图P5.22是三百年前伯努利书中的另一张经典画（见习题1.23）。这里画的是伯努利对心脏表面肌肉纤维分布的观察。肌肉纤维收缩或伸长，改变了器官的形状和应变。纤维的几何分布对肌肉的功能有很大影响。若肌肉的形状像图P5.3（习题5.3）简单剪切情况中的平行四边形，而纤维平行于斜边，则使肌肉块变成矩形的肌肉收缩将保持体积和宽度不变。另一方面，若肌肉纤维像图P5.3纯剪切情况那样平行于y轴，则在收缩时纤维束的宽度将会鼓胀。当心脏工作而抽吸血液时，左心室和右心室的腔体将会膨胀和收缩，但是心肌并不改变其体积，不会像上臂的二头屈肌那样局部鼓胀。伯努利认为他知道心肌是如何工作的。采纳这一建议并对此进行讨论。尽你所能补充理论或试验的详细资料。心脏肌肉纤维结构的现代资料可以在如下文献中找到：Streeter，D. Jr.，“Gross morphology and fiber geometry of the heart，”In *Hand book of Physiology*，Sec. 2 *Cariovascular System*，Vol. 1 *The Heart*.（Berne，R. M. and Sperelakis，N.，eds.），American Physiological Society，Bethesda，MD，pp. 61-112。推广该观察以阐明螃蟹或龙虾怎样能用封闭在硬壳内的肌肉去移动其有力的钳子。这些肌肉必须产生哪种应变？

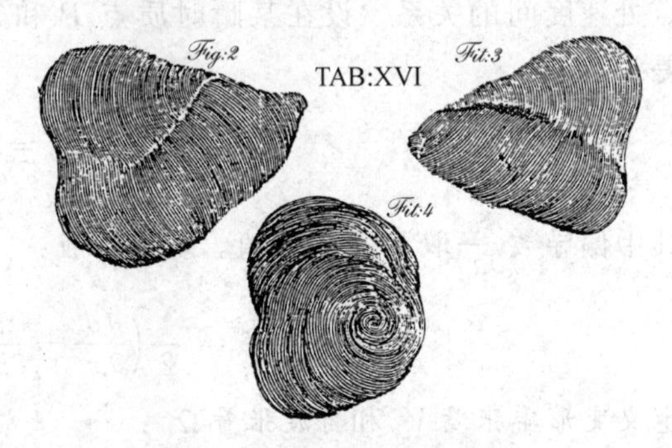

图P5.22　伯努利的经典画

CHAPTER

第6章

速度场和协调条件

本章考察速度场，并定义应变率张量。然后研究应变分量或应变率分量的协调性问题。

6.1 速度场

在研究流体流动时通常关心的是速度场，即该场内物体中每个质点的速度。每个流体质点的位置以 $Oxyz$ 为参考坐标系，于是流场可以用由每点 (x,y,z) 处的速度定义的速度矢量场 $\boldsymbol{v}(x,y,z)$ 来描述。速度场可以用分量形式表示为如下函数：

$$u(x,y,z), \quad v(x,y,z), \quad w(x,y,z)$$

或采用指标符号表示为 $v_i(x_1,x_2,x_3)$。

对于连续流动，我们考虑连续可微函数 $v_i(x_1,x_2,x_3)$。但是，我们有时还必须研究相邻点处速度间的关系。设在某瞬时质点 P 和 P' 分别位于 x_i 和 $x_i+\mathrm{d}x_i$。这两点间的速度差为

$$\mathrm{d}v_i = \frac{\partial v_i}{\partial x_j}\mathrm{d}x_j \tag{6.1-1}$$

其中偏导数 $\frac{\partial v_i}{\partial x_j}$ 取 P 点处的值。现在写成：

$$\frac{\partial v_i}{\partial x_j} = \frac{1}{2}\left(\frac{\partial v_i}{\partial x_j}+\frac{\partial v_j}{\partial x_i}\right)-\frac{1}{2}\left(\frac{\partial v_j}{\partial x_i}-\frac{\partial v_i}{\partial x_j}\right) \tag{6.1-2}$$

定义变形率张量 V_{ij} 和自旋张量 Ω_{ij}：

$$V_{ij} \equiv \frac{1}{2}\left(\frac{\partial v_i}{\partial x_j}+\frac{\partial v_j}{\partial x_i}\right) \tag{6.1-3}$$

$$\Omega_{ij} \equiv \frac{1}{2}\left(\frac{\partial v_j}{\partial x_i}-\frac{\partial v_i}{\partial x_j}\right) \tag{6.1-4}$$

于是

$$\frac{\partial v_i}{\partial x_j} = V_{ij} - \Omega_{ij} \tag{6.1-5}$$

显然 V_{ij} 是对称的，而 Ω_{ij} 是反对称的，即

$$V_{ij} = V_{ji}, \quad \Omega_{ij} = -\Omega_{ji} \tag{6.1-6}$$

因此，张量 Ω_{ij} 只有三个独立分量，并存在一个与 Ω_{ij} 对偶的矢量 $\boldsymbol{\Omega}$：

$$\Omega_k \equiv \varepsilon_{kij}\Omega_{ij}, \quad 即 \quad \boldsymbol{\Omega} = \mathrm{curl}\ \boldsymbol{v} \tag{6.1-7}$$

其中 ε_{kij} 是 2.3 节中方程(2.3-16)定义的置换张量。矢量 $\boldsymbol{\Omega}$ 称为*旋度矢量*。

方程(6.1-7)和(6.1-1)与方程(5.5-3)和(5.5-5)相似。它们的几何意义也相似。因此，速度场的分析与无限小变形场的分析非常相似。事实上，如果将速度 v_i 乘以无限小的时间间隔 $\mathrm{d}t$，结果就是无限小位移 $u_i = v_i\mathrm{d}t$。所以，凡是我们在无限小应变场中学到的东西，都可以立刻推广到相应的应变率变化上，只要用名词*速度*去代替*位移*就行。

6.2 协调条件

假设我们对一个未知函数 $u(x,y)$ 给出两个偏微分方程：

$$\frac{\partial u}{\partial x} = x + 3y, \quad \frac{\partial u}{\partial y} = x^2 \tag{6.2-1}$$

大家知道这些方程是不能求解的，因为我们有过多的互不相容的方程。如果由这两个方程来计算二阶导数 $\frac{\partial^2 u}{\partial x \partial y}$ 就可以清楚地看到二者的不相容性了：由第一个方程得到 3，而第二个方程为 $2x$。它们并不相等。

因此，当给定偏微分方程组时，可积性问题就产生了。偏微分方程组

$$\frac{\partial u}{\partial x} = f(x,y), \quad \frac{\partial u}{\partial y} = g(x,y) \tag{6.2-2}$$

是不能积分的，除非能满足如下条件：

$$\frac{\partial f}{\partial y} = \frac{\partial g}{\partial x} \tag{6.2-3}$$

该条件称为*可积性条件*，也称为*协调方程*。

现在考虑平面应变状态，例如在火箭的固体推进剂药柱中就可能存在这种状态。假设某工程师做了一个实验模型，并用各种仪器(例如应变片、光弹仪、激光全息云纹分析等)测得一组应变数据，可以表示如下：

$$e_{xx} = f(x,y), \quad e_{yy} = g(x,y), \quad e_{xy} = h(x,y), \quad e_{zz} = e_{zx} = e_{zy} = 0 \tag{6.2-4}$$

出现的问题是这些数据是否是自相容的。能够检查相容性吗？如果它们是相容的，我们能由这些数据计算位移 $u(x,y)$ 和 $v(x,y)$ 吗？

如果是小应变情况，最后一个问题可以表示为对如下微分方程组进行积分的数学问题：

$$\begin{cases} \dfrac{\partial u}{\partial x} = f(x,y) \quad (= e_{xx}) \\ \dfrac{\partial v}{\partial y} = g(x,y) \quad (= e_{yy}) \\ \dfrac{\partial u}{\partial y} + \dfrac{\partial v}{\partial x} = 2h(x,y) \quad (= 2e_{xy}) \end{cases} \tag{6.2-5}$$

现在,若将第一个方程对 y 微分两次,第二个方程对 x 微分两次,第三个方程对 x,y 各微分一次,则有

$$\frac{\partial^3 u}{\partial x \partial y^2} = \frac{\partial^2 f}{\partial y^2}, \quad \frac{\partial^3 v}{\partial y \partial x^2} = \frac{\partial^2 g}{\partial x^2} \tag{6.2-6}$$

$$\frac{\partial^3 u}{\partial x \partial y^2} + \frac{\partial^3 v}{\partial x^2 \partial y} = 2\frac{\partial^2 h}{\partial x \partial y} \tag{6.2-7}$$

将方程(6.2-6)代入方程(6.2-7),有

$$\frac{\partial^2 f}{\partial y^2} + \frac{\partial^2 g}{\partial x^2} = 2\frac{\partial^2 h}{\partial x \partial y} \tag{6.2-8}$$

试验数据必须满足这一方程。若不能满足,则数据是不相容的,它们必有错。

将上述结果用应变分量表示,我们有

$$\frac{\partial^2 e_{xx}}{\partial y^2} + \frac{\partial^2 e_{yy}}{\partial x^2} = 2\frac{\partial^2 e_{xy}}{\partial x \partial y} \tag{6.2-9}$$

这就是平面应变状态的协调方程。

将类似的讨论应用于流体的二维速度场。应变率张量的分量可以测定,例如,若流体是双折射的,可以用光学双折射方法。或者已经由理论分析得到一组应变率。为了检查相容性,必须有

$$\frac{\partial^2 V_{xx}}{\partial y^2} + \frac{\partial^2 V_{yy}}{\partial x^2} = 2\frac{\partial^2 V_{xy}}{\partial x \partial y} \tag{6.2-10}$$

其中 V_{ij} 是应变率张量的分量(见 6.1 节)。不过在流体力学中,这个方程称为可积性条件。因此,协调性和可积性表示同一个意思。

6.3 三维应变分量的协调性

将上节讨论的问题推广到三维空间,我们如何来积分方程组

$$e_{ij} = \frac{1}{2}\left(\frac{\partial u_i}{\partial x_j} + \frac{\partial u_j}{\partial x_i}\right) \tag{6.3-1}$$

以得到 u_i?

由于这里对三个未知函数 u_i 有六个方程,仅当函数 e_{ij} 满足协调条件时方程组(6.3-1)才能有唯一解。

将方程(6.3-1)求导,得

$$e_{ij,kl}=\frac{1}{2}(u_{i,jkl}+u_{j,ikl}) \tag{6.3-2}$$

其中逗号后面的指标 k 和 l 表示依次对 x_k 和 x_l 求偏导。交换下标,有

$$e_{kl,ij}=\frac{1}{2}(u_{k,lij}+u_{l,kij})$$

$$e_{jl,ik}=\frac{1}{2}(u_{j,lik}+u_{l,jik})$$

$$e_{ik,jl}=\frac{1}{2}(u_{i,kjl}+u_{k,ijl})$$

由这些式子,马上可以证明:

$$e_{ij,kl}+e_{kl,ij}-e_{ik,jl}-e_{jl,ik}=0 \qquad ▲(6.3-3)$$

这就是小应变情况的圣维南协调方程。

在方程(6.3-3)表示的81个方程中,只有6个是基本方程。考虑到 e_{ij} 对 i,j 和 $e_{ij,kl}$ 对 k,l 的对称性,其余的方程或者恒等或者重复。这6个方程用非缩简符号表示为

$$\begin{cases}\dfrac{\partial^2 e_{xx}}{\partial y\partial z}=\dfrac{\partial}{\partial x}\left(-\dfrac{\partial e_{yz}}{\partial x}+\dfrac{\partial e_{zx}}{\partial y}+\dfrac{\partial e_{xy}}{\partial z}\right)\\ \dfrac{\partial^2 e_{yy}}{\partial z\partial x}=\dfrac{\partial}{\partial y}\left(-\dfrac{\partial e_{zx}}{\partial y}+\dfrac{\partial e_{xy}}{\partial z}+\dfrac{\partial e_{yz}}{\partial x}\right)\\ \dfrac{\partial^2 e_{zz}}{\partial x\partial y}=\dfrac{\partial}{\partial z}\left(-\dfrac{\partial e_{xy}}{\partial z}+\dfrac{\partial e_{yz}}{\partial x}+\dfrac{\partial e_{zx}}{\partial y}\right)\\ 2\dfrac{\partial^2 e_{xy}}{\partial x\partial y}=\dfrac{\partial^2 e_{xx}}{\partial y^2}+\dfrac{\partial^2 e_{yy}}{\partial x^2}\\ 2\dfrac{\partial^2 e_{yz}}{\partial y\partial z}=\dfrac{\partial^2 e_{yy}}{\partial z^2}+\dfrac{\partial^2 e_{zz}}{\partial y^2}\\ 2\dfrac{\partial^2 e_{zx}}{\partial z\partial x}=\dfrac{\partial^2 e_{zz}}{\partial x^2}+\dfrac{\partial^2 e_{xx}}{\partial z^2}\end{cases} \qquad ▲(6.3-4)$$

对有限变形情况,协调条件可以根据变形后的物体仍保持为欧几里德空间这一事实由黎曼(Riemann)定理导得。黎曼已经给出为表示欧几里德空间度量张量(它与应变有关)需要满足的必要充要条件。见本章末的参考文献。

方程(6.3-3)或(6.3-4)是必要条件。它们是充分条件吗?也就是说,这六个协调方程和六个微分方程(6.3-1)一起,能保证在连续介质中存在一组单值连续的函数 $u_1(x,y,z)$,$u_2(x,y,z)$ 和 $u_3(x,y,z)$ 吗?为了回答这个问题,我们首先指出由于应变分量仅确定物体内各点的相对位置,并由于任何刚体运动都对应于零应变,所以我们预期:解 u_i 仅能确定到某种任意刚体运动的程度。其次,若 e_{ij} 被任意给定,我们可以预期存在类似于图6.1所示的那些情况。图中给出了材料的一个矩形部分,其四边 AB、BC、AD 和 DE(C 和 E 是同一点)都由连续的、类似于图5.4所示的小矩形微元组成。每个微元都按给定的应变变形。将变形后的单元粘到一起,首先沿 AB 和 BC,然后沿 AD 和 DE,分别在 C 点和 E 点处结束,它们之间或者出现间隙,或者材料在某处重叠。要存在单值连续解(直到刚体运动为止),在

变形后的构形中端点 C 和 E 必须完全重合。这是不可能保证的,除非给定的应变场满足一定的条件。

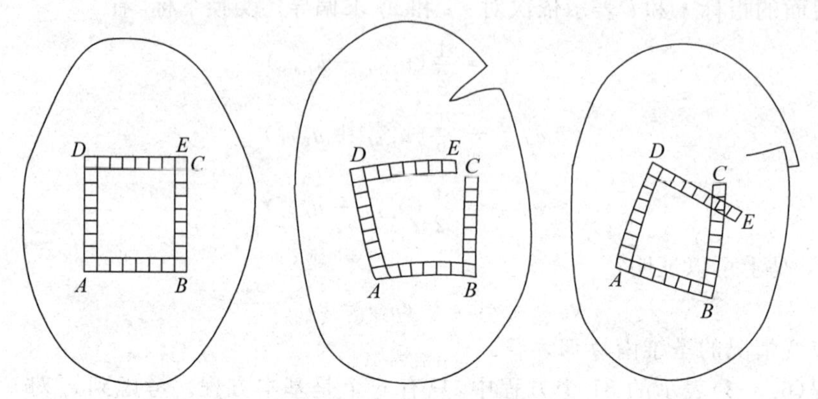

图 6.1 关于协调性要求的说明。左图由顺序相接的矩形微元组成,它们在未变形状态下构成一个连续域。若对每个小矩形给定了应变,并且它们就按此给定值变形,则当把这些变形后的小矩形接在一起时,就有可能出现中图或右图所示的情况。课文中讨论的充分条件对防止出现这些情况是必要的

按照这样的推理,可以构造一个从物体内任意点 A 开始的线积分,沿任意两条不同的路径来计算 C 点的位移(u_1, u_2, u_3),并要求两个结果相同。赛萨罗(Cesaro,1906)已经证明:如果由任意路径包围的区域是单连通的,方程(6.3-4)正是解唯一性的充分条件。但是,如果该区域是多连通的,就需要附加的充分条件。(详见 Fung, *Foundations of Solid Mechanics*, Englewood Cliffs, N.J., Prentice Hall, 1965, pp. 101-108)

习题

6.1 考察物体的流动,其速度分量 u 和 v 由势函数 Φ 导出:

$$u = \frac{\partial \Phi}{\partial x}, \quad v = \frac{\partial \Phi}{\partial y}$$

而分量 w 恒为零。试画出下列势函数所描述的速度场:

(a) $\Phi = \frac{1}{4\pi} \log (x^2 + y^2) = \frac{1}{2\pi} \log r \ (r^2 = x^2 + y^2)$;

(b) $\Phi = x$;

(c) $\Phi = A r^n \cos n\theta \left(\theta = \arctan \frac{y}{x}\right)$;

(d) $\Phi = \frac{\cos\theta}{r}$。

提示:可以由一势函数 $\Phi(x, y, z)$ 导出速度分量的流场称为势流。在本题所给的例子中,有几种情况是 Φ 用极坐标 r, θ 表示的。如果我们注意到,速度矢量(u, v)就是标量函数

$\Phi(x,y)$的梯度(见第2章),则由矢量分析可以知道极坐标下的速度分量为

$$u_r = \frac{\partial \Phi(r,\theta)}{\partial r}, \quad u_\theta = \frac{1}{r}\frac{\partial \Phi(r,\theta)}{\partial \theta} \tag{1}$$

它们分别是径向和切向的速度分量(见图 P6.1)。

这些关系可以形式地推导如下。因为

$$r^2 = x^2 + y^2, \quad \theta = \arctan\frac{y}{x} \tag{2}$$

$$x = r\cos\theta, \quad y = r\sin\theta \tag{3}$$

$$\frac{\partial x}{\partial r} = \cos\theta, \quad \frac{\partial y}{\partial r} = \sin\theta$$

$$\frac{\partial x}{\partial \theta} = -r\sin\theta, \quad \frac{\partial y}{\partial \theta} = r\cos\theta$$

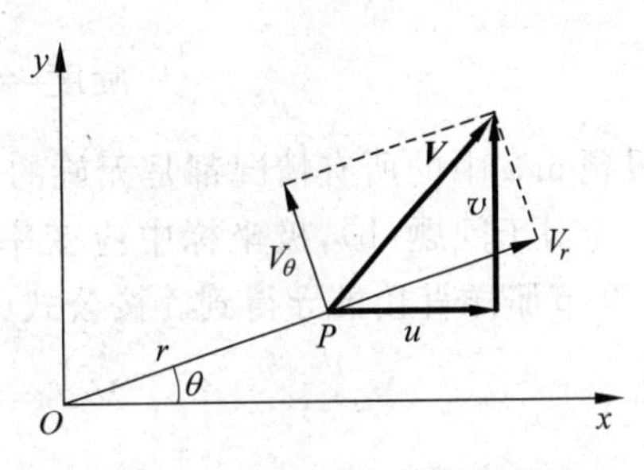

图 P6.1 极坐标中的速度分量

我们有

$$\frac{\partial \Phi}{\partial r} = \frac{\partial \Phi}{\partial x}\frac{\partial x}{\partial r} + \frac{\partial \Phi}{\partial y}\frac{\partial y}{\partial r} = u\cos\theta + v\sin\theta \tag{4}$$

$$\frac{1}{r}\frac{\partial \Phi}{\partial \theta} = -\frac{\partial \Phi}{\partial x}\sin\theta + \frac{\partial \Phi}{\partial y}\cos\theta = -u\sin\theta + v\cos\theta \tag{5}$$

但是,由图 P6.1 中可以看出:

$$u_r = u\cos\theta + v\sin\theta, \quad u_\theta = -u\sin\theta + v\cos\theta \tag{6}$$

所以由方程(4)和(5)可以导出方程(1)。

6.2 二维不可压缩流体的运动可以由流函数 Ψ 导出如下:

$$u = -\frac{\partial \psi}{\partial y}, \quad v = \frac{\partial \psi}{\partial x}, \quad w = 0$$

对下列函数画出 $\psi=$const. 的线,并将它们与上题的结果作比较。

(a) $\psi = c\theta$

(b) $\psi = y$

(c) $\psi = Ar^n \sin n\theta$

(d) $\psi = -\dfrac{\sin\theta}{r}$

6.3 对题 6.1 中的势函数和题 6.2 中的流函数所描述的流动,

(a) 证明在每种情况下旋度为零。

(b) 推导应变率张量的表达式。

解:方程(6.1-7)中的旋度 Ω 具有方程(6.1-4)给出的分量。在二维流动中,旋度只有一个不恒等于零的分量 $\Omega_{12} = (\partial v/\partial x - \partial u/\partial y)/2$。若 $u = \partial \Phi/\partial x$ 和 $v = \partial \Phi/\partial y$,则 $\Omega_{12} \equiv 0$。因此,所有的势流都是无旋的。若

$$u = -\frac{\partial \psi}{\partial y}, \quad v = \frac{\partial \psi}{\partial x}$$

则 Ω_{12} 为

$$旋度=\frac{1}{2}\left(\frac{\partial^2\psi}{\partial x^2}+\frac{\partial^2\psi}{\partial y^2}\right)$$

在极坐标下,有

$$旋度=\frac{1}{2}\left(\frac{\partial^2\psi}{\partial r^2}+\frac{1}{r}\frac{\partial\psi}{\partial r}+\frac{1}{r^2}\frac{\partial^2\psi}{\partial\theta^2}\right)$$

习题 6.2 中的所有情况都是无旋的,用直接代入就可以证明。

对于问题(b),极坐标中应变率张量的分量可以用 5.8 节给出的坐标转换公式,或像 5.9 节那样直接推导得到。按公式(6.1-3),稍微改一下符号就得到

$$V_{rr}=\frac{\partial u_r}{\partial r},\quad V_{\theta\theta}=\frac{u_r}{r}+\frac{1}{r}\frac{\partial u_\theta}{\partial\theta},$$

$$V_{r\theta}=\frac{1}{2}\left(\frac{1}{r}\frac{\partial u_r}{\partial\theta}+\frac{\partial u_\theta}{\partial r}-\frac{u_\theta}{r}\right)$$

用这些方程,问题就很容易得到解答。

6.4 假设给定定义在单位圆内的如下位移场,

$$u=ax^2+bxy+c$$
$$v=by^2+cx+mz$$
$$w=mz^2$$

是否存在什么协调性问题?

6.5 假设单位圆内的位移场如下,

$$u=ar\log\theta$$
$$v=ar^2+c\sin\theta$$
$$w=0$$

它协调吗?

6.6 在二维平面应变场中,位移由 $u(x,y)$,$v(x,y)$ 描述,而沿 z 轴的 w 恒等于零。x,y,z 是一组笛卡儿直角坐标系。

(a) 试用 u,v 表示应变分量 e_{xx},e_{xy},e_{yy}。

(b) 试推导对应变系 e_{xx},e_{xy},e_{yy} 的协调方程。

(c) 下列应变系是否协调?

$$e_{xx}=k(x^2-y^2),\quad e_{xy}=kxy,\quad e_{yy}=k'xy$$

其中 k,k' 是常数。其余应变分量均为零。

(c) 的答案:若 $k'=-k$,则协调。

6.7 宽为 a、高为 b 的矩形板放在刚性基础上,如图 P6.7 所示。板的材料为各向同性并服从胡克定律。板的密度为 ρ。板的顶部受均布压力,并受铅垂方向的重力作用。(a)给出一组可能的边界条件;(b)导出满足平衡方程和给定应力边界条件的可能的应力分布。(c)计算应变并检查是否满足协调条件;(d)确定板内的位移。这些位移是单值连续的吗?

(e)在(a)中给出的所有边界条件都能满足吗？若是，能否肯定你刚才所得到的应力分布就是问题的精确解？若所有边界条件都不能满足，那么显然你并没有找到解。此时可以做两件事。首先，你能否调整边界条件，直到你能肯定已经找到另一不同问题的解？其次，回到原来的问题，做第二步(b)，你能否找到另一不同的应力分布，它有希望是精确解？是否存在求精确解的一般方法？对(a)中边界条件的提法是否存在限制？我们能说有些边值问题是适定的，而另一些不适定吗？什么是适定性的准则？对于(c)，采用胡克定律，见方程(7.4-7)。

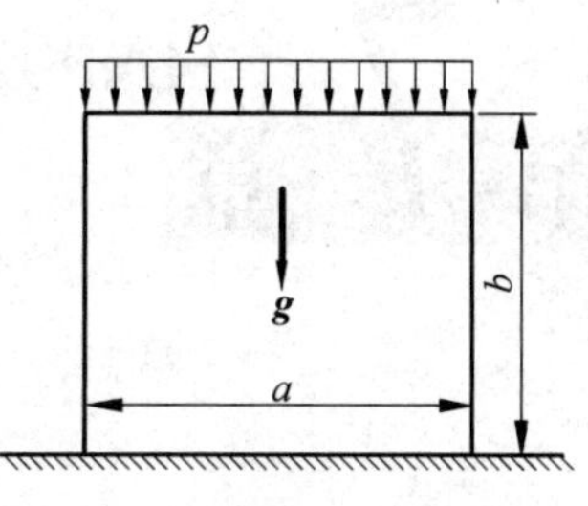

图 P6.7 受重力和压力的板

深入读物

Eringen, A. C., Nonlinear *Theory of Continuous Media*. New York, McGraw-Hill, 1962, pp. 44-46.

Truesdell, C., and Toupin, R., *The Classical Field Theories. In Handbook der Physik*, Vol Ⅲ/1. Springer-Verlag, Berlin, 1960, Art. 34, footnotes.

第7章 CHAPTER

本构方程

本章讲述三种最常用的本构方程。它们都是数学的抽象,这里仅给出最起码的概述以展示它们的异同点。若材料是各向同性的,它们可以大大简化。由于各向同性的概念极为重要,而又常被初学者太轻易地忽略,所以我们将在第8章中专门讲述。若干真实材料的性质将在第9章进行讨论。

7.1 材料性质的描述

材料的性质由本构方程来描述。存在许多不同的材料。因此我们并不惊奇,存在大量的本构方程以描述几乎是无穷多的材料。值得惊奇的事实是,三种简单而理想化的应力-应变关系对我们周围许多材料的力学性质给出了很好的描述,它们就是:无粘性流体,牛顿粘性流体和理想弹性固体。本章将讲述这些理想化的关系,但是我们很快就补充说明:真实材料的性质与这些理想化定理所描述的总有或多或少的区别。当区别很大时,我们将称为真实气体、非牛顿粘性流体、粘弹性固体,塑性等,这些将在第9章中讨论。

描述材料性质的方程称为该材料的*本构方程*。应力-应变关系描述材料的力学性质,因此也是一种本构方程。本章的主题就是讨论应力-应变关系。还有其他的本构方程,例如描述热传导特性的、电阻的、质量传递的方程等,但它们都不是我们所直接涉及的。

7.2 无粘性流体

无粘性流体是应力张量为各向同性的流体,即

$$\sigma_{ij} = -p\delta_{ij} \qquad ▲(7.2\text{-}1)$$

其中 δ_{ij} 是 Kronecker Delta,p 是标量,称为*压力*。采用矩阵形式,无粘性流体的应力分量可以表示为

$$\sigma_{ij}=\begin{bmatrix}-p & 0 & 0\\ 0 & -p & 0\\ 0 & 0 & -p\end{bmatrix} \tag{7.2-2}$$

理想气体中的压力 p 通过状态方程与密度 ρ 和温度 T 相关：

$$\frac{p}{\rho}=RT \tag{7.2-3}$$

其中 R 是气体常数。对于理想气体或液体，通常可以找到一种状态方程：

$$f(p,\rho,T)=0 \tag{7.2-4}$$

对于不可压缩流体情况有些特殊，其状态方程就是

$$\rho=\text{const.} \tag{7.2-5}$$

所以，对不可压流体，压力 p 是一个任意变量。它只能由运动方程和边界条件来确定。例如，液压缸中的不可压缩流体可以假设为任何压力，它取决于施加在活塞上的力。

由于水力学经常涉及不可压缩流体，我们将看到：压力由边界条件来控制，而压力的变化（即压力梯度）则由运动方程算出。

在许多问题中空气和水可以看作是无粘性的。例如，环绕地球的潮汐问题，海洋中的波浪问题，飞机的飞行问题，喷气发动机中的流动问题以及汽车发动机中的燃烧问题，在忽略介质的粘性而将它们看作无粘性流体后仍能得到很好的结果。另一方面，在有些重要的问题中介质的粘性虽然很小，但绝不能忽略。这些问题包括：作用在飞机上的阻力的确定，湍流或是层流的判别，宇宙飞船返回时的气动加热以及汽车发动机的冷却等。

7.3 牛顿流体

牛顿流体是一种剪切应力与变形梯度成线性正比关系的粘性流体。其应力-应变关系由如下方程确定：

$$\sigma_{ij}=-p\delta_{ij}+\mathbf{D}_{ijkl}V_{kl} \tag*{▲(7.3-1)}$$

其中，σ_{ij} 是应力张量；V_{kl} 是变形率张量；$\mathbf{D}_{ijkl}$ 是流体的粘性系数张量；p 是静压力。$-p\delta_{ij}$ 项表示静止（当 $V_{kl}=0$）时流体内的应力状态。假设静压力 p 按某种状态方程依赖于流体的密度和温度。对于牛顿流体，我们假设张量 $\mathbf{D}_{ijkl}$ 的元素可以依赖于温度，而与应力或变形率无关。张量 $\mathbf{D}_{ijkl}$ 为 4 阶，有 $3^4=81$ 个元素。这些常数并不都是独立的。通过考察张量 σ_{ij}，V_{kl} 的对称性以及流体原子结构可能存在的对称性，可以对理论上可能的独立元素数目进行研究。在这里我们不再继续探究，因为我们知道还没有一种流体曾做过如此细致的研究，以致能完全确定张量 $\mathbf{D}_{ijkl}$ 中的所有元素。大多数的流体都表现为各向同性的，我们将马上看到，对各向同性情况 $\mathbf{D}_{ijkl}$ 将大大简化。对 $\mathbf{D}_{ijkl}$ 的一般结构有兴趣的读者可以阅读 7.4 节以及那里的参考文献，因为弹性常数张量 C_{ijkl} 具有相似的结构。

若流体是各向同性的，即在任何笛卡儿直角坐标系中张量 $\mathbf{D}_{ijkl}$ 具有同一个分量矩阵，则

$\mathbf{D}_{ijkl}$可以用两个独立的常数λ和μ(见8.4节)表示为

$$\mathbf{D}_{ijkl}=\lambda\delta_{ij}\delta_{kl}+\mu(\delta_{ik}\delta_{jl}+\delta_{il}\delta_{jk}) \tag{7.3-2}$$

还可以得到

$$\sigma_{ij}=-p\delta_{ij}+\lambda V_{kk}\delta_{ij}+2\mu V_{ij} \qquad ▲(7.3\text{-}3)$$

方程(7.3-3)的缩并为

$$\sigma_{kk}=-3p+(3\lambda+2\mu)V_{kk} \tag{7.3-4}$$

若假设平均正应力$\frac{1}{3}\sigma_{kk}$与体积膨胀率V_{kk}无关,则必有

$$3\lambda+2\mu=0 \tag{7.3-5}$$

于是,本构方程变为

$$\sigma_{ij}=-p\delta_{ij}+2\mu V_{ij}-\frac{2}{3}\mu V_{kk}\delta_{ij} \qquad ▲(7.3\text{-}6)$$

该公式由斯托克斯(George G. Stokes)提出,所以服从方程(7.3-6)的流体称为*斯托克斯流体*,对这类流体只要一个材料常数μ(即粘性系数)就足以确定其性质。

若流体是*不可压缩的*,则$V_{kk}=0$,可以得到不可压缩粘性流体的本构方程:

$$\sigma_{ij}=-p\delta_{ij}+2\mu V_{ij} \qquad ▲(7.3\text{-}7)$$

若$\mu=0$,就得到无粘流体的本构方程:

$$\sigma_{ij}=-p\delta_{ij} \tag{7.3-8}$$

静压项p的出现标志着流体力学与弹性力学的根本区别。为了适应这一新变量的需要,通常假设存在某种*状态方程*,它给出了压力p、密度ρ和绝对温度T之间的关系,即

$$f(p,\rho,T)=0 \tag{7.3-9}$$

例如,对理想气体可以用方程(7.2-3);对真实气体可以用方程(9.1-3)。对淡水和海水,Tait(1888)和Li(1967)已经得到了它们的状态方程(见第9章末的参考文献)。由方程(7.2-5)给定的不可压缩流体又是一种特殊情况,它的压力p是由运动方程和边界条件确定的变量。

服从方程(7.3-1)或(7.3-3)的流体称为*牛顿流体*,它的粘性效应与变形率分量呈线性关系。不具有该性质的流体称为*非牛顿流体*。例如,粘性系数依赖于V_{ij}的基本不变量的流体就是非牛顿流体(进一步的讨论见9.8节)。

7.4 胡克弹性固体

服从胡克定律的固体就是胡克弹性固体,胡克定律说:应力张量与应变张量成线性正比关系,即

$$\sigma_{ij}=C_{ijkl}e_{kl} \qquad ▲(7.4\text{-}1)$$

其中,σ_{ij}是应力张量;e_{ij}是应变张量;C_{ijkl}是*弹性常数张量*或*模量*,它与应力或应变无关。常

数 C_{ijkl} 的张量性质服从商法则(见 2.9 节)。

作为 4 阶张量,C_{ijkl} 有 $3^4=81$ 个元素;但由于 $\sigma_{ij}=\sigma_{ji}$,我们必有

$$C_{ijkl} = C_{jikl} \tag{7.4-2}$$

此外,由于 $e_{kl}=e_{lk}$,且在方程(7.4-1)中指标 k 和 l 是进行缩并运算的哑标,我们总能将 C_{ijkl} 对 k 和 l 对称化,而不改变求和的结果。因此,我们总能将方程(7.4-1)写为

$$\sigma_{ij} = \frac{1}{2}(C_{ijkl} + C_{ijlk})e_{kl} = C'_{ijkl}e_{kl} \tag{7.4-3}$$

其中 C'_{ijkl} 具有如下性质:

$$C'_{ijkl} = C'_{ijlk} \tag{7.4-4}$$

实施了这样的对称化后,在条件(7.4-2)和 (7.4-4)下 C_{ijkl} 最多只有 36 个独立常数。

如果我们想起:由于 $\sigma_{ij}=\sigma_{ji}$ 和 $e_{ij}=e_{ji}$,在应力张量 σ_{ij} 和应变张量 e_{ij} 中都只有 6 个独立元素,就可以看到弹性常数的总数不会超过 36。因为,若 σ_{ij} 的每个元素都和 e_{ij} 的所有元素线性相关,或者反过,则将会有 6 个方程,每个方程中有 6 个常数,总共 36 个常数。

对于大多数弹性固体,独立弹性常数的数目远小于 36。这一减少来自材料内部存在的对称性(对该问题的精湛讨论参见本章末所列的 Love 的,以及 Gree 和 Adkins 的弹性理论经典著作)。

当材料各向同性时,即其弹性性质在所有方向上都相同时,弹性常数的数目得到最大的简化。更确切地说,材料的各向同性由如下要求所定义:无论坐标系朝哪个方向,数组 C_{ijkl} 始终具有完全相同的数值。由于各向同性的概念非常重要,我们将在第 8 章中作详细的讨论。将会看到,对任意各向同性材料,仅用两个独立弹性常数就可以表征该材料。对于各向同性材料,胡克定律为

$$\sigma_{ij} = \lambda e_{\alpha\alpha}\delta_{ij} + 2\mu e_{ij} \tag*{▲(7.4-5)}$$

其中常数 λ 和 μ 称为拉梅(Lamé)常数。在工程文献中,第二个拉梅常数 μ 通常写为 G,并称为剪切模量。

将方程(7.4-5)展开是有用的。在笛卡儿直角坐标系 x,y,z 中,各向同性弹性固体的胡克定律为

$$\begin{cases} \sigma_{xx} = \lambda(e_{xx} + e_{yy} + e_{zz}) + 2Ge_{xx} \\ \sigma_{yy} = \lambda(e_{xx} + e_{yy} + e_{zz}) + 2Ge_{yy} \\ \sigma_{zz} = \lambda(e_{xx} + e_{yy} + e_{zz}) + 2Ge_{zz} \\ \sigma_{xy} = 2Ge_{xy}, \quad \sigma_{yz} = 2Ge_{yz}, \quad \sigma_{zx} = 2Ge_{zx} \end{cases} \tag*{▲(7.4-6)}$$

这些方程可以对 e_{ij} 求解。但是习惯上其逆形式写为

$$\begin{cases} e_{xx} = \dfrac{1}{E}[\sigma_{xx} - \nu(\sigma_{yy} + \sigma_{zz})], \quad e_{xy} = \dfrac{1+\nu}{E}\sigma_{xy} = \dfrac{1}{2G}\sigma_{xy} \\ e_{yy} = \dfrac{1}{E}[\sigma_{yy} - \nu(\sigma_{zz} + \sigma_{xx})], \quad e_{yz} = \dfrac{1+\nu}{E}\sigma_{yz} = \dfrac{1}{2G}\sigma_{yz} \\ e_{zz} = \dfrac{1}{E}[\sigma_{zz} - \nu(\sigma_{xx} + \sigma_{yy})], \quad e_{zx} = \dfrac{1+\nu}{E}\sigma_{zx} = \dfrac{1}{2G}\sigma_{zx} \end{cases} \tag*{▲(7.4-7)}$$

或者采用指标符号，

$$e_{ij}=\frac{1+\nu}{E}\sigma_{ij}-\frac{\nu}{E}\sigma_{\alpha\alpha}\delta_{ij} \qquad ▲(7.4\text{-}8)$$

常数 E,ν 和 G 与拉梅常数 λ 和 G(或者 μ)有关(见方程(9.6-9))。E 称为杨氏模量，ν 称为泊松比，G 称为剪切弹性模量，或剪切模量。对一维情况，σ_{xx} 是唯一不为零的应力分量，我们已经在第 5 章中用过这些方程的最简形式，即方程(5.1-3)和方程(5.1-4)。

很容易记住方程(7.4-7)。回顾一维情况的方程(5.1-3)。将它应用于图 1.9 所示的简单块体。当块体在 z 方向受压时，它按如下应变缩短：

$$e_{zz}=\frac{1}{E}\sigma_{zz} \qquad (7.4\text{-}9)$$

同时，块体侧面将会膨胀。对于线性材料，膨胀应变正比于 σ_{zz}，且与应力相反：压缩导致横向膨胀，而拉伸导致横向收缩。因此有

$$e_{xx}=-\frac{v}{E}\sigma_{zz},\quad e_{yy}=-\frac{v}{E}\sigma_{zz} \qquad (7.4\text{-}10)$$

这仅是 σ_{zz} 为唯一非零应力的情况。若块体还受 σ_{xx} 和 σ_{yy} 的作用，如图 3.1 所示，且材料是各向同性的和线性的(这就导致可以线性叠加)，则 σ_{xx} 对 e_{yy}，e_{zz}、σ_{yy} 对 e_{xx}，e_{zz} 的影响必与 σ_{zz} 对 e_{yy}，e_{xx} 的影响相同。于是，方程(7.4-9)变为

$$e_{zz}=\frac{1}{E}\sigma_{zz}-\frac{v}{E}\sigma_{xx}-\frac{v}{E}\sigma_{yy}$$

这就是方程(7.4-7)中的一个，同样可以得到方程(7.4-7)中的其余方程。对于剪应力和剪应变，每个分量仅产生自身的效果。

胡克定律的其他形式

对于各向同性弹性材料，胡克定律可以表示为

$$\sigma_{\alpha\alpha}=3Ke_{\alpha\alpha} \qquad (7.4\text{-}11)$$

$$\sigma'_{ij}=2Ge'_{ij} \qquad (7.4\text{-}12)$$

其中 K 和 G 是常数，σ'_{ij} 和 e'_{ij} 分别是应力偏量和应变偏量，即

$$\sigma'_{ij}=\sigma_{ij}-\frac{1}{3}\sigma_{\alpha\alpha}\delta_{ij} \qquad (7.4\text{-}13)$$

$$e'_{ij}=e_{ij}-\frac{1}{3}e_{\alpha\alpha}\delta_{ij} \qquad (7.4\text{-}14)$$

前面已经看到，$\frac{1}{3}\sigma_{\alpha\alpha}$ 是一点处的平均应力，而在小应变情况下，$e_{\alpha\alpha}$ 是单位体积的变化。二者都是不变量。因此，方程(7.4-11)表明：材料的体积变化与平均应力成正比。在静水压的特殊情况下，即当

$$\sigma_{xx}=\sigma_{yy}=\sigma_{zz}=-p,\quad \sigma_{xy}=\sigma_{yz}=\sigma_{zx}=0$$

时，我们有 $\sigma_{\alpha\alpha}=-3p$，在小应变情况下，分别用 V 和 ΔV 表示体积和体积变化，方程(7.4-11)可以写为

$$\frac{\Delta V}{V}=\frac{p}{K} \tag*{▲(7.4-15)}$$

因此，系数 K 也可以称为材料的体积模量。

应变偏量 e'_{ij} 描述了一种无任何体积变化的变形。应力偏量与应变偏量成简单的正比关系。各弹性常数之间的关系为①

$$\left\{\begin{aligned}
&\lambda=\frac{2\nu G}{1-2\nu}=\frac{G(E-2G)}{3G-E}=K-\frac{2}{3}G=\frac{E\nu}{(1+\nu)(1-2\nu)}\\
&\quad=\frac{3K\nu}{1+\nu}=\frac{3K(3K-E)}{9K-E}\\
&G=\frac{\lambda(1-2\nu)}{2\nu}=\frac{3}{2}(K-\lambda)=\frac{E}{2(1+\nu)}=\frac{3K(1-2\nu)}{2(1+\nu)}=\frac{3KE}{9K-E}\\
&\nu=\frac{\lambda}{2(\lambda+G)}=\frac{\lambda}{(3K-\lambda)}=\frac{E}{2G}-1=\frac{3K-2G}{2(3K+G)}=\frac{3K-E}{6K}\\
&E=\frac{G(3\lambda+2G)}{\lambda+G}=\frac{\lambda(1+\nu)(1-2\nu)}{\nu}=\frac{9K(K-\lambda)}{3K-\lambda}\\
&\quad=2G(1+\nu)=\frac{9KG}{3K+G}=3K(1-2\nu)\\
&K=\lambda+\frac{2}{3}G=\frac{\lambda(1+\nu)}{3\nu}=\frac{2G(1+\nu)}{3(1-2\nu)}=\frac{GE}{3(3G-E)}=\frac{E}{3(1-2\nu)}\\
&\frac{G}{\lambda+G}=1-2\nu,\quad \frac{\lambda}{\lambda+2G}=\frac{\nu}{1-\nu}
\end{aligned}\right. \tag{7.4-16}$$

当泊松比 ν 为 1/4 时，$\lambda=G$。当 $\nu=1/2$ 时，$G=E/3$，$1/K=0$，且 $e_{\alpha\alpha}=0$。

7.5　温度的影响

在前几节中，应力-应变关系或应力-应变率关系都是在给定温度下确定的。然而，流体的粘性随温度而变化，固体的弹性模量也一样。换句话说，方程(7.3-1)中的系数 $\mathbf{D}_{ijkl}$ 和方程(7.4-1)中的 C_{ijkl} 是温度的函数，并由等温条件下的实验来确定。

热会引起热膨胀，并影响固体或液体的零应力状态。若物体在温度 T_0 下是无应力的，当温度变化到 T 时应力仍然为零，则线性定律

$$e_{ij}=\alpha_{ij}(T-T_0) \tag{7.5-1}$$

表明：相对于温度为 T_0 时的状态而言，物体将有一个应变 e_{ij}。反之，若物体的构形受到约

① 数据可以在 *American Institute of Physics Handbook*, New York: McGraw-Hill Book Company (1957), pp. 2-56-2-60 中找到。

束,以致当温度从 T_0 变化到 T 时 $e_{ij}=0$,则物体内将产生应力:

$$\sigma_{ij} = -\beta_{ij}(T-T_0) \tag{7.5-2}$$

α_{ij} 和 β_{ij} 是材料常数的对称张量,在温度 T_0 下分别由零应力状态和零应变状态测得。

方程(7.5-2)与胡克定律结合后,得到热弹性理论的杜哈姆-诺依曼(Duhamel-Neumann)定律:

$$\sigma_{ij} = C_{ijkl}e_{kl} - \beta_{ij}(T-T_0) \qquad ▲(7.5\text{-}3)$$

对于各向同性材料,二阶张量 β_{ij} 也必是各向同性的。这导致 β_{ij} 必定具有 $\beta\delta_{ij}$ 的形式(见 8.2 节)。所以,对于各向同性的胡克固体有

$$\sigma_{ij} = \lambda e_{\alpha\alpha}\delta_{ij} + 2Ge_{ij} - \beta(T-T_0)\delta_{ij} \tag{7.5-4}$$

这里,λ 和 G 是在恒温情况下测得的拉梅常数。(详细内容见 Fung, *Foundations of Solid Mechaincs*, Chapter 12, esp. p. 355)

7.6 具有更复杂力学行为的材料

如前所述,无粘性流体、牛顿流体和胡克弹性固体都是抽象模型。虽然在一定的温度、应力、应变范围内有些材料可以与这些定律之一吻合得很好,但是没有一种真实材料的行为会与其中的任何一个定律完全相同。

真实材料将具有更为复杂的行为。对于流体,常用颜料和油漆都是非牛顿流体,粘土和泥浆也一样。大多数胶体溶液也是非牛顿流体。对于固体,很幸运的是,大多数结构材料在使用的应力和应变范围内都是胡克固体;但超过一定极限后,胡克定律不再适用。例如,其实人人都知道:在足够大的应力或应变下,固体材料会发生这样或那样的破坏(断裂);而破坏并不服从胡克定律。

然而,连续介质力学的大量文献都把注意力集中于这些理想材料,其结果也相当有用。我们将在第 9 章讨论更为复杂的流体和固体行为,但是关于非牛顿流体、非线性弹性或者非弹性固体的数学处理我们将留给专题论文。

习题

7.1 给你一种流体,要求你去确定它是牛顿流体还是理想流体。为了给出正确答案你应该做什么实验?

7.2 有许多方法能测量流体的粘性。试建议两种测试方法。对每种方法都给出概述、设计说明、粘性系数计算方法、测试方法的适用性以及对比这两种方法的利弊。

7.3 对建筑大坝的土木工程师来说,混凝土的粘弹性行为是相当重要的。对大坝中混凝土“流动”的可能后果做理论的评估。设计一个实验来验证混凝土的本构方程。提出做该实验所需要的仪器系统。

7.4 观察我们厨房中的事情可以了解许多关于材料本构方程的知识。拿一根新鲜的芹菜或胡萝卜。弯它们,它们就会脆断。让芹菜和胡萝卜风干几天。然后再弯它们,它们将不会破坏。为什么?胡萝卜和芹菜的本构方程应如何反映这些观察结果?

7.5 发酵面和意大利面条是两种做流变学试验研究的好材料。用你的手和手指去触摸感觉它们,并提出它们本构方程的数学描述。

7.6 拿一根绳子和一把剪刀。若绳子松了或剪刀钝了,你会发现绳子不容易剪断。现在,将绳子拉紧,再用剪刀剪。就很容易剪断了。为什么?

7.7 一组生理学家攀登世界最高峰——珠穆朗玛峰。它们想收集高海拔处喜马拉雅空气的样本,以便带回实验室里做详细分析。你如何去做此事?请创造一种方法。有一种建议是:携带大量的玻璃吸管,并用电流将端部封住。这是一个实际的方法吗?

7.8 建立淡水和海水的本构方程及状态方程对理解海洋学是非常重要的。你如何得到深海中且遍及大面积海洋的海水样本以便在实验室里进行测试?P. G. Tait 是最早从事这项工作的研究者之一。见第 9 章末 Tait (1888) 和 Li (1967) 的参考文献。你自己设计一个去做此事的现代方法。

试讨论该数据对波浪运动、海洋生命、水下声学和反潜武器的重要性。

7.9 大型火山的喷发是连续介质力学在自然界的展示。它涉及哪些材料?它们的本构方程是什么?如何研究这些本构方程?

7.10 居住在新疆和内蒙古戈壁沙漠中的人们描述了偶发的强烈沙暴。沙子如何会像流体一样流动?建立一种本构方程,并设计一个测试实验。设计一个可以带到那里去进行测量的仪器。

7.11 我相信你曾经在某地参观过沙丘。现在,试用连续介质力学的知识,为预测沙丘形状的数学问题建立方程。

7.12 在地质术语中,冰河漂流、岩床弯曲、山体移动、大陆碰撞,这些都与载荷、结构和本构方程有关。试设计一些实验来观测冰、岩石、山体、海底和大陆的本构方程。

7.13 我们当然愿意知道地幔和地核的本构方程,还有行星、太阳和恒星的本构方程。我们如何来处理此事?什么样的观察能帮助我们导出这些物体上材料本构方程的信息?

7.14 航天员上了月球,并带回一些岩石样本。我们很关心这些岩石的力学性能。试设计一个实验大纲,以便用这些少量的岩石得到尽可能多的信息。

7.15 勘测月球的一种方法是用远程遥控的无人火箭。假设有计划为研究月球表面材料的力学性能进行一次登月。试设计一个能得到所期望信息的仪器装置。

7.16 膝部、臀部、肘部和手指关节的关节炎困扰了许多人。根据关节软骨的本构方程,将会发生什么?

7.17 假设你计划建立一个生物力学实验室,从确定肌肉本构方程的角度来观测肌肉的力学性能。试列出想要观测的肌肉性质的清单。列出应该做的实验的清单。我相信,所有想做的实验所需要的仪器都还未存在。这是你创造发明的机会。试选择一些关键仪器,并去发明它。绘制草图、设计并计算。考虑其可行性、价格和支付。

7.18 有三种非常不同的肌肉：骨骼，心脏，以及血管、输尿管、膀胱和其他内脏器官的平滑肌。取自动物和取自人体的测试样本的适用性是不同的。测试隔离样本和测试活体样本也是不同的。因此，上题的回答必须限定于较特殊的种类。对研究人员来说，这种限定是一个关键步骤，它需要智慧、经验和勇气。对研究目标的合理选择反映了一个人的训练和个性。试给出这方面的一些想法，作出你的选择，解释你自己的原因，把它们写下来，在一年后再评论它们。

7.19 类似的问题可以对在生物力学实验室里观测的其他组织建立数学模型。非活性组织是不重要的。人们不把身体健康当一回事，直至疾病侵蚀。认清这一点，规划对一种不同于肌肉的组织进行观测。

7.20 每种本构方程都必须正确满足张量特性。根据这一要求，考察生理学中著名的广义斯塔林(Starling)假设问题，该假设没有考虑应力与压力的不同。斯塔林假设说：水透过薄膜的传递速率由如下公式确定：

$$\dot{m} = k(p_1 - p_2 - \pi_1 + \pi_2)$$

其中，$\dot{m}$ 是水的运动速率(g/s /m^2)；p_1 和 π_1 分别是薄膜一侧的静水压和渗透压；p_2 和 π_2 是另一侧的静水压和渗透压，k 是渗透常数，其单位是 ms^{-1}。考察水透过血管内皮的运动，我们了解：流动的血液将对薄膜施加剪应力。内皮细胞将以内部应力来响应该剪应力。许多近代文献已经报道了该剪应力对血管的重构，以及对透过内皮传递离子和酶有重要的影响。在水的传递中也起了重要作用。为此，试建议一种包含薄膜两侧介质中应力的广义斯塔林定律，并做出一个实验计划来验证你的建议。

讨论：设 τ_{ij} 是应力偏量。由于 $\dot{m}$ 是标量，任何涉及 τ_{ij} 的项都必须以标量不变量的形式出现，如像 $\tau'_{ij}\tau'_{ij}$，$\tau'_{ij}V'_{ij}$，$\tau'_{ij}e'_{ij}$，或 $c_{ij}\tau'_{ij}$，其中 V'_{ij} 是变形率偏量，e'_{ij} 是应变偏量，c_{ij} 是一组具有张量特性的常数。于是，我们可以得到假设的关系：

$$\dot{m} = k(\Delta p - \Delta\pi) + c\Delta\tau'_{ij}\tau'_{ij}$$

$$\dot{m} = k(\Delta p - \Delta\pi) + c\Delta\tau'_{ji}V'_{ij}$$

或

$$\dot{m} = k(\Delta p - \Delta\pi) + c\Delta\tau'_{ij}e'_{ij}$$

$$\dot{m} = k(\Delta p - \Delta\pi) + \Delta c_{ij}\tau'_{ij}$$

其中，Δ 表示薄膜两侧相应量的差值。

深入读物

Eringen, A. C., *Mechanics of continua*. New York : Wiley (1967), p.145.

Green, A. E., and J. E. Adkins, *Large Elastic Deformations*. Oxford: University Press (1960), Chap. 1, esp. pp. 11-35.

Love, A. E. H., *A Treatise on the mathematical Theory of Elasticity*. Cambridge: University Press, 1st ed. (1892), 4th ed. (1927); New York : Dover Publications (1963), Chapter 6, esp. pp. 151-165.

CHAPTER 第8章

各向同性

各向同性的概念在连续介质力学中经常作为一种简化假设被采用。首先，我们将定义材料各向同性和各向同性张量。然后我们将确定二阶、三阶和四阶的各向同性张量，并把它们应用于各向同性材料的本构方程。

8.1 材料各向同性的概念

力学性质与方向无关的材料称为各向同性材料。例如，如果我们对某金属做拉伸试验，发现其结果与拉伸试件从坯料中取出的方向无关，而且在垂直于拉伸的各个方向上横向收缩都相同，则我们可以预测该金属是各向同性的。

为了给出精确的定义，我们利用本构方程：材料是各向同性的，若其本构方程(应力-应变-历史定律)在坐标的正交转换中保持不变(2.4 节)。例如，若本构方程为 $\sigma_{ij}=C_{ijkl}e_{kl}$，则我们要求在正交转换后该定律成 $\bar{\sigma}_{ij}=C_{ijkl}\bar{e}_{kl}$，其中有上横线的量对应于新坐标系。

由于正交转换是由坐标轴的平移、旋转和反射所组成的，上述定义要求无论坐标轴如何平移、旋转和反射，本构方程的数学形式都保持不变。尤其是，材料常数数组在任何右手或左手笛卡儿直角坐标中都必须具有相同的值。

8.2 各向同性张量

定义

欧几里德空间中的各向同性张量是一种在任意笛卡儿直角坐标系中其分量值不随坐标的正交转换而改变的张量。

按 2.4 节的定义，从 x_1,x_2,x_3 到 $\bar{x}_1,\bar{x}_2,\bar{x}_3$ 的正交转换为

$$\bar{x}_i=\beta_{ij}x_j+\alpha_i\quad(i,j=1,2,3)\tag{8.2-1}$$

其中 β_{ij} 和 α_i 为常数,并有如下限制:

$$\beta_{ik}\beta_{jk} = \delta_{ij} \tag{8.2-2}$$

若把某个右手坐标系转换成另一个右手坐标系,则称为正常转换。对于正常转换,雅可比行列式必定为正(参见 2.5 节)。对于正交转换 (8.2-1),由方程 (8.2-2)可知,雅可比行列式的值必为±1。所以,对正常的正交转换,必定有

$$\det|\beta_{ij}| = 1 \tag{8.2-3}$$

例如,所有的坐标轴旋转都是正常转换,但是对 x_2-x_3 平面的反射

$$\begin{cases}\bar{x}_1 = -x_1,\\ \bar{x}_2 = x_2,\\ \bar{x}_3 = x_3,\end{cases} \quad (\beta_{ij}) = \begin{pmatrix}-1 & 0 & 0\\ 0 & 1 & 0\\ 0 & 0 & 1\end{pmatrix}, \quad |\beta_{ij}| = -1 \tag{8.2-4}$$

是正交转换,然而是非正常的,因为它把右手坐标系转变为左手坐标系。

各向同性张量与各向同性材料间的联系

我们将证明:若关系式

$$\sigma_{ij} = C_{ijkl}e_{kl} \tag{8.2-5}$$

是各向同性的,则 C_{ijkl} 是一个各向同性张量。

证明:根据商法则(见 2.9 节),C_{ijkl} 是一个四阶张量。因此 C_{ijkl} 将按张量转换规则进行转换。现在,把方程 (8.2-5) 转换到新坐标 $\bar{x}_i$ 中去,我们有

$$\bar{\sigma}_{ij} = \bar{C}_{ijkl}\bar{e}_{kl} \tag{8.2-6}$$

而材料各向同性的定义要求

$$\bar{\sigma}_{ij} = C_{ijkl}\bar{e}_{kl} \tag{8.2-7}$$

因此,对比方程 (8.2-6) 和 (8.2-7),我们得到

$$\bar{C}_{ijkl} = C_{ijkl} \tag{8.2-8}$$

所以 C_{ijkl} 是一个各向同性张量。

零阶、一阶、二阶的各向同性张量

所有的标量当然都是各向同性的。但是不存在一阶的各向同性张量。因为,若矢量 A_i 是各向同性的,则对所有可能的正交转换它都必须满足方程

$$\bar{A}_i = A_i = \beta_{ij}A_j \tag{8.2-9}$$

尤其是对于绕 x_1 轴旋转 180°的情况应该有

$$\begin{cases}\bar{x}_1 = x_1,\\ \bar{x}_2 = -x_2,\\ \bar{x}_3 = -x_3,\end{cases} \quad (\beta_{ij}) = \begin{pmatrix}1 & 0 & 0\\ 0 & -1 & 0\\ 0 & 0 & -1\end{pmatrix} \tag{8.2-10}$$

于是方程 (8.2-9) 为

$$\bar{A}_1 = A_1, \quad \bar{A}_2 = -A_2, \quad \bar{A}_3 = -A_3$$

因此 $A_2 = A_3 = 0$。类似地，用同样的过程，但交换 x_1, x_2, x_3 的角色，就可以得到 $A_1 = 0$。由此证明了不存在任何各向同性的一阶张量。

对于二阶张量，δ_{ij}（克罗内克-戴尔他）是一个各向同性张量，因为

$$\begin{aligned}\bar{\delta}_{ij} &= \beta_{im}\beta_{jn}\delta_{mn} && \text{（根据张量定义）}\\ &= \beta_{im}\beta_{jm} && \text{（因为若 } m \neq n, \delta_{mn} = 0\text{）}\\ &= \delta_{ij} && \text{[由方程(8.2-2)]}\end{aligned}$$

我们准备证明：每个各向同性二阶张量都可以化为 $p\delta_{ij}$ 的形式，其中 p 是个标量。

为了证明这一点，我们首先指出：若张量 B_{ij} 是各向同性的，它必定是对角型的。因为，若像方程（8.2-10）规定的那样作一个绕 x_1 轴的 $180°$ 转动，我们得到

$$\bar{B}_{12} = \beta_{1m}\beta_{2n}B_{mn} = -B_{12}$$

但是各向同性要求 $\bar{B}_{12} = B_{12}$。因此 $B_{12} = 0$。类似地，若 $i \neq j$，则 $B_{ij} = 0$。因此，B_{ij} 是对称且对角的。

其次，令 ε_{ijk} 为置换张量，并考虑如下转换

$$\bar{x}_j = (\delta_{ij} + \mathrm{d}\theta\varepsilon_{3ij})x_i$$

$$(\beta_{ij}) = (\delta_{ij} + \mathrm{d}\theta\varepsilon_{3ij}) = \begin{pmatrix} 1 & \mathrm{d}\theta & 0 \\ -\mathrm{d}\theta & 1 & 0 \\ 0 & 0 & 1 \end{pmatrix} \tag{8.2-11}$$

它表示绕 x_3 轴旋转了一个无限小角度 $\mathrm{d}\theta$①。张量定义提供了如下关系：

$$\begin{aligned}\bar{B}_{ij} &= (\delta_{im} + \mathrm{d}\theta\varepsilon_{3im})(\delta_{jn} + \mathrm{d}\theta\varepsilon_{3jn})B_{mn}\\ &= \delta_{im}\delta_{jn}B_{mn} + \mathrm{d}\theta(\varepsilon_{3im}\delta_{jn}B_{mn} + \varepsilon_{3jn}\delta_{im}B_{mn}) + \mathrm{d}\theta^2\varepsilon_{3im}\varepsilon_{3jn}B_{mn}\\ &= B_{ij} + \mathrm{d}\theta(\varepsilon_{3im}B_{mj} + \varepsilon_{3jn}B_{in}) + O(\mathrm{d}\theta^2)\end{aligned} \tag{8.2-12}$$

但若 B_{ij} 是各向同性的，我们必有 $\bar{B}_{ij} = B_{ij}$。所以，对于小的、任意的 $\mathrm{d}\theta$，必须有

$$\varepsilon_{3im}B_{mj} + \varepsilon_{3jn}B_{in} = 0 \tag{8.2-13}$$

取 $i=1, j=1$，则得到

$$\varepsilon_{312}B_{21} + \varepsilon_{312}B_{12} = B_{21} + B_{12} = 0$$

但是我们已经证明 B_{ij} 是对称的，因此 $B_{12} = B_{21} = 0$。这与我们刚才所学到的相一致，并没有得到什么新的知识。

现在取 $i=1, j=2$，于是我们有

$$\varepsilon_{312}B_{22} + \varepsilon_{321}B_{11} = B_{22} - B_{11} = 0$$

因而 $B_{11} = B_{22}$。显然，完全类似地绕 x_1 轴的旋转将得到 $B_{23} = 0, B_{22} = B_{33}$，再绕 x_2 轴旋转将得到 $B_{31} = 0, B_{33} = B_{11}$。于是各向同性张量 B_{ij} 退化为 $B_{11}\delta_{ij}$ 的形式。把 B_{11} 记为 p，我们

---

① 见方程(2.4-5)的转动矩阵，并注意到当 θ 很小时 $\cos\theta \doteq 1, \sin\theta \doteq 0$。令 2.4 节中的角 θ 与这里的 $\mathrm{d}\theta$ 相同就给出了方程(8.2-11)转换的几何解释。

就得到 $B_{ij}=p\delta_{ij}$。

现在可以通过重复绕坐标轴的无限小转动来实现从一个笛卡儿直角坐标系到另一个笛卡儿直角坐标系的任意转动。因此,刚才检验过的诸条件是由各向同性加于正常的正交转换上的仅有条件。所以,对一切正常的正交转换都有 $B_{ij}=p\delta_{ij}$。

对 x_2-x_3 平面的反射,即方程(8.2-4),不会改变二阶各向同性张量 $p\delta_{ij}$ 的值。利用对任意转动的论证,我们得出结论:对任意平面的反射将不会影响二阶各向同性张量的值。因此,我们所找到的形式对所有正交转换都是各向同性的。证毕。

上述证明是由杰弗瑞斯(Jeffreys)给出的,见本章后的文献。应该指出,对于各向同性张量,可以用任意的顺序来标记坐标轴。于是,指标 1,2,3 的循环置换不会影响坐标转动时为各向同性的张量的分量值。因此 $B_{12}=0$ 就意味着 $B_{31}=0$。如果张量对反射也是各向同性的,则指标 1,2,3 的任意置换都不会影响张量分量的值。利用这些论证可以缩短上述证明的过程。

8.3 三阶各向同性张量

对于三阶张量,我们能够证明置换张量 ε_{ijk} 对坐标轴的转动(正常的正交转换)是各向同性的。但是关于对坐标平面的反射则不是各向同性的,因为像方程(8.2-4)那样的反射会把 $\varepsilon_{123}=1$ 变成 $\bar{\varepsilon}_{123}=-1$。

我们能够证明:对所有的坐标转动,唯一的三阶各向同性张量是标量和 ε_{ijk} 的乘积。该证明可以像二阶张量一样进行。令 u_{ijk} 是一个三阶各向同性张量。考虑绕通过原点的任意轴 ξ(一个分量为 ξ_k 的矢量)、角度为 $\mathrm{d}\theta$ 的无限小转动:

$$\bar{x}_j=(\delta_{ij}+\mathrm{d}\theta\xi_k\varepsilon_{kij})x_i \tag{8.3-1}$$

然后,根据张量转换规律

$$\begin{aligned}u_{ijk}&=(\delta_{im}+\mathrm{d}\theta\xi_s\varepsilon_{sim})(\delta_{jn}+\mathrm{d}\theta\xi_s\varepsilon_{sjn})(\delta_{kp}+\mathrm{d}\theta\xi_s\varepsilon_{skp})u_{mnp}\\&=u_{ijk}+\mathrm{d}\theta\{\xi_s\varepsilon_{sim}u_{mjk}+\xi_s\varepsilon_{sjn}u_{ink}+\xi_s\varepsilon_{skp}u_{ijp}\}+O(\mathrm{d}\theta^2)\end{aligned}$$

因为各向同性,$\bar{u}_{ijk}=u_{ijk}$;因此对小的 $\mathrm{d}\theta$,大括号中的量必为零(我们可以忽略高阶小量)。于是,对所有的 i,j,k 有

$$\xi_s\varepsilon_{sim}u_{mjk}+\xi_s\varepsilon_{sjn}u_{ink}+\xi_s\varepsilon_{skp}u_{ijp}=0 \tag{8.3-2}$$

取 $i=j=1$,则有

$$-\xi_2u_{31k}+\xi_3u_{21k}-\xi_2u_{13k}+\xi_3u_{12k}+\xi_s\varepsilon_{sk1}u_{111}+\xi_s\varepsilon_{sk2}u_{112}+\xi_s\varepsilon_{sk3}u_{113}=0 \tag{8.3-3}$$

现在取 $k=2$。于是,因为 ξ_1,ξ_2,ξ_3 是任意的,它们的系数必须为零,我们得到

$$\begin{cases}u_{212}+u_{122}=u_{111}\\u_{312}+u_{132}=0\\u_{113}=0\end{cases} \tag{8.3-4}$$

由最后的方程,并根据对称性知道:若 i,j,k 中有两个相等而第三个不等,则 $u_{ijk}=0$。然后,由方程组(8.3-4)的第一个方程知道:若 i,j,k 全都相等,则 u_{ijk} 也是零。第二个方程表明

$$u_{ijk}=-u_{jik}$$

若在方程 (8.3-3) 中取 $k=1$,则每一项都为零,得不到什么新的信息。

最后考虑方程(8.3-2)中 i,j,k 完全不同的情况。注意到当 $m=j$ 时,u_{mjk} 为零。于是显然方程 (8.3-2) 成立,因为所有的系数都为零。由此得出结论:唯一的三阶各向同性张量(对转动而非反射是各向同性的)是标量与 ε_{ijk} 的乘积。

8.4 四阶各向同性张量

四阶各向同性张量对材料的本构方程尤为重要。不难看到,由于单位张量 δ_{ij} 是各向同性的,所以张量

$$\delta_{ij}\delta_{kl},\quad \delta_{ik}\delta_{jl}+\delta_{il}\delta_{jk},\quad \delta_{ik}\delta_{jl}-\delta_{il}\delta_{jk}=\varepsilon_{sij}\varepsilon_{skl} \tag{8.4-1}$$

都是各向同性的。我们准备证明:若 u_{ijkl} 是一个四阶各向同性张量,则必具有如下形式:

$$\lambda\delta_{ij}\delta_{kl}+\mu(\delta_{ik}\delta_{jl}+\delta_{il}\delta_{jk})+\nu(\delta_{ik}\delta_{jl}-\delta_{il}\delta_{jk}) \tag{8.4-2}$$

其中 λ,μ 和 ν 都是标量。此外,若 u_{ijkl} 具有对称性

$$u_{ijkl}=u_{jikl},\quad u_{ijkl}=u_{ijlk} \tag{8.4-3}$$

则

$$u_{ijkl}=\lambda\delta_{ij}\delta_{kl}+\mu(\delta_{ik}\delta_{jl}+\delta_{il}\delta_{jk}) \tag{8.4-4}$$

证明: 我们将导出对坐标轴转动和对坐标平面反射两种情况下的各向同性结果。

首先,我们指出:可以用任何顺序来标记坐标轴。于是,指标 1,2,3 的置换不会影响各向同性张量的分量值。因此

$$\begin{cases}u_{1111}=u_{2222}=u_{3333}\\ u_{1122}=u_{2233}=u_{3311}=u_{1133}=u_{2211}=u_{3322}\\ u_{1212}=u_{2323}=u_{3131}=u_{1313}=u_{2121}=u_{3232}\\ u_{1221}=u_{2332}=u_{3113}=u_{2112}=u_{3223}=u_{1331}\end{cases} \tag{8.4-5}$$

其次,我们指出:绕 x_1 轴的 180°转动,即对应于方程(8.2-10)的转换,将使含奇数个指标 1 的项都改变正负号。然而因为各向同性,这些项决不能改变正负号。所以,它们必为零。例如,

$$u_{1222}=u_{1223}=u_{2212}=0 \tag{8.4-6}$$

由于对称,这对于任一指标 i 都是正确的。

这些条件把张量 u_{ijkl} 中不同数值的分量数减少到最多为四个,即 $u_{1111},u_{1122},u_{1212},u_{1221}$。

现在,让我们加一个方程(8.2-11)所给出的转换,它对应于绕 x_3 轴的无限小转动。张量转换规律要求

$$\bar{u}_{pqrs}=u_{pqrs}+\mathrm{d}\theta\{\varepsilon_{3ip}u_{iqrs}+\varepsilon_{3iq}u_{pirs}+\varepsilon_{3ir}u_{pqis}+\varepsilon_{3is}u_{pqri}\}+O(\mathrm{d}\theta^2) \tag{8.4-7}$$

由于各向同性张量 $\bar{u}_{pqrs}=u_{pqrs}$,所以大括号中的项必为零,则

$$\varepsilon_{3ip}u_{iqrs}+\varepsilon_{3iq}u_{pirs}+\varepsilon_{3ir}u_{pqis}+\varepsilon_{3is}u_{pqri}=0 \tag{8.4-8}$$

因为对四个指标 $pqrs$ 中的每个指标只有三种可能值(1,2,3),所以至少有两个指标相等。

为此,我们可以分别考虑如下情况:(a)四个全相等,(b)有三个相等,(c)两个相等而另两个不等,(d)两两相等。

在情况(a)中,取 $p=q=r=s=1$。于是我们看到:根据方程(8.4-6),方程(8.4-8)中的所有项均为零。类似地,取 $p=q=r=s=2$ 或 3 得不到新的信息。

在情况(b)中,取 $p=q=r=1,s=2$。我们得到

$$-u_{2112}-u_{1212}-u_{1122}+u_{1111}=0 \tag{8.4-9}$$

取 $p=q=r=2,s=1$ 得不到新的信息,因为这仅相当于交换指标 1 和指标 2,这在方程(8.4-5)中已经考虑过了。$p=q=r=3$ 的情况是无价值的,因为 ε_{3ip} 各项均为零。

由情况(c)和(d)得到的条件已经包含在方程(8.4-5)和方程(8.4-6)中。

由于从一个直角坐标系到另一个同原点的直角坐标系的转动可以通过重复绕坐标轴的无限小转动来得到,所以各向同性对张量 u_{pqrs} 不再强加其他的附加条件。

现在令

$$\begin{cases} u_{1122}=\lambda \\ u_{1212}=\mu+\nu \\ u_{2112}=\mu-\nu \end{cases} \tag{8.4-10}$$

则方程(8.4-9)给出

$$u_{1111}=\lambda+2\mu \tag{8.4-11}$$

因而出现了三个独立的四阶各向同性张量,只要依次把 λ,μ,ν 中的某一个取为 1,而其他取为 0。

由取 $\lambda=1,\mu=\nu=0$ 得到的张量的分量当 $i=j,k=l$ 时为 $u_{ijkl}=1$,其余情况均为零。因此,它等价于

$$u_{ijkl}=\delta_{ij}\delta_{kl} \tag{8.4-12}$$

由取 $\mu=1,\lambda=\nu=0$ 得到的张量中,其分量当 $i=k,j=l,i\neq j$ 以及 $i=l,j=k,i\neq j$ 时为 $u_{ijkl}=1$;当 $i=j=k=l$ 时为 $u_{ijkl}=2$;其余分量均为零。这正是

$$u_{ijkl}=\delta_{ik}\delta_{jl}+\delta_{il}\delta_{jk} \tag{8.4-13}$$

由取 $\nu=1,\lambda=\mu=0$ 得到的张量,其分量当 $i=k,j=l,i\neq j$ 时为 $u_{ijkl}=1$;当 $i=l,\ j=k,\ i\neq j$ 时为 $u_{ijkl}=-1$;其余分量均为零。因此

$$u_{ijkl}=\delta_{ik}\delta_{jl}-\delta_{il}\delta_{jk} \tag{8.4-14}$$

所以方程(8.4-2)给出了四阶各向同性张量的一般形式。在方程(8.4-3)给出的对称条件下,由方程(8.4-2)就得到方程(8.4-4)。

8.5 各向同性材料

若弹性固体是各向同性的,则方程

$$\sigma_{ij}=C_{ijkl}e_{kl} \tag{8.5-1}$$

中的张量 C_{ijkl} 一定是各向同性的(见 8.2 节)。此外,已经一般性地证明:由于应力张量是对称的,故 $C_{ijkl}=C_{jikl}$,又由于应变张量是对称的,故 $C_{ijkl}=C_{ijlk}$,而且和式 $C_{ijkl}e_{kl}$ 可以不失一般性地对称化。所以根据方程 (8.4-4) 有

$$C_{ijkl} = \lambda\delta_{ij}\delta_{kl} + \mu(\delta_{ik}\delta_{jl} + \delta_{il}\delta_{jk}) \tag{8.5-2}$$

而方程 (8.5-1) 变成

$$\sigma_{ij} = \lambda e_{kk}\delta_{ij} + 2\mu e_{ij} \tag{8.5-3}$$

对应力为应变之线性函数的各向同性弹性固体而言,这是应力-应变关系最一般的形式。所以,各向同性的弹性固体可以用两个材料常数 λ 和 μ 来表征。

类似地,各向同性的粘性流体(见 7.3 节)将由如下关系式所控制

$$\sigma_{ij} = -p\delta_{ij} + \lambda V_{kk}\delta_{ij} + 2\mu V_{ij} \tag{8.5-4}$$

8.6 应力和应变主轴的重合

弹性体(或粘性流体)各向同性的一个重要属性就是其应力主轴和应变(或应变率)主轴相重合。这可以由方程 (8.5-3)或方程(8.5-4) 得到,因为应力和应变主轴的方向余弦分别为下列方程的解(见 4.5 节和 5.7 节)

$$(\sigma_{ji} - \sigma\delta_{ji})\nu_j = 0, \quad |\sigma_{ji} - \sigma\delta_{ji}| = 0 \tag{8.6-1}$$

$$(e_{ji} - e\delta_{ji})\nu_j = 0, \quad |e_{ji} - e\delta_{ji}| = 0 \tag{8.6-2}$$

利用方程 (8.5-3),方程 (8.6-1) 变成

$$(\lambda e_{kk}\delta_{ij} + 2\mu e_{ij} - \sigma\delta_{ji})\nu_j = 0 \tag{8.6-3}$$

或写成

$$2\mu(e_{ji} - \sigma'\delta_{ji})\nu_j = 0 \tag{8.6-4}$$

其中我们引入了新变量:

$$\sigma' = \frac{\sigma - \lambda e_{kk}}{2\mu} \tag{8.6-5}$$

可是方程 (8.6-4)和方程(8.6-2) 具有完全相同的形式。所以,尽管特征值(主应力和主应变)不同,但是由解 ν_j 所给出的主方向相同。

还有其他的方法来判别应力和应变的主方向相重合。例如,我们在画莫尔圆时(见 4.3 节和 5.7 节)看到:主轴和 x 轴间的夹角与圆心位置无关。如果将圆心平移到原点,就能确定主轴角度。只要令 $\sigma_{kk}=0, e_{kk}=0$ 就能实现这样的平移,在此条件下应力-应变关系变为如下简单形式

$$\sigma'_{ij} = 2\mu e'_{ij}$$

于是主方向显然是重合的,因为 2μ 只是一个数值因子。

8.7 其他表征各向同性的方法

还有其他方法来表征各向同性。例如,可以通过应变能函数 $W(e_{11},e_{12},\cdots,e_{33})$ 来定义弹性体的性质,W 是应变分量的函数,并通过如下关系来定义应力分量

$$\sigma_{ij}=\frac{\partial W}{\partial e_{ij}} \tag{8.7-1}$$

于是各向同性可以叙述为这样的事实:应变能函数只取决于应变的不变量。例如,利用应变不变量

$$I_1=e_{ii}$$

$$I_2=\frac{1}{2}e_{ij}e_{ji} \quad 或 \quad J_2=\frac{1}{2}e'_{ij}e'_{ji}$$

$$I_3=\frac{1}{3}e_{ij}e_{jk}e_{ki}$$

我们可以规定 $W(e_{11},e_{12},\cdots,e_{33})$ 为如下函数

$$W(I_1,I_2,I_3) \tag{8.7-2}$$

由于这些不变量在所有的坐标转动下均保持它们的形式(和数值),这同样的属性也适用于方程 (8.7-1)。

8.8 能否由材料的微观结构判别其各向同性

若材料的应力-应变关系在参考系转动时保持不变,则称材料是各向同性的。如果从各向同性材料中切出一个试件,并进行测试(例如拉伸试验的板条、压缩试验的块体、弯曲试验的梁、扭转试验的轴、双向加载试验的板、应力集中或疲劳强度试验的带孔或带缺口的板、三轴加载试验的立方体或圆柱体),只要试件的尺寸足够大,以致按 1.5 和 1.6 节中讨论过的极限概念能很好地确定应力和应变,则应力和应变的测试结果应该与切出试件的方位无关。如果材料在空间上是非均匀的,因而从一处到另一处其力学性质是改变的,那么为了使每个试件的性质可以看作是均匀的,通常切出的试件在尺寸上应该足够小。在有些情况下这一愿望不一定能够实现,例如,在生物学中,皮肤、血管壁和细胞膜都是层状材料,在不同的层中具有不同的力学性质,一般来说,我们不能用手术的方法剥离这些层而不损伤细胞组织。

现在人们可以用光学或电子显微镜、X 射线衍射仪、核磁共振仪、正电子仪来观测材料的结构。随着放大率的增加,人们可以跨越在 1.6 节中讨论过的、为定义应力和应变所允许的尺寸下限。然而,尺度小于定义应力和应变之尺寸下限的超微结构的详细情况是与材料力学无关的。尽管如此,为了对材料的力学性质有更深入的理解,我们还是经常关注材料的超微结构。有时甚至可以由小尺度的超微结构导出在给定尺寸范围内材料的本构方程。为

了说明这类方法，让我们来考虑几个实例。

例 1 立方晶格的结晶固体

考虑原子按立方晶格排列的晶体，如图 8.1 所示。令立方体的每边长度为一个度量单位。选择正交参考系(x_1,x_2,x_3)，材料承受如下张量所给出的应力

$$\begin{bmatrix} \sigma_{11} & \sigma_{12} & \sigma_{13} \\ \sigma_{21} & \sigma_{22} & \sigma_{23} \\ \sigma_{31} & \sigma_{32} & \sigma_{33} \end{bmatrix} \tag{8.8-1}$$

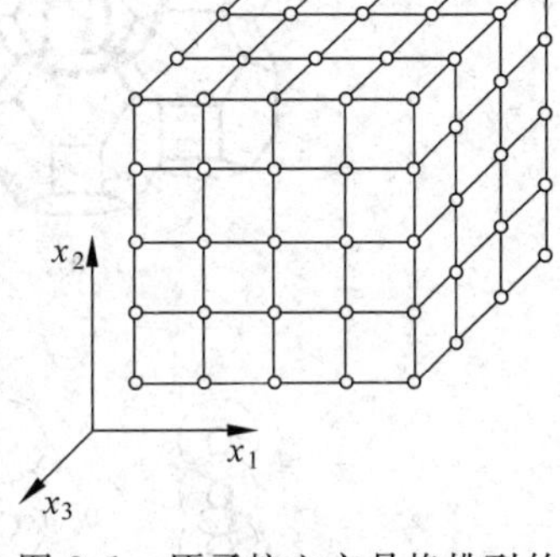

图 8.1 原子按立方晶格排列的晶体的力学模型

作为对应力的响应，晶体发生变形。σ_{11}引起晶体在 x_1 方向上的伸长，σ_{22}和 σ_{33}引起在 x_1 方向上的缩短。假设已经由理论或实验方法得到

$$e_{11}=\frac{\sigma_{11}}{E}-\frac{\nu}{E}(\sigma_{22}+\sigma_{33}) \tag{8.8-2}$$

类似地，在 x_2 和 x_3 方向上的变形导致如下应变

$$e_{22}=\frac{\sigma_{22}}{E}-\frac{\nu}{E}(\sigma_{33}+\sigma_{11}) \tag{8.8-3}$$

和

$$e_{33}=\frac{\sigma_{33}}{E}-\frac{\nu}{E}(\sigma_{11}+\sigma_{22}) \tag{8.8-4}$$

剪应力 σ_{ij} 产生剪应变 e_{ij}。假设已经得到

$$\sigma_{12}=2Ge_{12},\quad \sigma_{23}=2Ge_{23},\quad \sigma_{31}=2Ge_{31} \tag{8.8-5}$$

其中 G 是常数。现在我们能认定其力学性质是各向同性的吗？一般说，答案是否定的。我们有三个材料常数：E，ν 和 G。根据 8.5 节，各向同性本构方程只能有两个独立常数。事实上，若应力-应变关系是各向同性的，则常数 G，E 和 ν 必然由如下方程所关联

$$G=\frac{E}{2(1+\nu)} \tag{8.8-6}$$

（见方程(7.4-16)）。若实验结果证明方程 (8.8-6) 成立，则方程 (8.8-1) 至 (8.8-6) 与在某个特定坐标系中的各向同性本构方程相一致。然而，对这种情况我们可以做出更多的断言，因为任何笛卡儿参考系都可以通过平移和转动转换为图 8.1 中的晶体坐标系，而且在任意参考系中的应力张量都可以转换为在晶体坐标系中的方程 (8.8-1) 的形式。于是我们可以断言：若方程 (8.8-6) 成立，则由原子立方晶格所组成的材料是各向同性的。

例 2 肺的组织

肺的组织完全是一种类似于细孔泡沫橡胶的复合结构（见第 1 章的图 1.3～图 1.6）。由 Fung(1988)提出并经过仔细验证的肺的微结构模型如图 8.2 所示。每个气道的终端单元称为肺泡。具有同样形状和尺寸的肺泡的组合填充了肺的整个空间。各肺泡的壁称为肺泡隔膜，它们（像在夹层结构中那样）是封闭毛细血管的薄膜。肺的毛细血管填充了肺泡隔

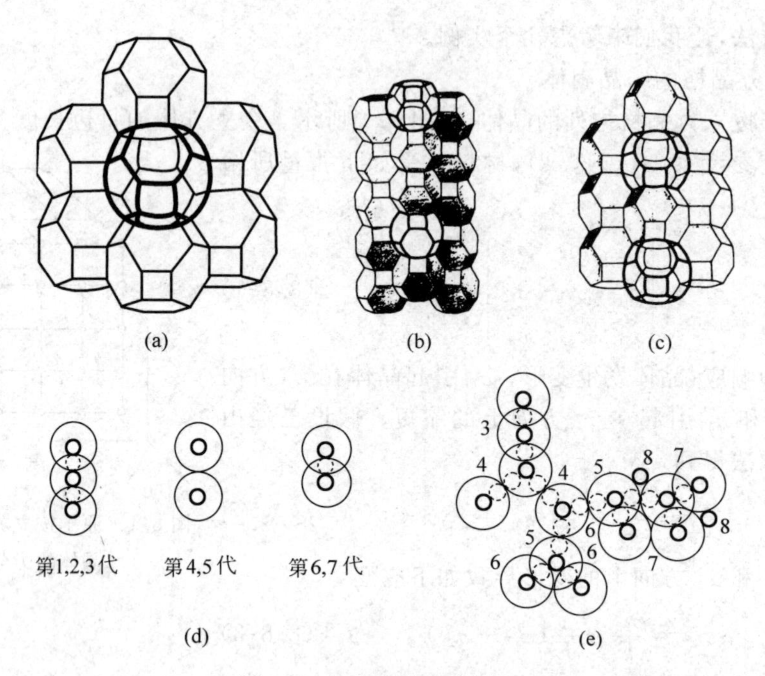

图 8.2 肺泡管的数学模型

根据 Y. C. Fung, "A Model of the Lung Structure and Its Validation", *J. Appl. Physiology* 64 (5): 2132-2141, 1988.

(a) 肺泡管的基本单元,由 14 个十四面体围绕一个没有壁的中心十四面体所组成。每个壁是一个膜或一个肺泡隔膜;(b) 两个单元堆在一起,接触处的膜被移去以形成较长的管;(c) 通过移去较多的公共膜,两个基本单元形成较短的管;(d) 第 1,2,3 代的肺泡管由三个基本单元构成,每个相邻对的结构和(c)部分一样。第 4,5 代的管都是(b)部分中的单元。第 6,7 代的管都是(c)部分中的单元;(e) 一个管树由不同代的管所形成。许多单个的十四面体是第 8 代,它们用于填充整个空间。肺的细胞组织由这些树所填充,这些树汇合成小支气管,再成支气管,最后成气管

膜的 80%的夹层空间。肺泡的一种有效模型是一个 14 面的四面-六面体,又称十四面体。14 个十四面体围绕一个全部壁面被贯串的中心十四面体,形成一个作为肺泡管基本单元的二次十四面体。该基本的二次十四面体单元的全部肺泡都与中心空间相贯通。为了贯通,移去适当数量的肺泡隔膜后,二至三个基本单元连在一起构成肺泡管的支脉。肺泡管和小支气管相贯通,再依次连到支气管,连到气管,最后连到鼻子和嘴。肺组织是一次和二次十四面体的组合体。

对这样一种结构,可以用直径远大于单个肺泡直径的面积来定义应力。(在人体中,肺泡直径为 100～300 μm;因此 1 cm^2 的平面面积将切断 1000～10 000 个肺泡,所以在这样的面积上可以很好地定义应力)。类似地,可以在体积为 1 cm^3 量级的物体中定义应变。

在肺中,每个肺泡隔膜都由毛细血管和以胶原和弹性蛋白纤维为主要结构组分的结缔组织所生成。为了保持结构的完整性,可以观察到被贯通的肺泡隔膜的端部已经用附加的

胶原和弹性蛋白来补强。人体肺中这类胶原和弹性蛋白纤维的数量、尺寸和曲率都已经测量(见 Fung, *Biomechanics* [1990], pp. 405-416)。在应力作用下这些纤维和结缔组织将变形,由此得到肺组织的整体应力-应变关系。该关系对理解在日常生活中重力载荷下、在空间飞行无重力情况下、在体育运动加速度下、在患病情况下的应力-应变分布以及分析肺的换气和血流分布都是非常有用的。

无论肺组织的几何结构如何复杂,基本的立方对称性是明显的,因为十四面体是由立方体切去八个角而得到的,并且组合体保持着固有的立方特征。由例1得出结论:在小应变、线性范围内,肺的应力-应变关系可以是(但并不必须是)各向同性的,这取决于剪切模量、杨氏模量和泊松比是否服从方程(8.8-6)。

然而,肺组织能够承受大变形,相对于零应力状态而言它通常工作在有限应变范围内。在有限应变下,肺组织的本构方程是非线性的。但是关于它在零应力状态附近具有初始各向同性的知识可用得相当远,因为若肺组织在线性、小应变范围内是初始各向同性的,则在非线性有限应变范围内也是初始各向同性的。

习题

8.1 区别均匀和各向同性两个词。考虑地球的大气:

(a) 如果你涉及高空探测火箭,你是否认为大气是均匀的或各向同性的?

(b) 如果问题涉及围绕火箭紧邻区域的流动,该火箭以不产生激波的速度飞行,能否把空气处理为均匀的或各向同性的?

(c) 如果在(b)问题中发生了激波,又该怎样考虑?

8.2 证明在8.4节中已证过的定理可以改述为:"最一般的四阶各向同性张量具有如下形式

$$u_{ijkm} = \alpha\delta_{ij}\delta_{km} + \beta\delta_{ik}\delta_{jm} + \gamma\delta_{im}\delta_{jk}$$

其中 α,β,γ 均为常数"。

8.3 证明张量 $\varepsilon_{ijk}\delta_{lm}$ 是各向同性的。是否还有其他五阶各向同性张量?

8.4 构造一些六阶各向同性张量,并推广至偶数 $2n$ 阶的各向同性张量。

8.5 说出三种非各向同性的液体?

8.6 说出五种非各向同性的固体?

8.7 各向同性是一种特殊性能的本构方程。因此,各向同性的实验测试要求在测定力学性质时使用同样的设备和仪器。假定要求你去确定某材料是否是各向同性的。试设计一个能为你提供最后正式答案的试验大纲。

8.8 如果你涉及生物材料,例如人体皮肤,理想的试验大纲大多与为测试金属所设计的大纲是不同的。皮肤在三个方向上显然不是各向同性的。但它会是很好的"横观"各向同性,即在其平面内各向同性。试为皮肤设计一个新的试验大纲。

8.9 对混凝土、塑料等工程材料,知道材料是否各向同性对设计者是非常重要的。假设你要建立一个做结构材料试验的实验室。试制定一个实验计划,并列出所需要的仪器。

8.10 单晶体通常是各向异性的,但多晶体材料可以是各向同性的。单个的长链分子是各向异性的,但聚合物流体和固体可以是各向同性的。试以我们在 1.5 节中讨论的连续介质定义的角度,用限定的最小定义尺度,从材料的结构统计特性来阐明这些现象。

从理论角度来看,能否基于材料的结构形成一些有关各向同性的规则?在多晶体金属中,晶界材料通常是非晶体,并应考虑位错和孪晶。在聚合物材料中应该考虑分子结构。

8.11 各向同性材料可以通过机械手段制成各向异性材料,例如通过碾压、锤击、喷丸、爆炸成形、张拉、拔丝等手段。试用统计论据来阐明这种改变,并设计一个试验设备来测试其结果。

8.12 用碾压、压缩、锻压等手段对金属合金进行冷作将使晶体变形或破碎,形成新的晶界,引起大的位错运动或产生新的位错。随后的热处理可以改变晶粒的形状、晶界的出现、晶体的结构和夹杂的固溶(例如碳固溶于钢)。这些过程是否能改变比例极限(在线性范围内)以下的应力-应变关系?杨氏模量、泊松比、剪切模量是否受到影响?屈服点是否会因冷作和热处理而改变?极限破坏应力是否会受到影响?

8.13 对于服从胡克定律的材料,测试各向同性的试验大纲将包括一些涉及正应力的实验和另一些涉及剪应力的实验;此外要检验剪切模量、杨氏模量和泊松比间的关系是否满足。现在把我们的注意力转向不服从胡克定律的材料,如人体皮肤。应力-应变关系是非线性的。为了确定各向同性我们应采用哪种试验大纲?

8.14 材料的各向同性有时被试件中的残余应力所混淆。残余应力是当试件不受外载荷作用时试件内的应力。它们可以因以前的塑性变形、焊接、嵌入或其他过程而加入到试件中去。把钉子打进木块,你就把残余应力加进了木头。把一根丝弯成环,并把两端焊起来,你得到一个带有残余应力的环。把钛合金锻压成喷气发动机的叶片,钛叶片中就有了残余应力。

若应力-应变关系是线性的,且位移是无限小的,则连续介质的平衡方程或动力学方程是线性的,因而解的叠加原理成立。在这种情况下,带有残余应力的物体对给定载荷的响应和无残余应力的同一物体对同样载荷的响应是相同的。换句话说,若该物体的材料是各向同性的,载荷-挠度关系的测量结果也将呈现各向同性,无论是否有残余应力。

若应力-应变关系是非线性的,情况就不同了。试阐明这非线性情况。我们希望知道非线性材料的基本应力-应变关系是否(至少在零应力状态附近)是各向同性的。我们该怎么做?试对非线性情况拟订一个计划。

8.15 在有些组分受拉、其余组分受压而整体处于平衡的复合材料中,残余应力是改进力学性质的很好途经。例如,预应力钢筋增强的混凝土,高强纤维增强的金属和塑料都是改进的结构材料。若希望实现复合材料的各向同性或横观各向同性(在远大于单根纤维直径的尺度上),纤维应按合乎需要的几何图形来铺设。试设计一种以高强度和各向同性为目标的复合材料。

8.16　有生命的生物以细胞为其肢体的基本结构。细胞膜和应力纤维(肌动蛋白分子)可以含有拉伸残余应力以抵抗细胞中内含物的压力(压缩残余应力)。细胞间隙空间中的基体材料可以受拉应力、压应力或剪应力。活性组织的整体力学性质(在远大于单个细胞的尺度上)取决于组织的细胞结构。试讨论组织的各向同性或各向异性与细胞三维几何形状间的关系。并讨论组织的整体力学性质(在远大于细胞的尺度上)与残余应力强度的关系,即与细胞肿胀程度的关系。

8.17　动物体内的细胞依赖于为获得氧气的血液循环。所以血管是遍及全身的:循环系统供给血液直至离每个活细胞几个微米的距离内。考虑一块软组织,其尺寸远大于血管的直径。血压和血管壁中的应力可以看作是组织中的残余应力。该组织的整体力学性质(在远大于血管直径的尺度上)将取决于多少血管系是承压的,即有多少血管壁是受应力的。血管系是连续的空心器官。试从这观点出发讨论组织的力学性质与血压的关系,讨论组织的各向同性和血管系几何形状的关系。

8.18　任何各向同性的试验都是一种不做无方向区别假设的试验。因此它必须服从统计学原理。什么是实验的统计设计原理?该原理如何能应用于上述问题所规划的试验?

深入读物

Fung, Y. C., *Biomechanics: Motion, Flow, Stress, and Growth*. New York: Springer-Verlag (1990), Chapter 11.

Jeffreys, H., *Cartesian Tensors*, Cambridge: University Press (1957), Chapter 7.

Thomas, T. Y., *Concepts from Tensor Analysis and Differential Geometry*. New York: Academic Press (1961), pp. 65-69.

CHAPTER

第9章

真实流体和固体的力学性质

为了看清第7和第8章中的理想本构方程是如何适合于现实世界的，在本章中我们将考虑真实材料。我们将从用分子观点来研究气体和液体开始。然后再考虑固体、粘弹性体和生物材料。

9.1 流　　体

基于压力-体积关系，流体通常被分为气体与液体。图9.1给出了常温下二氧化碳压力-体积关系的典型实例。下曲线有一个在确定压力值下的水平台阶。平台左侧为液体状态，在那里为了产生很小的体积变化需要增加很大的压力。平台右侧为蒸汽或过热蒸汽状态。水平台阶(如图中的AB)上的点实际上代表了由液体和蒸汽的混合物所组成的不均匀状态。在31.05℃时，CO_2液体-蒸汽等温线的平台收缩为零。当温度超过该临界值时，等温线平稳地由高压至低压，在气态和液态之间没有明显的分界。在更高的温度下，状态方程越来越接近于“理想气体”定律，即方程(9.1-1)。

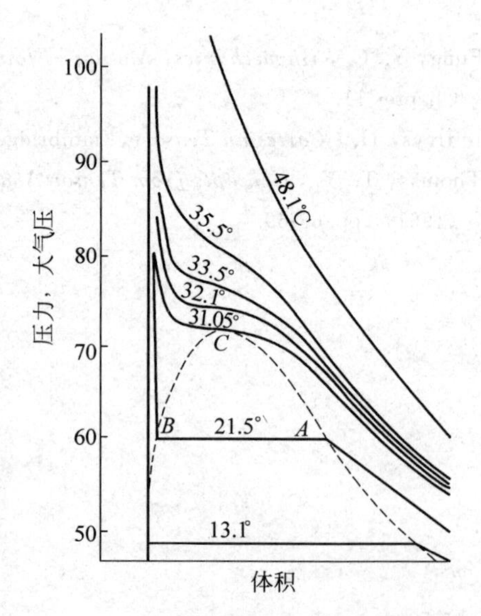

图9.1　在临界点C附近CO_2体积-压力关系的等温曲线。在CO_2液-气临界点处，温度是304.2°K，压力是72.9 atm，体积是94 cm^3 $mole^{-1}$

从分子的观点来研究气体，阿伏加德罗(Avogadro)提出了假说：在相同的温度和压力下，相同的气体体积包含了相同的分子数目。分子的一个摩尔[①](mole,即以克为单位的重量正好等于分子之分子量的取样)包含了 6.025×10^{23} 个质点。这称为阿伏加德罗数(N_0)。在标准温度和压力(即 0℃和 760 毫米汞柱压力)下,1 摩尔气体的体积为 22 400 cm^3。它对应于从一个质点到相邻质点的平均距离约为 33×10^{-8} cm。当蒸汽凝聚为液体或固体时,其体积在标准温度和压力下约收缩一千倍;即质点间的距离约收缩到 3×10^{-8} cm。

分子动力学理论把气体中的压力解释为气体分子碰撞表面时的反作用力。考虑到分子撞击和回跳中的动量变化,分子动力学理论导出了联系压力 p、体积 V 和绝对温度 T 的理想气体状态方程:

$$pV = RT \tag{9.1-1}$$

其中

$$R = N_0 k \tag{9.1-2}$$

对于 1 摩尔的气体,k 和 R 均为普适常数,对一切物质都相同。$k=1.38\times10^{-16}\,\mathrm{erg\ deg^{-1}}$(尔格/度)是玻耳兹曼(Boltzmann)常数,而 $R=8.313\times10^{7}\,\mathrm{erg\ deg^{-1}mole^{-1}}$(尔格/(度·摩尔))$=1.986\,\mathrm{cal\ deg^{-1}mole^{-1}}$(卡/(度·摩尔))是气体常数。

对凝聚状态,范德华(Van der Walls)提出如下著名方程(即范德华方程):

$$\left(p+\frac{\alpha}{V^2}\right)(V-\beta) = RT \tag{9.1-3}$$

其中 α/V^2 代表气体质点间的引力(仅当气体密度很小时才精确),而 β 代表质点的分子体积。图 9.2 给出了一族范德华 p-V 曲线。它们与图 9.1 的曲线相似,但图 9.1 中的水平线 AB 在图 9.2 中已变成连续曲线 $AEDFB$。横轴以下曲线的负压部分被认为是代表液体的拉伸强度,考虑了用参数 α/V^2 和 β 表示的原子间的短程引力。最小值(如温度 T' 下曲线 JHK 上的 H 点)指示了液体的理想拉伸强度。对于水,它在 0℃时为 −1168 大气压,在 50℃时为 −875 大气压。许多作者曾设计精巧的方法来测量液体的拉伸强度(参见 D. E. Gray, ed., *American Institute of Physics Handbook*, New York: McGraw-Hilll Book Co. (1957), pp. 2-170)。实验值低于理论值,通常认为是因为蒸汽形核剂、小气泡和液体从实验容器的壁面剥离。

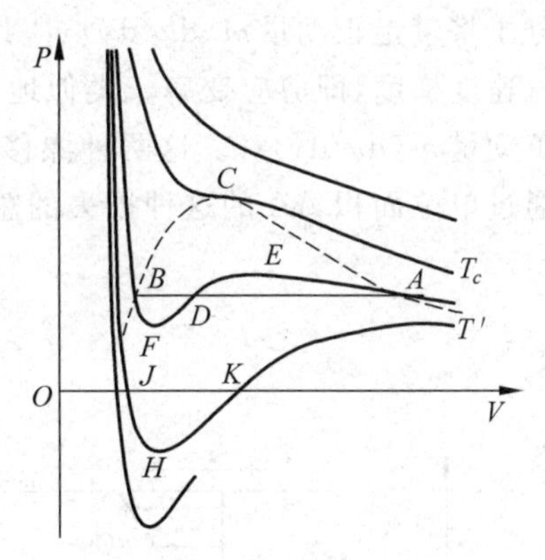

图 9.2 范德华等温线族
其中 p 是压力,V 是体积,T 是温度。C 是临界点,T_C 是临界温度

液体的拉伸强度问题在气蚀、船舶螺旋桨的气蚀损伤、树中水的传输、树的冻伤以及其他一些问题中都是很重要的。

① 即一个克分子。

9.2 粘　性

根据速度梯度均匀的剪切流(如图 9.3 所示)牛顿给出了流体粘性的概念。图中坐标 x,y,z 是笛卡儿直角参考系,u 是流体的系统速度(分子速度的局部平均),它指向 x 轴方向,且仅是 y 的函数。作用于垂直于 y 轴之平面上的剪应力记为 τ。牛顿对剪应力 τ 提出了如下关系①:

$$\tau = \mu \frac{\mathrm{d}u}{\mathrm{d}y} \tag{9.2-1}$$

系数 μ 是一个常数,称为**粘性系数**。其量纲为 $[\mathrm{ML^{-1}T^{-1}}]$。在厘米-克-秒制中,力的单位是达因,为了纪念泊肃叶(Poiseuille),μ 的单位叫泊(poise)。在国际单位制中,粘性的单位是牛顿·秒/米^2($\mathrm{N \cdot s/m^2}$)。1 泊等于 $0.1\ \mathrm{N \cdot s/m^2}$。

空气和水的粘性都很小:在大气压和 20℃下,空气为 1.8×10^{-4} 泊,水为 0.01 泊。在同样温度下甘油的粘性约为 8.7 泊。在液体中,μ 随温度增加而迅速减少;在气体中,μ 随温度升高而增加。

麦克斯韦(Maxwell)根据气体动力学理论对粘性系数作出了有意义的解释。考虑图 9.3 所示具有均匀速度梯度的流动,并假想有一个垂直于 y 轴的平面 AA,如图 9.4 所示。AA 面下方的气体对上方气体所加的剪应力起了阻滞作用。剪应力等于由分子随机运动造成的、跨越 AA 面时有序动量的损失率。一个初始位于 y_1,并穿过 AA 面向下运动的分子将带走正动量 $m(\mathrm{d}u/\mathrm{d}y)y_1$,其中 m 是分子的质量,u 是 x 方向的有序速度,$\mathrm{d}u/\mathrm{d}y$ 是垂直速度梯度,即剪应变率。类似地,一个初始位于 y_2,并穿过 AA 面向上运动的分子将带进负动量 $m(\mathrm{d}u/\mathrm{d}y)y_2$。这两种漂移都表示了 AA 面以上流体的有序动量损失。在一秒钟内通过单位面积 AA 的这种损失的总和就等于剪应力 τ。

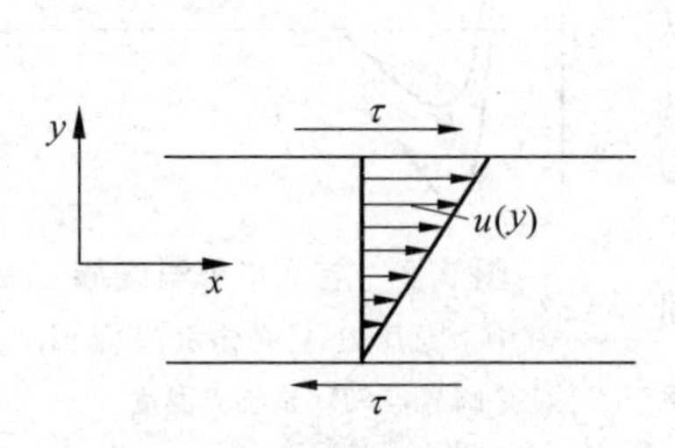

图 9.3　牛顿的粘性概念

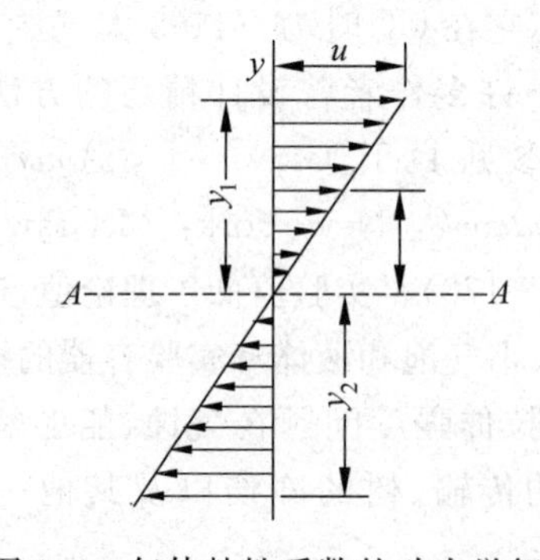

图 9.4　气体粘性系数的动力学解释

① 在 *Principia* 书中 Prop. L1, Lib. Ⅱ之前的"假设"中。

设每单位体积内有 N 个分子。假定在三个坐标方向的每个方向上都有三分之一的分子在游动。若分子的平均速度为 c,且这些分子的三分之一垂直于 AA 面而运动,则每秒钟将有$\frac{1}{3}Nc$个分子通过 AA 面。这些分子中的每个分子将带给它初始位置 y 处的动量。设高度 y 的平均值为 L。则剪应力为

$$\tau=\left(\frac{1}{3}Nc\right)m\,\frac{\mathrm{d}u}{\mathrm{d}y}L$$

乘积 Nm 就是密度 ρ。所以

$$\tau=\frac{1}{3}\rho cL\,\frac{\mathrm{d}u}{\mathrm{d}y}\tag{9.2-2}$$

比较方程 (9.2-1)和方程(9.2-2) 得

$$\mu=\frac{1}{3}\rho cL\tag{9.2-3}$$

有效高度 L 与平均自由程 l（分子在与另一分子碰撞前所走过的平均距离）有关。根据戴维-恩斯科格（David Enskog）和查普曼[①]（Chapman）较为精确的计算证明了：

$$\mu=0.499\rho cl\tag{9.2-4}$$

当气体密度减小时,平均自由程按乘积 ρl 几乎保持不变的规律而增大。因而 μ 与 c 成正比,而 c 又正比于绝对温度的平方根。所以,气体的粘性系数随着温度而变化,但不随压力而变化。在标准情况下（海平面,15℃),空气分子的平均自由程近似为 8.8×10^{-6}cm。

导出方程(9.2-2) 的论证也适用于其他传输现象。当分子穿过平面 AA 时,它们不仅携带有序运动的动量,而且还有质量和能量。在有密度梯度的气体中,质量传输相应于扩散现象。在有温度梯度的气体中,能量传递相应于热传导现象。所以在最简单的理论中,有序动量之分量、热能和质量的传输机理是相同的;并由此得到结论：热传导系数 k 等于粘性 μ 与定容比热 C_v 之积,而自扩散系数 D 等于粘性 μ 除以密度 ρ。实验和更精确的计算给出

$$k=1.91\mu C_v,\quad D=1.2\,\frac{\mu}{\rho}\tag{9.2-5}$$

液体和固体粘性的原子解释不同于气体的解释。结晶形式的固体具有长程有序结构。原子靠长程的相互引力有序地排列。另一方面,气体的原子或分子仅当它们“进入接触”时才相互作用,该相互作用取决于两原子或分子间的短程引力。液体状态是气体和晶体间的中间状态。一般而言,除了像 X 射线衍射、各向异性等性质外,刚超过熔点的液体的结构和性质与其晶体的结构和性质十分相似。金属在熔解时仅膨胀 3%到 5%(铋和冰相似,在熔解时收缩),所以原子的堆积不会差别太大。好像有 3%到 5%的晶格点位腾空,它们的自由体积被邻近质点以破坏结构长程序列的方式所吸收。柯特里尔（Cottrell,1964）提出一种

---

① 见 Chapman, S. and Cowling, T. G., *The Mathematical Theory of NonUniform Gases*. Cambridge, University Press, 3rd ed., 1970.

单一液体的粘性起因图,如图 9.5 所示。获得一些自由体积的两个原子像是封闭在其他原子的“笼子”里。该图显示了两个原子怎样相对运动将允许笼子发生剪切变形而笼子其余原子的相对位置基本保持不变。两个原子的运动使原子笼发生畸变。周围的液体为这种畸变提供了弹性(剪切)抗力,但若附近也发生了类似的运动,这抗力就松弛了。

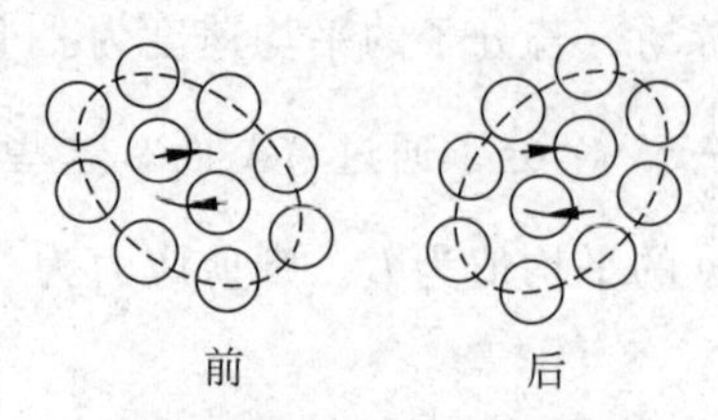

图 9.5 液体内部运动引起的剪切,由 Cottrell 作为流体粘性的机理所提出

摘自 A. H. Cottrell, *The Mechanical Properties of Matter*, New York: John Wiley, 1964

另一方面,晶体中的原子以空间晶格形式排列。晶体与其液相相比具有大得多的弹性模量和粘性,这是因为晶体中原子的点位是由晶格精确确定的。

混合物、胶质溶液、悬胶液、多晶体固体、非结晶固体或玻璃等材料可以有许多其他揭示粘性的松弛机理。在许多情况下,很难说某物体的性质像流体还是像固体。硅油灰能够从杯子里缓慢地倾倒出来或者像橡皮球那样迅速地弹跳起来。习惯上,流体和固体的区别以 10^{15} 泊的低应力粘性来划分。粘性小于该值的物质称为流体,而粘性大于该值的物质称为固体。

9.3 金属的塑性

假如在室温下用试验机拉伸一根延性的金属杆,可以画出加于试件上的载荷对伸长率

$$\varepsilon = \frac{l - l_0}{l_0}$$

的曲线,其中 l_0 是杆的初始长度,l 是载荷作用下的长度。大量实验呈现出图 9.6 所示的典型载荷-伸长率关系。当 ε 很小时,载荷-伸长率关系通常是直线。低碳钢出现一个上屈服点和一个平屈服区,该区是由许多沿晶体滑移面的微观不连续的小滑移所引起的(见图 9.6 (a))。

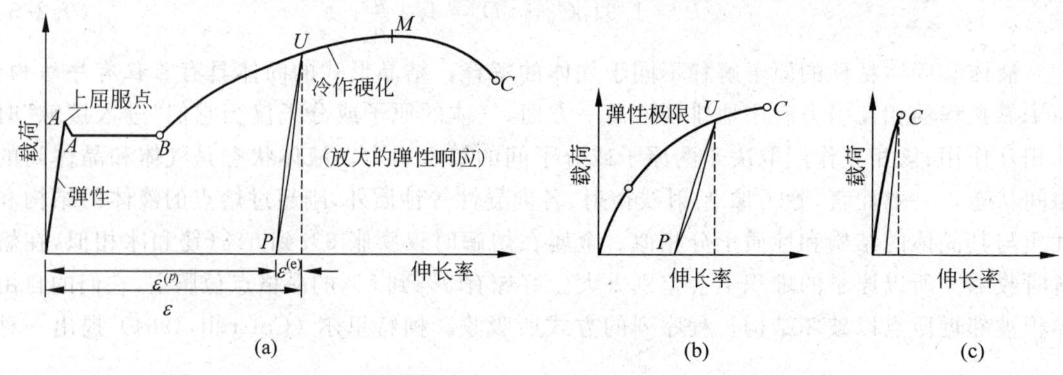

图 9.6 金属简单拉伸试验中典型的载荷-伸长率曲线

(a) 低碳钢或结构钢; (b) 铝合金或铜; (c) 脆性材料,如铸铁

其他金属大多数没有这种平屈服区(见图 9.6(b))。

在变形的任一阶段卸载时,应变并不沿加载曲线返回,而是沿弹性卸载曲线减小,如像图 9.6(a)与(b)中的曲线 UP。重新加载时,曲线以很小的偏差沿卸载曲线返回,而后当接近超过以前的最大应力时,产生进一步的塑性变形。试件在达到一定应变时会"颈缩",导致其横截面积在局部区域内减小。当在继续伸长下发生颈缩时,虽然颈缩区内的实际平均应力(载荷除以颈缩后的纯面积)在继续增加,但载荷在达到最大值后会下降。最大值 M 就是极限载荷。超过极限载荷后金属发生流动。在图 9.6 曲线中的 C 点处试件断裂。

像铸铁、钛的碳化物、铍、混凝土、岩石和大多数陶瓷等材料在达到断裂点以前只允许极小的塑性变形,它们称为脆性材料。脆性材料的载荷-应变曲线如图 9.6(c)所示。C 点就是断裂点。

在地质学中有个十分重要的事实是:当受到很大的静水压力(很大的负平均应力)时,像岩石一类的脆性材料有变成延性材料的趋势。这一点被西奥多·冯·卡门(Theodore von Karman,1881—1963)在其对大理石的经典试验中所证实。

对简单压缩或简单剪切试件的试验得到与图 9.6 相似的载荷-应变曲线。

众所周知,虽然所有钢的弹性模量都几乎相同,但屈服应力和极限强度却变化很大,这取决于晶体结构(包括缺陷、位错、空隙、晶界、孪晶等),而晶体结构会受到化学成分的微小变化、合金、热处理、冷作等因素的影响。换言之,尽管弹性模量是"结构不敏感的",但强度却是"结构敏感的"。对于没有明显屈服点的材料,工程中把比例极限处的应力作为屈服强度,比例极限定义为达到 0.2%拉应变的那个点。大多数工程结构都在比例极限以下来利用材料,所以应变实际上是很小的。为此,线性弹性理论在工程实际中是很有用的。

9.4 非线性弹性材料

橡胶(最有资格称为弹性的材料)并不能用胡克定律来描述。当橡胶带在试验机中受单向拉伸时得到的应力-应变曲线如图 9.7 所示。它是非线性的。线性胡克近似仅适用于远小于橡胶带通常所承受的应变范围。软橡胶实际上是不可压缩的,即其弹性的体积模量比增量杨氏模量大 10^4 至 10^6 倍。严格地说,橡胶的应力-应变关系不是单值的。存在粘弹性的性质。还存在常应变下的松弛、常应力下的蠕变和周期振动下的迟滞现象。因此,橡胶是非线性粘弹性材料。

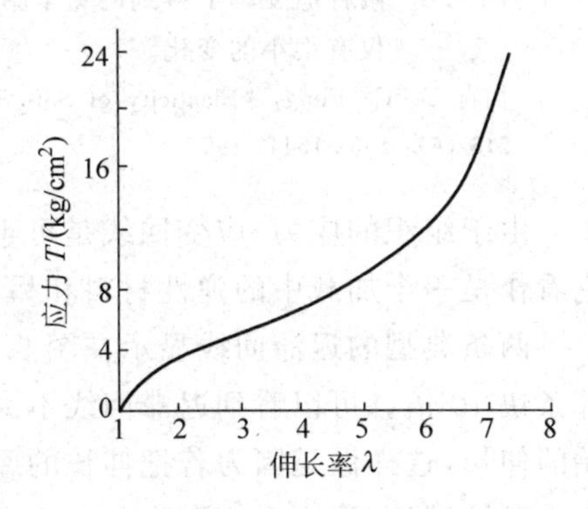

图 9.7 硫化橡胶的典型力-伸长曲线

人体和动物的活性软组织在其通常发挥功能的应变范围内也是非线性粘弹性的。若希望强调其在外载全部卸除时能回到唯一构形的能力,则人体和动物的软组织一般可称为弹性的。如果考察它们的粘弹性,则还能发现一些特殊的性能。当活组织承受周期性的加卸载时,将形成一个对应变率不太敏感的稳态应力-应变回线。迟滞现象(应力-应变回线中加载曲线和卸载曲线的差)基本上不受周期载荷频率的影响。应力-应变回线是可重复的,即加载和卸载曲线都具有一定程度的单值性。这一性质可以用术语**拟弹性**来描述(Fung, 1971)。另一方面,联系当前应力和过去应力的"记忆功能"看来是线性的,即使应力-应变关系是非线性的;为此,引进了**准线性粘弹性**的术语(Fung, 1971)。

作为例子,让我们来考虑动物的典型结缔组织:兔子的肠系膜。肠系膜是连接兔子肠子的薄膜。肉眼看来它几乎是透明的,它有令人满意的均匀厚度(大约 6×10^{-3}cm),并很受生理学家的青睐,因为其微血管在两个方向上的排列对观察和实验都很理想。为了得到整体力学性能,从肠系膜中切出等宽的一条,用细丝将其两端拴住并浸入盐溶液中做单向拉伸试验。条件是:室温,pH7.4,充入含 95%O_2,5%CO_2 气体的气泡,Ca 和其他离子的浓度与血浆相似。

经过几个加卸载循环后,对每种应变率得到一个可重复的应力-应变回线,如图 9.8 所示。应该指出,图 9.7 和图 9.8 中曲线形状的不同显示了橡胶和兔子肠系膜的本构方程是非常不同的。

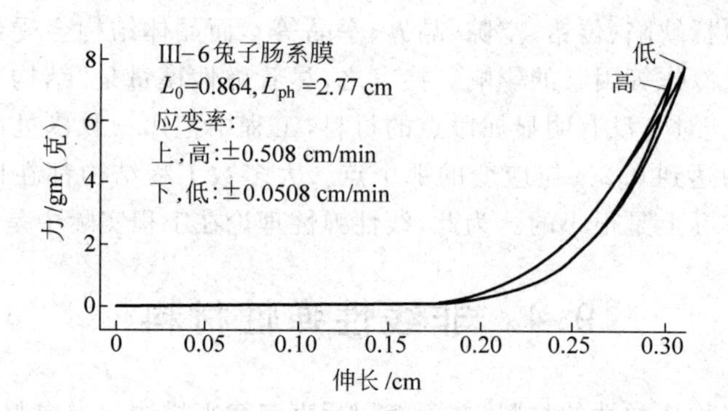

图 9.8 两种应变率下得到的兔子肠系膜的迟滞回线。高的应变率是低的 10 倍。迟滞回线仅有很小的变化。

摘自 Y. C. Fung, "Elasticity of Soft Tissues in Simple Elongation", *American J. of Physiology*, **213** (6): 1532-1544, 1957

由于组织的应力-应变回线是可重复的,我们可以对该组织的加载和卸载分别处理,把它看作是一个加载中的弹性材料和另一个卸载中的弹性材料,即看作两个**拟弹性**材料。

两条典型的迟滞回线显示在图 9.8 中,标有"高"的那条曲线的应变速率比标有"低"的那条快 10 倍。可以看到迟滞回线不太依赖于应变速率。图的横轴是试件从某任意长度开始的伸长,这样做是因为若把伸长的原点取为零应力状态,原点将远在左边,刻度将变得太小。对该试件,零应力长度为 0.865 cm,生理状态下的长度为 2.77 cm,初始横截面面积为 1.92×10^{-2}cm。

在处理应力-应变关系的试验数据时，我们采用拉格朗日应力 T（将试件零应力状态的初始横截面积除以力而得）和伸长比 λ（变形后的长度除以零应力长度）。当画出 $\mathrm{d}T/\mathrm{d}\lambda$（应力-拉伸曲线的斜率）对 T 的曲线后，应力-应变关系最明显的特征就被揭示出来。图 9.9 给出了这种图 9.8 加载曲线（在高应变率 0.508 cm/min 下得到的迟滞回线的上曲线）的斜率图。作为一次近似，我们可以用直线来逼近试验数据：

$$\frac{\mathrm{d}T}{\mathrm{d}\lambda}=\alpha(T+\beta)\quad(\lambda<\lambda_y)\tag{9.4-1}$$

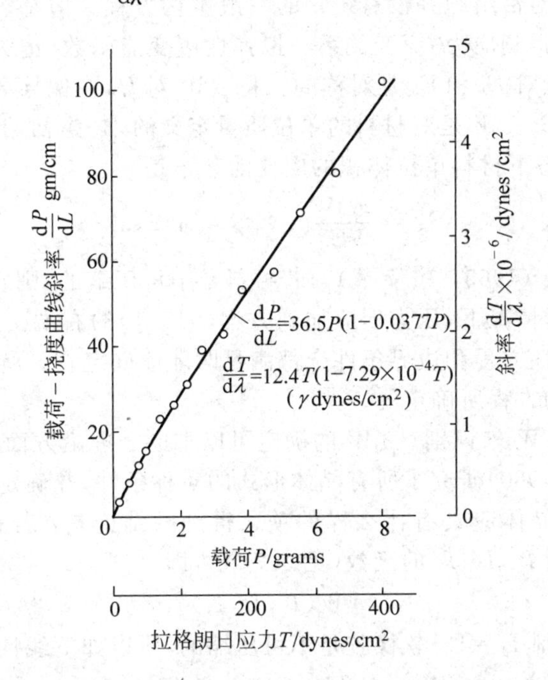

图 9.9 兔子肠系膜的切线弹性模量（应力-伸长比曲线的斜率）对基于零应力状态试件横截面积的拉应力 T 的函数曲线

注意：弹性模量并不像线性胡克定律假设的那样为常数。本图中，$L_0=0.865$ cm，$\lambda_{ph}=3.21$，$A_0=1.93\times10^{-2}\mathrm{cm}^2$

其中 α 和 β 是常数，λ_y 是此方程所适用的上限（对肠系膜情况约为 3.2）。

简单地积分(9.4-1)，加上当 $\lambda<\lambda_y$ 时应力等于 T^* 的条件，可以得到

$$T+\beta=(T^*+\beta)\mathrm{e}^{\alpha(\lambda-1)}\quad(\lambda<\lambda_y)\tag{9.4-2}$$

若干其他类型的软组织，如皮肤、肌肉、输尿管和肺组织等也都服从类似的关系。因此，似乎指数型的本构方程是生物材料的通用形式。在很宽的应变率范围内对这些软组织的进一步试验得到了如下经验：当应变率在 $10^4\sim10^6$ 倍范围内变化时，生理范围内加载曲线上某应变所对应的应力的变化不大于 2 到 3 倍。因此粗略的说，生物组织对应变率是不敏感的。然而应变率对活组织应力-应变曲线之影响的精确方式是很难说清楚的，因为它从一

个试件到另一个试件(即对局部的、偶然的变化是敏感的)在所有应变率下(即在大应变率或小应变率下都没有渐进特性)都是变化的。但总体的不敏感性是一种合理的描述。

9.5 橡胶和生物组织的非线性应力-应变关系

9.4节中我们研究了许多软组织的单轴应力-应变关系。当然对三维器官,我们需要三维的应力-应变定律。对活组织并没有统一的一般本构方程。但是若存在拟弹性应变能函数,则可以通过微分来得到应力-应变关系。拟弹性应变能函数(记为 $\rho_0 W$)是格林(Green)应变分量 E_{ij} 的函数,且对 E_{ij} 和 E_{ji} 是对称的。将 $\rho_0 W$ 对 E_{ij} 取偏导数得到相应的基尔霍夫(Kirchhoff)应力分量 S_{ij}。W 是对材料的单位质量定义的,ρ_0 是初始状态下材料的密度;因此 $\rho_0 W$ 是在零应力状态下材料单位体积的应变能。于是

$$S_{ij} = \frac{\partial \rho_0 W}{\partial E_{ij}} \quad (i,j = 1,2,3) \tag{9.5-1}$$

(详细理论论述见 Fung (1965, 16.7 节)。)若材料是不可压缩的,则它可以承受一个与物体变形无关的压力。在此情况下,压力项应加到方程(9.5-1)的右端。压力的值随点而变化,且仅当运动方程、连续性方程和边界条件全都满足时才能确定它。所以,不可压流体中的压力是由边界条件和运动方程所确定的。

材料用其特有的 $\rho_0 W$ 来识别。$\rho_0 W$ 的确定可以求助于理论方面的研究。格林(Green)和艾特金斯(Adkins)(1960)研究了所有晶体形式的对称条件,并确定了若其 $\rho_0 W$ 是应变分量的多项式的话,每种晶体应具有什么样的项。得到的结论是:若材料是各向同性的,则 $\rho_0 W$ 必须是应变不变量 I_1, I_2, I_3 的函数(见5.7节),即

$$\rho_0 W(I_1, I_2, I_3) \tag{9.5-2}$$

若材料是不可压缩的,则 $I_3 = 1$。软橡胶是不可压缩的,所以如下线性形式

$$\rho_0 W = C_1(I_1 - 3) + C_2(I_2 - 3) \tag{9.5-3}$$

在橡胶大变形研究中很有用,其中 C_1 和 C_2 都是常数。

大多数生物组织(例如,皮肤、肌肉、血管壁)都不是各向同性的。有些(例如肺组织)还是可压缩的,应变能的线性形式,即方程(9.5-3),与生物组织的试验数据并不吻合。

基于已知的试验数据,对血管壁已经提出了若干应变能函数。若将血管壁看作是无扭转的弹性壳体,则关心的只是环向和纵向的平均应力和应变。于是,血管壁可以看作是二维的,应变能仅是环向应变 $E_{\theta\theta}$ 和纵向应变 E_{zz} 的函数。派特(Patel)和凡希纳夫(Vaishnav)(1972)对 $\rho_0 W$ 曾采用 $E_{\theta\theta}$ 和 E_{zz} 的多项式。哈亚希(Hayashi)等(1971)曾采用对数函数。冯元桢(Fung)(1973)采用了指数函数。多项式和指数应变能函数的详细比较由冯元桢等(1979)给出。在生理学范围内,如下形式

$$\rho_0 W^{(2)} = \frac{c}{2} \exp Q \tag{9.5-4}$$

$$Q = a_1 E_{\theta\theta}^2 + a_2 E_{zz}^2 + a_4 E_{\theta\theta} E_{zz} \tag{9.5-5}$$

被证明是很适用的,其中 c,a_1,a_2 和 a_4 都是常数。方程(9.5-4)中有四个材料常数。在三次多项式中最少要有七个材料常数。

对皮肤、肌肉、韧带等的研究已经证明指数形式应用得很好。在零应力状态附近发现:试验数据能与线性应力-应变律或二次多项式应变能函数相吻合。所以对应变由零应力状态到自然状态值的全程范围,如下应变能函数具有较高的精度:

$$\rho_0 W^{(2)} = P + \frac{c}{2}\exp Q \tag{9.5-6}$$

其中

$$P = b_1 E_{\theta\theta}^2 + b_2 E_{zz}^2 + b_3 E_{\theta\theta} E_{zz} \tag{9.5-7}$$

而 Q 与方程(9.5-5)相同,b_1,b_2 和 b_3 是附加的常数。

9.6 线性粘弹性体

迟滞、松弛和蠕变是许多材料的共同特征。它们统称为粘弹性特征。

通常用力学模型来讨论材料的粘弹性特性。图9.10中给出了材料性能的三种力学模型,即麦克斯韦(Maxwell)模型、沃伊特(Voigt)模型和标准线性模型,它们都是由弹簧常数为 μ 的线性弹簧和粘性系数为 η 的阻尼器组成的。必须有线性弹簧来立即产生与载荷成正比的变形。必须有阻尼器来产生与任一瞬时之载荷成正比的速度。载荷 F 与加载点处位移 u 的关系为

麦克斯韦模型

$$\dot{u} = \frac{\dot{F}}{\mu} + \frac{F}{\eta}, \quad u(0) = \frac{F(0)}{\mu} \tag{9.6-1}$$

沃伊特模型

$$F = \mu u + \eta \dot{u}, \quad u(0) = 0 \tag{9.6-2}$$

标准线性模型

$$F + \tau_\varepsilon \dot{F} = E_R(u + \tau_\sigma \dot{u}), \quad \tau_\varepsilon F(0) = E_R \tau_\sigma u(0) \tag{9.6-3}$$

其中 τ_ε 和 τ_σ 均为常数,在 F 或 u 上的点表示对时间求导。在 $t=0$ 时的初始条件已经给定。

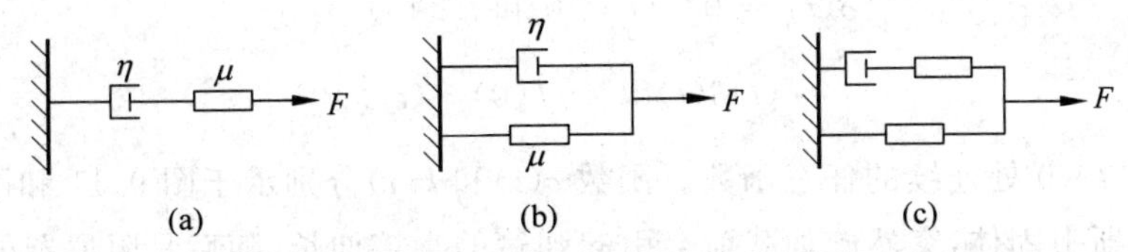

图9.10 线性粘弹性模型

(a) 麦克斯韦体;(b) 沃伊特体;(c) 标准线性固体

若对 $F(t)$ 是单位阶跃函数 $\mathbf{1}(t)$ 的情况求解方程(9.6-1)到方程(9.6-3)中的 $u(t)$,其

结果称为蠕变函数,它表示在 $t=0$ 时突加一个大小为 1 的常力所引起的伸长。这些方程的蠕变函数分别是:

麦克斯韦模型

$$c(t)=\left(\frac{1}{\mu}+\frac{1}{\eta}t\right)\mathbf{1}(t) \tag{9.6-4}$$

沃伊特模型

$$c(t)=\frac{1}{\mu}(1-\mathrm{e}^{-(\mu/\eta)t})\mathbf{1}(t) \tag{9.6-5}$$

标准线性模型

$$c(t)=\frac{1}{E_R}\left[1-\left(1-\frac{\tau_\varepsilon}{\tau_\sigma}\right)\mathrm{e}^{-t/\tau_\sigma}\right]\mathbf{1}(t) \tag{9.6-6}$$

其中单位阶跃函数 $\mathbf{1}(t)$ 定义为

$$\mathbf{1}(t)=\begin{cases}1, & t>0\\ 1/2, & t=0\\ 0, & t<0\end{cases} \tag{9.6-7}$$

服从像麦克斯韦模型所给出的载荷-位移关系的物体称为麦克斯韦固体,对服从沃伊特和标准线性模型的物体也作类似的称谓。由于阻尼器的特性像一个在粘性流体中运动的活塞,所以上述模型也称为粘弹性模型。

交换 F 和 u 的角色,我们得到松弛函数,它是对应于伸长 $u(t)=\mathbf{1}(t)$ 的响应 $F(t)=k(t)$。松弛函数 $k(t)$ 是为了产生一个在 $t=0$ 时从 0 变到 1、且此后保持为 1 的伸长所必须施加的力。方程 (9.6-1) 到 (9.6-3) 的松弛函数分别是:

麦克斯韦模型 $$k(t)=\mu\mathrm{e}^{-(\mu/\eta)t}\mathbf{1}(t) \tag{9.6-8}$$

沃伊特模型 $$k(t)=\eta\delta(t)+\mu\mathbf{1}(t) \tag{9.6-9}$$

标准线性模型 $$k(t)=E_R\left[1-\left(1-\frac{\tau_\sigma}{\tau_\varepsilon}\right)\mathrm{e}^{-t/\tau_\varepsilon}\right]\mathbf{1}(t) \tag{9.6-10}$$

这里我们曾用符号 $\delta(t)$ 来表示单位脉冲函数,或狄拉克-戴尔他(Dirac-delta)函数,其定义为一个在原点具有奇异性的函数,即

$$\begin{aligned}&\delta(t)=0 \quad (t<0 \text{ 和 } t>0)\\ &\int_{-\varepsilon}^{\varepsilon}f(t)\delta(t)\mathrm{d}t=f(0) \quad (\varepsilon>0)\end{aligned} \tag{9.6-11}$$

其中 $f(t)$ 是在 $t=0$ 处连续的任意函数。函数 $c(t)$ 和 $k(t)$ 分别示于图 9.11 和图 9.12 中。

对于麦克斯韦固体,突然施加载荷会引起弹簧的直接伸长,随后是阻尼器的蠕变。另一方面,突然的变形导致弹簧的直接反力,随后出现按指数规律 (9.6-8) 的应力松弛。带时间量纲的因子 μ/η 可称为松弛时间:它表征了力的衰减速率。

对于沃伊特固体,突然施加的力并不引起直接的伸长,因为与弹簧并联的阻尼器不会立

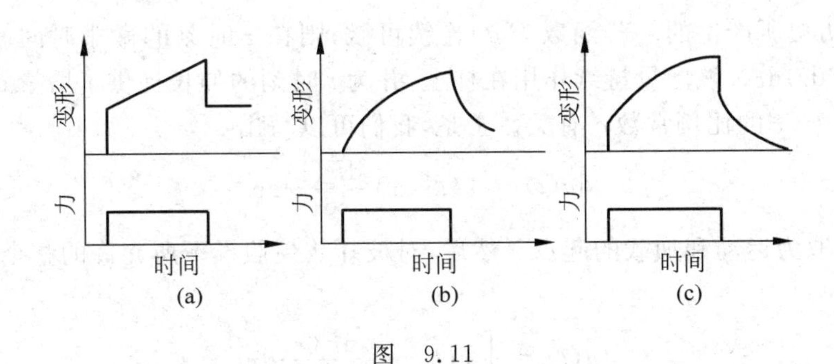

图　9.11

(a) 麦克斯韦蠕变函数；(b) 沃伊特蠕变函数；(c) 标准线性固体蠕变函数。在卸载时刻叠加一个负相位

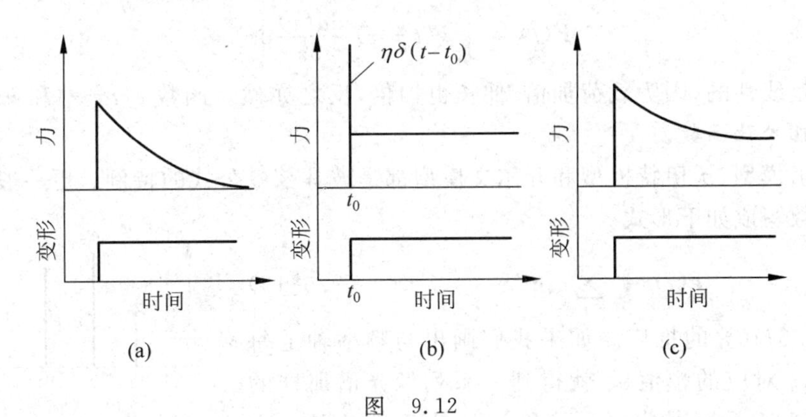

图　9.12

(a) 麦克斯韦松弛函数；(b) 沃伊特松弛函数；(c) 标准线性固体松弛函数

即运动。反之，如方程 (9.6-5) 和图 9.11(b) 所示，变形是逐渐增加的，虽然弹簧将分担越来越大的载荷。阻尼器的位移按指数形式松弛。这里，比值 μ/η 仍为松弛时间：它表征了伸长的松弛速率。

对于标准线性固体可以做类似的解释。常数 τ_ε 是在伸长不变的情况下载荷的松弛时间(见方程(9.6-10))，而常数 τ_σ 是在载荷不变的情况下伸长的松弛时间(见方程(9.6-6))。当 $t\to\infty$ 时，阻尼器完全松弛，载荷-伸长关系变为弹簧的关系，它由方程(9.6-6)和方程(9.6-10)中常数 E_R 所表征。因此 E_R 称为松弛弹性模量。

麦克斯韦引进方程(9.6-1)表示的模型是基于所有流体在某种程度上都是弹性的概念。罗德-开尔文(Lord Kelvin)证明了：考虑了各种材料在循环载荷下的能量耗散率以后，麦克斯韦和沃伊特模型就不准确了。开尔文模型通常称为标准线性模型。

更一般的模型可以通过把越来越多的元件加到开尔文模型上来构成。这就等于，我们可以把越来越多的指数项加到蠕变函数或松弛函数上去。

玻耳兹曼 (Boltzmann，1844—1906) 根据因果为线性关系的假设提出了最一般的公式。在一维情况下，我们可以考虑一根承受力 $F(t)$ 和伸长为 $u(t)$ 的杆。伸长是由直至时间

t 的整个加载历史所产生的。若函数 $F(t)$ 连续可微，则在 τ 时刻的微小时间间隔 $\mathrm{d}\tau$ 内，载荷增量为 $(\mathrm{d}F/\mathrm{d}\tau)\mathrm{d}\tau$。该增量持续作用在杆上，并为 t 时刻的伸长提供了增量 $\mathrm{d}u(t)$，它与依赖于时间间隔 $t-\tau$ 的比例常数 c 有关。于是，我们可以写出

$$\mathrm{d}u(t) = c(t-\tau)\frac{\mathrm{d}F(\tau)}{\mathrm{d}\tau}\mathrm{d}\tau \tag{9.6-12}$$

把时间的起点取为运动和加载的起点。然后，对玻耳兹曼假设下所允许的整个历史叠加，我们得到

$$u(t) = \int_0^t c(t-\tau)\frac{\mathrm{d}F(\tau)}{\mathrm{d}\tau}\mathrm{d}\tau \tag{9.6-13}$$

同样理由，交换 F 和 u 的角色，给出

$$F(t) = \int_0^t k(t-\tau)\frac{\mathrm{d}u(\tau)}{\mathrm{d}\tau}\mathrm{d}\tau \tag{9.6-14}$$

这些定律都是线性的，因为载荷加倍，伸长也加倍，反之亦然。函数 $c(t-\tau)$ 和 $k(t-\tau)$ 分别是蠕变函数和松弛函数。

麦克斯韦模型、沃伊特模型和开尔文模型都是玻耳兹曼公式的特例。更一般地，我们可以把松弛函数写成如下形式

$$k(t) = \sum_{n=0}^{N}\alpha_n \mathrm{e}^{-t\nu_n} \tag{9.6-15}$$

这是方程 (9.6-10) 的推广。如果我们画出与频率轴上每个特征频率 ν_n 对应的幅值 α_n 就得到一系列像光谱那样的线，如图 9.13 所示。因此 $\alpha_n(\nu_n)$ 称为松弛函数的谱。方程(9.6-8)～方程(9.6-10) 中的例子都是离散谱。下节中将给出一种连续谱的推广。

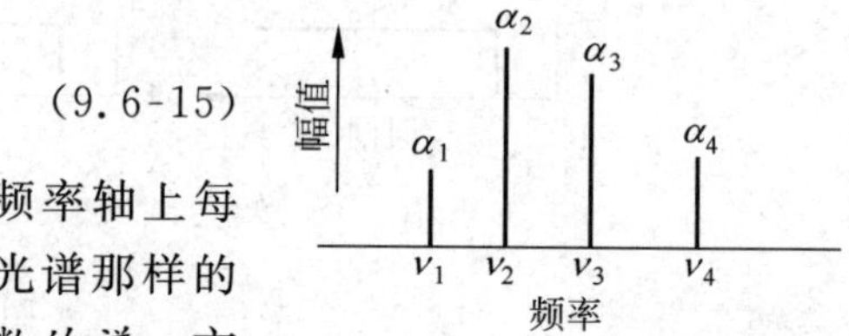

图 9.13 松弛函数的离散谱

9.7 生物组织的准线性粘弹性

让我们来阐明 9.4 节中提到的生物软组织的粘弹性特性。以肺组织为例。图 9.14 显示了肺组织在不同应变率加载下的应力-应变关系。每个循环都是在常应变率下进行的。图中标明了每个循环的周期。应变率的变化超过 360 倍，但应力-应变关系只有很小的改变。迟滞度 H(定义为迟滞回线的面积与加载曲线下的面积之比)也标在图中。可以看到 H 是变化的，但它随应变率的变化并不大。类似的经验也出现在其他生物材料中。骨骼和心脏肌肉、输尿管、结肠带、动脉、静脉、心包、肠系膜、胆管、皮肤、腱、弹性蛋白、软骨，以及其他组织的记录都表现出类似的特性。具有代表性地，当应变率变化 1000 倍时，在加载(或卸载)过程中给定应变下应力的变化不大于 2 倍。

图 9.14 显示了两种不能由 9.6 节中讨论的粘弹性模型提供的特性：应力-应变关系的非线性和材料对应变率的不敏感性。前者可以通过引进非线性弹簧来修正。后者可以参考

图 9.15 来解释清楚。图中给出了麦克斯韦模型(a)、沃伊特模型(b)和开尔文模型(c)以及它们作为加卸载循环频率之函数的迟滞特性 H,见(d)到(f)。在麦克斯韦模型中迟滞度随频率的增加而减小,因为当频率增加时,阻尼器将运动得越来越少。在沃伊特模型中趋势正好相反,因为此时阻尼器承受越来越多的载荷。开尔文模型具有迟滞度对对数频率的钟形曲线。每组常数导致一个特征峰。没有哪种模型具有活组织的平台形迟滞曲线。

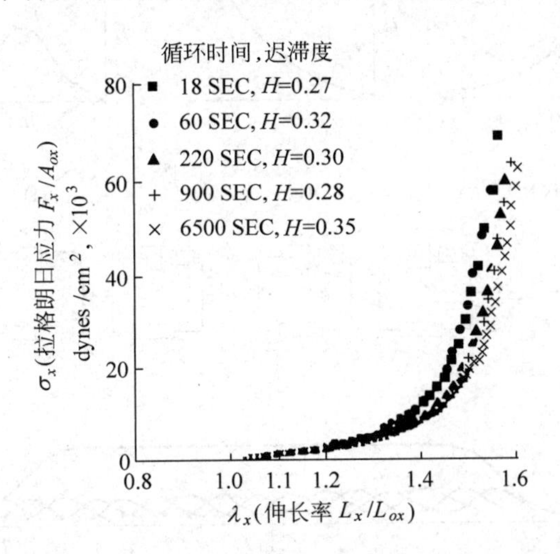

图 9.14 承受双轴循环载荷的肺组织在加载过程中的一组应力-应变关系记录(为了清晰,图中未画出卸载过程)。肺组织的粘弹性由应变率对应力-应变关系的影响所揭示出来。这组曲线覆盖了应变率超过 250 倍的变化范围。可以看到,应力-应变关系受应变率的影响不大。每循环的能量耗散除以每循环的加载功称为迟滞度,记为 H 。各种应变率(循环周期)下的 H 值标在图内注释中。迟滞来自粘弹性,看来随应变率的变化并不大。详情可见 D. L. Vawter, Y. C. Fung, and J. B. West,"Elasticity of Excised Dog Lung Parenchyma", *Journal of Applied Physiology*, **45** (2): 261-269, 1978

一种适用于软组织的模型如图 9.15(g)所示。它由一系列的开尔文体组合而成,其特征时间跨越很宽的范围。这些开尔文体的迟滞特性曲线用微波显示在图 9.15(h)的底部。这些微波的总和是一条连续的曲线,它在很宽的频率范围内是水平的。

对这些观察建立数学模型,我们引进一个弹性应力 $\boldsymbol{T}^{(e)}$(是一个张量),它是应变 $\boldsymbol{E}$(按零应力状态定义的张量)的函数。假如直至 $t=0$ 材料都处于零应力状态,然后突然加一个应变 $\boldsymbol{E}$ 且保持该值不变,则所引起的应力将是时间和 $\boldsymbol{E}$ 的函数。应力分量的历史可以写成

$$G_{ijmn}(t)T_{mn}^{(e)}(\boldsymbol{E}), \quad G_{ijmn}(0)=1 \tag{9.7-1}$$

其中 $G_{ijmn}(t)$是一个时间的正则函数,称为*减缩松弛函数*。我们再假设应力对应变分量之无限小变化 δE_{ij}(它是在时刻 τ 叠加到处于应变状态 $\boldsymbol{E}$ 的试件上的)的响应是:对 $t>\tau$,

$$G_{ijmn}(t-\tau)\frac{\partial T_{mn}^{(e)}[\boldsymbol{E}(\tau)]}{\partial E_{ij}}\delta E_{ij}(\tau) \tag{9.7-2}$$

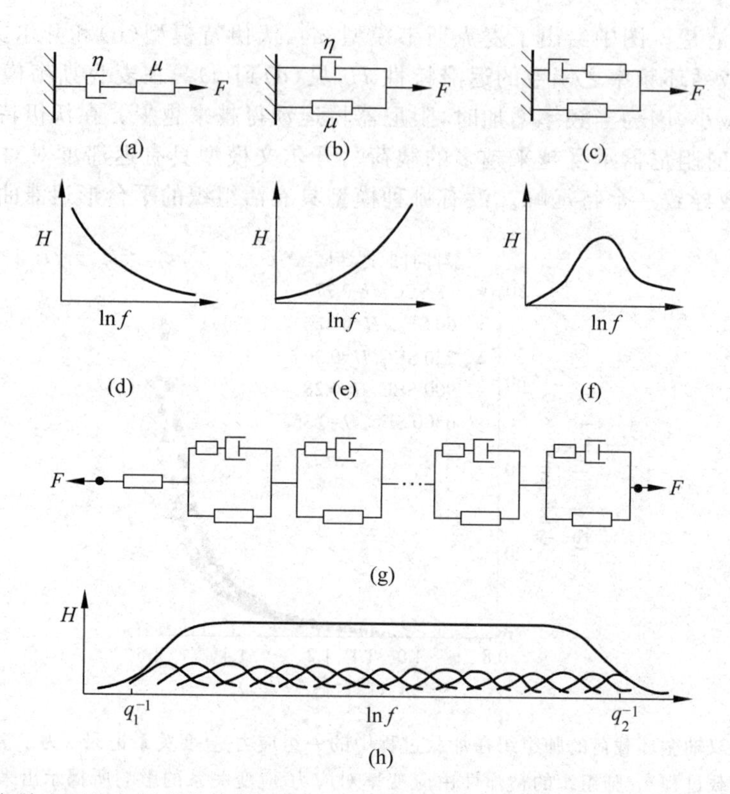

图 9.15 第一行给出了几个标准的粘弹性模型,第三行是生物软组织之粘弹性的数学模型。第二行中的子图 (d), (e) 和 (f) 分别给出麦克斯韦模型(a)、沃伊特模型(b)和开尔文模型(c)的迟滞度 H 与对数频率 $\ln f$ 间的关系。最下行的图给出了大多数活性软组织的一般迟滞-对数频率关系,它对应于第三行中的模型(g)。活性软组织通常在很宽的频率范围内具有几乎不变的迟滞度。模型(g)由许多开尔文模型组合而成,其中每个都提供了一个小的钟形曲线;它们的总和就是(h)中给出的在很宽频率范围上的平台。

最后,我们假设叠加原理适用,于是

$$T_{ij}(t)=\int_{-\infty}^{t} G_{ijmn}(t-\tau)\frac{\partial T_{mn}^{(e)}[\boldsymbol{E}(\tau)]}{\partial E_{kl}}\frac{\partial E_{kl}(\tau)}{\partial \tau}\mathrm{d}t \tag{9.7-3}$$

这就是说,时刻 t 的应力是所有过去变化的贡献之和,其中每个变化都由同一个减缩松弛函数所控制。虽然 $\boldsymbol{T}^{(e)}(\boldsymbol{E})$可以是应变的非线性函数,松弛过程仍是线性的。因此这种理论称为准线性粘弹性理论。方程(9.7-3)中积分下限写为$-\infty$以表示时间的起点。

一维开尔文模型的减缩松弛函数是

$$G(t)=\frac{1}{1+S}[1+S\mathrm{e}^{-t/q}] \tag{9.7-4}$$

其中 S 和 q 都是常数。如果我们在系列中放进无穷多个开尔文模型,就得到如下形式的减缩松弛函数:

$$G(t) = \left[1 + \int_0^{\infty} S(q) e^{-t/q} dq\right]\left[1 + \int_0^{\infty} S(q) dq\right]^{-1} \tag{9.7-5}$$

其中 $S(q)$ 称为松弛谱，而 $1/q$ 是频率。已经证实，含常数 c，q_1 和 q_2 的特定的谱：

$$S(q) = \begin{cases} c/q, & q_1 \leqslant q \leqslant q_2 \\ 0, & q < q_1, q > q_2 \end{cases} \tag{9.7-6}$$

与皮肤、动脉、输尿管和软组织带的数据相符合。

9.8 非牛顿流体

牛顿粘性定律很好地描述了水的特性，但是还有许多具有不同特性的其他流体。从有些油漆广告上可以看到："不滴落（在刷子上不流动），容易涂刷（流动阻力小），不留刷痕（流动成表面光滑）"。这些家用油漆所期望的特性不是牛顿型的。和大多数聚合物溶液一样，大多数油漆、珐琅质和清漆都是非牛顿型的。

让我们用对我们生命最重要的流体——血液来说明这个问题。血液的粘性依赖于应变率。图 9.16 给出了血液粘性系数随应变率的变化，它是由秦（Chien）、乌沙米（Usami）和格瑞戈生（Gregersen）等人用库埃特（Couette）粘度计测定的。当应变率约低于 100 s^{-1} 时，粘性系数随应变率减小而增加。当应变率很低时，血液有一个有限的"屈服"应力，即它是粘塑性的。其他粘塑性材料在 9.9 节中讨论。

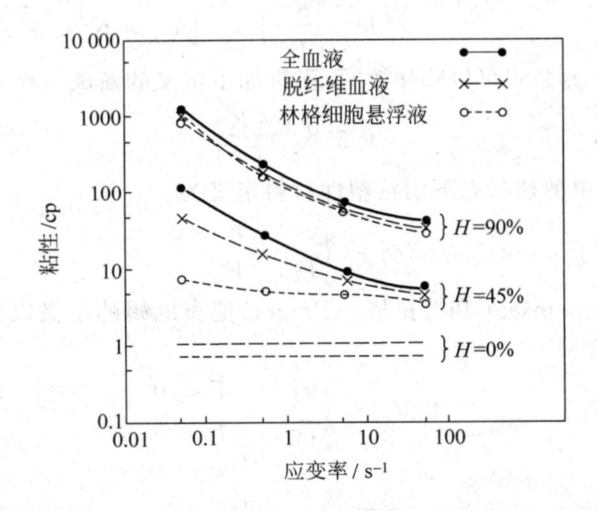

图 9.16 人血粘性系数随应变率的变化，给出了全血液、脱纤维血液和重新悬浮在 45% 和 90% 血细胞比容 H（用体积表示的红细胞浓度）的林格溶液中的洗后红血球的数据

引自 S. Chien, S. Usami, H. M. Taylor, J. L Lundberg and M. I. Gregersen, *J Appl. Pysiol*, 21 (1966), p. 81, 和 M. I. Gregersen "Factors Regulating Blood, Viscosity: Relation to Problems of the Microcirculation". *Les Concepts de Claude Bernard sur le Milieu interieur* (Paris: Masson, 1967)

非牛顿流体的领域要比牛顿流体大得多,其前景还远未勘探。

9.9 粘塑性材料

服从牛顿粘性定律的材料在很小的剪应力下(更确切地说,在非零应力偏量下)必定会流动。像酸面团、糨糊、造型粘土等材料并不服从这个定律。宾厄姆(Bingham)创造了术语"流变学(rheology)"来描述流动的科学(希腊语,$\rho\varepsilon o s$ 流),对一类称为粘塑性的材料用公式列出了定律(酸面团属于其中)。粘塑性材料常称为宾厄姆塑性体。

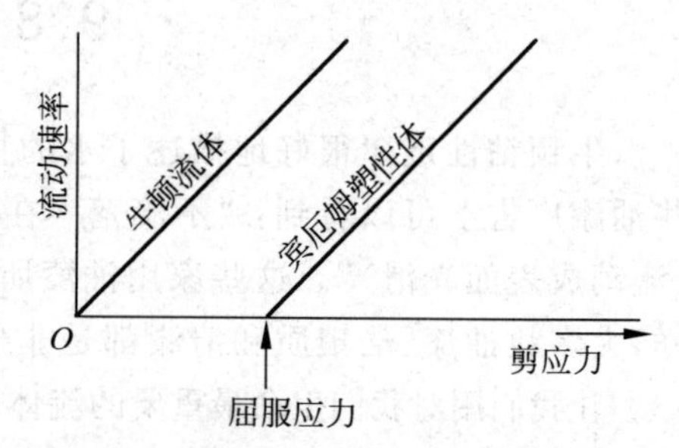

图 9.17 粘塑性材料和牛顿流体的流动速率与应力关系的比较

粘塑性材料在静止状态下能承受具有非零应力偏量的应力。如图 9.17 所示。首先来考虑受简单剪切的物体,即此时除了剪应力 $\sigma_{12}=\sigma_{21}=\tau$ 和剪应变率 $V_{12}=V_{21}=\dot{e}$ 外,应力张量和应变率张量的所有分量都等于零。只要剪应力 τ 的绝对值小于某个常数 K(称为*屈服应力*),材料就保持刚性,故 $\dot{e}=0$。而一旦 $|\tau|$ 超过 K,材料就会流动,其应变率 $\dot{e}$ 与 τ 同号,且绝对值与 $|\tau|-K$ 成正比。即

$$2\mu\dot{e}=\begin{cases}0, & |\tau|<K\\ \left(1-\dfrac{K}{|\tau|}\right)\tau, & |\tau|>K\end{cases}\tag{9.9-1}$$

其中 μ 是粘性系数。此公式可以略作改写,引进如下定义的*屈服函数* F

$$F=1-\frac{K}{|\tau|}\tag{9.9-2}$$

宾厄姆[①](1922)将简单剪切状态下的粘塑性材料定义为

$$2\mu\dot{e}=\begin{cases}0, & F<0\\ F\tau, & F\geqslant 0\end{cases}\tag{9.9-3}$$

霍恩奈瑟(Hohenemser)和普拉格[②](Prager)把宾厄姆的定义以如下形式推广到任意应力状态

$$2\mu V_{ij}=\begin{cases}0, & F<0\\ F\sigma'_{ij}, & F\geqslant 0\end{cases}\tag{9.9-4}$$

且

$$F=1-\frac{K}{\sqrt{J_2}}\tag{9.9-5}$$

---

① Bingham, E. C., *Fluidity and Plasticity*, New York, McGraw-Hill, 1922, p. 215.

② Hohenemser, K., and Prager, W., "Uber die Ansatze der Mechanik isotroper Kontinua", *Zeitschrift f. angen Math u. Mech.*, 12: 216-226, 1932.

其中 μ=粘性系数，V_{ij}=应变率张量（见6.1节），σ'_{ij}=应力偏量$=\sigma_{ij}-\frac{1}{3}\sigma_{\alpha\alpha}\delta_{ij}$，$K$=屈服应力，$J_2$=应力偏量的第二不变量$=\frac{1}{6}[(\sigma_{11}-\sigma_{22})^2+(\sigma_{22}-\sigma_{33})^2+(\sigma_{33}-\sigma_{11})^2]+\sigma_{12}^2+\sigma_{23}^2+\sigma_{31}^2$。对简单剪切情况，方程(9.9-4)和方程（9.9-5）分别简化为方程(9.9-3)和方程(9.9-2)。

根据方程(9.9-4)，粘塑性材料的变形率张量是一个偏量；即材料是不可压缩的。当屈服函数为负时，材料是刚性的。流动发生在屈服函数为正值时。$F=0$ 的应力状态构成了屈服极限，粘塑性流动在屈服极限处启动或终止，这取决于通过屈服极限的指向。

对宾厄姆方程(9.9-3)的进一步推广是可能的。例如，可以引入可压缩性，或者提出替代方程(9.9-5)的其他屈服准则。

9.10　溶胶-凝胶转换和搅溶性

胶态溶液可以具有刚性（受剪应力而无流动），称为*凝胶*，或者像流体那样没有刚性，称为*溶胶*。凝胶包括弥散的成分和弥散的介质，两者都连续地遍布于系统中。凝胶的弹性性质可以随其寿命而变化。凝胶的弥散成分通常被解释为用键或联结点连在一起形成网络，联结点由主价键、长程引力或次价键所形成，次价键导致聚合物链段间或亚微观结晶区组织间的结合。每个联结点都是一个在应力下松弛的机构。所有这些松弛机构的总体统计性质就由材料的粘弹性来描述。

通过改变温度、搅拌或通过称为*胶溶*过程的化学反应，凝胶常能转变为溶胶或反之。若能通过机械振动等温地诱发可逆的凝胶-溶胶转变，则按弗罗因德里希（Freundlich）把这类材料称为*可搅溶的*。凝胶通过机械搅拌转变为溶胶，若搅拌停止，溶胶又转变为凝胶。

可搅溶物质的例子有油漆、印刷油墨、氧化铁溶胶、琼脂、高岭土悬浊液、碳墨等。可搅溶物质普遍存在于生物界中。变形虫内的原生质也许是最知名的例子。

胶态系统是否是可搅溶的大概与离子强度的微小变化有关。许多有趣的例子可参见斯考特-布莱尔的著作：Scott-Blair，G. W.，*An Introduction to Biorheology*，New York，Elsevier，1974。

习题

9.1　试证明：飞机结构材料中的声速是判别飞机对空气湍流、阵风冲击和颤振等动力学问题的安全性的依据。为此，让我们考虑两个几何与结构相同、但材料不同的飞机。为了简化问题，仅考虑如下四个典型参数：材料密度 σ、弹性模量 E、空气密度 ρ、飞机的飞行速度 U。利用量纲分析来构造相似性参数。用 σ,E,ρ,U 代表一架飞机，σ',E',ρ',U' 代表另一架飞机。试证明：为了动力相似，我们必须有

$$\frac{U'}{U}=\sqrt{\frac{E'}{\sigma'}}\Bigg/\sqrt{\frac{E}{\sigma}}$$

若U表示安全飞行速度的极限（例如临界颤振速度），则上述公式建立了U和音速$\sqrt{E/\sigma}$（杆中的纵波速度）的关系。

9.2　固体中的声速是比较飞行器结构刚性的重要相似参数。假设你是选择结构材料的飞机设计师。利用手册，列举下列结构材料的声速：纯铝、镁、铝合金、镁合金、碳钢、不锈钢、钛、钛的碳化物以及很稀有的材料氧化铍和纯铍。把它们和有机玻璃、含云杉木的酚醛层合板、红木、轻木和沿纤维方向的竹子相比较。这些材料中许多材料的声速差别很小，对此你不感到惊讶吗？由此观点来看，什么材料最好？

9.3　如果你考虑在风中可能引发危险摆动的悬索桥，试证明可以得到与9.1题相同的结论。（在华盛顿州普吉湾上的原始塔科玛窄桥，在通车后四个月于1940年11月7日，在42英里/小时的风速下，因颤振而发生惊人的破坏。那天早晨，桥的振动频率突然由37周/分变为14周/分，这可能是由于小的增强拉杆的破坏所导致。运动以扭转的形式急剧增长，半小时后发生了破坏。如果没有空气动力诱发的振动（颤振），该桥至少能承受100英里/小时的稳定风速。）

9.4　图9.16中用库埃特流量计（图P3.22）测得的血液粘性实验数据可近似地用卡松(Casson)方程来表示：

$$\sqrt{\tau}=\sqrt{\tau_y}+b\sqrt{\dot{\gamma}}$$

其中，τ是剪应力；τ_y是等同于屈服应力的常数；$\dot{\gamma}$是剪应变率(s^{-1})。试将该结果推广成从量纲分析和张量分析的观点来看也是正确的、血液的本构方程。

9.5　将血液放进圆锥-平板粘度计的圆锥和平板之间（图P9.5）。圆锥以n r/s的角速度转动，平板保持静止。试导出作用于圆锥上的扭矩T、角速度n、半径R、锥角θ与题9.4中导出的本构方程中的常数τ_y和b之间的关系。在图P9.5中锥角θ被放大了，实际上它是很小的。试讨论当θ较大时会出现什么复杂问题，为什么。

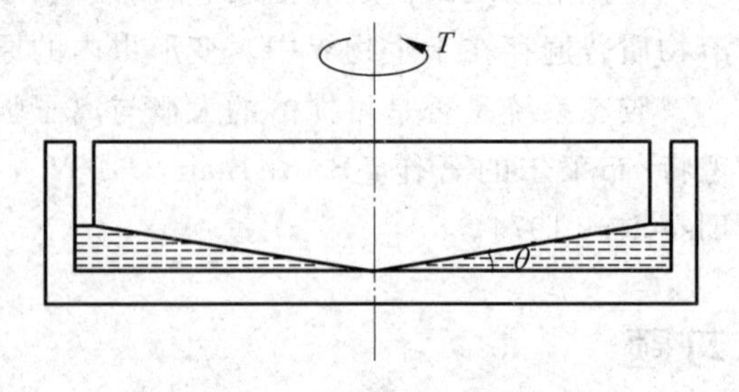

图 P9.5　圆锥-平板粘度计

9.6　假设当承受静水压力时没有材料会发生体积膨胀。试证明：服从胡克定律的任何各向同性弹性固体的泊松比ν最大值为1/2。

9.7　增强混凝土是浇注在钢筋上的混凝土。一根垂直、空心的钢筋混凝土柱，内径3 ft（英尺），厚3 in（英寸），用36根横截面积为1 in^2（平方英寸）的钢筋均匀地分布在一个圆上。柱承受垂直荷载，其合力沿柱的轴线方向。钢与混凝土的弹性模量之比为15。混凝土的泊松比为 0.4，钢为 0.25。试确定在离柱端一定距离的横截面上，钢所承担的载荷份额。

9.8　考虑具有麦克斯韦模型特性、由方程（9.6-1）描述的粘弹性材料。把一个正弦变化的力 $F = a\sin\omega t$ 加到物体上。其稳态挠度 u 是什么？

答案：

$$u = \frac{A}{\omega}[\sin(\omega t - \alpha) + \sin\alpha]$$

其中

$$A = \left[\left(\frac{\alpha\omega}{\mu}\right)^2 + \left(\frac{\alpha}{\eta}\right)^2\right]^{1/2},\quad \tan\alpha = \frac{\mu}{\eta\omega}$$

9.9　液体以 10 cm^3/s 的流速从贮箱中沿直径为 1 cm 的长管流下。流线如图 P9.9 所示。主要特征是：液柱在离开管子时直径胀大。牛顿液体会这样吗？应建议用哪种应力-应变关系？［参见 A. S. Lodge, *Elastic Liquids*, New York, Academic Press (1964), p. 242.］

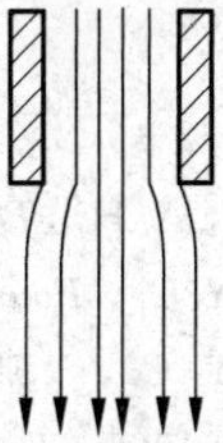

图 P9.9　流出管口的非牛顿流体

9.10　当用电搅拌机搅拌油漆时，发现油漆粘在搅拌机的轴上。该实验说明油漆有哪种应力-应变关系？（见 A. S. Lodge，出处同上，p. 232.）

9.11　取出一支粉笔并把它扭断。描述断口表面，并判断粉笔的强度准则。再把粉笔弯断，并讨论其断裂机理。

9.12　取一根尼龙线，把它拉断，讨论尼龙线的破坏机理，并与题 9.11 中的粉笔作比较。

9.13　取一个玩具橡皮气球。将它充气。用针刺这个充了气的气球。通常它会爆破。现在，不给气球充气，用两只手拉伸此橡皮，并请你朋友用针刺它。通常它不会爆破。你能否对此做出解释？橡胶的本构方程又如何反映了这一事实？

9.14　许多工程和生物结构是用由嵌在软基体内的增强组分所组成的复合材料制成的。考虑如下两种模型：

(a) 圆柱形管子，其壁内嵌入小直径的高强纤维。纤维和基体材料的杨氏模量分别为 E_f 和 E_0，且 $E_f \gg E_0$。纤维均平行于圆柱的轴线，均匀分布，纤维的总横截面积是管子总横截面积的一个分数。当管子受纵向拉伸时，其杨氏模量是多少？

(b) 内径为 a、外径为 b 的圆柱管，内部嵌入螺旋缠绕的纤维。螺旋纤维与圆柱轴线的夹角为 θ。一半纤维按右手螺旋方式缠绕，另一半为左手螺旋。纤维和基体的杨氏模量仍分别为 E_f 和 E_0。试计算管子对纵向拉伸的等效杨氏模量。假设纤维是理想嵌入的。

(c) 当上述(a)和(b)中的圆柱管承受内压 p_i 时，纤维和基体各承担了多少载荷？

(d) 若对圆柱管施加垂直于圆柱轴的横向剪切载荷,如何抵抗这剪切?试分析纤维和基体中的应力。

(e) 同样,试分析圆柱管需要抵抗弯矩时的应力分布。

(f) 扭转抗力也是很重要的。将扭矩 T 加到管子上。纤维和基体中的应力又如何?

9.15 为了测量水和其他液体的拉伸强度,雷曼-布瑞格斯(Lyman Briggs)(J. Chem. Physics 19 (1951), p. 970) 用一根两端开口的 Z 形毛细管,在 Z 平面内绕一个通过 Z 的中心并垂直于该平面的轴旋转。液体的弯液面位于 Z 形的后弯短臂管中。转动速度逐渐增加直至毛细管中的液体"破裂"。如果用两端开口的直管来做这实验,流体将飞出去,而实验无法进行。Z 形的后弯短臂提供了流体的稳定性。试检验该稳定性问题,并给出实验的理论分析。

深入读物

Cottrell, A. H., *The Mechanical Properties of Matter*. New York: Wiley, 1964.

Fung, Y. C., *Foundations of Solid Mechanics*. Englewood Cliffs, N. J., Prentice-Hall, 1965.

Fung, Y. C., "Elasticity of Soft Tissues in Simple Elongation", *Am. J. Physiol.* **213** (6): 1532-1544, 1967.

Fung, Y. C., "Stress-Strain-History Relations of Soft Tissues in Simple Elongation." In *Biomechanics: Its Foundations and Objectives*, Ed. by Y. C. Fung, N. Perrone, and M. Anliker, N. J., Prentice-Hall, 1971.

Fung, Y. C., "Biorheology of Soft Tissues.", *Biorheology* **10**: 139-155, 1973.

Fung, Y. C., Fronek, K., and Patitucci, P., "Pseudoelasticity of Arteries and the Choice of Its Mathematical Expression.", *Am. J. Physiol.* **237**: H620-H631, 1979.

Fung, Y. C.. *Biomechanics: Mechanical Properties of Living Ttssues*. New York: Springer-Verlag, 1981, 2nd ed., 1993.

Fung, Y. C, "A Model of the Lung Structure and Its Validation." *J. Appl. Physiol.* 64 (5): 2132-2141, 1988.

Fung, Y. C., *Biomechanics: Motion, Flow, Stress, and Growth*. New York: Springer-Verlag, 1990.

Green, A. E., and Adkins, J. E., *Large Elastic Deformations and Nonlinear Continuum Mechanics*. Oxford: Oxford University Press, 1960.

Hayashi, K., Handa, H., Mori, K., and Moritake, K., "Mechanical Behavior of Vascular Walls.", *J. Soc. Material Science Japan* **20**: 1001-1011, 1971.

Li, Yuan-Hui, "Equation of State of Water and Sea Water." *J. Geophys. Res.* **72** (10): 2665-2678, 1967.

Matsuda, M., Fung, Y. C., and Sobin, S. S., "Collagen and Elastin Fibers in Human Pulmonary Alveolar Mouths and Ducts." *J. Appl. Physiol.* **63** (3): 1185-1194, 1987.

Patel, D. J., and Vaishnav, R. N., "The Rheology of Large Blood Vessels." In *Cardio-vascular Fluid Dynamics*, Vol. 2, edited by D. H. Bergel (pp. 2-64). New York: Academic Press, 1972.

Sobin, S. S., Fung, Y. C., and Tremer, H. M., "Collagen and Elastin Fibers in Human Pulmonary Alveolar Walls.", *J. Appl. Physiol.* **64**(4): 1659-1675, 1988.

Tait, P. G., "Report on Some of the Physical Properties of Fresh Water and Sea Water.", *Report on Scientific Results of Voy. H. M. S., Challenger, Phys. Chem.*, **2**, 1-76, 1888.

Tanner, R. I., *Engineering Rheology*. Oxford: Oxford University Press, 1988.

第10章 CHAPTER

场方程的推导

在前面各章中，我们分析了变形(应变)和流动(应变率)，以及它们与物体(连续介质)内各部分间相互作用力(应力)的关系。现在我们可以利用这一信息来推导描述连续介质在给定边界条件下的运动的微分方程。我们导出的公式必须满足牛顿运动定律、质量守恒原理和热力学诸定律。本章涉及把这些定律表示成适用于处理连续介质问题的形式。

人们可能奇怪，为什么还需要进一步钻研这些知名的定律。可以用下面的例子来回答。如果只有一个质点，质量守恒原理只是说“质点的质量是常数”。但是如果有大量的质点，例如云中的水滴，这情况就要深入考虑了。事实上，云不再等同于许多独立的质点。描述云的最方便的方法是考虑它的速度场、密度分布、温度分布等。我们在本章中将致力于对这种情况的经典守恒定律的描述。

我们的方法基于如下事实：这些守恒定律一定能应用于在以任意闭合曲面为界的封闭体积中发生的事件。在这类方法中，我们发现有些量自然地进入面积分中，另一些量进入体积分中。从面积分到体积分的变换，或者反过来，是经常需要的。这种变换概括在高斯定理中，它就是我们在数学上的出发点。

10.1 高斯定理

我们从推导高斯定理开始。考虑以表面 S 为边界的凸域 V，表面 S 由有限个部分组成，各部分的外法线构成一个连续的矢量场(例如，其中之一个部分画在图 10.1 中)。这样的区域称为正则的。在体积 V 内和表面 S 上定义一个函数 $A(x_1, x_2, x_3)$。令 A 在 V 内连续可微。让我们考虑体积分

$$\iiint_V \frac{\partial A}{\partial x_1} \mathrm{d}x_1 \mathrm{d}x_2 \mathrm{d}x_3$$

被积函数是 A 对 x_1 的偏导数。沿线段 L 对 x_1 积分，得到

$$\iiint_V \frac{\partial A}{\partial x_1} dx_1 dx_2 dx_3$$

$$= \iint_S (A^* - A^{**}) dx_2 dx_3 \qquad (10.1\text{-}1)$$

其中 A^* 和 A^{**} 分别是在平行于 x_1 轴的线段 L 的右端与左端处表面 S 上的 A 值。方程(10.1-1)右端的面积分可以写得更为精美。因子 $+dx_2 dx_3$ 和 $-dx_2 dx_3$ 分别是线段 L 两端处的面积 dS^* 和 dS^{**} 在 x_2—x_3 平面上的投影。令 $\nu=(\nu_1,\nu_2,\nu_3)$ 是沿表面 S 外法线的单位向量。对于图 10.1 所示的微元，

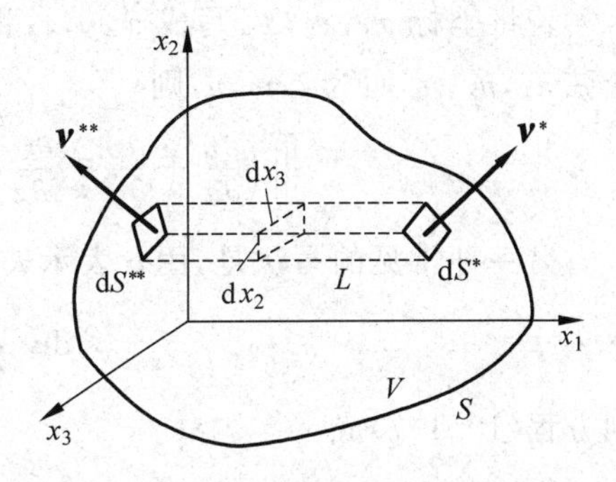

图 10.1 说明高斯定理推导的积分路径

可以看到 $\nu_1^*=\cos(x_1,\nu^*)$ 为正，而 $\nu_1^{**}=\cos(x_1,\nu^{**})$ 为负。容易看到，在此情况中右端为 $dx_2 dx_3=\nu_1^* dS^*$，而左端为 $-dx_2 dx_3=\nu_1^{**} dS^{**}$。所以方程(10.1-1)的面积分可以写成

$$\iint_S (A^* dx_2 dx_3 - A^{**} dx_2 dx_3) = \iint_S (A^* \nu_1^* dS^* + A^{**} \nu_1^{**} dS^{**}) \qquad (10.1\text{-}2)$$

各星号可以略去，因为按惯用符号它们仅表示在面积分中所取的 A 和 ν_1 的适当值。于是，方程(10.1-1)右端简化为 $\int_S A\nu_1 dS$。若将左端的体积分写成 $\int_V (\partial A/\partial x_1) dV$，则有

$$\int_V \frac{\partial A}{\partial x_1} dV = \int_S A\nu_1 dS \qquad (10.1\text{-}3)$$

其中 dV 和 dS 分别表示 V 和 S 的微元。类似的论证也适用于 $\partial A/\partial x_2$ 或 $\partial A/\partial x_3$ 的体积分。于是，我们得到高斯定理

$$\int_V \frac{\partial A}{\partial x_i} dV = \int_S A\nu_i dS \quad (i=1,2,3) \qquad ▲(10.1\text{-}4)$$

此公式适用于任何凸的正则域，也适用于能分解为有限个凸正则域的任何区域。

现在我们来考虑张量场 $A_{jkl\dots}$。设边界面为 S 的域 V 在 $A_{jkl\dots}$ 的定义域内。再设 $A_{jkl\dots}$ 的每个分量都在 V 内连续可微。则方程(10.1-4)可以应用于该张量的每个分量，于是我们得到一般性结果

$$\int_V \frac{\partial}{\partial x_i} A_{jkl\dots} dV = \int_S \nu_i A_{jkl\dots} dS \qquad (10.1\text{-}5)$$

这是应用数学中最有用的定理之一。

该定理曾被拉格朗日(1762)、高斯(1813)、格林(1828)和奥斯特罗格拉斯基(Ostrogradsky)(1831)以不同的形式给出。在美国常称为格林定理或高斯定理。

例 1 设 v_i 表示一个矢量。则按方程(10.1-5)，令 $A_i=v_i$，n_i 为表面 S 的法向矢量，我们得到

$$\int_V \frac{\partial v_i}{\partial x_i} dV = \int_S v_i n_i dS \qquad (10.1\text{-}6)$$

若将坐标 x_1,x_2,x_3 写成 x,y,z;将分量 v_1,v_2,v_3 写成 u,v,w;将表面 S 的外法线方向余弦 n_1,n_2,n_3 写为 l,m,n,则

$$\iiint_V\left(\frac{\partial u}{\partial x}+\frac{\partial v}{\partial y}+\frac{\partial w}{\partial z}\right)\mathrm{d}x\mathrm{d}y\mathrm{d}z=\iint_S(lu+mv+nw)\mathrm{d}S \tag{10.1-7}$$

另一种常见的写法是,用 $\boldsymbol{v}$ 表示矢量,用 $\boldsymbol{v}\cdot\boldsymbol{n}$ 表示标量积 v_in_i,并定义

$$\mathrm{div}\ \boldsymbol{v}=\frac{\partial u}{\partial x}+\frac{\partial v}{\partial y}+\frac{\partial w}{\partial z} \tag{10.1-8}$$

则方程(10.1-7)成

$$\int_V \mathrm{div}\ \boldsymbol{v}\mathrm{d}V=\int_S \boldsymbol{v}\cdot\boldsymbol{n}\mathrm{d}S \qquad ▲(10.1-9)$$

方程(10.1-6)、方程(10.1-7)和方程(10.1-9)是高斯定理的常见形式。

例 2 若用势函数 Φ 代替 A,则方程(10.1-4)通常以矢量形式写成

$$\int_V \mathrm{grad}\ \Phi\mathrm{d}V=\int_S \boldsymbol{n}\Phi\mathrm{d}S$$

例 3 设 e_{ijk} 为置换张量。则

$$\int e_{ijk}u_{k,j}\mathrm{d}V=e_{ijk}\int u_{k,j}\mathrm{d}V=e_{ijk}\int u_kn_j\mathrm{d}S=\int e_{ijk}u_kn_j\mathrm{d}S$$

即

$$\int \mathrm{curl}\ \boldsymbol{u}\mathrm{d}V=\int \boldsymbol{n}\times\boldsymbol{u}\mathrm{d}S$$

10.2 连续介质运动的物质描述

选择一个固定参考系 $Ox_1x_2x_3$。当时间 $t=t_0$ 时,某质点的位置是 $x_1=a_1$, $x_2=a_2$, $x_3=a_3$。我们将用(a_1,a_2,a_3)作为该质点的标记。质点随时间的推移而运动。以同一坐标系为参考,其位置的历史为

$$x_1=x_1(a_1,a_2,a_3,t),\quad x_2=x_2(a_1,a_2,a_3,t),\quad x_3=x_3(a_1,a_2,a_3,t)$$

或简写为

$$x_i=x_i(a_1,a_2,a_3,t)\quad(i=1,2,3) \tag{10.2-1}$$

若已知物体内每个质点的这样的方程,则整个物体的运动历史就知道了。从数学上看,方程(10.2-1)以t 为参数定义了从域 $D(a_1,a_2,a_3)$到域 $D'(x_1,x_2,x_3)$的变换或映射。图 10.2 给出了一个例子。若映射是连续的、且一一对应的(即对于每个点(a_1,a_2,a_3)总有一个且仅有一个点(x_1,x_2,x_3)与其对应,反之亦然),而且域 $D(a_1,a_2,a_3)$中的各相邻点映射为域 $D'(x_1,x_2,x_3)$中的各相邻点,则函数 $x_i(a_1,a_2,a_3,t)$必定是单值、连续和连续可微的,且在域 D 中雅可比行列式必定不为零。

方程(10.2-1)所给出的映射称为物体运动的*物质描述*。在物质描述中,质点(a_1,a_2,a_3)

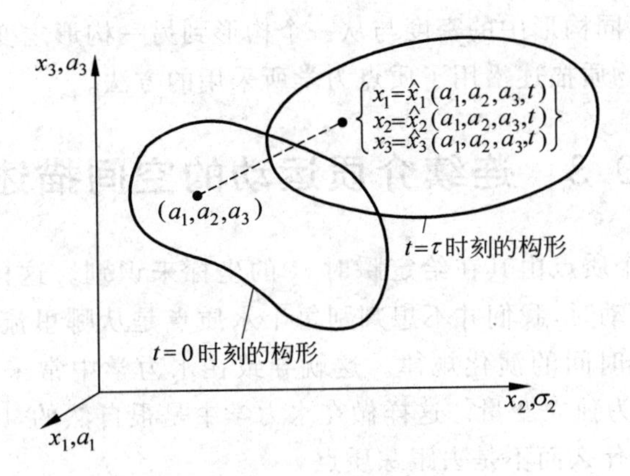

图 10.2　质点的标记

的速度和加速度分别为

$$v_i(a_1, a_2, a_3, t) = \left.\frac{\partial x_i}{\partial t}\right|_{(a_1, a_2, a_3)} \tag{10.2-2}$$

和

$$a_i(a_1, a_2, a_3, t) = \left.\frac{\partial v_i}{\partial t}\right|_{(a_1, a_2, a_3)} = \left.\frac{\partial^2 x_i}{\partial t^2}\right|_{(a_1, a_2, a_3)} \tag{10.2-3}$$

质量守恒可以表示如下。设 $\rho(\boldsymbol{x})$是位置 $\boldsymbol{x}$ 处的物质密度，这里符号 $\boldsymbol{x}$ 代表(x_1, x_2, x_3)。设 $\rho_0(\boldsymbol{a})$是 $t=0$ 时刻点(a_1, a_2, a_3)处的密度。则 $t=0$ 时刻体积 V 中所含的质量为 $\int_D \rho_0(\boldsymbol{a}) \mathrm{d}a_1 \mathrm{d}a_2 \mathrm{d}a_3$，而在 t 时刻为$\int_{D'} \rho(\boldsymbol{x}) \mathrm{d}x_1 \mathrm{d}x_2 \mathrm{d}x_3$。于是，质量守恒用公式表示为

$$\int_{D'} \rho(\boldsymbol{x}) \mathrm{d}x_1 \mathrm{d}x_2 \mathrm{d}x_3 = \int_D \rho_0(\boldsymbol{a}) \mathrm{d}a_1 \mathrm{d}a_2 \mathrm{d}a_3 \tag{10.2-4}$$

其中各积分遍及相同的质点集。但是

$$\int_{D'} \rho(\boldsymbol{x}) \mathrm{d}x_1 \mathrm{d}x_2 \mathrm{d}x_3 = \int_D \rho(\boldsymbol{x}) \det \left|\frac{\partial x_i}{\partial a_j}\right| \mathrm{d}a_1 \mathrm{d}a_2 \mathrm{d}a_3 \tag{10.2-5}$$

其中$|\partial x_i / \partial a_j|$是变换的雅可比行列式，即矩阵$(\partial x_i / \partial a_j)$的行列式：

$$\det \left|\frac{\partial x_i}{\partial a_j}\right| = \begin{vmatrix} \partial x_1/\partial a_1 & \partial x_1/\partial a_2 & \partial x_1/\partial a_3 \\ \partial x_2/\partial a_1 & \partial x_2/\partial a_2 & \partial x_2/\partial a_3 \\ \partial x_3/\partial a_1 & \partial x_3/\partial a_2 & \partial x_3/\partial a_3 \end{vmatrix} \tag{10.2-6}$$

令方程(10.2-4)和方程(10.2-5)的右端相等，并注意到此结果对任何任意的域 D 都成立，我们得到被积函数必定相等：

$$\rho_0(\boldsymbol{a}) = \rho(\boldsymbol{x}) \det \left|\frac{\partial x_i}{\partial a_j}\right| \tag{10.2-7}$$

同样有

$$\rho(\boldsymbol{x}) = \rho_0(\boldsymbol{a}) \det \left|\frac{\partial a_i}{\partial x_j}\right| \tag{10.2-8}$$

这些方程建立了物体不同构形中的密度与从一个构形到另一构形之变换间的关系。

因此,连续介质的物质描述沿用了质点力学所采用的方法。

10.3 连续介质运动的空间描述

在物质描述中,每个质点由其在给定瞬时 t_0 的坐标来识别。这样做并不总是方便的。当我们描述河里水的流动时,我们并不想判别每个水质点是从哪里流过来的。而通常关心的是瞬时速度场及其随时间的演化规律。这就导致在水力学中常采用空间描述。把位置 (x_1,x_2,x_3) 和时间 t 取为独立变量。这样做在水力学中是很自然的,因为更便于测量,也便于直接说明某处发生了什么而不是去跟踪质点。

在空间描述中,用速度矢量场 $v_i(x_1,x_2,x_3,t)$ 来描述连续介质的瞬时运动,当然它就是在时刻 t、瞬时位置 (x_1,x_2,x_3) 处的质点速度。我们将证明质点的瞬时加速度由下式给出

$$\dot{v}_i(\boldsymbol{x},t)=\frac{\partial v_i}{\partial t}(\boldsymbol{x},t)+v_j\frac{\partial v_i}{\partial x_j}(\boldsymbol{x},t) \qquad \blacktriangle(10.3\text{-}1)$$

其中 $\boldsymbol{x}$ 仍代表自变量 x_1,x_2,x_3,式中的每个量都取 $(\boldsymbol{x},t)$ 处的值。证明基于如下事实:t 时刻位于 (x_1,x_2,x_3) 的质点在 $t+\mathrm{d}t$ 时刻移动到坐标为 $x_i+v_i\mathrm{d}t$ 的点处,再根据泰勒(Taylor)定理,当 $\mathrm{d}t\to 0$ 时,略去高阶无穷小项,有

$$\begin{aligned}\dot{v}_i(\boldsymbol{x},t)\mathrm{d}t&=v_i(x_j+v_j\mathrm{d}t,t+\mathrm{d}t)-v_i(x_j,t)\\&=v_i+\frac{\partial v_i(\boldsymbol{x},t)}{\partial t}\mathrm{d}t+\frac{\partial v_i(\boldsymbol{x},t)}{\partial x_j}v_j\mathrm{d}t-v_i\end{aligned}$$

此式可以简化为方程(10.3-1)。方程(10.3-1)中的第一项可以解释为由速度场对时间的依赖关系所引起的,第二项是由质点在非均匀速度场中运动所引起的。所以,它们分别称为*局部加速度*和*对流加速度*。

导出方程(10.3-1)的理由也适用于与运动质点相关的任何函数 $F(x_1,x_2,x_3,t)$,例如温度。一个常用的术语称为*物质导数*,它用上面加圆点或用符号 D/Dt 来表示。于是 F 的物质导数是

$$\dot{F}=\frac{DF}{Dt}\equiv\left(\frac{\partial F}{\partial t}\right)_{\boldsymbol{x}=\text{const.}}+v_1\frac{\partial F}{\partial x_1}+v_2\frac{\partial F}{\partial x_2}+v_3\frac{\partial F}{\partial x_3} \qquad \blacktriangle(10.3\text{-}2)$$

另一方面,若 $F(x_1,x_2,x_3,t)$ 经过变换方程(10.2-1)成为 $F(a_1,a_2,a_3,t)$,则 $F(a_1,a_2,a_3,t)$ 就确实是质点 (a_1,a_2,a_3) 处的 F 值。所以,物质导数 $\dot{F}$ 就表示质点 (a_1,a_2,a_3) 处函数 F 的变化率。形式上,

$$\dot{F}=\left.\frac{\partial F(a_1,a_2,a_3,t)}{\partial t}\right|_{\boldsymbol{a}} \qquad (10.3\text{-}3)$$

将 $F(x_1,x_2,x_3,t)$ 看作 a_1,a_2,a_3,t 的隐函数,我们有

$$\dot{F}=\left.\frac{\partial F}{\partial t}\right|_{\boldsymbol{x}}+\left.\frac{\partial F}{\partial x_1}\right|_t\left.\frac{\partial x_1}{\partial t}\right|_{\boldsymbol{a}}+\left.\frac{\partial F}{\partial x_2}\right|_t\left.\frac{\partial x_2}{\partial t}\right|_{\boldsymbol{a}}+\left.\frac{\partial F}{\partial x_3}\right|_t\left.\frac{\partial x_3}{\partial t}\right|_{\boldsymbol{a}} \qquad (10.3\text{-}4)$$

利用方程(10.2-2),上式可简化为方程(10.3-2)。

10.4 体积分的物质导数

设 $I(t)$是某连续可微函数 $A(\boldsymbol{x},t)$的体积分,该函数定义在由给定的一组质点所占据的空间域 $V(x_1,x_2,x_3,t)$上:

$$I(t)=\iiint_V A(\boldsymbol{x},t)\,\mathrm{d}x_1\,\mathrm{d}x_2\,\mathrm{d}x_3 \tag{10.4-1}$$

这里我们再次用 $\boldsymbol{x}$ 表示 x_1,x_2,x_3。函数 $I(t)$是时间 t 的函数,因为被积函数 $A(\boldsymbol{x},t)$和域 $V(\boldsymbol{x},t)$都依赖于参数 t。若 t 变化,则 $I(t)$也变,于是我们要问 $I(t)$对 t 的变化率是多少?该变化率用 $\mathrm{D}I/\mathrm{D}t$ 表示,并称为 I 的物质导数,它是对给定的一组质点定义的。

"对给定的一组质点"这个短语非常重要。问题就是物体本身"看到"的 I 值的变化有多快。在计算该变化率时应该注意:物体边界在瞬时 t 为 S,到瞬时 $t+\mathrm{d}t$ 已经移动到邻近表面 S',它是域 V' 的边界(见图 10.3)。I 的物质导数定义为

$$\frac{\mathrm{D}I}{\mathrm{D}t}=\lim_{\mathrm{d}t\to 0}\frac{1}{\mathrm{d}t}\left[\int_{V'}A(\boldsymbol{x},t+\mathrm{d}t)\mathrm{d}V-\int_V A(\boldsymbol{x},t)\mathrm{d}V\right] \tag{10.4-2}$$

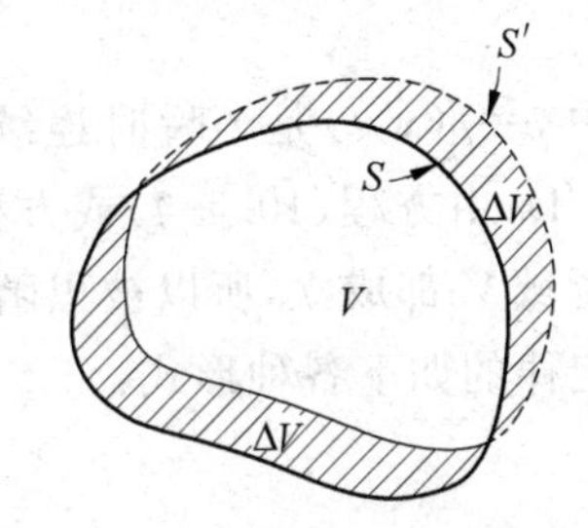

图 10.3 区域边界的连续变化

要注意域 V'和域 V 的区别。令 ΔV 为是域 $V'-V$。值得指出,ΔV 是在很小的时间间隔 $\mathrm{d}t$ 内由表面 S 的运动所扫过的体积。因为 $V'=V+\Delta V$,可将方程(10.4-2)写成

$$\begin{aligned}\frac{\mathrm{D}I}{\mathrm{D}t}&=\lim_{\mathrm{d}t\to 0}\frac{1}{\mathrm{d}t}\left[\int_V A(\boldsymbol{x},t+\mathrm{d}t)\mathrm{d}V+\int_{\Delta V}A(\boldsymbol{x},t+\mathrm{d}t)\mathrm{d}V-\int_V A(\boldsymbol{x},t)\mathrm{d}V\right]\\&=\lim_{\mathrm{d}t\to 0}\left\{\frac{1}{\mathrm{d}t}\int_V[A(\boldsymbol{x},t+\mathrm{d}t)-A(\boldsymbol{x},t)]\mathrm{d}V+\frac{1}{\mathrm{d}t}\int_{\Delta V}A(\boldsymbol{x},t+\mathrm{d}t)\mathrm{d}V\right\}\end{aligned} \tag{10.4-3}$$

对于一个连续可微的函数 $A(\boldsymbol{x},t)$,右端第一项是 $\int_V \partial A/\partial t\mathrm{d}V$ 值对 $\mathrm{D}I/\mathrm{D}t$ 的贡献。若注意到对于无限小的 $\mathrm{d}t$,被积函数可以取为边界面 S 上的 $A(\boldsymbol{x},t)$(因为曾假定 $A(\boldsymbol{x},t)$是连续的),而积分就等于边界 S 上各质点在时间间隔 $\mathrm{d}t$ 内所扫过的体积与 $A(\boldsymbol{x},t)$之乘积的总和,则最后一项就可以求得。设 n_i 是沿 S 外法线方向的单位矢量,由于边界上质点的位移为 $v_i\mathrm{d}t$,所以占有边界 S 上面元 $\mathrm{d}S$ 的质点所扫过的体积为 $\mathrm{d}V=n_iv_i\mathrm{d}S\mathrm{d}t$。忽略二阶或高阶无穷小量,我们看到该微元对 $\mathrm{D}I/\mathrm{D}t$ 的贡献为 $Av_in_i\mathrm{d}S$。对整个 S 积分就得到总的贡献。于是,

$$\frac{\mathrm{D}}{\mathrm{D}t}\int_V A\,\mathrm{d}V=\int_V\frac{\partial A}{\partial t}\mathrm{d}V+\int_S Av_jn_j\,\mathrm{d}S \tag*{▲(10.4-4)}$$

利用高斯定理对最后的积分进行变换,再利用方程(10.3-2)有

$$\frac{\mathrm{D}}{\mathrm{D}t}\int_V A\,\mathrm{d}V = \int_V \frac{\partial A}{\partial t}\mathrm{d}V + \int_V \frac{\partial}{\partial x_j}(Av_j)\,\mathrm{d}V = \int_V \left(\frac{\partial A}{\partial t} + v_j\,\frac{\partial A}{\partial x_j} + A\,\frac{\partial v_j}{\partial x_j}\right)\mathrm{d}V$$

$$= \int_V \left(\frac{\mathrm{D}A}{\mathrm{D}t} + A\,\frac{\partial v_i}{\partial x_j}\right)\mathrm{d}V \qquad \blacktriangle(10.4\text{-}5)$$

在以后各节中将反复应用这个重要公式。应该指出：由方程(10.4-5)可见，一般说求物质导数的运算与求体积分的运算是不能相互交换的。

10.5 连续性方程

在10.2节中曾经讨论过质量守恒定律。利用10.4节的结果，我们现在可以给出一些其他的形式。

在瞬时t，域V中所含的质量为

$$m = \int_V \rho\,\mathrm{d}V \qquad (10.5\text{-}1)$$

其中$\rho=\rho(\boldsymbol{x},t)$是$t$瞬时连续介质在位置$\boldsymbol{x}$处的密度。质量守恒要求$\mathrm{D}m/\mathrm{D}t=0$。导数$\mathrm{D}m/\mathrm{D}t$由方程(10.4-4)或方程(10.4-5)给出，只要将其中的A换成ρ。由于其结果必须对任意域V都成立，所以被积函数必为零。由此我们得到以$\boldsymbol{n}$为外法线的表面S内的质量守恒定律的如下各种形式：

$$\int_V \frac{\partial \rho}{\partial t}\mathrm{d}V + \int_S \rho v_j n_j\,\mathrm{d}S = 0 \qquad \blacktriangle(10.5\text{-}2)$$

$$\frac{\partial \rho}{\partial t} + \frac{\partial \rho v_j}{\partial x_j} = 0 \qquad \blacktriangle(10.5\text{-}3)$$

$$\frac{\mathrm{D}\rho}{\mathrm{D}t} + \rho\,\frac{\partial v_j}{\partial x_j} = 0 \qquad \blacktriangle(10.5\text{-}4)$$

这些方程称为**连续性方程**。当不能假定ρv_j具有可微性时，常采用积分形式的方程(10.5-2)。

在静力学问题中，这些方程是自动满足的。因而必须用方程(10.2-7)或方程(10.2-8)来表示质量守恒。

10.6 运动方程

牛顿运动定律说：在惯性参考系中，物体线动量的物质变化率等于作用于物体上的各力的合力。

在瞬时t，域V中所有质点的线动量为

$$\mathscr{P}_i = \int_V \rho v_i\,\mathrm{d}V \qquad (10.6\text{-}1)$$

若物体受到表面力$\overset{\nu}{T}_i$和单位体积的体力X_i的作用，其合力为

$$\mathscr{F}_i=\int_S \overset{\nu}{T}_i \mathrm{d}S+\int_V X_i \mathrm{d}V \tag{10.6-2}$$

根据柯西公式(3.3-2)，表面力可以用应力场σ_{ij}来表示，即$\overset{\nu}{T}_i=\sigma_{ij}\nu_j$，其中$\nu_j$是域$V$之边界面$S$上的外法线单位矢量。用$\sigma_{ij}\nu_j$代替方程(10.6-2)中的$\overset{\nu}{T}_i$，并利用高斯定理把面积分化为体积分，我们有

$$\mathscr{F}_i=\int_V\left(\frac{\partial \sigma_{ij}}{\partial x_j}+X_i\right)\mathrm{d}V \tag{10.6-3}$$

牛顿定律给出

$$\frac{\mathrm{D}}{\mathrm{D}t}\mathscr{P}_i=\mathscr{F}_i \tag{10.6-4}$$

于是，根据方程(10.4-5)，将其中A改为ρv_i，我们有

$$\int_V\left[\frac{\partial \rho v_i}{\partial t}+\frac{\partial}{\partial x_j}(\rho v_i v_j)\right]\mathrm{d}V=\int_V\left(\frac{\partial \sigma_{ij}}{\partial x_j}+X_i\right)\mathrm{d}V \tag{10.6-5}$$

由于该方程对任意域V都必须成立，所以其两端的被积函数必须相等。于是，

$$\frac{\partial \rho v_i}{\partial t}+\frac{\partial}{\partial x_j}(\rho v_i v_j)=\frac{\partial \sigma_{ij}}{\partial x_j}+X_i \tag{10.6-6}$$

方程(10.6-6)的左端等于

$$v_i\left(\frac{\partial \rho}{\partial t}+\frac{\partial \rho v_j}{\partial x_j}\right)+\rho\left(\frac{\partial v_i}{\partial t}+v_j\frac{\partial v_i}{\partial x_j}\right)$$

根据连续性方程(10.5-3)，第一个括号中的量应等于零，而第二个括号中的量是加速度$\mathrm{D}v_i/\mathrm{D}t$。由此我们得到著名的连续介质的欧拉运动方程：

$$\rho\frac{\mathrm{D}v_i}{\mathrm{D}t}=\frac{\partial \sigma_{ij}}{\partial x_j}+X_i \tag*{▲(10.6-7)}$$

在3.4节中讨论过的平衡方程是上式中令全部速度分量v_i为零时得到的特殊情况。

10.7 动 量 矩

把角动量平衡定律应用于静力平衡的特殊情况可以导出应力张量是对称张量的结论(见3.4节)。角动量定理说：对原点的动量矩的物质变化率等于所有作用力对同一原点的合力矩，现在我们来证明：在动力学中该定理并没有给连续介质的运动增添附加的约束。

在某瞬时t，占有以S为边界的正则空间域V的物体具有对坐标原点的动量矩(见方程(3.3-2))

$$\mathscr{H}_i=\int_V e_{ijk}x_j\rho v_k \mathrm{d}V \tag{10.7-1}$$

若物体受到表面力$\overset{\nu}{T}_i$和单位体积的体力X_i的作用，它们对原点的合力矩为

$$\mathscr{L}_i = \int_V e_{ijk} x_j X_k \mathrm{d}V + \int_S e_{ijk} x_j \overset{\nu}{T}_k \mathrm{d}S \tag{10.7-2}$$

将柯西公式$\overset{\nu}{T}_i = \sigma_{ij}\nu_j$引入后一个积分,并利用高斯定理把结果变换成体积分,我们得到

$$\mathscr{L}_i = \int_V e_{ijk} x_j X_k \mathrm{d}V + \int_V (e_{ijk} x_j \sigma_{lk})_{,l} \mathrm{d}V \tag{10.7-3}$$

欧拉定律指出:对于任一区域V,

$$\frac{\mathrm{D}}{\mathrm{D}t}\mathscr{H}_i = \mathscr{L}_i \tag{10.7-4}$$

按方程(10.4-5)计算$\mathscr{H}_i$的物质导数,并利用(10.7-3),我们得到

$$e_{ijk} x_j \frac{\partial}{\partial t}(\rho v_k) + \frac{\partial}{\partial x_l}(e_{ijk} x_j \rho v_k v_l) = e_{ijk} x_j X_k + e_{ijk}(x_j \sigma_{lk})_{,l} \tag{10.7-5}$$

方程(10.7-5)中的第二项可以写成

$$e_{ijk}\rho v_j v_k + e_{ijk} x_j \frac{\partial}{\partial x_l}(\rho v_k v_l) = 0 + e_{ijk} x_j \frac{\partial}{\partial x_l}(\rho v_k v_l)$$

因为对j,k来说,e_{ijk}是反对称的,而$v_j v_k$是对称的。方程(10.7-5)的最后项可以写成$e_{ijk}\sigma_{jk} + e_{ijk} x_j \sigma_{lk,l}$。于是方程(10.7-5)变为

$$e_{ijk} x_j \left[\frac{\partial}{\partial t}(\rho v_k) + \frac{\partial}{\partial x_l}(\rho v_k v_l) - X_k - \sigma_{lk,l}\right] - e_{ijk}\sigma_{jk} = 0 \tag{10.7-6}$$

根据运动方程(10.6-6),方括号中之和为零。因而方程(10.7-6)简化为

$$e_{ijk}\sigma_{jk} = 0 \tag{10.7-7}$$

即$\sigma_{jk} = \sigma_{kj}$。所以,只要应力张量对称,动量矩平衡定律就自动满足。

10.8 能量平衡

连续介质的运动还必须服从能量守恒定律。如果问题中只关心机械能,则能量方程就是运动方程的首次积分。如果热过程是重要的,则能量方程就成为必须满足的独立方程。

能量守恒定律就是热力学第一定律。马上可以导出考虑所有能量和功的连续介质的能量守恒定律表达式。让我们考虑有三种能量(动能K、势能G和内能E)的连续介质。我们有

$$\text{能量} = K + G + E \tag{10.8-1}$$

在瞬时t,包含在正则域V中的动能为

$$K = \int \frac{1}{2}\rho v_i v_i \mathrm{d}V \tag{10.8-2}$$

其中,v_i是占有体元$\mathrm{d}V$的质点的速度分量,ρ是物质的密度。势能与质量分布有关,可写为

$$G = \int \rho\varphi(x)\mathrm{d}V \tag{10.8-3}$$

其中 φ 为单位质量的重力势。对于均匀重力场的重要特例，我们有

$$G = \int \rho g z \mathrm{d}V \tag{10.8-4}$$

其中，g 为重力加速度；z 为由某确定平面起沿重力场的反方向测量的距离。内能可写成如下形式

$$E = \int \rho E \mathrm{d}V \tag{10.8-5}$$

其中 E 为单位质量的内能。热力学第一定律说：系统的能量可以通过吸收热量 Q 和对系统做功 W 来改变：

$$\Delta\,\text{能量} = Q + W \tag{10.8-6}$$

用率的形式来表示，我们有

$$\frac{\mathrm{D}}{\mathrm{D}t}(K + G + E) = \dot{Q} + \dot{W} \tag{10.8-7}$$

其中$\dot{Q}$和$\dot{W}$是单位时间内 Q 和 W 的变化率。

现在，只能通过边界将热输入物体中。为了描述热流，对热通量矢量 $\boldsymbol{h}$（其分量为 h_1，h_2，h_3）定义如下。令 $\mathrm{d}S$ 为物体的面元，其单位外法线为 n_i。设通过面元 $\mathrm{d}S$、沿方向 n_i 传递的热的速率可以表示为 $h_i n_i \mathrm{d}S$。若介质正在运动，我们要求面元 $\mathrm{d}S$ 始终由相同的质点组成。于是热输入率为

$$\dot{Q} = -\int_S h_i n_i \mathrm{d}S = -\int_V \frac{\partial h_i}{\partial x_i}\mathrm{d}V \tag{10.8-8}$$

在 V 内单位体积的体力 F_i 和 S 上的面力$\overset{\nu}{T}_i$ 对物体做功的速率就是功率

$$\begin{aligned}\dot{W} &= \int F_i v_i \mathrm{d}V + \int \overset{\nu}{T}_i n_i \mathrm{d}S = \int F_i v_i \mathrm{d}V + \int \sigma_{ij} n_j n_i \mathrm{d}S \\ &= \int F_i v_i \mathrm{d}V + \int (\sigma_{ij} n_i)_{,j} \mathrm{d}V\end{aligned} \tag{10.8-9}$$

由于方程(10.8-7)的 G 项中已经考虑了重力能，所以在计算功率$\dot{W}$时必须从体力 F_i 中扣除重力。将方程(10.8-2)、方程(10.8-3)、方程(10.8-5)、方程(10.8-8)和方程(10.8-9)代入热力学第一定律(10.8-7)，再利用(10.4-5)式计算物质导数，经过一些计算后得到如下结果：

$$\begin{aligned}&\frac{1}{2}\rho\frac{\mathrm{D}v^2}{\mathrm{D}t} + \frac{v^2}{2}\frac{\mathrm{D}\rho}{\mathrm{D}t} + \frac{v^2}{2}\rho\,\mathrm{div}\,\boldsymbol{v} + \rho\frac{\mathrm{D}E}{\mathrm{D}t} + E\frac{\mathrm{D}\rho}{\mathrm{D}t} \\ &+ E\rho\,\mathrm{div}\,\boldsymbol{v} + \rho\frac{\mathrm{D}\varphi}{\mathrm{D}t} + \varphi\frac{\mathrm{D}\rho}{\mathrm{D}t} + \varphi\rho\,\mathrm{div}\,\boldsymbol{v} \\ &= -\frac{\partial h_i}{\partial x_i} + F_i v_i + \sigma_{ij,j} v_i + \sigma_{ij} v_{i,j}\end{aligned} \tag{10.8-10}$$

若利用如下连续性方程和运动方程,此方程可以大大简化。

$$\frac{\mathrm{D}\rho}{\mathrm{D}t}+\rho\operatorname{div}\boldsymbol{v}=0,\quad \rho\frac{\mathrm{D}v_i}{\mathrm{D}t}=X_i+\sigma_{ij,j} \tag{10.8-11}$$

这里 X_i 是单位质量的总体力。X_i 和 F_i 的差就是重力,按定义有

$$X_i-F_i=-\rho\frac{\partial\varphi}{\partial x_i} \tag{10.8-12}$$

由于

$$\frac{\mathrm{D}\varphi}{\mathrm{D}t}=\frac{\partial\varphi}{\partial t}+v_i\frac{\partial\varphi}{\partial x_i}$$

以及对于与时间无关的重力场有$\partial\varphi/\partial t=0$,再利用方程(10.8-11)和方程(10.8-12),对这个场我们有

$$\frac{1}{2}\rho\frac{\mathrm{D}v^2}{\mathrm{D}t}+\rho\frac{\mathrm{D}E}{\mathrm{D}t}=-\frac{\partial h_i}{\partial x_i}+\rho v_i\frac{\mathrm{D}v_i}{\mathrm{D}t}+\sigma_{ij}v_{i,j} \tag{10.8-13}$$

但是

$$\rho v_i\frac{\mathrm{D}v_i}{\mathrm{D}t}=\frac{1}{2}\rho\frac{\mathrm{D}v^2}{\mathrm{D}t} \tag{10.8-14}$$

并且

$$\sigma_{ij}v_{i,j}=\sigma_{ij}\left[\frac{1}{2}(v_{i,j}+v_{j,i})+\frac{1}{2}(v_{i,j}-v_{j,i})\right]=\sigma_{ij}V_{ij}+0 \tag{10.8-15}$$

其中

$$V_{ij}=\frac{1}{2}(v_{i,j}+v_{j,i}) \tag{10.8-16}$$

是应变率张量。方程(10.8-15)的最后一项为零,因为它是对称张量 σ_{ij} 与一个反对称张量的缩并。于是方程(10.8-13)可以简化,我们得到能量方程的最终形式:

$$\rho\frac{\mathrm{D}E}{\mathrm{D}t}=-\frac{\partial h_i}{\partial x_i}+\sigma_{ij}V_{ij} \tag{10.8-17}$$

特例

(A) 如果所有非机械能量的转换都由热传导组成,它服从傅里叶(Fourier)定律

$$h_i=-J\lambda\frac{\partial T}{\partial x_i} \tag{10.8-18}$$

其中,J 为热功当量,λ 为热传导系数,T 为绝对温度,于是能量方程成

$$\rho\frac{\mathrm{D}E}{\mathrm{D}t}=J\frac{\partial}{\partial x_i}\left(\lambda\frac{\partial T}{\partial x_i}\right)+\sigma_{ij}V_{ij} \tag{10.8-19}$$

(B) 对静止的连续介质,常用的热传导方程通过删去包含 φ,v_i 和 V_{ij} 的各项,并令

$$E=JcT \tag{10.8-20}$$

而得到，其中 c 是变形率为零时的比热。于是方程(10.8-19)变为

$$\rho c\frac{\partial T}{\partial t}=\frac{\partial}{\partial x_i}\left(\lambda\frac{\partial T}{\partial x_i}\right) \tag{10.8-21}$$

10.9　极坐标中的运动方程和连续性方程

在 3.6 节和 5.8 节中我们分别考虑过极坐标中的应力分量和应变分量。无论用一般张量分析的方法，或由笛卡儿坐标系进行变换，或由基本原理直接针对特定问题进行推导，都同样能导出相应的运动方程和连续性方程。下面对后两种方法作一说明。

在 5.8 节中给出了直角坐标 x,y,z 与极坐标 r,θ,z 间变换的基本方程。若将方程(3.6-5)代入平衡方程

$$\frac{\partial\sigma_{ij}}{\partial x_j}=0 \tag{10.9-1}$$

即

$$\frac{\partial\sigma_{xx}}{\partial x}+\frac{\partial\sigma_{xy}}{\partial y}+\frac{\partial\sigma_{xz}}{\partial z}=0$$

等方程中，并利用方程(5.8-3)对各导数作变换，就得到

$$\begin{aligned}&\left(\frac{\partial\sigma_{rr}}{\partial r}+\frac{1}{r}\frac{\partial\sigma_{r\theta}}{\partial\theta}+\frac{\sigma_{rr}-\sigma_{\theta\theta}}{r}+\frac{\partial\sigma_{rz}}{\partial z}\right)\cos\theta\\&-\left(\frac{1}{r}\frac{\partial\sigma_{\theta\theta}}{\partial\theta}+\frac{\partial\sigma_{r\theta}}{\partial r}+2\frac{\sigma_{r\theta}}{r}+\frac{\partial\sigma_{\theta z}}{\partial z}\right)\sin\theta=0\end{aligned} \tag{10.9-2}$$

由于该方程必须对所有的 θ 均成立，所以当 $\theta=0$ 和 $\theta=\pi/2$ 时就应该分别有

$$\begin{aligned}&\frac{\partial\sigma_{rr}}{\partial r}+\frac{1}{r}\frac{\partial\sigma_{r\theta}}{\partial\theta}+\frac{\sigma_{rr}-\sigma_{\theta\theta}}{r}+\frac{\partial\sigma_{rz}}{\partial z}=0\\&\frac{1}{r}\frac{\partial\sigma_{\theta\theta}}{\partial\theta}+\frac{\partial\sigma_{r\theta}}{\partial r}+\frac{2\sigma_{r\theta}}{r}+\frac{\partial\sigma_{z\theta}}{\partial z}=0\end{aligned} \tag{10.9-3}$$

但是 x 方向的选择是任意的，所以方程(10.9-3)必须对所有的 θ 值均成立。类似地，对方程(10.9-1)取 $i=3$ 就得到第三个平衡方程，

$$\frac{\partial\sigma_{zz}}{\partial z}+\frac{1}{r}\frac{\partial\sigma_{z\theta}}{\partial\theta}+\frac{\partial\sigma_{zr}}{\partial r}+\frac{\sigma_{rz}}{r}=0 \tag{10.9-4}$$

若连续介质承受加速度和体力，则运动方程(10.6-7)是

$$\frac{\partial\sigma_{ij}}{\partial x_j}+X_i=\rho\frac{\mathrm{D}v_i}{\mathrm{D}t}=\rho a_i \tag{10.9-5}$$

单位体积的体力可以分别沿 r,θ,z 方向分解为分量 F_r,F_θ,F_z。加速度 $\mathrm{D}v_i/\mathrm{D}t=a_i$ 必须仔细考虑。在直角坐标系中，x 方向的加速度分量为

$$a_x = \frac{\partial v_x}{\partial t} + v_x \frac{\partial v_x}{\partial x} + v_y \frac{\partial v_x}{\partial y} + v_z \frac{\partial v_x}{\partial z} \tag{10.9-6}$$

加速度分量 a_x, a_y, a_z 和速度分量 v_x, v_y, v_z 与极坐标中相应分量 a_r, a_θ, a_z 和 v_r, v_θ, v_z 的关系与联系位移的方程(5.8-5)相同,只要分别把 u 改为 a 和 v。于是,把方程(5.8-4)和方程(5.8-5)代入方程(10.9-6),我们得到

$$\begin{aligned}
a_x =& \frac{\partial}{\partial t}(v_r \cos\theta - v_\theta \sin\theta) \\
&+ (v_r \cos\theta + v_\theta \sin\theta)\left(\cos\theta \frac{\partial}{\partial r} - \frac{\sin\theta}{r}\frac{\partial}{\partial \theta}\right)(v_r \cos\theta - v_\theta \sin\theta) \\
&+ (v_r \sin\theta + v_\theta \cos\theta)\left(\sin\theta \frac{\partial}{\partial r} + \frac{\cos\theta}{r}\frac{\partial}{\partial \theta}\right)(v_r \cos\theta - v_\theta \sin\theta) \\
&+ v_z \frac{\partial}{\partial z}(v_r \cos\theta - v_\theta \sin\theta) \\
=& \cos\theta\left(\frac{\partial v_r}{\partial t} + v_r \frac{\partial v_r}{\partial r} + \frac{v_\theta}{r}\frac{\partial v_r}{\partial \theta} - \frac{v_\theta^2}{r} + v_z \frac{\partial v_r}{\partial z}\right) \\
&- \sin\theta\left(\frac{\partial v_\theta}{\partial t} + v_r \frac{\partial v_\theta}{\partial r} + \frac{v_\theta}{r}\frac{\partial v_\theta}{\partial \theta} + \frac{v_r v_\theta}{r} + v_z \frac{\partial v_\theta}{\partial z}\right)
\end{aligned} \tag{10.9-7}$$

对比方程(10.9-7)与如下方程

$$a_x = a_r \cos\theta - a_\theta \sin\theta \tag{10.9-8}$$

我们得到各加速度分量:

$$\begin{cases}
a_r = \dfrac{\partial v_r}{\partial t} + v_r \dfrac{\partial v_r}{\partial r} + \dfrac{v_\theta}{r}\dfrac{\partial v_r}{\partial \theta} - \dfrac{v_\theta^2}{r} + v_z \dfrac{\partial v_r}{\partial z} \\[2ex]
a_\theta = \dfrac{\partial v_\theta}{\partial t} + v_r \dfrac{\partial v_\theta}{\partial r} + \dfrac{v_\theta}{r}\dfrac{\partial v_\theta}{\partial \theta} + \dfrac{v_r v_\theta}{r} + v_z \dfrac{\partial v_\theta}{\partial z}
\end{cases} \tag{10.9-9}$$

类似地,

$$a_z = \frac{\partial v_z}{\partial t} + v_r \frac{\partial v_z}{\partial r} + \frac{v_\theta}{r}\frac{\partial v_z}{\partial \theta} + v_z \frac{\partial v_z}{\partial z} \tag{10.9-10}$$

完整的运动方程是

$$\begin{cases}
\rho a_r = \dfrac{\partial \sigma_{rr}}{\partial r} + \dfrac{1}{r}\dfrac{\partial \sigma_{r\theta}}{\partial \theta} + \dfrac{\sigma_{rr} - \sigma_{\theta\theta}}{r} + \dfrac{\partial \sigma_{rz}}{\partial z} + F_r \\[2ex]
\rho a_\theta = \dfrac{1}{r}\dfrac{\partial \sigma_{\theta\theta}}{\partial \theta} + \dfrac{\partial \sigma_{r\theta}}{\partial r} + \dfrac{2\sigma_{r\theta}}{r} + \dfrac{\partial \sigma_{z\theta}}{\partial z} + F_\theta \\[2ex]
\rho a_z = \dfrac{\partial \sigma_{zz}}{\partial z} + \dfrac{1}{r}\dfrac{\partial \sigma_{z\theta}}{\partial \theta} + \dfrac{\partial \sigma_{zr}}{\partial r} + \dfrac{\sigma_{rz}}{r} + F_z
\end{cases} \tag{10.9-11}$$

这些推导虽然直截了当,但从物理观点来看不太具有启发性。第二种推导基于考察作用在微元上的各力的平衡,它可以提供对这些方程更深入的理解。图 10.4 是一个受所示应

力分布的孤立微元的自由体图。运动方程表示：径向加速度(译注：乘以相应的质量)等于所有作用在径向的力之和。于是有

$$\begin{aligned}&\rho a_r \mathrm{d}r\mathrm{d}z\left[\frac{r\mathrm{d}\theta+(r+\mathrm{d}r)\mathrm{d}\theta}{2}\right]\\&=F_r\mathrm{d}r\mathrm{d}z\left[\frac{r\mathrm{d}\theta+(r+\mathrm{d}r)\mathrm{d}\theta}{2}\right]+\left(\sigma_{rr}+\frac{\partial\sigma_{rr}}{\partial r}\mathrm{d}r\right)(r+\mathrm{d}r)\mathrm{d}\theta\mathrm{d}z-\sigma_{rr}r\mathrm{d}\theta\mathrm{d}z\\&\quad-\sigma_{\theta\theta}\mathrm{d}r\mathrm{d}z\sin\frac{\mathrm{d}\theta}{2}-\left(\sigma_{\theta\theta}+\frac{\partial\sigma_{\theta\theta}}{\partial\theta}\mathrm{d}\theta\right)\mathrm{d}r\mathrm{d}z\sin\frac{\mathrm{d}\theta}{2}+\left(\sigma_{r\theta}+\frac{\partial\sigma_{r\theta}}{\partial\theta}\mathrm{d}\theta\right)\mathrm{d}r\mathrm{d}z\\&\quad-\sigma_{r\theta}\mathrm{d}r\mathrm{d}z+\left(\sigma_{rz}+\frac{\partial\sigma_{rz}}{\partial z}\mathrm{d}z-\sigma_{rz}\right)\left[\frac{r\mathrm{d}\theta+(r+\mathrm{d}r)\mathrm{d}\theta}{2}\right]\mathrm{d}r\end{aligned}\tag{10.9-12}$$

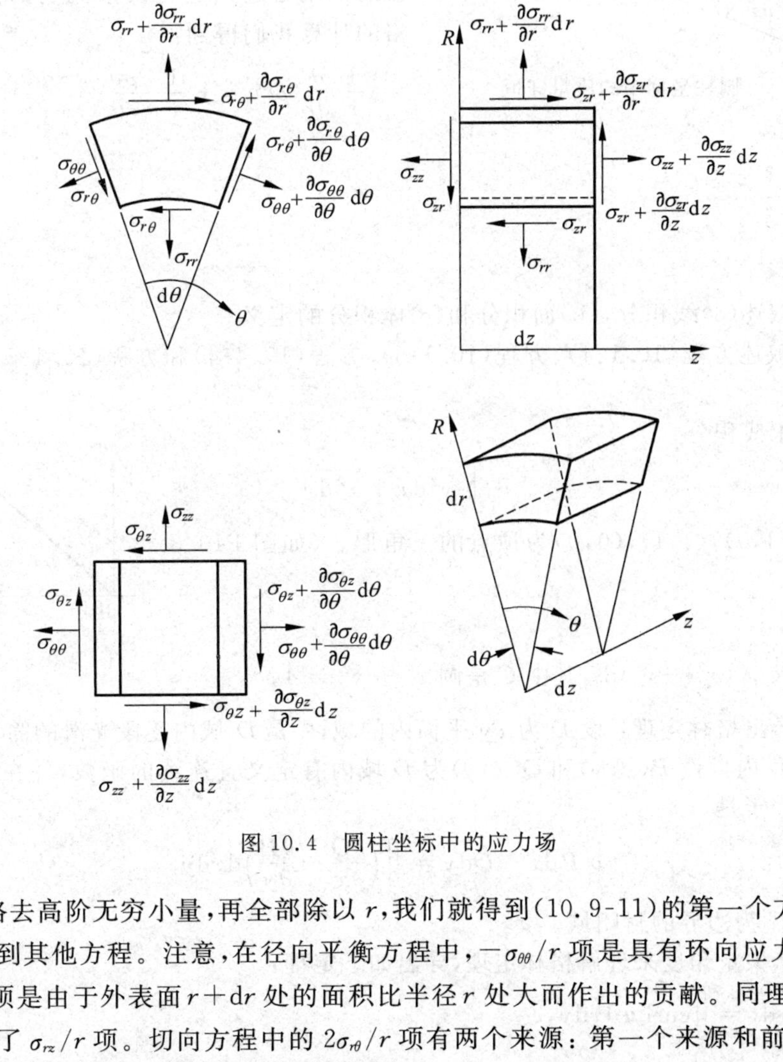

图 10.4 圆柱坐标中的应力场

展开上式，略去高阶无穷小量，再全部除以 r，我们就得到(10.9-11)的第一个方程。用类似方法可以得到其他方程。注意，在径向平衡方程中，$-\sigma_{\theta\theta}/r$ 项是具有环向应力性质的径向压力；σ_{rr}/r 项是由于外表面 $r+\mathrm{d}r$ 处的面积比半径 r 处大而作出的贡献。同理，在轴向平衡方程中出现了 σ_{rz}/r 项。切向方程中的 $2\sigma_{r\theta}/r$ 项有两个来源：第一个来源和前面相同，即外

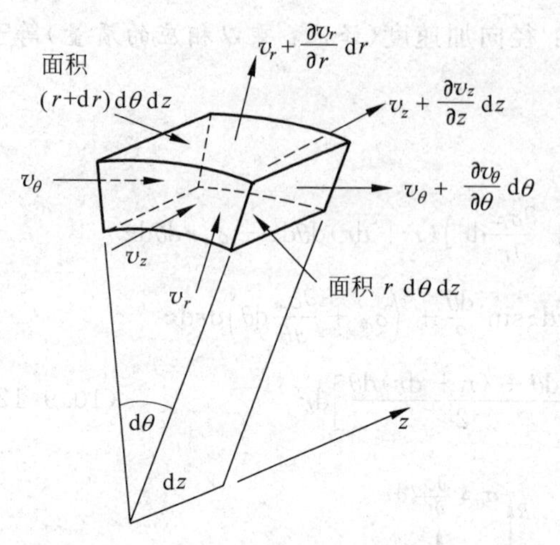

图 10.5 圆柱坐标中的质量守恒

表面较大；另一个来源是因为在 θ 和 $\theta+\mathrm{d}\theta$ 处的径向表面并不平行，而有夹角 $\mathrm{d}\theta$。可以用类似的图示法来说明加速度表达式中的各项。a_r 中的 $-v_\theta^2/r$ 项具有向心加速度性质。a_θ 中的 $v_r v_\theta/r$ 项来自径向速度 v_r 的转动，因而对加速度的切向分量有所贡献。

可以用类似的处理将连续性方程(10.5-3)变换进极坐标中。然而在这里研究一下图 10.5 所示微元中质量流的平衡或许是最有益的。用通过其进行质量流动的面积，经过严格的计算我们得到：

$$\frac{1}{r}\frac{\partial}{\partial r}(\rho r v_r)+\frac{1}{r}\frac{\partial \rho v_\theta}{\partial \theta}+\frac{\partial \rho v_z}{\partial z}+\frac{\partial \rho}{\partial t}=0 \tag{10.9-13}$$

习题

10.1 叙述(a)线积分，(b)面积分和(c)体积分的定义。

10.2 叙述方程(10.1-4)、方程(10.1-5)、方程(10.4-4)和方程(10.4-5)成立的数学条件。

10.3 求线积分

$$\oint_C y^2\mathrm{d}x+x^2\mathrm{d}y$$

其中 C 是以(1,0)，(1,1)，(0,0)为顶点的三角形。(如图 P10.3 所示)

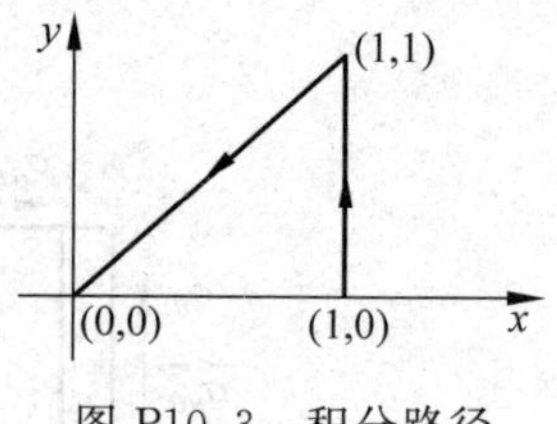

图 P10.3 积分路径

答案：1/3。

10.4 求 $\oint_C(x^2-y^2)\mathrm{d}s$，其中 C 是圆 $x^2+y^2=4$。

10.5 导出格林定理：设 D 为 xy 平面内的域，C 是 D 域内逐段光滑的简单闭合曲线，其内部也在 D 内。设 $P(x,y)$ 和 $Q(x,y)$ 为 D 域内有定义且连续的函数，并在 D 内有一阶连续偏导数。于是

$$\oint_C P\mathrm{d}x+Q\mathrm{d}y=\iint_R\left(\frac{\partial Q}{\partial x}-\frac{\partial P}{\partial y}\right)\mathrm{d}x\mathrm{d}y$$

其中 R 是以 C 为边界的封闭域。

10.6 从矢量角度来理解格林定理，导出如下定理：

(a) $\oint_C u_T\mathrm{d}s=\iint_R \mathrm{curl}_z\boldsymbol{u}\,\mathrm{d}x\mathrm{d}y$，

(b) $\oint_C v_n \mathrm{d}s = \iint_R \mathrm{div}\ \boldsymbol{v} \mathrm{d}x\mathrm{d}y$，

其中 $\boldsymbol{u}$，$\boldsymbol{v}$ 是矢量场，u_T 是 $\boldsymbol{u}$ 的切向分量(与曲线 C 相切)，$\mathrm{d}s$ 是弧长，v_n 是 $\boldsymbol{v}$ 在 C 上的法向分量。方程(a)是斯托克斯定理的特殊情况。方程(b)是高斯定理的二维形式。

10.7　迫降的飞行员在怒涛汹涌的海上对橡皮气球快速充气。设气球上的某个质点位于

$$x = x(t),\quad y = y(t),\quad z = z(t)$$

设气球表面可用如下方程表示

$$F(t) = (x-\lambda)^2 + (y-\mu)^2 + (z-\nu)^2 - a^2 = 0$$

其中确定球中心的 $\lambda(t)$，$\mu(t)$ 和 $\nu(t)$ 以及球半径 $a(t)$ 都是时间的函数。(如图 P10.7 所示)

试证明：$\mathrm{D}F/\mathrm{D}t=0$。导出空气和水围绕气球运动的边界条件。

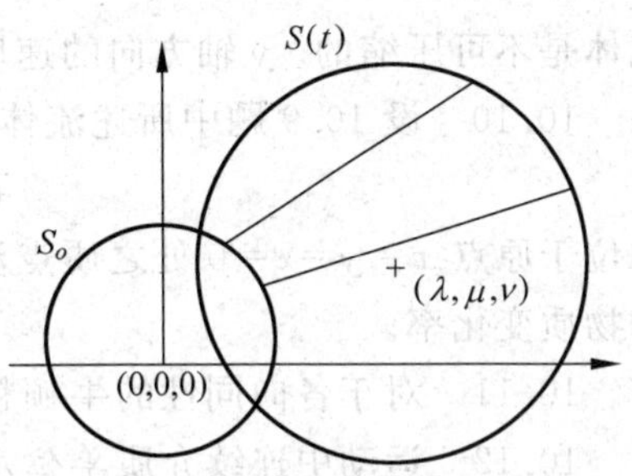

图 P10.7　膨胀中的气球

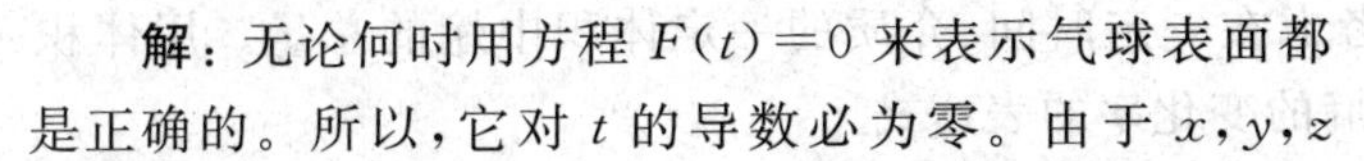

解：无论何时用方程 $F(t)=0$ 来表示气球表面都是正确的。所以，它对 t 的导数必为零。由于 x，y，z 是质点的坐标，$F(t)$ 在任何时刻均与气球相关，所以对时间的导数就是物质导数，即 $\mathrm{D}F/\mathrm{D}t$，它就等于零。

反之，由方程 $\mathrm{D}F/\mathrm{D}t=0$ 我们得出结论：对给定的一组质点 $F=\text{const.}$。尤其是，若该组质点由方程 $F=0$ 所定义，则它们始终是同一组质点。若在 $F=0$ 定义了 $t=0$ 时的气球，则在任何时刻 t 它都能确定该气球。

如果我们考虑围绕气球的流体(空气和水)，则该方程就变得更为重要。流体质点一旦与气球接触就始终与它相接触(这称为粘性流体与固体相接触的无滑动条件)。因此，流场的边界条件是 $F=0$ 和 $\mathrm{D}F/\mathrm{D}t=0$。

10.8　在风中颤动的旗帜表面由如下方程所描述

$$F(x,y,z,t) = 0$$

写出旗帜加予气流之约束的解析式。换句话说，给定边界面 $F=0$ 的形状，导出流动的边界条件。对于此问题，空气看作是非粘性流体。

如果空气是粘性流体，会有什么区别？

解：和习题 10.7 一样，旗帜表面 $F=0$ 处气流的边界条件为

$$\frac{\partial F}{\partial t} + u_x\frac{\partial F}{\partial x} + u_y\frac{\partial F}{\partial y} + u_z\frac{\partial F}{\partial z} = 0 \tag{1}$$

其中 $\boldsymbol{u}(u_x,u_y,u_z)$ 为速度矢量。对表面 $F(x,y,z,t)=0$ 来说，分量为

$$\frac{\partial F}{\partial x},\quad \frac{\partial F}{\partial y},\quad \frac{\partial F}{\partial z}$$

的矢量 $\boldsymbol{n}$ 与表面是垂直的。因此方程(1)可写为

$$\frac{\partial F}{\partial t} + \boldsymbol{u} \cdot \boldsymbol{n} = 0 \tag{2}$$

这意味着法向速度必定等于旗帜表面上的$-\partial F/\partial t$。

对粘性流体,无滑动条件还附加要求$F=0$(参见11.2节的讨论)。

10.9 已知在域$-2\leqslant x,y,z\leqslant 2$内流体速度场的两个分量为

$$u=(1-y^2)(a+bx+cx^2), \quad w=0$$

流体是不可压缩的。y轴方向的速度分量v是多少?

10.10 设10.9题中所述流体的温度场为

$$T=T_0\mathrm{e}^{-kt}\sin\alpha x\cos\beta y$$

求位于原点$x=y=z=0$处之质点温度的物质变化率。求位于$x=y=z=1$处之质点温度的物质变化率。

10.11 对于各向同性的牛顿粘性流体,试导出以速度分量表示的运动方程。

10.12 运动中连续介质单位质量的熵是$s(x_1,x_2,x_3,t)$,介质的质量密度是$\rho(x_1,x_2,x_3,t)$,速度场是$v_i(x_1,x_2,x_3,t)$。考虑在一定时间、介质的一定体积中熵的总量。用体积分的形式写出该体积所含物质之总熵的变化率的表达式。

CHAPTER 第11章

流体的场方程和边界条件

我们已经得到足够的基本方程来处理范围广泛的问题。大多数肉眼可见尺度内的物体是连续体。它们的运动遵循质量、动量和能量的守恒定律。有了适当的本构方程和边界条件，我们就能用数学方法来描述很多物理问题。在本章中，我们将举例说明若干有关流体流动问题的公式化。

11.1 纳维-斯托克斯方程

我们来推导控制牛顿粘性流体流动的基本方程。设 x_1, x_2, x_3 或 x, y, z 为笛卡儿直角坐标。将沿 x, y, z 轴方向的速度分量分别记为 v_1, v_2, v_3 或 u, v, w。用 p 表示压力；σ_{ij} 或 σ_{xx}, σ_{xy} 等为应力分量，μ 为粘性系数。在这里和以后，所有拉丁指标的范围都是 1,2,3。于是，应力-应变率的关系由方程(7.3-3)给出：

$$\sigma_{ij} = -p\delta_{ij} + \lambda V_{kk}\delta_{ij} + 2\mu V_{ij} = -p\delta_{ij} + \lambda\frac{\partial v_k}{\partial x_k}\delta_{ij} + \mu\left(\frac{\partial v_i}{\partial x_j} + \frac{\partial v_j}{\partial x_i}\right) \tag{11.1-1}$$

即

$$\begin{cases}
\sigma_{xx} = -p + 2\mu\dfrac{\partial u}{\partial x} + \lambda\left(\dfrac{\partial u}{\partial x} + \dfrac{\partial v}{\partial y} + \dfrac{\partial w}{\partial z}\right) \\
\sigma_{yy} = -p + 2\mu\dfrac{\partial v}{\partial y} + \lambda\left(\dfrac{\partial u}{\partial x} + \dfrac{\partial v}{\partial y} + \dfrac{\partial w}{\partial z}\right) \\
\sigma_{zz} = -p + 2\mu\dfrac{\partial w}{\partial z} + \lambda\left(\dfrac{\partial u}{\partial x} + \dfrac{\partial v}{\partial y} + \dfrac{\partial w}{\partial z}\right) \\
\sigma_{xy} = \mu\left(\dfrac{\partial u}{\partial y} + \dfrac{\partial v}{\partial x}\right) \\
\sigma_{yz} = \mu\left(\dfrac{\partial v}{\partial z} + \dfrac{\partial w}{\partial y}\right) \\
\sigma_{zx} = \mu\left(\dfrac{\partial w}{\partial x} + \dfrac{\partial u}{\partial z}\right)
\end{cases} \tag{11.1-1a}$$

将这些式子代入运动方程(10.6-7)就得到纳维-斯托克斯(Navier-Stokes)方程

$$\rho \frac{Dv_i}{Dt} = \rho X_i - \frac{\partial p}{\partial x_i} + \frac{\partial}{\partial x_i}\left(\lambda \frac{\partial v_k}{\partial x_k}\right) + \frac{\partial}{\partial x_k}\left(\mu \frac{\partial v_k}{\partial x_i}\right) + \frac{\partial}{\partial x_k}\left(\mu \frac{\partial v_i}{\partial x_k}\right) \tag{11.1-2}$$

其中 X_i 是单位质量的体力。

这些速度分量必须满足由质量守恒定律导出的连续性方程(10.5-3):

$$\frac{\partial \rho}{\partial t} + \frac{\partial(\rho v_k)}{\partial x_k} = 0 \tag{11.1-3}$$

除了这些方程外,还要补充热状态方程,能量平衡方程和热流方程。

若流体是不可压缩的,则

$$\rho = \text{const.} \tag{11.1-4}$$

且不必明显地引入热力学方面的考虑。若我们仅限于考虑不可压缩的均匀流体,连续性方程变为

$$\frac{\partial v_k}{\partial x_k} = 0 \quad 或 \quad \frac{\partial u}{\partial x} + \frac{\partial v}{\partial y} + \frac{\partial w}{\partial z} = 0 \tag{11.1-5}$$

纳维-斯托克斯方程也简化为

$$\rho \frac{\mathrm{D}v_i}{\mathrm{D}t} = \rho X_i - \frac{\partial p}{\partial x_i} + \mu \frac{\partial^2 v_i}{\partial x_k \partial x_k} \tag{11.1-6}$$

详细展开,有

$$\begin{cases} \dfrac{\mathrm{D}u}{\mathrm{D}t} = X - \dfrac{1}{\rho}\dfrac{\partial p}{\partial x} + \nu \nabla^2 u \\ \dfrac{\mathrm{D}v}{\mathrm{D}t} = Y - \dfrac{1}{\rho}\dfrac{\partial p}{\partial y} + \nu \nabla^2 v \\ \dfrac{\mathrm{D}w}{\mathrm{D}t} = Z - \dfrac{1}{\rho}\dfrac{\partial p}{\partial z} + \nu \nabla^2 w \end{cases} \tag{11.1-7}$$

其中 $\nu = \mu/\rho$ 是运动粘性,而

$$\nabla^2 = \frac{\partial^2}{\partial x^2} + \frac{\partial^2}{\partial y^2} + \frac{\partial^2}{\partial z^2} \tag{11.1-8}$$

是拉普拉斯(Laplace)算子。方程(11.1-5)和(11.1-7)由四个方程组成,含不可压缩粘性流中出现的四个变量 u,v,w 和 p。

纳维-斯托克斯方程的求解是流体力学的核心问题。该方程包含了范围极广的物理现象,在科学与工程中有广泛的应用。该方程是非线性的,一般说很难求解。

为了完成问题的公式化,我们还必须指定边界条件。在11.2节中,我们考虑了固体-流体界面上的无滑动条件。在11.3节中,考虑了"自由"界面或流体-流体界面的条件,在该界面处表面张力起了重要作用。然后将叙述量纲分析,以说明雷诺(Reynolds)数的重要性。随后作为能忽略非线性项得到简化解的例子,我们将考虑水槽或管道中的层流。作为可能出现湍流的预告,在11.5节中我们将讨论雷诺的经典试验。

在某些情况下,流体的粘性可以完全忽略,我们将处理"理想流体"的理想世界。与该理

想化相适应，边界条件也必须改变：要满足粘性流体的所有边界条件，微分方程的阶数太低了。我们将放弃固体-流体界面处的无滑动条件，并忽略自由表面处对剪切梯度的任何要求。作为后果，有时所得到的简化数学问题会导致在物理上解释困难。

11.2　固体-流体界面处的边界条件

在固体-流体界面上必须满足的边界条件之一是：若固体是流体不可渗透的，则流体绝不能渗入该固体。大多数流体容器都具有此特性。数学上就是垂直于固体表面的流体相对速度分量必为零。

对流体相对于固体的切向速度分量的规定要特别小心。通常假设，在粘性流体与固体界面上无滑动条件是普遍适用的。换句话说，在固体-流体界面上流体速度与固体速度完全相等。这一信念是通过对比理论与试验的结果，经过长期的历史发展才被确认的。

若固体边界是静止的，无滑动条件要求：从物体表面处为零到一定距离外的自由流速值，速度应连续地变化。此边界条件和无粘性流体要求的边界条件形成强烈对比：对于无粘性流体，我们只能指定流体不能渗入固体表面；但必须允许流体在固体上滑动，因而流体和固体的切向速度可以不同。这是完全没有粘性的理想化的结果。图11.1表示了这个区别。在图11.1(a)中显示了无粘性流体流过静止固体的流动情况。在界面上，流体以某个切向速度滑过固体。在图11.1(b)中显示了对粘性流体来说界面上的速度必须为零。

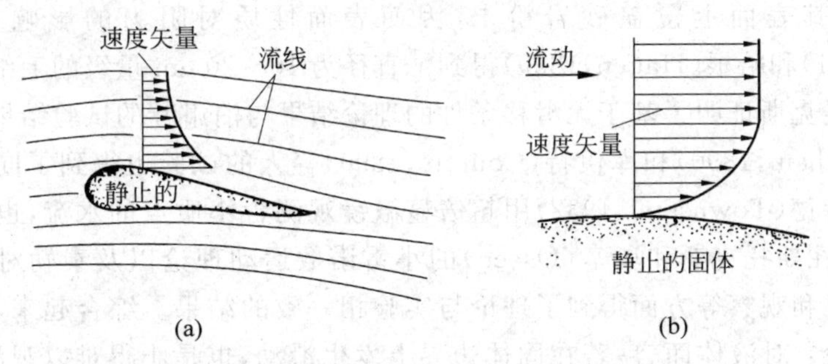

图11.1　理想流体与真实流体流过固体时边界条件的区别

(a) 理想流体；(b) 真实流体

由于不管粘性多么小，所有的真实流体都必须施加无滑动条件，所以图11.1(b)必适用于一切真实流体。

由风洞测量知道：对所示的翼型，图11.1(a)很好地描述了它的流场；即除了紧贴固体边界的邻域外，流动情况就像空气无粘性一样。然而我们知道，空气是有粘性的，尽管它很小。因此，无滑动条件一定是适用的。如何能解决这个矛盾呢？

回答这个问题和解决这个矛盾是现代流体力学的成就之一。现代观点认为：图11.1(b)表示了紧贴固体边界的邻域内所发生的情况。我们应该认为：它是在紧贴界面的、很小流域内所发生情况的放大图。该流域就是*边界层*。在边界层外,流动实际上是无粘性的。在翼型的尖锐后缘处可以看到这边界层的极端重要性。它要求流动必须平滑地离开尖锐的后缘,使速度场中没有不连续性。如果我们坚持理想化的无粘性流动,则后缘上、下表面的切向速度就可能不同。在无粘性流理论中,可以允许流动以无限大的速度梯度绕过尖角或者引入适当的环量使后缘成为驻点来消除这种不连续性。后一种情况是由德国数学家库塔(Kutta)于 1902 年和俄国数学家儒可夫斯基(Joukowski)于 1907 年提出的,称为*库塔-儒可夫斯基假设*,它是现代飞行理论的基础。因此我们看到,流体的粘性对流动有深刻的影响,不管它是多么小。

但是我们如何能相信无滑动条件呢?该条件又建立在什么基础上呢?气体分子理论并未提供严格的答案。由分子假设纳维于 1823 年导出了固体壁面上流动的边界条件 $\beta u=\mu\partial u/\partial n$,其中 u 是速度,$\partial u/\partial n$ 是离开壁面处沿法线方向的导数,β 是常数,μ 是粘性系数。比值μ/β是一个长度,若没有滑动则为零。麦克斯韦(Maxwell)于 1879 年计算过,μ/β是气体分子平均自由程 L 的一个适中的倍数,约为 $2L$。这结果与现代试验数据是一致的。由于在室温下地球表面处空气分子的平均自由程约为 5×10^{-8}m,我们可以说,对尺度在 10^{-6}m 量级的微观力学来说无滑移条件是值得怀疑的;当然更不能应用于尺度在纳米范围内的纳米力学。

对超过厘米尺度的物体在大气压下进行的液体和气体流动试验都明确地支持无滑移条件。库伦(Coulomb)于 1800 年发现:金属盘在水中振动的阻力几乎是不变的,无论在盘上涂以油脂或在其表面上覆盖砂岩粉末,因而表面性质对阻力的影响很小。泊肃叶(Poisetline,1841)和哈根(Hagen,1839)得到了直径为 10~20 μm 量级的毛细管中水流动的精确数据。斯托克斯证明了基于无滑移条件的理论结果与泊肃叶的试验结果是一致的。还有威撒姆(Whetham,1890)和库伊特(Couette,1890)等人的试验也得到了同样的结论。法格(Fage)和汤森德(Townsend,1932)用超倍显微镜观测含小质点的水流,也证实了无滑动条件。此外,还在斯托克斯和奥辛(Oseen)的小雷诺数运动理论以及泰勒对旋转圆柱间流动稳定性的计算和观察等方面得到了理论与实验相一致的结果。综合起来,所有这些经验都支持如下结论:对液体而言,若在固体边界上发生滑动,也是小得难以观测的,或者小到对理论推导结果没有任何明显影响的。

11.3 两流体间界面上的表面张力和边界条件

两流体间的界面可以看作是一个具有特殊化学成分和力学性质的薄膜。例如,空气中肥皂泡的表面有一层表面活化剂。肺泡的表面有一层含表面活化剂的流体,它减少肺组织与肺气之间的表面张力。胆囊的表面可以有一个单层或双层的类脂体分子。细胞膜是双层类脂体。甚至在空气中水的*自由表面*处,界面上的水分子也与其在水中的状态是不同的,界面可以看作是一层不同的材料。因此若研究由界面分开的两种流体的流动,流体在界面处的边界条件必须考虑界面的性质。

膜是一种很薄的板。板中的应力曾在1.11节例4中讨论过，参见图1.10。如果膜很薄，我们更关心膜中单位长度上的内力而不是应力沿膜之厚度的分布。在薄膜中，膜中应力的平均值与厚度的乘积称为*内力*[①]或*表面张力*，其单位是[力/长度]。

考虑空气中的肥皂泡，如图11.2所示。它是一层以两个带表面张力的气-液界面为边界的液体。假设表面张力是各向同性的。把两个界面上(译注：每个表面的)表面张力的合力记为γ。为了形成肥皂泡，必须吹气，以造成大于外压p_o的内压p_i，由其压差导致的力必须与肥皂膜的张力相平衡。假设C是肥皂泡表面上微小的矩形闭合曲线，其边长为dx和dy(见图11.2)。图中画出作用于各边上的张力。为了计算平衡张力所需要的压力，我们来考虑如下两个剖面视图：一个在xz平面内(z垂直于肥皂膜)，另一个在yz平面内。前者示于图11.3中，其每边都受张力γdy作用。由于两个张力与表面相切，它们有垂直于表面的合力$\gamma dy d\theta$。而$d\theta = dx/R_1$，其中R_1是肥皂膜的曲率半径。因此，法向力为$\gamma dx dy/R_1$。类似地，作用于矩形另两边上的张力形成了合力$\gamma dx dy/R_2$。由于肥皂泡有内、外两个气-液界面，所以作用于曲线C上的表面张力的总合力垂直于肥皂膜，且等于$2\gamma dx dy/R_1 + 2\gamma dx dy/R_2$。该力由压差与面积$dx dy$之积所平衡。让这些力相等，就得到以拉普拉斯(1805)命名的著名的肥皂膜方程式，虽然托马斯·杨(Thomas Young)在一年前(1804)实际上已经得到了这个方程：

$$2\gamma\left(\frac{1}{R_1}+\frac{1}{R_2}\right) = p_i - p_o \tag{11.3-1}$$

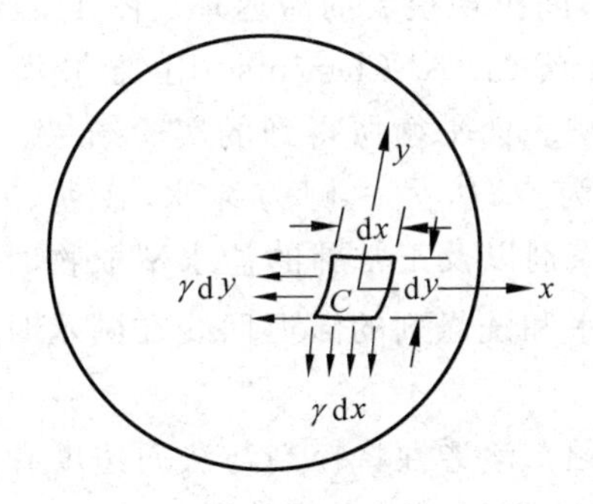

图11.2　肥皂泡

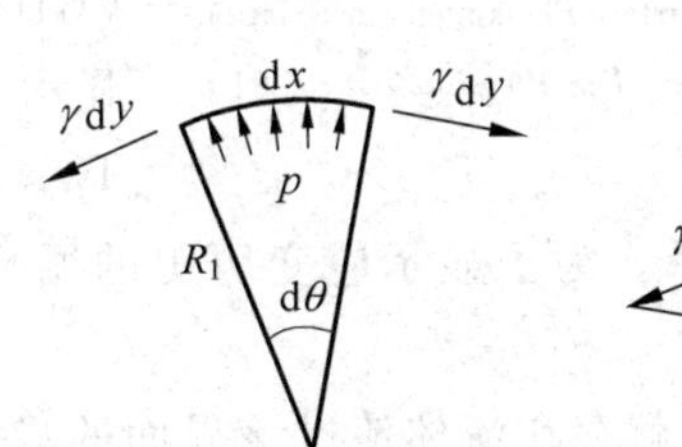

图11.3　作用于肥皂泡微元上的膜力的平衡

若肥皂泡是球形的，则$R_1 = R_2$。若肥皂泡不是球形，则注意到：对任何曲面和式

$$\frac{1}{R_1}+\frac{1}{R_2} = \text{平均曲率} \tag{11.3-2}$$

在坐标旋转时是不变量。因此，x，y轴方向的选择是不重要的。

作为特殊情况，我们来考虑由零压差边界曲线所组成的肥皂膜。该表面称为*最小表面*，其基本方程是

① Stress Resultant直译为“合应力”，按我国板壳理论教材的习惯，称为“内力”。

$$\frac{1}{R_1}+\frac{1}{R_2}=0 \tag{11.3-3}$$

方程(11.3-1)表明：若半径 R_1 和 R_2 变得很小，则平衡表面张力所需要的压差就变得很大。对于不变的 γ，若 $R_1, R_2 \to 0$，压差就趋于无穷大。

如果流体是运动的，且界面是非定常的，则对于真实(粘性)流体，对每种与界面相关的流体都必须施加无滑移条件。若其中有一种流体是理想(无粘性)的，则对该流体就没有无滑移条件。若两种流体都是理想的，则在滑移时就没有阻力。

在界面具有特定表面粘性、表面可压缩性、弹性和弯曲刚度的最一般情况中，运动(或平衡)方程以及界面的连续性方程就是固体力学中薄膜或薄壳的那些方程。与界面接触的流体的边界条件就是不可穿透条件和无滑移条件。

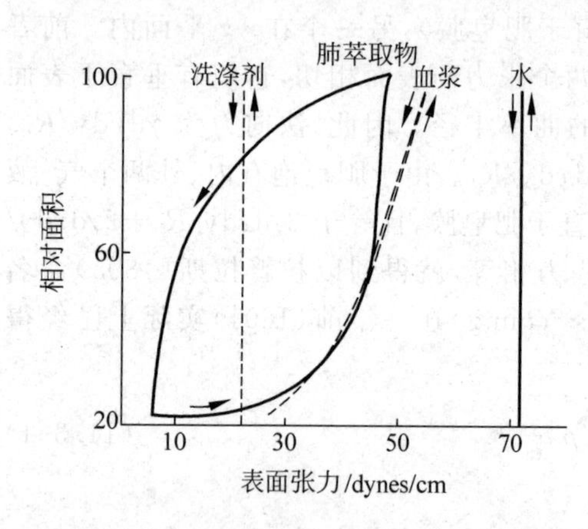

图 11.4 几种流体的表面张力随应变的变化
摘自 J. A. Clements "Surface Phenomena in Relation to Pulmonary Function." *The Physiologist*, 5(1)(1962), 11-28

在一些化学工程问题(例如泡沫化)、机械工程问题(如金属和岩石的断裂)以及生物问题(如肺的开口和破裂)中表面张力是很重要的。一般说，表面张力是变化的。例如，我们肺泡的表面是湿润的，并通过出现卵磷脂一类的"表面活化剂"类脂体来调节表面张力。界面上这些极化分子的排列取决于分子的浓度、表面的应变率以及应变历史。所以，当表面受周期性的应变时，表面张力和面积的关系间出现很大的滞迟环。图 11.4 给出了克利门茨(J. A. Clements)用维尔海米(Wilhelmy)型表面平衡所得到的实验结果。它显示了一侧为空气，另一侧为纯水、血浆、1% Tween 20 洗涤剂以及正常肺的盐水萃取物时表面张力与面积的关系。为了显示应变历史的循环特性，水和洗涤剂的滞迟回线在图示时放大了。

当存在界面时，就存在流体流过该界面的渗透性问题。渗透性将控制与法向速度有关的边界条件。在界面处可以发生一定量的质量传递，出现层流或湍流的混合等。

11.4 动力相似性和雷诺数

让我们将纳维-斯托克斯方程写成无量纲形式。为简单起见，我们将考虑均匀、不可压缩的流体。选择一个特征速度 V 和特征长度 L。例如，若研究环绕机翼的空气流动，我们可以取 V 为飞机的速度，L 为机翼的弦长。若研究管内的流动，可以取 V 为平均流速，L 为管的直径。对于一个下落的球体，我们可以取 V 为下落速度，L 为球的直径，等等。选定这些特征量后，我们引入无量纲变量

$$x' = \frac{x}{L}, \quad y' = \frac{y}{L}, \quad z' = \frac{z}{L}, \quad u' = \frac{u}{V}$$
$$v' = \frac{v}{V}, \quad w' = \frac{w}{V}, \quad p' = \frac{p}{\rho V^2}, \quad t' = \frac{Vt}{L} \tag{11.4-1}$$

和参数

$$雷诺数 = R_N = \frac{VL\rho}{\mu} = \frac{VL}{\nu} \tag{11.4-2}$$

于是不可压缩流体的方程(11.1-7)可以写成如下形式：

$$\frac{\partial u'}{\partial t'} + u'\frac{\partial u'}{\partial x'} + v'\frac{\partial u'}{\partial y'} + w'\frac{\partial u'}{\partial z'} = -\frac{\partial p'}{\partial x'} + \frac{1}{R_N}\left(\frac{\partial^2 u'}{\partial x'^2} + \frac{\partial^2 u'}{\partial y'^2} + \frac{\partial^2 u'}{\partial z'^2}\right) \tag{11.4-3}$$

另两个方程可以由方程(11.4-3)得到，只要把u'换成v'，v'换成w'，w'换成u'，并把x'换成y'，y'换成z'，z'换成x'。连续性方程(11.1-5)也可以写成无量纲形式：

$$\frac{\partial u'}{\partial x'} + \frac{\partial v'}{\partial y'} + \frac{\partial w'}{\partial z'} = 0 \tag{11.4-4}$$

由于方程(11.4-3)和方程(11.4-4)构成了不可压缩流体的完整的场方程组，显然，只有一个物理参数，即雷诺数R_N，进入了流动的场方程。

考虑两个几何相似的物体，它们浸在运动的流体中并具有相同的初始条件和边界条件。一个物体可以看作是另一物体(模型)的原型。物体是相似的(形状相同，但尺寸不同)，边界条件又一样(在无量纲变量下)。若两个物体的雷诺数相同，则两者的流动将相同，因为具有相同雷诺数的两个几何相似物体将由同一组微分方程和边界条件来控制(以无量纲形式)。所以，在相同的雷诺数下，绕几何相似物体的流动在下述意义下是完全相似的：函数$u'(x',y',z',t')$，$v'(x',y',z',t')$，$w'(x',y',z',t')$，$p'(x',y',z',t')$对各种各样的流动都是相同的。这类流动的相似性称为*动力相似性*。雷诺数控制了稳态流动的动力相似性。对于非稳态流动，对微分方程、初始条件和边界条件的相似要求会需要其他无量纲参数的相似关系。

雷诺数代表惯性力与剪应力之比。在流动中，惯性力来自ρu^2等项的对流加速度，而剪应力来自$\mu\partial u/\partial y$等项。这些项的量级分别为

惯性力：ρV^2；

剪应力：$\mu V/L$。

其比为

$$\frac{惯性力}{剪应力} = \frac{\rho V^2}{\mu V/L} = \frac{\rho VL}{\mu} = 雷诺数 \tag{11.4-5}$$

大雷诺数表示惯性效应占优势，小雷诺数表示剪切效应占优势。

下列习题说明实际问题中出现的雷诺数的范围很广。

习题

11.1　若烟囱没有足够的刚度就会在风中摇摆。风力与流动的雷诺数有关。设风速为

30 mile/h(英里/小时,1 mile/h=0.447 04 m/s),烟囱直径为 20 ft(英尺,1 ft =0.3048 m)。试计算流动的雷诺数。

答案:5.46×10^6。

空气 20℃时的粘性系数 $\mu=1.808\times10^{-4}$ poise(泊,g/cm·s),运动粘性 $\nu=0.150$ Stok(沱,cm^2/s)。

11.2 试计算直径为 16 英寸的潜望镜在速度为 15 节下的雷诺数。

答案:2.4×10^6。

水 10℃时 $\mu=1.308\times10^{-2}$ g/cm·s,$\nu=1.308\times10^{-2}$ cm^2/s,1 节等于每小时 1 海里或 1.852 km/hr。

11.3 假定在测定电子电荷的云雾腔实验(罗伯特·米利坎实验)中,水滴直径为 5 μm(微米,即 5×10^{-4} cm),水滴以 2 mm/s 的速度在 0℃的空气中运动。试问雷诺数是多少?

答案:7.6×10^{-4}。

在 0℃下空气的 $\nu=0.132$ cm^2/s。

11.4 血浆在直径为 10 μm(即 10^{-3} cm)的微血管中以 2 mm/s 的速度流动,试问雷诺数是多少?

答案:1.4×10^{-2}。

在体温下血浆的 μ 大约为 1.4 cp(厘泊, 1 cp=10^{-2} g/cm·s)。

11.5 试计算大型飞机机翼的雷诺数,其弦长为 10 ft(3.048 m),在 7500 ft(2286 m),(0℃)的高空以 600 mile/h(268.224 m/s)的速度飞行。

答案:6.2×10^7。

11.5 水平槽或管内的层流

纳维-斯托克斯方程不容易求解。但是如果能找到不出现非线性项的特殊问题,有时就能容易地得到解答。有此性质的一个特别简单的问题就是水平槽内不可压缩流体的定常流动,该槽在两个平行平面之间,宽度为 $2h$,如图 11.5 所示。

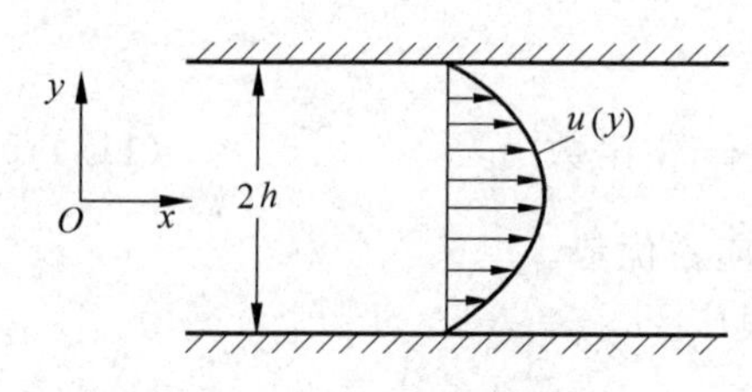

图 11.5 在平行槽中的层流

我们来寻找一种流动

$$u=u(y),\quad v=0,\quad w=0 \tag{11.5-1}$$

它满足纳维-斯托克斯方程、连续性方程和边界 $y=\pm h$ 处的无滑动条件:

$$u(h)=0,\quad u(-h)=0 \tag{11.5-2}$$

显然,(11.5-1)式精确地满足连续性方程(11.1-3),而方程(11.1-7)变成

$$0=-\frac{\partial p}{\partial x}+\mu\frac{\mathrm{d}^2 u}{\mathrm{d}y^2} \tag{11.5-3}$$

$$0=\frac{\partial p}{\partial y} \tag{11.5-4}$$

$$0=\frac{\partial p}{\partial z} \tag{11.5-5}$$

方程(11.5-4)和方程(11.5-5)表明 p 仅是 x 的函数。若将方程(11.5-3)对 x 微分,并利用(11.5-1)式就得到 $\partial^2 p/\partial x^2=0$。因此,$\partial p/\partial x$ 必为常数,譬如说 $-\alpha$。于是方程(11.5-3)变为

$$\frac{\mathrm{d}^2 u}{\mathrm{d}y^2}=-\frac{\alpha}{\mu} \tag{11.5-6}$$

它有解

$$u=A+By-\frac{\alpha}{\mu}\frac{y^2}{2} \tag{11.5-7}$$

两个常数 A 和 B 可以用边界条件(11.5-2)确定,于是得到最终解答为

$$u=\frac{\alpha}{2\mu}(h^2-y^2) \tag{11.5-8}$$

可见,速度剖面是抛物线。

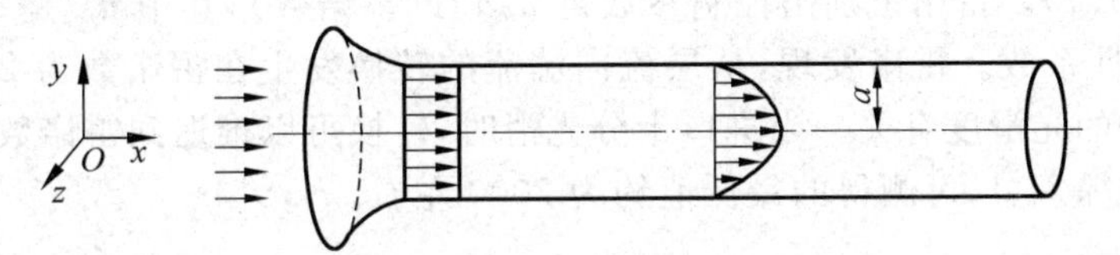

图 11.6　圆管内的层流

相关的一个问题是通过半径为 a 的水平圆管的流动(见图 11.6)。我们寻找的解

$$u=u(y,z),\quad v=0,\quad w=0$$

与方程(11.5-6)相似,纳维-斯托克斯方程变为

$$\frac{\partial^2 u}{\partial y^2}+\frac{\partial^2 u}{\partial z^2}=-\frac{\alpha}{\mu} \tag{11.5-9}$$

利用 $r^2=y^2+z^2$ 可以方便地将笛卡儿坐标 x,y,z 转换成圆柱坐标 x,r,θ(见 5.8 节)。于是方程(11.5-9)变为

$$\frac{\partial^2 u}{\partial y^2}+\frac{\partial^2 u}{\partial z^2}=\frac{1}{r}\frac{\partial}{\partial r}\left(r\frac{\partial u}{\partial r}\right)+\frac{1}{r^2}\frac{\partial^2 u}{\partial\theta^2}=-\frac{\alpha}{\mu} \tag{11.5-10}$$

假定流动是对称的,从而 u 仅是 r 的函数;于是 $\partial^2 u/\partial\theta^2=0$,而方程

$$\frac{1}{r}\frac{\mathrm{d}}{\mathrm{d}r}\left(r\frac{\mathrm{d}u}{\mathrm{d}r}\right)=-\frac{\alpha}{\mu} \tag{11.5-11}$$

可以直接积分得到

$$u=-\frac{\alpha}{\mu}\frac{r^2}{4}+A\log r+B \tag{11.5-12}$$

常数 A 和 B 可以用 $r=a$ 处的无滑移条件和对中心线 $r=0$ 的对称性来确定:

$$u = 0, \quad 在 r = a 处 \tag{11.5-13}$$

$$\frac{\mathrm{d}u}{\mathrm{d}r} = 0, \quad 在 r = 0 处 \tag{11.5-14}$$

最终解答是

$$u = \frac{\alpha}{4\mu}(a^2 - r^2) \tag{11.5-15}$$

这就是著名的哈根-泊肃叶(Hagen-Poiseuille)流动的抛物线形速度分布;其理论解是由斯托克斯得到的。

哈根-泊肃叶流的经典解已受到无数实验的检验。它在管道进口附近是不适用的。在离进口足够远的距离处是令人满意的,但是如果管子太大或速度太高它就又不适用了。在进口处的困难在于流动在该区域内具有瞬态不稳定性,因而我们的假设 $v=0$ 和 $w=0$ 不成立。但是因雷诺数太大而带来的困难则是另一回事:此时流动变成了湍流!

雷诺(Osborne Reynolds)在一个经典试验中演示了从层流向湍流的转换,在试验中他观测了从大水箱通往小管道的流出情况。在管的端部他用水龙头来改变通过管道的流水速度。管道与水箱的连接处做得很圆滑,在管嘴处引入一丝带色墨水。当水速较低时,色线在整个管道长度上都保持清晰。当速度增加时,在某个给定点上色线散开了,并扩散到整个横剖面上(见图 11.7)。雷诺识别出控制参数是 $u_m d/\nu$(雷诺数),其中 u_m 是平均速度,d 是直径,ν 是运动粘性系数。雷诺发现,从层流向湍流的转换发生在雷诺数为 2000 到 13 000 之间,并与进口处的光滑度有关。当进口十分光滑时,转换可以推迟到雷诺数高达 40 000。另一方面,对于粗糙入口,可测得的最低值约为 2000 左右。

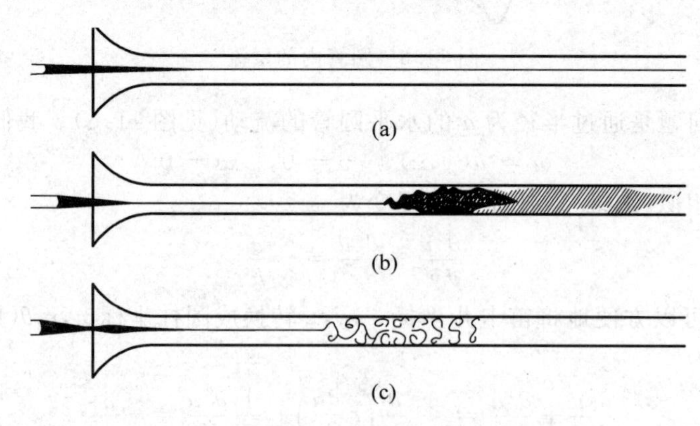

图 11.7 雷诺湍流试验

(a) 层流;(b) 由层流向湍流转变;(c) 由层流向湍流转变

摘自 Osbrne Reynolds,"An Experimental Investigation of the Circumstances which Detemine whether the Motion of Water Shall Be Direct or Sinuous, and of the Law of Resistance in Parallel Channels", *Phil. Trans.*, *Roy. Soc.*, 174(1883), 935-982

湍流是流体力学中最重要的、最困难的问题之一。湍流在技术上很重要,不仅是因为它影响表面的摩擦,流动阻力,热的生成、传递与扩散等,而且是因为它是普遍存在的。可以说，流体流动的正常方式就是湍流。海洋中的水，地球上的空气和太阳中的运动状态都是湍流。当你更深入地研究流体力学时，湍流理论处处都在向你招手。

习题

11.6　根据由(11.5-15)式给出的基本解答证明通过管道的质量流的速率为

$$Q=\frac{\pi a^4\rho}{8\mu}\alpha$$

平均速度为

$$u_m=\frac{a^2}{8\mu}\alpha$$

表面摩擦系数为

$$c_f=\frac{\text{剪应力}}{\text{平均动压}}=\frac{-\mu(\partial u/\partial r)_{r=a}}{\frac{1}{2}\rho u_m^2}=\frac{16}{R_N}$$

其中 $R_N=2au_m/\nu$。

11.6　边　界　层

若在均匀、不可压缩流体的无量纲纳维-斯托克斯方程(11.4-3)中，即

$$\frac{Du'_i}{Dt'}=-\frac{\partial p'}{\partial x'_i}+\frac{1}{R_N}\nabla^2 u'_i \quad (i=1,2,3) \tag{11.6-1}$$

中令 $R_N\to\infty$，则最后一项可以略去，除非二阶导数变得很大。在速度及其导数为有限值的一般流场中，当雷诺数趋于无穷时，粘性效应将消失。但是由于无滑移条件，在固体壁面附近速度将从自由流速到固体速度发生急剧的过渡。如果这个过渡层很薄，即使雷诺数很大最后一项也不能忽略。

我们将边界层定义为：即使雷诺数很大，粘性影响仍能感觉到的流体区域。在边界层内的流动情况是：剪应力项(即方程(11.6-1)中的最后项)在数值上与对流力项同量级。基于高速流动中边界层很薄的观测，普朗特(Prandtl)于1904年将纳维-斯托克斯方程简化为更容易处理的边界层方程。

为了看清边界层方程的性质，我们来考察固定平板上的二维流动(如图11.8)。我们取 x' 轴沿表面上的流动方向，y' 轴与其垂直。假定沿 z' 轴的速度分量 w 为零。于是方程(11.6-1)变为

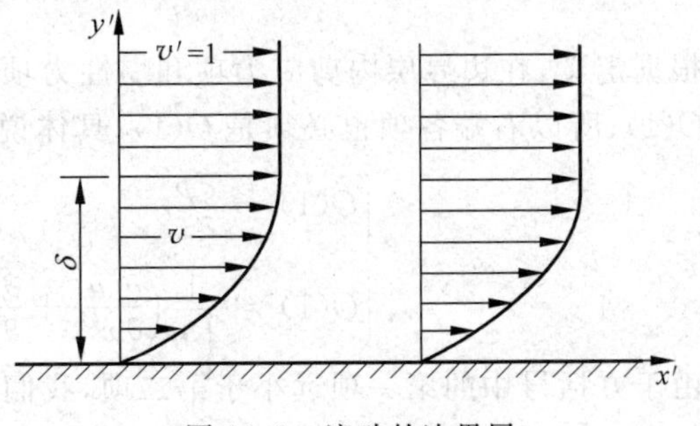

图11.8　流动的边界层

$$\frac{\partial u'}{\partial t'}+u'\frac{\partial u'}{\partial x'}+v'\frac{\partial u'}{\partial y'}=-\frac{\partial p'}{\partial x'}+\frac{1}{R_N}\left(\frac{\partial^2 u'}{\partial x'^2}+\frac{\partial^2 u'}{\partial y'^2}\right) \tag{11.6-2}$$

$$\frac{\partial v'}{\partial t'}+u'\frac{\partial v'}{\partial x'}+v'\frac{\partial v'}{\partial y'}=-\frac{\partial p'}{\partial y'}+\frac{1}{R_N}\left(\frac{\partial^2 v'}{\partial x'^2}+\frac{\partial^2 v'}{\partial y'^2}\right) \tag{11.6-3}$$

若取自由流速为特征速度,则在边界层外面的自由流中无量纲速度 u' 等于 1。速度 u' 从固体表面 $y'=0$ 处为 0 变化到在 $y'=\delta$ 处为 1,这里 δ 为边界层的厚度(它是无量纲的,且数值很小)。现在我们可以来估计方程(11.6-2)中各项的量级：我们用 $u'=O(1)$ 表示 u' 至多与 1 同量级。注意到：$O(1)+O(1)=O(1)$,$O(1)\cdot O(1)=O(1)$,$O(1)+O(\delta)=O(1)$ 和 $O(1)\cdot O(\delta)=O(\delta)$。于是,由于 u' 随 t' 和 x' 的变化是有限的,我们有

$$\begin{aligned} &u'=O(1), \quad \frac{\partial u'}{\partial x'}=O(1) \\ &\frac{\partial^2 u'}{\partial x'^2}=O(1), \quad \frac{\partial u'}{\partial t'}=O(1) \end{aligned} \tag{11.6-4}$$

由连续性方程(11.4-4)我们得到

$$\frac{\partial u'}{\partial x'}=-\frac{\partial v'}{\partial y'}=O(1) \tag{11.6-5}$$

因此

$$v'=\int_0^\delta \frac{\partial v'}{\partial y'}\mathrm{d}y'=\int_0^\delta O(1)\,\mathrm{d}y'=O(\delta) \tag{11.6-6}$$

于是,垂直速度至多为 δ 的量级,其数值很小:

$$\delta \ll 1 \tag{11.6-7}$$

因为 $v'=O(\delta)$ 而根据方程(11.6-5)$\partial v'/\partial y'=O(1)$,我们看到：在边界层内某个量对 y' 微分将使其量级上增加 $1/\delta$。于是

$$\begin{cases} \dfrac{\partial u'}{\partial y'}=O\left(\dfrac{1}{\delta}\right) & \dfrac{\partial^2 u'}{\partial y'^2}=O\left(\dfrac{1}{\delta^2}\right) \\ \dfrac{\partial v'}{\partial x'}=O(\delta), & \dfrac{\partial^2 v'}{\partial x'^2}=O(\delta) \\ \dfrac{\partial v'}{\partial t'}=O(\delta), & \dfrac{\partial^2 v'}{\partial y'^2}=O\left(\dfrac{1}{\delta}\right) \end{cases} \tag{11.6-8}$$

根据定义,在边界层内剪应力项和惯性力项是同量级的。而方程(11.6-2)左端的项全都是 $O(1)$;所以右端各项也必须是 $O(1)$;具体说:

$$\begin{cases} O(1)=\dfrac{\partial p'}{\partial x'} \\ O(1)=\dfrac{1}{R_N}\left(\dfrac{\partial^2 u'}{\partial x'^2}+\dfrac{\partial^2 u'}{\partial y'^2}\right)=\dfrac{1}{R_N}\left[O(1)+O\left(\dfrac{1}{\delta^2}\right)\right] \end{cases} \tag{11.6-9}$$

由于方括号中的第一项远小于第二项,我们有

$$O(1)=\frac{1}{R_N}O\left(\frac{1}{\delta^2}\right)$$

因此

$$R_N = O\left(\frac{1}{\delta^2}\right) \tag{11.6-10}$$

这样我们就得到了边界层厚度的预测值

$$\delta = O\left(\frac{1}{\sqrt{R_N}}\right) \tag{11.6-11}$$

将方程(11.6-4)、(11.6-8)和方程(11.6-10)代入方程(11.6-3)，我们看到所有包含v'的项均为$O(\delta)$；所以剩下的项$\partial p'/\partial y'$也必须是$O(\delta)$。于是

$$\frac{\partial p'}{\partial y'} = O(\delta) \sim 0 \tag{11.6-12}$$

换句话说，横贯边界层时压力近似为常数。若只保留量级为1的各项，纳维-斯托克斯方程简化为

$$\frac{\partial u'}{\partial t'} + u'\frac{\partial u'}{\partial x'} + v'\frac{\partial u'}{\partial y'} = -\frac{\partial p'}{\partial x'} + \frac{1}{R_N}\frac{\partial^2 u'}{\partial y'^2} \tag{11.6-13}$$

和方程(11.6-12)。方程(11.6-13)就是普朗特边界层方程，它对应于如下边界条件：

$$\begin{aligned} u' = v' = 0, \quad y' = 0 \\ u' = 1, \quad y' = \delta \end{aligned} \tag{11.6-14}$$

习题

11.7 空气以100 ft/s(30.48 m/s)的速度流过10 ft(3.048 m)长的板，试估算边界层的厚度。

答案：在20℃下，$\delta = O(4.018\times10^{-4})$。当弦长为3.048 m时，边界层厚度≐0.12 mm。

11.7 平板上的层流边界层

为了应用普朗特边界层理论，我们来考虑平板上不可压缩流体的流动，如图11.9所示，为了图面清晰，该图的纵向尺度放大了。边界层外的速度假设为常数$\bar{u}$。我们要寻找一个$\partial u/\partial t = 0$的稳态解。待以后证明，我们先作一个附加假设：与边界层方程中的其他项相比，压力梯度$\partial p/\partial x$可以忽略不计。于是方程(11.6-13)变成

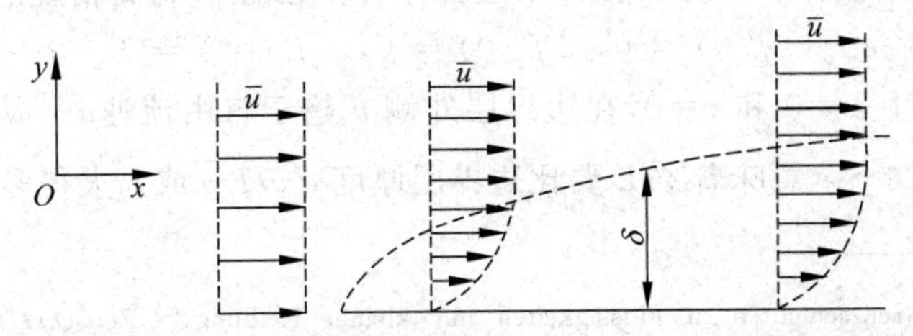

图 11.9 平板上的层流边界层，图示了边界层厚度的增加

$$u\frac{\partial u}{\partial x}+v\frac{\partial u}{\partial y}=\nu\frac{\partial^2 u}{\partial y^2} \tag{11.7-1}$$

这里我们回到有量纲的物理量，符号中去掉一撇。连续性方程是

$$\frac{\partial u}{\partial x}+\frac{\partial v}{\partial y}=0 \tag{11.7-2}$$

若 u,v 由流函数 $\psi(x,y)$ 所导出：

$$u=-\frac{\partial \psi}{\partial y},\quad v=\frac{\partial \psi}{\partial x} \tag{11.7-3}$$

则方程(11.7-2)将自动满足。于是方程(11.7-1)变成

$$\frac{\partial \psi}{\partial x}\frac{\partial^2 \psi}{\partial y^2}-\frac{\partial \psi}{\partial y}\frac{\partial^2 \psi}{\partial x\partial y}=\nu\frac{\partial^3 \psi}{\partial y^3} \tag{11.7-4}$$

边界条件是：(a)在板上无滑移，(b)在边界层外侧与自由流保持连续性，即

$$u=v=0\quad 或\quad \frac{\partial \psi}{\partial x}=\frac{\partial \psi}{\partial y}=0,\quad y=0 \tag{11.7-5}$$

$$u=\bar{u}\quad 或\quad -\frac{\partial \psi}{\partial y}=\bar{u},\quad y=\delta \tag{11.7-6}$$

仿照布拉休斯①(Blasius)我们来寻找“相似性解”。考虑如下变换

$$\bar{x}=\alpha x,\quad \bar{y}=\beta y,\quad \bar{\psi}=\gamma\psi \tag{11.7-7}$$

其中 α,β 和 γ 是常数。将(11.7-7)式代入方程(11.7-4)，可以证明对函数 $\bar{\psi}(\bar{x},\bar{y})$ 的方程与方程(11.7-4)具有同样的形式，只要我们选择 $\gamma=\alpha/\beta$。类似地，若代入边界条件(11.7-6)，可以证明 $-\partial\bar{\psi}/\partial\bar{y}=\bar{u}$，只要选择 $\gamma=\beta$。因此，$\beta=\alpha/\beta$，或 $\beta=\sqrt{\alpha}$。根据这个选择我们有

$$\frac{\bar{y}}{\sqrt{\bar{x}}}=\frac{y}{\sqrt{x}},\quad \frac{\bar{\psi}}{\sqrt{\bar{x}}}=\frac{\psi}{\sqrt{x}} \tag{11.7-8}$$

这些关系暗示了存在如下形式的解

$$\psi=-f(\xi)\sqrt{\nu\bar{u}x},\quad \xi=\sqrt{\frac{\bar{u}}{\nu}}\frac{y}{\sqrt{x}} \tag{11.7-9}$$

将(11.7-9)式代入方程(11.7-4)，得到一个常微分方程

$$2f'''+ff''=0 \tag{11.7-10}$$

其中用撇表示对 ξ 的微分。该方程在如下边界条件下已经得到高精度的数值解：

$$f(0)=0,\quad f'(0)=0,\quad f'(\infty)=1 \tag{11.7-11}$$

该条件表示：在板上 $u=0$ 和 $v=0$，在边界层外侧 u 趋于自由流速 $\bar{u}$。从(11.7-9)式可以看出：对不变的 x/L，$\xi\to\infty$ 意味着 y/L 要比边界层厚度 $\sqrt{\nu/L\bar{u}}$ 或 δ 大得多。由方程(11.7-10)

① H. Blasius, “Grenzschichten in Flüssigkeiten mit kleiner Reibung”, *Zeitschrift f. Math. u. Phys.*, 56(1908), 1.

和(11.7-11)的解所得到的速度分布与实验数据[①]密切吻合,如图 11.10 所示,只在极靠近板的前缘处除外,该处边界层的近似假设不成立,还有在较远的下游处也不吻合,那里的流动已变为湍流。

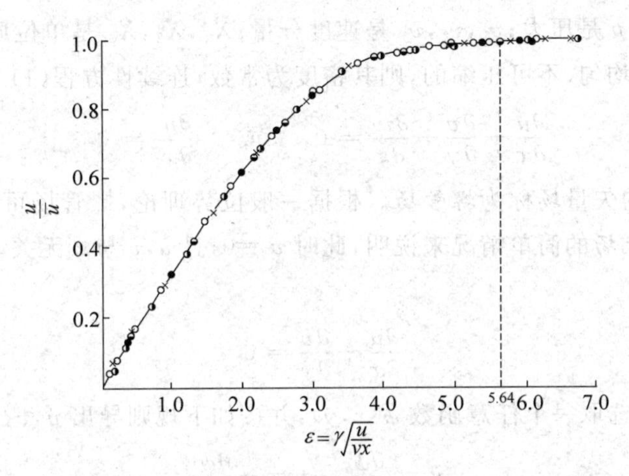

图 11.10　零入射角下平板上层流边界层内速度分布的布拉休斯解,及其与尼古拉斯测量值的比较

与方程(11.7-9)、(11.7-10)和(11.7-11)给出的解相对应的流动是层流。在离前缘足够远的下游处,流动变为湍流,布拉休斯解不再成立。当以基于边界层厚度的雷诺数

$$R=\frac{\bar{u}\delta}{\nu}$$

达到某个临界值时即出现转换。一般说,临界转换雷诺数值大约为 3000,但确切的值与表面粗糙度、曲率、马赫数等有关。

层流边界层和湍流边界层在热传导、表面摩擦、热生成等方面都有巨大的差别。在宇航时代,对于重返大气层的运载工具来说,层流-湍流转换问题具有极为重要的意义。当人造卫星重返大气层时,在边界层中因表面摩擦所生成的热量是极大的,而湍流边界层所产生的热量要比层流边界层多得多。对大多数重返运载工具来说,若鼻锥上的边界层是层流,它就可能幸存,但若流动变成湍流,鼻锥将被烧毁。

11.8　无粘性流体

若粘性系数准确为零,就可以大大简化。此时应力张量是各向同性的,即

$$\sigma_{ij}=-p\delta_{ij} \tag{11.8-1}$$

---

① J. Nikuradse, *Laminare Reibungsschichten an der längsangeströmten Platte*. Monograph, Zentrale f. Wiss. Berichtswesen, Berlin, 1942. 参看 H. Schlichting, *Boundary Layer Theory*, translated by J. Kestin, New York: McGraw-Hill Book Company(1960), p. 124.

同时运动方程简化为

$$\rho \frac{Dv_i}{Dt} = \rho X_i - \frac{\partial p}{\partial x_i} \tag{11.8-2}$$

其中,ρ 是流体密度;p 是压力;v_1,v_2,v_3 是速度分量;X_1,X_2,X_3 是单位质量的体力分量。

此外,若流体是均匀、不可压缩的,则其密度为常数,连续性方程(11.1-3)简化为

$$\frac{\partial u}{\partial x} + \frac{\partial v}{\partial y} + \frac{\partial w}{\partial z} = 0, \quad \text{或} \quad \frac{\partial u_i}{\partial x_i} = 0 \tag{11.8-3}$$

满足方程(11.8-3)的矢量场称为*螺管场*。根据一般位势理论,螺管场可以由另一个矢量导出。这可以用*二维流场*的简单情况来说明,此时 $w=0$,且 u,v 与 z 无关,该流场的连续性方程是

$$\frac{\partial u}{\partial x} + \frac{\partial v}{\partial y} = 0 \tag{11.8-4}$$

显而易见,只要我们选取一个任意函数 $\psi(x,y)$,并按如下规则导出 u,v:

$$u = \frac{\partial \psi}{\partial y}, \quad v = -\frac{\partial \psi}{\partial x} \tag{11.8-5}$$

方程(11.8-4)就能自动满足。这样的函数 ψ 称为*流函数*。

将方程(11.8-5)代入运动方程(11.8-2),我们得到二维流动的基本方程

$$\begin{cases} \dfrac{\partial^2 \psi}{\partial t \partial y} + \dfrac{\partial \psi}{\partial y}\dfrac{\partial^2 \psi}{\partial x \partial y} - \dfrac{\partial \psi}{\partial x}\dfrac{\partial^2 \psi}{\partial y^2} = X - \dfrac{1}{\rho}\dfrac{\partial p}{\partial x} \\ -\dfrac{\partial^2 \psi}{\partial t \partial x} - \dfrac{\partial \psi}{\partial y}\dfrac{\partial^2 \psi}{\partial x^2} + \dfrac{\partial \psi}{\partial x}\dfrac{\partial^2 \psi}{\partial x \partial y} = Y - \dfrac{1}{\rho}\dfrac{\partial p}{\partial y} \end{cases} \tag{11.8-6}$$

若体力为零,消去 p 得到

$$\frac{\partial}{\partial t}\nabla^2\psi + \psi_y \nabla^2 \psi_x - \psi_x \nabla^2 \psi_y = 0 \tag{11.8-7}$$

其中

$$\nabla^2 = \frac{\partial^2}{\partial x^2} + \frac{\partial^2}{\partial y^2}$$

下标则表示偏微分。

习题

11.8 试证明对不可压缩粘性流体的二维流动,由方程(11.8-5)所定义的流函数的基本方程为

$$\frac{\partial}{\partial t}\nabla^2\psi + \psi_y \nabla^2 \psi_x - \psi_x \nabla^2 \psi_y = \nu \nabla^2 \nabla^2 \psi + \frac{\partial X}{\partial y} - \frac{\partial Y}{\partial x}$$

11.9 旋度和环量

环量和旋度的概念在流体力学中是十分重要的。

在任一闭合回路 C 上的环量 $I(C)$ 用线积分形式定义为

$$I(C)=\int_C \boldsymbol{v}\cdot \mathrm{d}\boldsymbol{l}=\int_C v_i \mathrm{d}x_i \tag{11.9-1}$$

其中,C 为流体中的任一闭合曲线,被积函数是速度矢量 $\boldsymbol{v}$ 与矢量 $\mathrm{d}\boldsymbol{l}$ 的标量积,$\mathrm{d}\boldsymbol{l}$ 与曲线 C 相切,长度为 $\mathrm{d}l$(见图 11.11)。显然,环量是速度场和所选曲线 C 两者的函数。

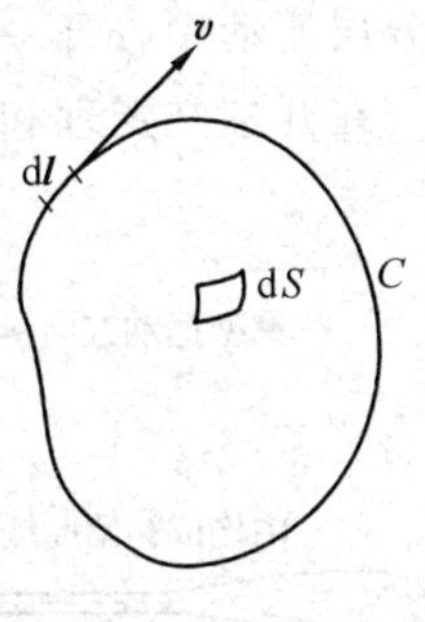

若 C 包围一个单连通域,则根据斯托克斯定理可以把线积分转换为面积分

$$I(C)=\int_S (\nabla\times\boldsymbol{v})_n \mathrm{d}S=\int_S (\mathrm{curl}\ \boldsymbol{v})_i \nu_i \mathrm{d}S \tag{11.9-2}$$

其中,S 是流体中以曲线 C 为边界的任一曲面,ν_i 是该曲面的单位法线,$\mathrm{curl}\ \boldsymbol{v}=e_{ijk}v_{j,k}$ 称为速度场的旋度。

图 11.11 环量:符号

若回路 C 是一条流线,即当时间变化时曲线 C 由同一组流体质点构成,则开尔文(Lord Kelvin)定理给出了环量随时间的变化规律:若流体是无粘的,且体力是保守的,则

$$\frac{\mathrm{D}I}{\mathrm{D}t}=-\int_C \frac{\mathrm{d}p}{\rho} \tag{11.9-3}$$

除了上述条件外,若密度 ρ 仅是压力的函数,则这类流体称为正压的,此时最后的积分为零,因为积分是单值的,且 C 是闭合曲线。于是我们得到赫姆霍兹(Helmholtz)定理:

$$\frac{\mathrm{D}I}{\mathrm{D}t}=0 \tag{11.9-4}$$

为了证明上述诸定理,我们注意到:由于 C 是流线,总由相同的质点所组成,微分和积分的顺序可以交换如下:

$$\frac{\mathrm{D}}{\mathrm{D}t}\int_C v_i \mathrm{d}x_i=\int_C \frac{\mathrm{D}}{\mathrm{D}t}(v_i \mathrm{d}x_i)=\int_C\left(\frac{\mathrm{D}v_i}{\mathrm{D}t}\mathrm{d}x_i+v_i\frac{\mathrm{Dd}x_i}{\mathrm{D}t}\right) \tag{11.9-5}$$

但是,$\mathrm{Dd}x_i/\mathrm{D}t$ 是 $\mathrm{d}x_i$ 由流体运动所导致的增长速率;因此它等于微线元两端处平行于 x_i 的速度差,即 $\mathrm{d}v_i$。将运动方程(11.8-2)的 $\mathrm{D}v_i/\mathrm{D}t$ 代入,并用 $\mathrm{d}v_i$ 代替 $\mathrm{Dd}x_i/\mathrm{D}t$,我们得到

$$\begin{aligned}\frac{\mathrm{D}I}{\mathrm{D}t}&=\int_C\left[\left(-\frac{1}{\rho}\frac{\partial p}{\partial x_i}+X_i\right)\mathrm{d}x_i+v_i\mathrm{d}v_i\right]\\&=-\int_C\frac{\mathrm{d}p}{\rho}+\int_C X_i \mathrm{d}x_i+\int_C \mathrm{d}v^2\end{aligned} \tag{11.9-6}$$

在右端诸项中,最后一项为零,因为流场中 v^2 是单值的;若体力 X_i 是保守的,则第二项也为零。因此,凯尔文定理被证明。赫姆霍兹定理可以作为特殊情况直接导出,因为若流体是正

压的，右端的积分就是零。

赫姆霍兹定理的重要性就包含在其清晰的结论中。如果我们只关心正压流体，则 I 等于常数。因此，只要环量在某一瞬时为零，它必永远为零。若在流场中任意流线上都如此，则根据方程(11.9-2)整个流场中的旋度均为零。这就大大简化为我们将在11.10节中讨论的无旋流动情况。为了领会其重要性，只要留神绝大多数流体力学的经典著作都在处理无旋流动问题。

值得指出，只要密度 ρ 与压力以外的其他变量有关，绕流线的环量就并不一定保持常数。绝大多数地球物理问题就属于这个范畴，此时温度成为影响 ρ 和 p 两者的参数。同样，在分层流动中，ρ 不一定只是 p 的函数，它还是位置的函数。

在开尔文定理和赫姆霍兹定理中流线一词的意义可以用在空气中运动的薄翼型问题来说明。该问题满足赫姆霍兹定理的条件。因此，绕任何流线的环量 I 永远不会随时间而改变。由于流体运动是由翼型的运动引起的，且开始时流体处于静止状态，即 $I=0$，由此得出结论：I 在任何时候都等于零。但须注意：在翼型所占有的体积内并不包含流体。如图11.12所示，当翼型向前运动时，包围翼型边界的流线 C 变长。根据赫姆霍兹定理，环绕 C 的环量等于零，所以 C 内部的总旋度为零，但是不能得出在 C 内部旋度真的处处为零的结论。在翼型所占有的区域内以及翼型后面的尾流中，旋度是确实存在的。然而，将赫姆霍兹定理应用于翼型及其尾流以外的区域，环绕每根可能的流线的环量等于零这一点清晰地表明：翼型及其尾流以外的流动是无旋的。

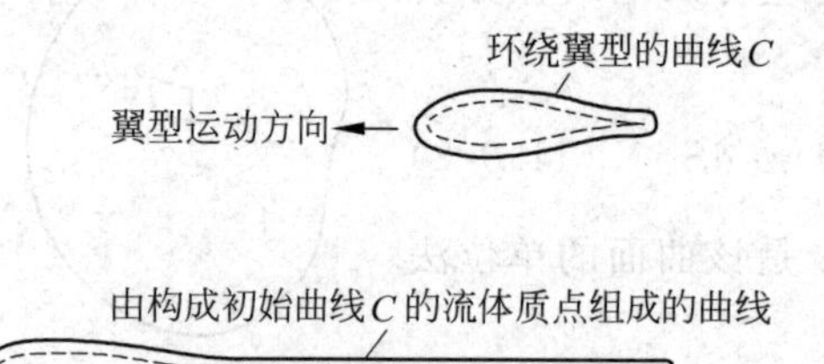

图 11.12 环绕翼型及其尾流区的流线

11.10 无 旋 流

若旋度处处为零，则流动称为*无旋的*，即

$$\nabla \times \boldsymbol{v} = \text{curl}\ \boldsymbol{v} = 0 \tag{11.10-1}$$

或

$$e_{ijk}\, v_{j,k} = 0$$

对于二维无旋流，我们必有

$$\frac{\partial u}{\partial y} - \frac{\partial v}{\partial x} = 0 \tag{11.10-2}$$

若流体是不可压缩的，引入(11.8-5)式定义的流函数，则将(11.8-5)式代入(11.10-2)得到方程

$$\frac{\partial^2 \psi}{\partial x^2} + \frac{\partial^2 \psi}{\partial y^2} = 0 \tag{11.10-3}$$

这就是著名的拉普拉斯方程，其解答是许多应用数学书籍所关心的事。

我们能证明：不可压缩流体的无旋流动是受拉普拉斯方程所控制的，甚至三维情况也是如此，因为根据无旋性的定义，如下三个方程必须成立

$$\frac{\partial u}{\partial y}-\frac{\partial v}{\partial x}=0,\quad \frac{\partial v}{\partial z}-\frac{\partial w}{\partial y}=0,\quad \frac{\partial w}{\partial x}-\frac{\partial u}{\partial z}=0 \qquad (11.10\text{-}4)$$

这些方程能够自动满足，只要速度 u,v,w 均由势函数 $\Phi(x,y,z)$ 按如下规则导出：

$$u=\frac{\partial \Phi}{\partial x},\quad v=\frac{\partial \Phi}{\partial y},\quad w=\frac{\partial \Phi}{\partial z} \qquad (11.10\text{-}5)$$

此外，若流体是不可压缩的，则将方程(11.10-5)代入(11.1-5)就得到拉普拉斯方程

$$\frac{\partial^2 \Phi}{\partial x^2}+\frac{\partial^2 \Phi}{\partial y^2}+\frac{\partial^2 \Phi}{\partial z^2}=0 \qquad (11.10\text{-}6)$$

由于 Φ 是势函数，该方程也称为位势方程。

不可压缩的位势流受拉普拉斯方程控制。若能找到一个满足所有边界条件的解，则由欧拉运动方程能得到压力梯度，问题就解决了。造成流体力学主要困难的非线性对流加速度并不妨碍不可压缩流体位势流的求解。这就是位势理论是如此简单而又如此重要的原因。

为了了解位势理论的用途，我们引用赫姆霍兹定理(见11.9节)：若流体质量任一部分的运动在任何瞬时都是无旋的，则它将永远保持是无旋的，只要体力是保守的，且流体是正压的(即其密度只是压力的函数)。这些条件在大多数问题中都是成立的。如果把一个固体浸入流体中，并突然让它运动，在无粘性流体中发生的该运动就是无旋的①。因此，大量技术上很重要的问题是无旋的。

11.11　可压缩的无粘性流体

基本方程

若流体是可压缩的，连续性方程(10.5-3)为

$$\frac{\partial \rho}{\partial t}+\frac{\partial \rho v_j}{\partial x_j}=0 \qquad (11.11\text{-}1)$$

若流体是无粘性的，欧拉运动方程为

$$\frac{\partial v_i}{\partial t}+v_j\frac{\partial v_i}{\partial x_j}=-\frac{1}{\rho}\frac{\partial p}{\partial x_i}+X_i \qquad (11.11\text{-}2)$$

只要温度 T 被显式地求出，则密度就只与压力有关。例如，若已知温度为常数(等温的)，对于理想气体有

① 参见 H. Lamb, *Hydrodynamics*, New York: Dover Publications, 6th ed. (1945), pp. 10,11.

$$\frac{p}{\rho} = \text{const.}, \quad T = \text{const.} \tag{11.11-3}$$

如若流动是等熵的(绝热而可逆的),则有

$$\frac{p}{\rho^{\gamma}} = \text{const.}, \quad \frac{T}{\rho^{\gamma-1}} = \text{const.} \tag{11.11-4}$$

其中 γ 是气体的等压比热 C_p 与等容比热 C_v 之比,即 $\gamma=C_p/C_v$。这两种情况都是正压的。

在其他情况中,必须显式地引入温度作为变量。于是,我们还必须引入与 p,ρ 和 T 有关的状态方程以及与 C_p,C_v 和 T 有关的热状态方程。

小扰动

作为例子我们来考虑无体力情况下正压流中小扰动的传播。让我们写出

$$c^2 = \frac{\mathrm{d}p}{\mathrm{d}\rho} \tag{11.11-5}$$

假设流速小到使二阶项与一阶项相比可以忽略不计。相应地,密度 ρ、压力 p 的扰动以及 ρ 和 p 的导数也都是一阶无穷小量。于是,在略去体力 X_i 和全部二阶及高阶小量后,方程(11.11-1)和(11.11-2)被线性化为

$$\frac{\partial \rho}{\partial t} + \rho \frac{\partial v_j}{\partial x_j} = 0 \tag{11.11-6}$$

$$\frac{\partial v_i}{\partial t} = -\frac{1}{\rho}\frac{\partial p}{\partial x_i} = -\frac{1}{\rho}\frac{\mathrm{d}p}{\mathrm{d}\rho}\frac{\partial \rho}{\partial x_i} = -\frac{c^2}{\rho}\frac{\partial \rho}{\partial x_i} \tag{11.11-7}$$

将方程(11.11-6)对 t 微分,并将方程(11.11-7)对 x_i 微分,再次略去二阶项,并消去和式 $\rho\partial^2 v_i/\partial t\partial x_i$,我们得到

$$\frac{1}{c^2}\frac{\partial^2 \rho}{\partial t^2} = \frac{\partial^2 \rho}{\partial x_i \partial x_i} \tag{11.11-8}$$

即

$$\frac{1}{c^2}\frac{\partial^2 \rho}{\partial t^2} = \frac{\partial^2 \rho}{\partial x^2} + \frac{\partial^2 \rho}{\partial y^2} + \frac{\partial^2 \rho}{\partial z^2}$$

这就是小扰动传播的波动方程。它是声学的基本方程。

用同样的线性化过程,并因为压力变化正比于密度变化,$\mathrm{d}p=c^2\mathrm{d}\rho$,我们看到,同一个波动方程控制了压力扰动:

$$\frac{1}{c^2}\frac{\partial^2 p}{\partial t^2} = \frac{\partial^2 p}{\partial x_k \partial x_k} \tag{11.11-9}$$

此外,由方程(11.11-7)和(11.11-8)或(11.11-9)可简化出

$$\frac{1}{c^2}\frac{\partial^2 v_i}{\partial t^2} = \frac{\partial^2 v_i}{\partial x_k \partial x_k} \tag{11.11-10}$$

因此在线性化理论中,ρ,p,v_1,v_2 和 v_3 是受同一个波动方程所控制的。

声的传播

让我们把这些方程应用于扰动源(声)的问题,扰动源位于原点,且向所有方向对称地辐射。我们可以想象为一个球形汽笛。由于辐射对称,有

$$\frac{\partial^2}{\partial x^2}+\frac{\partial^2}{\partial y^2}+\frac{\partial^2}{\partial z^2}=\frac{\partial^2}{\partial r^2}+\frac{2}{r}\frac{\partial}{\partial r} \tag{11.11-11}$$

因而方程(11.11-8)变成

$$\frac{1}{c^2}\frac{\partial^2\rho}{\partial t^2}=\frac{\partial^2\rho}{\partial r^2}+\frac{2}{r}\frac{\partial\rho}{\partial r} \tag{11.11-12}$$

经直接代入可以证明:该方程的通解是两个任意函数 f 与 g 之和:

$$\rho=\rho_0+\frac{1}{r}f(r-ct)+\frac{1}{r}g(r+ct) \tag{11.11-13}$$

其中 ρ_0 是常数(场的未扰动密度),f 项代表从原点向外辐射的波,g 项代表向原点汇聚的波。也许最清楚的方法是考虑如下特殊情况,此时取函数 $f(r-ct)$ 为阶跃函数:$f(r-ct)=\varepsilon\mathbf{1}(r-ct)$,其中 ε 是小量;$\mathbf{1}(r-ct)$ 是单位阶跃函数,当 $r-ct<0$ 时为零,当 $r-ct>0$ 时为1。因此,扰动是一个横跨不连续线(其方程为 $r-ct=0$)的小突变。当 $t=0$ 时,扰动位于原点处。在 t 时刻,不连续线移动到 $r=ct$ 处。所以,c 是扰动的传播速度。用叠加原理可以得到一般情况。在声学中,c 称为声速。

声速 $c=(\mathrm{d}p/\mathrm{d}\rho)^{1/2}$ 依赖于压力与密度间的关系。如果我们关心的是理想气体,在等熵情况下由方程(11.11-4)得到

$$c=\sqrt{\frac{\gamma p}{\rho}} \tag{11.11-14}$$

在力学史上,关于声音在空气中的传播有着一段很长的故事。关于声速的第一个理论研究是牛顿(1642—1727)做的,他假设了方程(11.11-3),并在1687年的刊物上得到了 $c=\sqrt{p/\rho}$。人们发现,用牛顿公式算出的声速比实验声速值低约六分之一。这个矛盾一直没有解释,直到拉普拉斯(1749—1827)指出:声波中的压缩和膨胀速率是如此之快,以致没有时间来通过传导进行可观的热交换;因此该过程必须看作是绝热的。如果我们回忆前一段讨论的阶跃波,这个理由就变得可取了。对阶跃波来说,当波阵面扫过时 p 和 ρ 的突变应该在波阵面处无限小的空间和时间内完成。在这么小的时间间隔内热传导可以略而不计。因此,气流等熵地跨越该不连续面。因为一般的声波是由这样的阶跃波叠加而成的,所以整个流动都是等熵的。由此,应用方程(11.11-4)就得到了方程(11.11-14)的结果。实验证实了拉普拉斯是正确的。

因此一般来说,波动方程(11.11-8)及其后继的诸方程是与等熵流动相关的。使用这些方程时必须注意保证等熵条件,例如,不能观测到有很强的激波,以及热扩散应为小量等。

11.12 亚音速与超音速流动

在实验室参考系中的基本方程

基本波动方程(11.11-8)的参考系相对于无穷远处的流体是静止的。该方程对在何处以及如何产生扰动均未加限制,扰动源可以是运动的或随时间而变化的,都满足这同一个方程。源的性质仅出现在边界条件和初始条件中。

飞行的飞机是静止空气中的扰动源。扰动以声波的形式向我们传来,它由波动方程所控制。众所周知,当飞机的飞行速度由亚音速变为超音速时,扰动的性质发生了剧烈的变化。在超音速情况下,我们听到了音爆。

在风洞中研究绕飞机的流动性质是方便的。所以我们将写出站在地面上的人所看到的、在风洞里流动空气中的扰动的波传播方程。

考虑来自左边的、在无穷远处有均匀速度 U 的一团流体。若用加撇表示扰动,设速度分量为

$$u = U + u', \quad v = v', \quad w = w', \quad U = \text{const.} \tag{11.12-1}$$

以及压力和密度为

$$p = p_0 + p', \quad \rho = \rho_0 + \rho' \tag{11.12-2}$$

我们若能假定扰动是一阶无穷小量,即

$$u', v', w' \ll U, \quad p' \ll p_0, \quad \rho' \ll \rho_0 \tag{11.12-3}$$

则整个研究将大为简化。在这些假设下,基本方程(11.11-1)和(11.11-4)可以像以前一样作线性化。事实上,用新的假设重复 11.11 节中的相关步骤,我们就得到连续性方程

$$\frac{\partial \rho'}{\partial t} + \rho_0\left(\frac{\partial U}{\partial x} + \frac{\partial u'}{\partial x} + \frac{\partial v'}{\partial y} + \frac{\partial w'}{\partial z}\right) + (U + u')\frac{\partial \rho'}{\partial x} + v'\frac{\partial \rho'}{\partial y} + w'\frac{\partial \rho'}{\partial z} = 0$$

此式线性化为

$$\frac{\partial \rho'}{\partial t} + \rho_0\left(\frac{\partial u'}{\partial x} + \frac{\partial v'}{\partial y} + \frac{\partial w'}{\partial z}\right) + U\frac{\partial \rho'}{\partial x} = 0 \tag{11.12-4}$$

类似地,运动方程被线性化为

$$\begin{cases} \dfrac{\partial u'}{\partial t} + U\dfrac{\partial u'}{\partial x} = -\dfrac{1}{\rho_0}\dfrac{\partial p'}{\partial x} = -\dfrac{c^2}{\rho_0}\dfrac{\partial \rho'}{\partial x} \\ \dfrac{\partial v'}{\partial t} + U\dfrac{\partial v'}{\partial x} = -\dfrac{c^2}{\rho_0}\dfrac{\partial \rho'}{\partial y} \\ \dfrac{\partial w'}{\partial t} + U\dfrac{\partial w'}{\partial x} = -\dfrac{c^2}{\rho_0}\dfrac{\partial \rho'}{\partial z} \end{cases} \tag{11.12-5}$$

将(11.12-5)式的三个方程分别对 x, y, z 微分,相加,再略去二阶项,我们得到

$$\frac{\partial}{\partial t}\left(\frac{\partial u'}{\partial x}+\frac{\partial v'}{\partial y}+\frac{\partial w'}{\partial z}\right)+U\frac{\partial}{\partial x}\left(\frac{\partial u'}{\partial x}+\frac{\partial v'}{\partial y}+\frac{\partial w'}{\partial z}\right)=-\frac{c^2}{\rho_0}\left(\frac{\partial^2 \rho'}{\partial x^2}+\frac{\partial^2 \rho'}{\partial y^2}+\frac{\partial^2 \rho'}{\partial z^2}\right)$$

利用方程(11.12-4)消去$\partial u'/\partial x+\partial v'/\partial y+\partial w'/\partial z$后，我们有

$$\frac{\partial^2 \rho'}{\partial t^2}+2U\frac{\partial^2 \rho'}{\partial x\partial t}+U^2\frac{\partial^2 \rho'}{\partial x^2}=c^2\left(\frac{\partial^2 \rho'}{\partial x^2}+\frac{\partial^2 \rho'}{\partial y^2}+\frac{\partial^2 \rho'}{\partial z^2}\right) \tag{11.12-6}$$

这就是空气动力学中可压缩流体的基本方程。

若对方程(11.12-6)采用11.11节由方程(11.11-8)导出(11.11-9)和(11.11-10)所用的方法，我们能证明：压力p'和速度分量v_i'满足同一个方程。若流动是无旋的，则速度势Φ(对其有$v_i=\Phi_{,i}$)也满足此方程。

定常流动

让我们用一些较简单的情况来检验基本方程(11.12-6)。考察绕静止模型的定常流动。于是所有对时间t的导数均为零，且速度势Φ由如下方程控制：

$$\frac{U^2}{c^2}\frac{\partial^2 \Phi}{\partial x^2}=\frac{\partial^2 \Phi}{\partial x^2}+\frac{\partial^2 \Phi}{\partial y^2}+\frac{\partial^2 \Phi}{\partial z^2} \tag{11.12-7}$$

该方程仅与一个无量纲参数U/c有关，它称为*马赫*(Mach)*数*，并记为

$$M=\frac{U}{c} \tag{11.12-8}$$

方程(11.12-7)解的性质取决于M大于1还是小于1。若$M<1$，流动称为*亚音速的*，若$M>1$就称为*超音速的*。对于亚音速流动，我们写成

$$(1-M^2)\frac{\partial^2 \Phi}{\partial x^2}+\frac{\partial^2 \Phi}{\partial y^2}+\frac{\partial^2 \Phi}{\partial z^2}=0 \quad (M<1) \tag{11.12-9}$$

而对超音速流动我们有

$$(M^2-1)\frac{\partial^2 \Phi}{\partial x^2}-\frac{\partial^2 \Phi}{\partial y^2}-\frac{\partial^2 \Phi}{\partial z^2}=0 \quad (M>1) \tag{11.12-10}$$

方程(11.2-9)是*椭圆型*偏微分方程。方程(11.12-10)是*双曲型*偏微分方程。让我们来考察一个显示这两种方程差异的例子。

例 波纹板上的定常流动

将一块很薄的、具有小正弦波剖面的板放到定常流中，板的平均弦平行于无穷远处的速度U(参见图11.13和图11.14)。板的波形由如下方程表示

$$z=a\sin\frac{\pi x}{L} \tag{11.12-11}$$

假定波幅a远小于波长L：

$$a\ll L \tag{11.12-12}$$

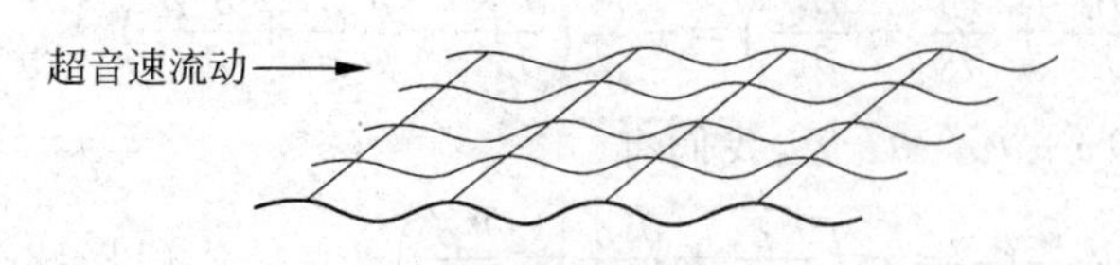

图 11.13 定常超音速流中的波纹板

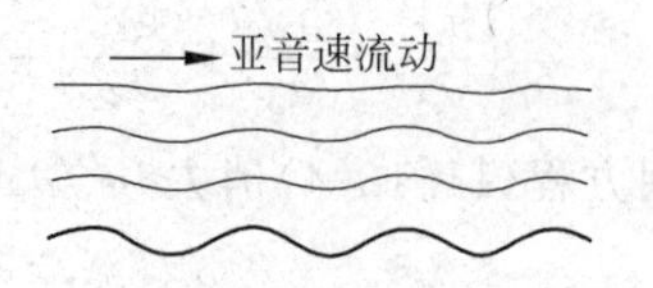

图 11.14 定常亚音速流中的波纹板

由于假设为理想流体,它能在板上滑移但不能渗入板内。所以流动的速度矢量必与板相切。现在,速度在 x,y,z 方向上的分量分别为

$$U+u', \quad v', \quad w' \tag{11.12-13}$$

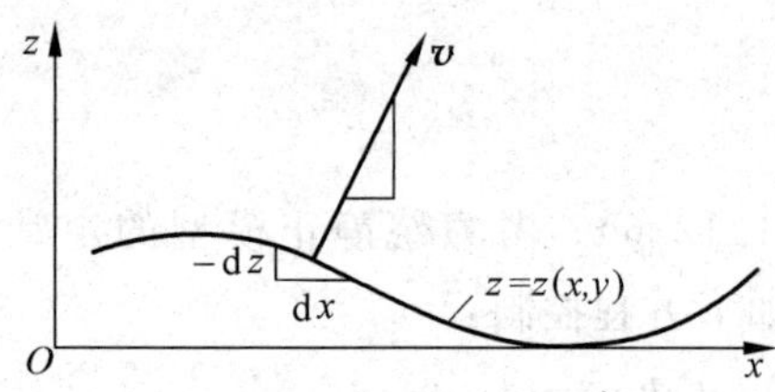

图 11.15 表面法线和速度边界条件

另一方面,由(11.12-11)式表示的表面法向矢量具有如下分量(如图 11.15):

$$-\frac{\partial z}{\partial x}, \quad -\frac{\partial z}{\partial y}, \quad 1 \tag{11.12-14}$$

若具有(11.12-13)式所给分量的速度矢量与板的表面相切,则必须垂直于(11.12-14)式所给的法向矢量。因此,无渗透条件可以表示为方程(11.12-13)和方程(11.12-14)两矢量的正交性,即它们的标量积为零的条件:

$$-(U+u')\frac{\partial z}{\partial x}-v'\frac{\partial z}{\partial y}+w'\cdot 1=0$$

略去高阶项,我们得到板上的边界条件为

$$w'=U\frac{\partial z}{\partial x} \tag{11.12-15}$$

由(11.12-11)式,该条件变为

$$w'=U\frac{a\pi}{L}\cos\frac{\pi x}{L} \quad \left(z=a\sin\frac{\pi x}{L}\right) \tag{11.12-16}$$

再考虑到函数 $w'(x,y,z)$ 的连续性和可微性,我们可以写出

$$w'(x,y,z)=w'(x,y,0)+z\left(\frac{\partial w'}{\partial z}\right)_{z=0}+\cdots \tag{11.12-17}$$

当 z 很小时,第一项以后的各项均为高阶项。如前一样略去这些项,就可将边界条件简化为

$$w'=U\frac{a\pi}{L}\cos\frac{\pi x}{L} \quad (z=0) \tag{11.12-18}$$

无穷远处的条件

我们问题的控制方程是(11.12-9)或(11.12-10),这取决于流动是亚音速的或超音速的,由(11.12-18)式给出的边界条件对确定该问题的解是不够的。此外还必须给定无穷远处的条件。关于可以指定的适当类型的边界条件,椭圆型和双曲型方程之间有很大的区别,我们必须详细地研究它们。

亚音速情况　对椭圆型方程(11.12-9)，扰动的影响向各个方向蔓延，可以合理地假设：对任何有限物体，扰动在远离物体的无限远处必趋于零。可以基于输入流体的总能量来作出严格的论证。若流体速度有一定的分布形式，并且当离开物体的距离趋于无穷大时流速并不以一定的速率趋于零，则为了产生这样的运动，必须向流体输入无穷大的能量，而这是不可能的(更详细的论述可参看有关偏微分方程或空气动力学的教科书)。于是，对我们的问题应加上如下条件：

(a) 流动是二维的，平行于 xz 平面，且与坐标 y 无关。

(b) 当 $z\to\pm\infty$时，所有扰动都趋于零。详细说，

$$u',v',w'\to 0;\quad 即当\ z\to\pm\infty\ 时,\Phi\to \text{const.} \tag{11.12-19}$$

超音速情况　现在转到双曲型方程(11.12-10)，我们发现扰动可以随着有限尺寸的波被带走。减小幅度的论据不再适用。而边界条件必须用辐射条件来代替，即：板是唯一的扰动源，且扰动是从扰动源向外辐射，而不是传向扰动源。

当我们只涉及单个扰动源时，该辐射条件是很容易描述的。例如，在(11.11-13)式右端的两个解中，$f(r-ct)/r$ 项表示一个从原点辐射的波；因此，对一个位于原点的源，它是在辐射条件下唯一允许的项。但是，当用于二维定常流动时，该条件就变得有些混淆了。或许观看一些风洞中绕静止模型超音速流动的照片后(如图 11.6 所示)这事情就能清楚了。照片中的流动是由左向右的。我们看到：扰动线(即由纹影图像所显示的流体等密度线)向右倾斜。强(激)波和弱(马赫)波的倾斜方向是由辐射条件确定的。

波形壁问题的解

现在回到我们的问题上来，在亚音速情况下，用直接代入法不难验证：如下形式的函数可以满足方程(11.12-9)：

$$\Phi = A\mathrm{e}^{\mu z}\cos\frac{\pi x}{L} \tag{11.12-20}$$

将表达式(11.12-20)代入(11.12-9)，我们得到

$$-(1-M^2)\left(\frac{\pi}{L}\right)^2 A\mathrm{e}^{\mu z}\cos\frac{\pi x}{L}+A\mu^2\mathrm{e}^{\mu z}\cos\frac{\pi x}{L}=0$$

或

$$\mu=\pm\left(\frac{\pi}{L}\right)\sqrt{1-M^2} \tag{11.12-21}$$

若在(11.12-21)式中取正号，则(11.12-20)式中的函数 Φ 将随 $z\to\infty$呈指数型地无限增大。在另一方面，若取负号，则能满足条件(11.12-19)。为此，我们可以试取

$$\Phi = A\mathrm{e}^{-(\pi/L)\sqrt{1-M^2}z}\cos\frac{\pi x}{L} \tag{11.12-22}$$

由 Φ 算出垂直方向的速度 w'为

$$w'=\frac{\partial\Phi}{\partial z}=-\frac{\pi}{L}\sqrt{1-M^2}A\mathrm{e}^{-(\pi/L)\sqrt{1-M^2}z}\cos\frac{\pi x}{L} \tag{11.12-23}$$

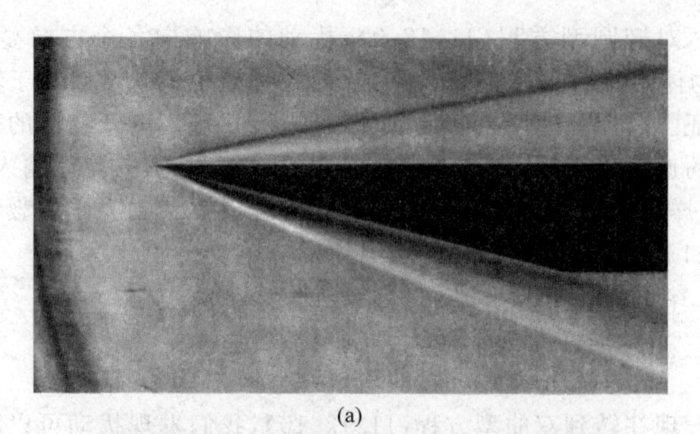

(a)

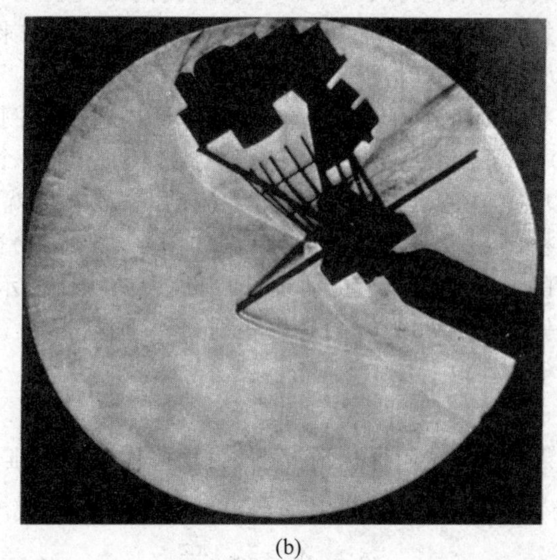

(b)

图 11.16

(a) 通过具有斜削、尖锐前缘的平板的流动，其上表面与马赫数为 8 的自由来流方向一致。在板的上侧，亮线显示了一个层流边界层。激波是由边界层的位移效应引起的。类似的特性也在板的下侧看到。纹影仪系统。流动由左向右。承蒙加利福尼亚理工学院的托希·库博塔(Toshi Kubota)同意转载。(b) 在 50 in 超音速风洞中雨云号(Nimbus)宇宙飞船的缩尺模型，马赫数为 8，雷诺数为 0.42×10^6/ft。纹影仪系统。流动自左向右。承蒙 ARO 有限公司的冯·卡门气体动力实验室同意转载。

将 $z=0$ 代入(11.12-23)式，并利用边界条件(11.12-18)就得到

$$A=-\frac{Ua}{\sqrt{1-M^2}} \tag{11.12-24}$$

现在亚音速情况的所有边界条件都已满足。所以，亚音速情况的解为

$$\Phi=-\frac{Ua}{\sqrt{1-M^2}}\mathrm{e}^{-(\pi/L)\sqrt{1-M^2}z}\cos\frac{\pi x}{L} \tag{11.12-25}$$

我们看到，随着 z 的增加，扰动按指数规律衰减。由这个解我们能导出速度场、压力场和密

度场。尤其是由

$$U\frac{\partial u'}{\partial x}=-\frac{1}{\rho}\frac{\partial p'}{\partial x} \tag{11.12-26}$$

得到

$$p'=-\rho Uu'=-\rho U\frac{\partial \Phi}{\partial x} \tag{11.12-27}$$

该流动的流线画在图 11.14 中。

现在转到超音速情况的方程(11.12-10),我们看到它可以由函数

$$\Phi=f(x-\sqrt{M^2-1}z)+g(x+\sqrt{M^2-1}z) \tag{11.12-28}$$

来满足,其中 f 和 g 是任意函数,因为只要我们设

$$\xi=x-\sqrt{M^2-1}z \tag{11.12-29}$$

则

$$\frac{\partial f}{\partial x}=\frac{\mathrm{d}f}{\mathrm{d}\xi},\quad \frac{\partial f}{\partial z}=-\sqrt{M^2-1}\frac{\mathrm{d}f}{\mathrm{d}\xi}$$

因此

$$(M^2-1)\frac{\partial^2 f}{\partial x^2}-\frac{\partial^2 f}{\partial z^2}=(M^2-1)\frac{\mathrm{d}^2 f}{\mathrm{d}\xi^2}-(M^2-1)\frac{\mathrm{d}^2 f}{\mathrm{d}\xi^2}=0$$

同时方程(11.12-10)也得到满足。相应于

$$\xi=\text{const.}\quad \text{即}\quad x-\sqrt{M^2-1}z=\text{const.} \tag{11.12-30}$$

的线就是马赫波,扰动沿马赫波传播,强度并不衰减。这些线都沿正确的方向倾斜,像风洞照片显示的那样。另一方面,函数 $g(x+\sqrt{M^2-1}z)$ 的马赫线都沿错误的方向倾斜。因此,根据辐射条件必须舍去函数 g。于是我们可以试取

$$\Phi=f(x-\sqrt{M^2-1}z) \tag{11.12-31}$$

由(11.12-31)式我们得到

$$w'=\frac{\partial \Phi}{\partial z}=-\sqrt{M^2-1}\frac{\mathrm{d}f}{\mathrm{d}\xi} \tag{11.12-32}$$

比较(11.12-32)式和边界条件(11.12-18),我们得到:当 $z=0$ 时

$$-\sqrt{M^2-1}\left(\frac{\mathrm{d}f}{\mathrm{d}\xi}\right)_{z=0}=\frac{Ua\pi}{L}\cos\frac{\pi x}{L}=\frac{Ua\pi}{L}\cos\frac{\pi\xi}{L}\bigg|_{z=0} \tag{11.12-33}$$

由此积分,并回到(11.12-29)式,我们有

$$\Phi=f=-\frac{Ua}{\sqrt{M^2-1}}\sin\frac{\pi}{L}(x-\sqrt{M^2-1}z) \tag{11.12-34}$$

这就是问题的解。流线图画在图 11.13 中。

这两种情况的区别是惊人的。尽管在亚音速情况下,压力扰动随着远离平板而衰减,但在超音速情况下却并不衰减。当然,这就是为什么音爆从超音速飞机而非亚音速飞机,以其

全部的暴怒向我们冲击过来。

11.13 生物学中的应用

流体力学不仅与机械和物理问题有关,它还与有生命的生物有关。在气道和肺中的气体、尿、树木木质中的液浆都是牛顿流体,对它们纳维-斯托克斯方程和无滑移条件都是适用的。血液是非牛顿流体。若剪应变率足够高(例如,大于 100/s),血液的粘性几乎不变,即其特性几乎是牛顿型的。但是,若剪应变率较低,则血液的粘性增加。唾液、粘液、膝关节中的滑液,以及其他的体液也都是非牛顿流体。对这些流动的分析必须考虑它们的非牛顿特性。

仅当研究直径比红血球直径大得多的血管中的流动时,血液才可以当作均匀流体。在小血管中(例如在直径与红血球几乎相同的毛细血管中)的流动问题必须把细胞当作单独的物体来处理。于是,血液是一种两相流体。如果它们所流过的管直径足够小的话,含有蛋白质和其他悬浮体的体液也必须处理成两相或多相的。

动物和植物生活在气体中、水中和土壤中。理解它们的运动需要流体力学。体液在动物和植物内循环。理解它们的运动也需要流体力学。对两者中的任何一种情况,一般说,边界条件都是非定常的。

本章中所研究的各种例子对生物学都有应用。对水槽或管道中流动的分析与血液流动问题有关。但是,血管是弹性的。血管的直径随压力而变化。流动与管壁弹性变形间的耦合将导致一些非常有趣的现象。在生物学中,固体力学与流体力学总是紧密结合在一起的。

从本章最后所列的参考文献中读者可以对流体力学和生物力学的广泛内容得到更为深入的理解。

习题

11.9 导出圆柱坐标中不可压缩流体的纳维-斯托克斯方程。

解:纳维-斯托克斯方程的左端表示加速度。在极坐标中其分量为 a_r, a_θ, a_z,由方程(10.9-9)给出。右端为应力张量的矢量散度。其极坐标中的分量见方程(10.9-11)。剩下的是要写出应力用沿径向、周向和轴向的速度 u, v, w 表示的式子。方程(5.8-11)给出了 $e_{rr}, e_{\theta\theta}$ 等用 u_r, u_θ, u_z 的表达式。应变率 $\dot{e}_{rr}, \dot{e}_{\theta\theta}$ 等与速度 u, v, w 的关系与此相同。于是,

$$\dot{e}_{rr} = \frac{\partial u}{\partial r}, \quad \dot{e}_{\theta\theta} = \frac{u}{r} + \frac{1}{r}\frac{\partial v}{\partial \theta}, \quad \cdots$$

因此,由方程(7.3-6)对不可压缩流体有

$$\sigma_{rr} = -p + 2\mu \dot{e}_{rr} = -p + 2\mu \frac{\partial u}{\partial r}$$

$$\sigma_{\theta\theta} = -p + 2\mu \dot{e}_{\theta\theta} = -p + 2\mu\left(\frac{u}{r} + \frac{1}{r}\frac{\partial v}{\partial \theta}\right)$$

$$\sigma_{zz} = -p + 2\mu \dot{e}_{zz} = -p + 2\mu \frac{\partial w}{\partial z}$$

$$\sigma_{r\theta} = 2\mu \dot{e}_{r\theta} = \mu\left(r\frac{\partial (v/r)}{\partial r} + \frac{1}{r}\frac{\partial u}{\partial \theta}\right)$$

$$\sigma_{\theta z} = 2\mu \dot{e}_{\theta z} = \mu\left(\frac{1}{r}\frac{\partial w}{\partial \theta} + \frac{\partial v}{\partial z}\right)$$

$$\sigma_{zr} = 2\mu \dot{e}_{zr} = \mu\left(\frac{\partial u}{\partial z} + \frac{\partial w}{\partial r}\right)$$

代入方程(10.9-11)得到纳维-斯托克斯方程：

$$\frac{\partial u}{\partial t} + u\frac{\partial u}{\partial r} + \frac{v}{r}\frac{\partial u}{\partial \theta} + w\frac{\partial u}{\partial z} - \frac{v^2}{r} = -\frac{1}{\rho}\frac{\partial p}{\partial r} + \nu\left(\nabla^2 u - \frac{u}{r^2} - \frac{2}{r^2}\frac{\partial v}{\partial \theta}\right) + F_r$$

$$\frac{\partial v}{\partial t} + u\frac{\partial v}{\partial r} + \frac{v}{r}\frac{\partial v}{\partial \theta} + w\frac{\partial v}{\partial z} + \frac{uv}{r} = -\frac{1}{\rho}\frac{1}{r}\frac{\partial p}{\partial \theta} + \nu\left(\nabla^2 v + \frac{2}{r^2}\frac{\partial u}{\partial \theta} - \frac{v}{r^2}\right) + F_\theta$$

$$\frac{\partial w}{\partial t} + u\frac{\partial w}{\partial r} + \frac{v}{r}\frac{\partial w}{\partial \theta} + w\frac{\partial w}{\partial z} = -\frac{1}{\rho}\frac{\partial p}{\partial z} + \nu\nabla^2 w + F_z$$

其中

$$\nabla^2 \equiv \frac{\partial^2}{\partial r^2} + \frac{1}{r}\frac{\partial}{\partial r} + \frac{1}{r^2}\frac{\partial^2}{\partial \theta^2} + \frac{\partial^2}{\partial z^2}$$

连续性方程为

$$\frac{1}{r}\frac{\partial}{\partial r}(ru) + \frac{1}{r}\frac{\partial v}{\partial \theta} + \frac{\partial w}{\partial z} = 0$$

11.10 血液是非牛顿流体，其粘性随应变率而变化(参见图9.15及习题9.4)。试导出类似于纳维-斯托克斯方程形式的血液运动方程。用数学表达有生命的心脏中血液流动的问题。

11.11 如果空气真是无粘性的，飞机能够飞行吗？鸟和昆虫能飞行吗？为什么？

11.12 如果水是无粘性的，鱼能够游吗？鱼在水中和鸟在空气中理论上有什么不同？

11.13 用公式表示地球因月球影响而引起的潮汐的数学问题。(参阅 Lamb, *Hydrodynamics*, pp. 358-362.)

11.14 在矩形截面的长水槽中，水中产生了波。用什么方程能确定其波长和频率？

11.15 在深水池中，水的表面产生了波纹。波速与波长有关系吗？虽然完整地求解相当复杂，但是当写出全部基本方程后，波是否会弥散(即速度是否与波长有关)是能够看出来的。取水池的自由表面为 xy 平面，令 z 轴向下，试检验有如下速度分量的二维解：

$$v \equiv 0, \quad u = a e^{-kz} \sin kx \sin \omega t, \quad w = -a e^{-kz} \cos kx \sin \omega t$$

11.16 考察一个地面效应机，它采用一个或多个反冲喷气发动机，并且悬浮在地面上。

画出该流动的流线简图,并写出该机器悬浮时的基本方程和边界条件。

11.17 分析夏季雷雨中积云的运动。与此问题相关的变量是什么?若温度是一个重要的考虑因素,它应如何加入基本方程?重力绝不能忽略。写出基本方程。进行量纲分析来确定基本的无量纲参数。

11.18 水波冲上倾斜的海滩,在海岸上产生了众多景象:拍岸的浪花,回潮,水波,微波和泡沫。用数学来分析这些现象。给出变量的适当选择。写出微分方程和边界条件。作出你认为是合理的简化假设,并清楚地叙述你的假设。

11.19 在海滩上存在回潮,它是垂直于海岸线而流向海洋的、快速运动的狭窄水流。这对游泳者来说是很危险的。这是一种反常现象:对二维的倾斜海滩和二维的水波,我们得到一个三维的解。从数学观点而非游泳者的观点来看,这种情况是否基本上值得怀疑呢?你能举出自然界中这类现象的其他例子吗?

11.20 当风垂直吹过长的圆柱形管时,尾流中脱落出许多旋涡。这些旋涡引起管子振动。据报道,一根穿越阿拉伯的输油管线(其地面以上部分)因风而引起剧烈振动。烟囱、大型火箭及类似物体都受到这样的扰动。长圆柱上脱落的旋涡是三维的,换句话说,脱落过程沿圆柱长度方向是不均匀的,即使风和圆柱都是均匀的。试用公式表示一个固定的、刚性圆柱体的空气动力学问题。写出全部微分方程和边界条件。进行量纲分析以确定所有相关的无量纲参数。

11.21 推广习题 11.20,以考虑通过柔性的振动圆柱体的旋涡脱落问题。

11.22 利用习题 11.9 中导出的方程来求库依特流量计(图 P3.22)中的速度场。

答案:令 $r=a$ 处 $v=\omega_1 a$,$r=b$ 处 $v=\omega_2 b$,则

$$v=(a^2-b^2)^{-1}[(\omega_1 a^2-\omega_2 b^2)r-a^2b^2(\omega_2-\omega_1)/r]$$

11.23 利用纳维-斯托克斯方程求矩形截面长管中流动的速度分布。

11.24 讨论边界层的概念在以下各问题中是否都是重要的。简单阐述如何以及为什么边界层理论被应用到那些它可以应用的问题中去。

(a) 主动脉中的血液流动。设粘性系数 $\mu=0.04$ poise,直径 $r=3$ mm,密度 $\rho=1$,平均速度 $v=50$ cm/s。

(b) 小血管中的血液流动。设粘性系数 $\mu=0.04$ poise,直径 $r=10^{-3}$ cm,密度 $\rho=1$,速度 $v=0.07$ cm/s。

注释:计算雷诺数 $R_N=2VL/\mu$。对问题(a),$R_N=750$。对问题(b),$R_N=3.5\times10^{-3}$。边界层厚度 δ 的量级是 $(R_N)^{-1/2}$。

11.25 一根花园用的软管,弯曲地放在地上。一端连到水龙头。当阀门打开时,压力加大,水有力地喷出来,软管像蛇一样甩动,为什么?

现在考虑一个相似的问题,一根管道悬挂在地面上空。两支柱间的跨度为 L。管是薄壁圆柱壳,其中流过流体。无载荷时管是直的。其载荷有本身的自重、流体重量和流动流体的压力。为了设计该管道和支柱,应该考虑哪些流体力学问题?试用公式表示你认为重要

的问题的数学理论。写出微分方程和边界条件。概述其求解方法。

深 入 读 物

Batchelor，G. K.，*An Introduction to Fluid Mechanics*，Cambridge：Cambridge University Press(1967).

Fung，Y. C.，*Biodynamics：Circulation*，New York：Springer-Verlag(1984).

Fung，Y. C.，*Biomechanics：Motion，Flow，Stress，and Growth*，New York：Springer-Verlag(1990).

Goldstein，S. (ed.)，*Modern Development in Fluid Dynamics*(2Vol.)，London：Oxford University Press (1938).

Lamb，Horace，*Hydrodynamics*，1st ed.，1879，6th ed.，1932，New York：Dover Publications(1945).

Liepmann，H. W.，and A. Roshko，*Elements of Gasdynamics*，New York：Wiley(1957).

Prandtl，L.，*The Essentials of Fluid Dynamics*，London：Blackie(1953).

Schlichting，H.，*Boundary Layer Theory*，4th ed.，New York：McGraw-Hill(1960).

Yih，Chia-Shun，*Fluid Mechanics，a Concise Introduction to the Theory*，West River Press，3530 W. Huron River Dr.，Ann Arbor，MI 48103(1990).

第12章 CHAPTER

弹性力学中的一些简单问题

基本方程，弹性波，轴的扭转，梁的弯曲，以及关于生物力学的一些注释。

12.1 均匀各向同性体的弹性力学基本方程

在11章中，我们讨论了控制流体流动的基本方程。本章我们将研究服从胡克定律的固体的运动。胡克体具有唯一的零应力状态。所有的应变和质点位移都从该状态开始度量，在该状态下应变和位移均计为零。

基本方程可以从前面各章中找到。用 $u_i(x_1,x_2,x_3,t)$，$i=1,2,3$，来描述位于 x_1,x_2,x_3 处的质点在 t 时刻、相对其零应力状态位置的位移。对于该位移场可以定义各种应变度量。格林应变张量按方程(5.3-3)用 $u_i(x_1,x_2,x_3,t)$ 表示为

$$e_{ij}=\frac{1}{2}\left(\frac{\partial u_j}{\partial x_i}+\frac{\partial u_i}{\partial x_j}+\frac{\partial u_k}{\partial x_i}\frac{\partial u_k}{\partial x_j}\right) \tag{12.1-1}$$

这里及以后，所有拉丁指标的范围取为1,2,3。质点速度 v_i 由位移的物质导数给出

$$v_i=\frac{\partial u_i}{\partial t}+v_j\frac{\partial u_i}{\partial x_j} \tag{12.1-2}$$

质点加速度 a_i 由速度的物质导数给出，

$$a_i=\frac{\partial v_i}{\partial t}+v_j\frac{\partial v_i}{\partial x_j} \tag{12.1-3}$$

质量守恒由连续性方程(10.5-3)表示，

$$\frac{\partial\rho}{\partial t}+\frac{\partial(\rho v_i)}{\partial x_i}=0 \tag{12.1-4}$$

动量守恒由欧拉运动方程(10.6-7)表示，

$$\rho a_i=\frac{\partial\sigma_{ij}}{\partial x_j}+X_i \tag{12.1-5}$$

均匀各向同性材料的胡克定律是

$$\sigma_{ij} = \lambda e_{kk}\delta_{ij} + 2Ge_{ij} \tag{12.1-6}$$

其中 λ 和 G 是拉梅常数。

方程(12.1-1)到方程(12.1-6)共同描述了弹性理论。若把这些方程与11.1节中相应的粘性流体方程进行比较,我们看到:除了这里的非线性应变-位移梯度关系(12.1-1)与流体的线性变形率-速度梯度关系(6.1-3)不同以外,它们的理论结构是相似的。因此,弹性理论比粘性流体理论具有更强的非线性。

非线性问题造成如此大的数学复杂性,以致只找到了几个精确解。为此,通常引进位移和速度为无限小的严格限制来简化理论。这样,方程(12.1-1)到方程(12.1-3)被线性化。人们试图尽可能深入地熟悉线性理论,然后再进一步揭示非线性引入了哪些特征。

我们用限制 u_i,v_i 的值,以使方程(12.1-1)到方程(12.1-3)中的非线性项可以忽略的方法来把方程线性化。于是,

$$e_{ij} = \frac{1}{2}\left(\frac{\partial u_i}{\partial x_j} + \frac{\partial u_j}{\partial x_i}\right) \tag{12.1-7}$$

$$v_i = \frac{\partial u_i}{\partial t}, \quad a_i = \frac{\partial v_i}{\partial t} \tag{12.1-8}$$

从方程(12.1-4)到方程(12.1-8)共22个方程,含22个未知量 $\rho, u_i, v_i, a_i, e_{ij}, \sigma_{ij}, i, j = 1,2,3$。将方程(12.1-6)代入方程(12.1-5)消去 σ_{ij},再利用方程(12.1-7),得到著名的纳维方程:

$$G\nabla^2 u_i + (\lambda + G)\frac{\partial e}{\partial x_i} + X_i = \rho\frac{\partial^2 u_i}{\partial t^2} \tag{12.1-9}$$

其中 e 是位移矢量 $\boldsymbol{u}$ 的散度,即

$$e = \frac{\partial u_j}{\partial x_j} = \frac{\partial u_1}{\partial x_1} + \frac{\partial u_2}{\partial x_2} + \frac{\partial u_3}{\partial x_3} \tag{12.1-10}$$

∇^2 是拉普拉斯算子。若用 x,y,z 代替 x_1, x_2, x_3,我们有

$$\nabla^2 = \frac{\partial^2}{\partial x^2} + \frac{\partial^2}{\partial y^2} + \frac{\partial^2}{\partial z^2} \tag{12.1-11}$$

如若像方程(7.4-8)引入泊松比 ν,则可将纳维方程(12.1-9)写成

$$G\left(\nabla^2 u_i + \frac{1}{1-2\nu}\frac{\partial e}{\partial x_i}\right) + X_i = \rho\frac{\partial^2 u_i}{\partial t^2} \tag{12.1-12}$$

这就是线性弹性理论的基本场方程。

纳维方程(12.1-9)必须在适当的边界条件下求解,边界条件通常是如下两类之一:

(1) 给定位移。给定边界上的位移分量 u_i。

(2) 给定表面力。给定边界上的表面力分量 $\check{T}_i$。

在大多数弹性力学问题中,对一部分边界给定位移边界条件,而另一部分边界给定力边界条件。对后者,可以用胡克定律把力边界条件转化为对 u_i 之一阶导数的某种组合的给定值。

12.2 平面弹性波

为了说明线性方程的应用,我们来考虑在弹性介质中传播的简谐波。设位移分量 u_1,u_2,u_3(或用未简化符号 u,v,w)为无限小,且体力 X_i 为零。则容易证明,纳维方程(12.1-9)的一个解是

$$u = A\sin\frac{2\pi}{l}(x \pm c_L t), \quad v = w = 0 \tag{12.2-1}$$

其中,A,l 和 c_L 是常数,只要常数 c_L 选为

$$c_L = \sqrt{\frac{\lambda + 2G}{\rho}} = \sqrt{\frac{E(1-\nu)}{(1+\nu)(1-2\nu)\rho}} \tag{12.2-2}$$

当 $x \pm c_L t$ 保持不变时,方程(12.2-1)所表示的运动波形也不会改变。因此,若取负号,当时间 t 增加时,波形将以速度 c_L 向右运动。常数 c_L 称为波动的*相速度*。常数 l 是*波长*,这可以从在任何瞬时作为 x 之函数的 u 的正弦波形中看出。由方程(12.2-1)算出的质点速度与波传播的方向(即 x 轴方向)相同。这种运动构成了一列*纵波*。由于在任何瞬时,波峰都位于平行的平面内,所以该方程所表示的运动称为一列*平面波*。

让我们再考虑如下运动

$$u = 0, \quad v = A\sin\frac{2\pi}{l}(x \pm ct), \quad w = 0 \tag{12.2-3}$$

它表示以相速度 c 在 x 轴方向传播的、波长为 l 的一列平面波。将方程(12.2-3)代入方程(12.1-9),可以看到 c 必须设为

$$c_T = \sqrt{\frac{G}{\rho}} \tag{12.2-4}$$

由方程(12.2-3)算出的质点速度(在 y 方向)垂直于波的传播方向(x 方向)。因此,这样得到的波称为横波。速度 c_L 和 c_T 分别称为*本征纵波速度和横波速度*。它们与材料的弹性常数与密度有关。比值 c_T/c_L 仅与泊松比有关,

$$c_T = c_L\sqrt{\frac{1-2\nu}{2(1-\nu)}} \tag{12.2-5}$$

若 $\nu=0.25$,则 $c_L=\sqrt{3}c_T$。

与方程(12.2-3)相似,下述方程表示质点在 z 方向运动的横波:

$$u = 0, \quad v = 0, \quad w = A\sin\frac{2\pi}{l}(x \pm c_T t) \tag{12.2-6}$$

与质点运动相平行的平面(如方程(12.2-3)中的 xy 平面或方程(12.2-6)的 xz 平面)称为*偏振平面*。

平面波仅存在于无边界的弹性连续介质中。在有限物体中,当平面波碰到边界时,它将被反射。若在边界外是另一个弹性介质,则在第二种介质中会出现折射波。反射和折射的

性质类似于声学和光学;它们主要的区别在于:在弹性力学中,入射的纵波将以纵波与横波的组合形式来反射与折射,同时入射的横波也将以这两类波形的组合来反射。适当地组合这些波以满足边界条件,就可以得到具体结果。

12.3 简 化

线性弹性理论方程的重要简化来自:

(1) 均匀性和各向同性;

(2) 不计惯性力;

(3) 高度的几何对称性;

(4) 平面应力与平面应变;

(5) 薄壁结构——板与壳。

显然,只要减少独立的或不独立的变量数就能得到简化。这样,如果没有什么变量随时间而变化,则可删除变量 t。材料的均匀性导致微分方程的系数为常数。各向同性减少了独立材料常数的数目。高度的对称性减少了问题中几何参数的数目。将一般场方程简化为二维或一维的场方程,就减少了独立和不独立变量的数目。

例 1 平面应力状态

仅与 x,y 有关的*平面应力*状态可以看作是薄膜在其自身平面内承受应力的状态。图 4.1 给出了该情况的一个例子。平面应力状态解析地定义为:应力分量 $\sigma_{zz},\sigma_{zx},\sigma_{zy}$ 处处为零的状态,即

$$\sigma_{zz}=\sigma_{zx}=\sigma_{zy}=0 \tag{12.3-1}$$

且应力分量 $\sigma_{xx},\sigma_{xy},\sigma_{yy}$ 与坐标 z 无关。

例 2 平面应变状态

若 z 方向的位移分量 w 处处为零,且位移 u,v 仅是 x,y 的函数,而不是 z 的函数,则称物体处于仅与 x,y 有关的*平面应变*状态。该状态可以看作是沿轴向受载均匀的长柱形体内的应力状态。对于平面应变状态必有

$$\frac{\partial u}{\partial z}=\frac{\partial v}{\partial z}=w=0 \tag{12.3-2}$$

12.4 圆柱形轴的扭转

现在我们通过考虑扭转问题来阐明线性弹性理论的一种应用。为了把扭矩从一个部位传递到另一个部位就要用轴。该问题是求解纳维方程,以得到轴中的应力分布。求解该问题的困难程度决定于轴的几何形状。如果轴是圆柱体,解就很简单。如果轴是非圆截面的柱体,或者轴是变截面的,求解就困难了。

我们来考虑圆形截面轴的简单扭转问题(图 12.1 中给出了所采用的符号和坐标轴)。在解析地处理该问题之前,先看一下物理情况。在扭矩作用下,轴产生扭转。将 $z=0$ 处的截面固定。由于轴以及载荷沿 z 方向都是均匀的,所以扭角沿 z 轴必相等。于是,变形就一定能用单位长度上的扭角 α 来表示,它是与 z 无关的常数。扭角 α 表示 $z=1$ 处的截面相对于 $z=0$ 处截面的转动。

由于对称性,显然轴的圆形截面在加上扭矩后仍为圆形。但是这种截面的轴向位移又怎样呢?考虑一个平截面,例如,施加扭矩前在 $z=0$ 处。当加上扭矩 T 后,边界条件是轴对称的,因此任何轴向位移都一定是轴对称的。但是将 z 轴颠倒过来,边界条件仍然成立,所以轴向位移必定为零,且平截面仍然保持平面。

综合以上讨论,我们看到:圆轴在扭矩下的变形一定是各截面以均匀的扭率作相对转动。因此,位于(x,y,z)处的质点的位移在极坐标中是

$$u_r=0,\quad u_\theta=\alpha zr,\quad u_z=0 \tag{12.4-1}$$

或者,在直角笛卡儿坐标中是

$$u_x=-\alpha zy,\quad u_y=\alpha zx,\quad u_z=0 \tag{12.4-2}$$

如图 12.2 所示。

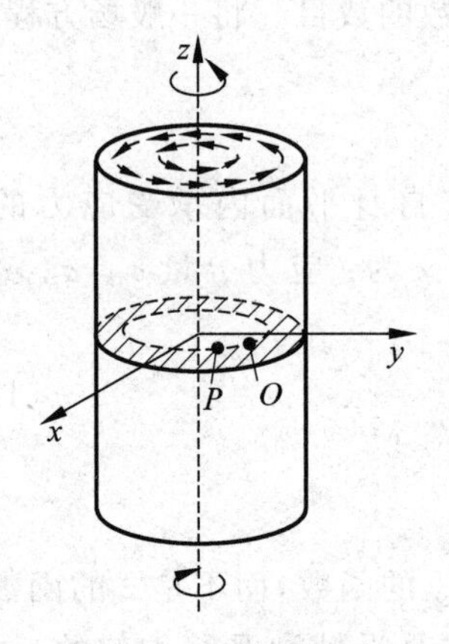

图 12.1 圆轴的扭转

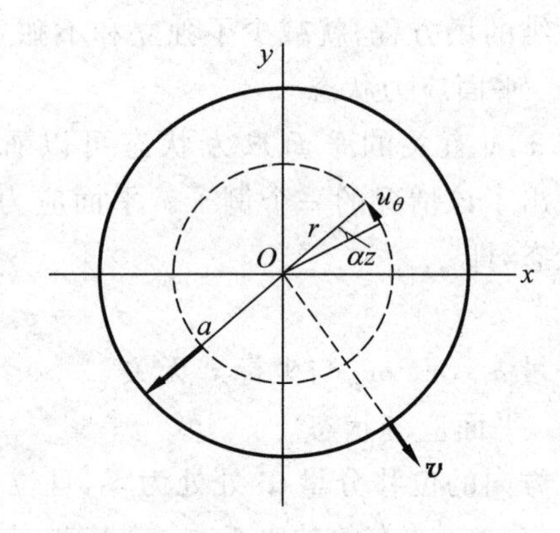

图 12.2 符号

我们现在来证明这确实是正确的。由于给定的是位移,不需要再检验协调条件。但是,我们必须检验平衡方程和边界条件。

由(12.4-2)式我们得到应变分量

$$\begin{cases} e_{xx}=0,\quad e_{yy}=0,\quad e_{zz}=0 \\ e_{xy}=\dfrac{1}{2}\left(\dfrac{\partial u_x}{\partial y}+\dfrac{\partial u_y}{\partial x}\right)=\dfrac{1}{2}(\alpha z-\alpha z)=0 \\ e_{xz}=\dfrac{1}{2}\left(\dfrac{\partial u_x}{\partial z}+\dfrac{\partial u_z}{\partial x}\right)=-\dfrac{1}{2}\alpha y \\ e_{yz}=\dfrac{1}{2}\left(\dfrac{\partial u_y}{\partial z}+\dfrac{\partial u_z}{\partial y}\right)=\dfrac{1}{2}\alpha x \end{cases} \tag{12.4-3}$$

由应力-应变关系得到相应的应力分量

$$\begin{cases}\sigma_{xx}=\sigma_{yy}=\sigma_{zz}=\sigma_{xy}=0\\ \sigma_{xz}=-G\alpha y\\ \sigma_{yz}=G\alpha x\end{cases}\tag{12.4-4}$$

其中,G是轴之材料的剪切模量。

在方程(12.1-5)中略去a_i和X_i得到平衡方程

$$\begin{cases}\dfrac{\partial\sigma_{xx}}{\partial x}+\dfrac{\partial\sigma_{xy}}{\partial y}+\dfrac{\partial\sigma_{xy}}{\partial z}=0\\ \dfrac{\partial\sigma_{yx}}{\partial x}+\dfrac{\partial\sigma_{yy}}{\partial y}+\dfrac{\partial\sigma_{yz}}{\partial z}=0\\ \dfrac{\partial\sigma_{zx}}{\partial x}+\dfrac{\partial\sigma_{zy}}{\partial y}+\dfrac{\partial\sigma_{zz}}{\partial z}=0\end{cases}\tag{12.4-5}$$

显然,由(12.4-4)式给出的应力分量能满足该平衡方程。

我们问题的边界条件是：侧面上应力为零,端部受扭矩作用。由于端部不受拉伸或压缩,故应有

$$\sigma_{zz}=0\quad(\text{在}\ z=-L\ \text{和}\ z=L\ \text{处})\tag{12.4-6}$$

此条件可由(12.4-4)式满足。

作用在侧面上的应力矢量为$\overset{\nu}{T}_i$,其中$\boldsymbol{\nu}$表示垂直于侧表面的矢量。由柯西公式给出

$$\overset{\nu}{T}_i=\nu_j\sigma_{ij}\tag{12.4-7}$$

令$i=1,2,3$,得到三个方程,

$$\begin{cases}\sigma_{xx}\nu_x+\sigma_{xy}\nu_y+\sigma_{xz}\nu_z=0\\ \sigma_{yx}\nu_x+\sigma_{yy}\nu_y+\sigma_{yz}\nu_z=0\\ \sigma_{zx}\nu_x+\sigma_{zy}\nu_y+\sigma_{zz}\nu_z=0\end{cases}\tag{12.4-8}$$

其中ν_x,ν_y,ν_z是侧面法向矢量的方向余弦。由图12.2可见,现在侧表面上的法向矢量$\boldsymbol{\nu}$显然与径向矢量一致。所以,$\boldsymbol{\nu}$的分量是

$$\nu_x=\frac{x}{a},\quad\nu_y=\frac{y}{a},\quad\nu_z=0\tag{12.4-9}$$

因此,圆周C上的边界条件是

$$\begin{cases}x\sigma_{xx}+y\sigma_{xy}=0\\ x\sigma_{yx}+y\sigma_{yy}=0\\ x\sigma_{zx}+y\sigma_{zy}=0\end{cases}\tag{12.4-10}$$

此条件也可以由(12.4-4)式满足。

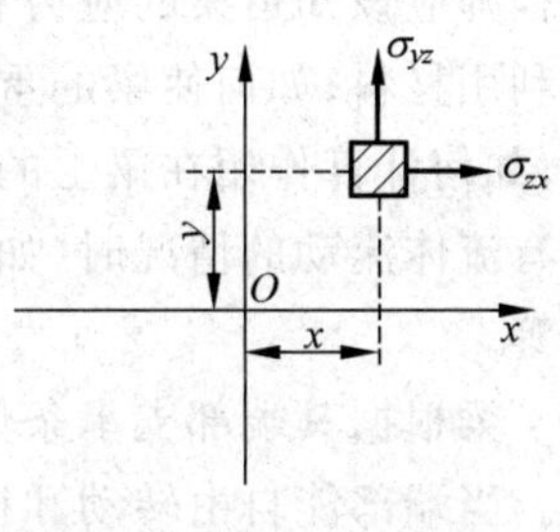

图12.3　受扭轴中的应力

尚需检验的条件是：作用在$z=-L$和$z=L$两个端面上应力等价于扭矩。参照图12.3,并利用(12.4-4)式,我们看到,作用在端面上之应力的合力是

$$\begin{cases} \iint \sigma_{xz}\,\mathrm{d}x\mathrm{d}y = -G\alpha\iint y\mathrm{d}x\mathrm{d}y = -G\alpha\int_{-a}^{a}\mathrm{d}x\int_{-\sqrt{a^2-x^2}}^{\sqrt{a^2-x^2}} y\mathrm{d}y = 0 \\ \iint \sigma_{yz}\,\mathrm{d}x\mathrm{d}y = G\alpha\iint x\mathrm{d}x\mathrm{d}y = 0 \\ \iint \sigma_{zz}\,\mathrm{d}x\mathrm{d}y = 0 \end{cases} \tag{12.4-11}$$

因此,正如期望的那样合力为零。但是,对 z 轴的合力矩为

$$\iint (x\sigma_{yz} - y\sigma_{xz})\mathrm{d}x\mathrm{d}y \tag{12.4-12}$$

将(12.4-4)式代入,有

$$\text{力矩} = G\alpha\iint (x^2+y^2)\mathrm{d}x\mathrm{d}y = G\alpha\int_0^{2\pi}\mathrm{d}\theta\int_0^a r^3\,\mathrm{d}r = \frac{2\pi G\alpha a^4}{4}$$

于是我们看到,合力矩确实是数值为

$$T = \frac{\pi a^4 G\alpha}{2} \tag{12.4-13}$$

的扭矩。

现在检验已经完成。全部平衡方程和边界条件都能满足。方程(12.4-1)到方程(12.4-4)中所含的解是正确的。

习题

12.1 考虑正方形截面轴的扭转。写出所有的边界条件。证明方程(12.4-1)到方程(12.4-4)中所含的解不再满足全部边界条件。

12.5 梁

用于传递弯矩和横剪力的结构部件称为梁。梁在工程中经常被应用,所以是重要的研究对象。我们所站立的地板是放在梁上的。机翼是一根梁。桥是用梁制成的,如此等等。工程师应该知道梁的应力和变形;如何选择梁的材料;如何通过适当的几何形状设计来有效地利用材料;如何使梁的重量最小;如何使梁的刚度和稳定性最大;如何利用支承使振动最小;如何计算作用在梁上的载荷(静载与动载,建筑物的风载,飞机的气动力载荷等);当梁用于有流体流动的情况时(如机翼或船舶结构),如何分析气动弹性或水弹性的耦合作用,如此等等。

梁根据其端部支承条件进行分类。当端部能自由转动,但横向位移受约束时称为简支的。当端部能自由转动和挠曲时,称为自由的。当端部的位移和转动都受到限制时,称为固支的。

在 1.11 节中，我们讨论了均匀、各向同性胡克材料的棱柱形梁的纯弯曲。导出了一些结果，但并没有检验全部的场方程和边界条件。现在我们来证明所有这些条件都是满足的。

考虑图 1.14 所示的棱柱形梁的纯弯曲。设梁承受作用在其横截面之对称平面内的、两个大小相等方向相反的力矩 M。和 1.11 节一样选择参考轴 x,y,z，原点位于横截面形心上。在 1.11 节中，我们得出结论：梁的应力分布是

$$\sigma_{xx}=\frac{Ey}{R},\quad \sigma_{yy}=\sigma_{zz}=\sigma_{xy}=\sigma_{yz}=\sigma_{zx}=0 \tag{12.5-1}$$

$$\frac{M}{EI}=\frac{1}{R},\quad \sigma_{xx}=\sigma_0\frac{y}{c},\quad \sigma_0=\frac{Mc}{I} \tag{12.5-2}$$

其中，c 是中性面到截面“外层纤维”的距离；M 是弯矩；E 是杨氏模量；I 是截面的面积惯性矩；σ_0 是“外层纤维”的应力。于是，应变是

$$e_{xx}=\frac{y}{R},\quad e_{yy}=-\nu\frac{y}{R}=e_{zz},\quad e_{xy}=e_{yz}=e_{zx}=0 \tag{12.5-3}$$

由此看到，平衡方程(12.4-5)得到满足。协调方程(6.3-4)也能满足。梁侧面的边界条件是$\overset{\nu}{T}_i=0$。由于侧面的每根法线都垂直于纵轴 x，所以方向余弦 ν_x 为零，即在侧面上 $\nu_x=0$。于是如下边界条件被满足：

$$\begin{cases}\overset{\nu}{T}_x=0=\sigma_{xx}\nu_x+\sigma_{xy}\nu_y+\sigma_{xz}\nu_z\\ \overset{\nu}{T}_y=0=\sigma_{yx}\nu_x+\sigma_{yy}\nu_y+\sigma_{yz}\nu_z\\ \overset{\nu}{T}_z=0=\sigma_{zx}\nu_x+\sigma_{zy}\nu_y+\sigma_{zz}\nu_z\end{cases} \tag{12.5-4}$$

梁端部的边界条件是：应力系必须等价于一个纯弯矩，而没有合力。正如 1.11 节的讨论，应力系(12.5-1)能满足此要求。于是，若梁端部的边界应力能精确地按方程(12.5-1)分布，则此解就是精确解，因为全部微分方程和边界条件都已经满足。

在 1.11 节的推导中曾经作过“梁截面具有一个对称平面”的限制，现在可以取消了。让我们考虑具有任意截面形状的棱柱形梁，如图 12.4 所示。假设应力和应变与方程(12.5-1)、(12.5-2)和方程(12.5-3)相同。边界条件(12.5-4)也满足。当原点取在截面的形心上时，轴力的合力也为零。端面上的作用力对 z 轴的合力矩由如下沿截面 A 的面积分给出

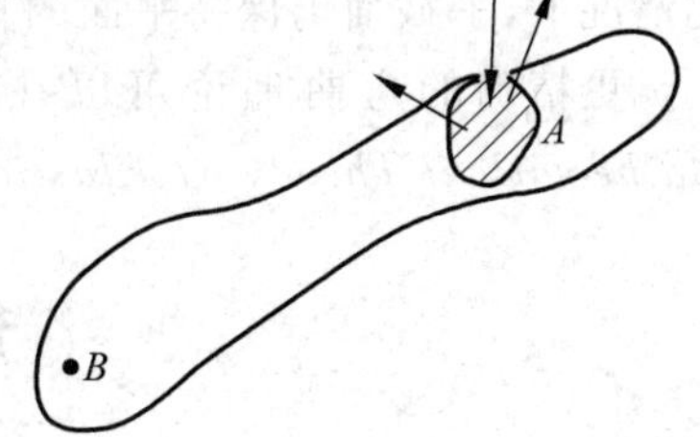

图 12.4　非对称横截面

$$M_z=\int_A\sigma_{xx}y\,\mathrm{d}A=\frac{E}{R}\int_A y^2\,\mathrm{d}A=\frac{EI_z}{R}$$

除了我们加上指标 z 以表明弯矩和面积惯性矩都是对 z 轴所取的以外，其余都和以前相同。但是，对 y 轴的合力矩是需要考虑的新因素。它由离 y 轴的距离为 z 的微元 $\mathrm{d}A$ 上的作用

力$\sigma_{xx}\mathrm{d}A$的积分给出

$$M_y=\int_A\sigma_{xx}z\,\mathrm{d}A \tag{12.5-5}$$

将(12.5-1)式代入上式,得到

$$M_y=\frac{E}{R}\int_A yz\,\mathrm{d}A \tag{12.5-6}$$

其中的积分是截面面积惯性积的负值:

$$P_{yz}\equiv-\int_A yz\,\mathrm{d}A\equiv-\iint_A yz\,\mathrm{d}y\mathrm{d}z \tag{12.5-7}$$

于是,

$$M_y=\frac{-EP_{yz}}{R} \tag{12.5-8}$$

对梁截面有一个对称面,且弯矩作用在该对称面内的情况,我们选xy平面为对称面;于是$P_{yz}=0$。由此得到$M_y=0$,这表明1.11节的解是令人满意的。在一般情况下,我们选取坐标轴使惯性积为零。于是

$$P_{yz}=0,\quad M_y=0 \tag{12.5-9}$$

且力矩矢量平行于z轴,其值为M_z。

若y轴和z轴均为惯性主轴,则惯性积为零。因此,为了使一个作用在平面内的力矩引起在同一平面内的弯曲,该平面必须是主平面,即包含每个截面之惯性主轴的平面。

结合方程(1.11-27)和方程(12.5-9)的要求,我们看到:坐标轴y,z必须选为形心轴,且沿面积惯性矩的主轴方向。

现在我们已经验证完毕。我们得到:只要y从沿主轴方向的中性轴开始度量,由(12.5-1)式给出的应力系就是精确的。该应力系满足平衡方程、协调方程和边界条件。在此情况下,平截面仍保持平面的直观假设得到验证。

更精确的弯曲理论可以在许多书籍中找到,例如,索科尔尼科夫(Sokolnikoff)的*Mathematical Theory of Elasticity*。

12.6 生物力学

连续介质力学可以应用于生物学。大多数生物材料在适当的观测尺度下可以视为连续介质。在第9章中我们曾讨论过几种生物组织的本构方程。大多数生物流体和固体具有非线性的本构方程。骨头似乎是一个例外,它工作在小应变范围,且服从胡克定律。但是骨头的形状和内部结构是非常复杂的。

在重要的生物问题中,流体力学与固体力学通常是耦合在一起的。例如,血液在具有弹性壁的血管中流动;心脏用肌肉来泵血。所以在生物力学中第11和12章中所用的方程通常是相互耦合的。

活组织具有不同于无生命材料的独特性质，即在应力作用下会重构组织。通过重构，材料的零应力状态改变了，本构方程改变了，力学也就改变了。下一章将致力于研究这个连续介质力学的新方向。

习题

12.2 在12.4节中给出了受扭圆轴的基本理论。设 z 为圆轴的轴线，$z=0$ 和 $z=L$ 为其两端。采用直角笛卡儿坐标系 x,y,z。在 x,y 和 z 方向的位移分别为 u,v 和 w。基本理论给出

$$u=-\alpha zy,\quad v=\alpha zx$$

其中 α 是轴之单位长度的角度扭率。基本理论没有给出关于轴向第三位移分量 w 的任何说明，若轴是非圆的，一般说 w 并不为零。设该未知位移为

$$w=\alpha\varphi(x,y)$$

试用平衡方程（纳维方程）导出函数 $\varphi(x,y)$ 所满足的方程。该函数称为翘曲函数。

12.3 如下情况提醒复合材料设计师要注意在工作条件下结构的稳定性问题。考虑矩形截面的悬臂梁。梁由两根高强度的筋埋入母体材料而制成。它承受平行于截面内两杆连线的力 P，如图 P12.3 所示。在实际应用中，在载荷下梁有可能出现扭转破坏。当 P 超过某临界值时就会产生扭转。试建立一个确定导致扭转失稳的临界载荷 P 的理论。根据你的理论，这类复合材料梁应该如何设计？

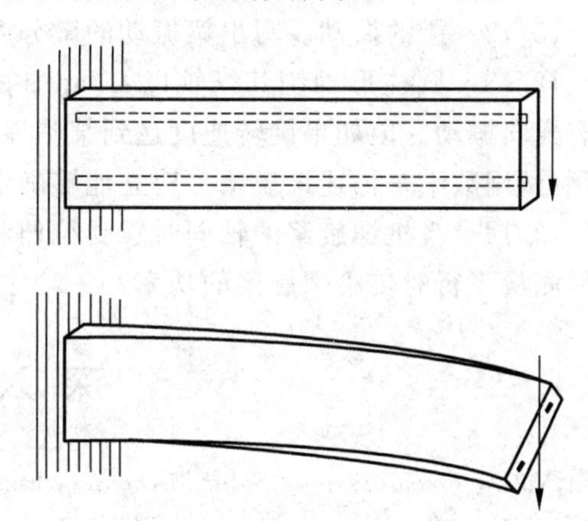

图 P12.3 宽度很窄的梁在载荷下可能扭曲。扭曲可能是高强筋增强梁的危险问题

12.4 研究张紧在两个调谐柱之间、材料和密度均匀的弦（例如，小提琴的弦，钢琴的钢丝）。在某点处敲打弦，激发振动。建立该问题的数学公式。给出微分方程和边界条件。

12.5 研究管弦乐队中所用的锣。建立锣振动问题的数学公式。

12.6 建立描述飘浮在空中的云的数学公式。它们是如何运动的？要包含足够多的参数，以便能描述和导出日常所见的各种各样的事情。

12.7 飞机以相对于地面为 V 的前进速度在空中飞行。机翼是怎样维持飞行的？为了回答该问题，写出空气和机翼的场方程以及空气和机翼之界面上的边界条件。试给出一组原则上足以建立数学理论的、完整的方程。

12.8 当火车开过来时，铁轨中的弹性波是许多动力学问题中波的典型例子。如果把

耳朵贴在铁轨上,在看到火车很早以前,就容易听到车轮的撞击声。然后,当火车开过时,我们能看到车轮下铁轨的挠曲变形。试列出该问题的数学公式,使它能够体现这两方面的特征。

12.9 在你的手腕上诊脉,脉搏是你动脉中的复合弹性波。其最主要的成分无疑是动脉对血液中压力波的弹性响应。在较小程度上,还必然有因较远的上游或下游的扰动引起的、沿动脉壁传播的其他波。我们的动脉是弹性的。试建立脉搏传播的数学公式。早在1775年,欧拉(Leonhard Euler, 1707—1783)就建立了该问题的公式,并作出了分析。

12.10 伽利略(Galilei Galileo, 1564—1642)提出用如下方法来测量锣的振动频率。在细长杆上装一把小而锋利的尖刀。以恒定的速度拖动杆子在锣面上移动。锣的振动将引起杆的颤振。检验锣的金属表面,并测量标记(译注:刀尖划痕)的间距,由此可算出频率。

阐明该方法是否有效。你将如何计算频率?试从弹性理论的观点建立该问题的数学公式。假设这是一面很好的音乐锣,可以保证其材料是服从胡克定律的线性弹性固体。

12.11 机床中刀具的颤振现象类似于伽利略的铜锣试验。研究高速车床问题。试建立破坏机器正常运转的颤振问题的公式。提出减轻该问题的方法。

12.12 梁的振动。写出梁振动的微分方程和边界条件以及确定梁的振动频率的方法。

12.13 圆柱形轴绕其纵轴以 ω rad/s 的角速度旋转。轴在两端简支。当轴旋转时总会有横向振动。但如果旋转速度达到某临界值时,横向变形就变得很大,并进入所谓的“涡动”。试用数学来描述该现象。建立能够确定临界涡动速度的方程。

12.14 飞机螺旋桨的轴同时承受拉伸和扭转。你建议如何去测量飞行时轴中的应力?如何测量飞行时传给螺旋桨的功率?

深入读物

Fung, Y. C., *Foundations of Solid Mechanics*, Englewood Cliffs, N. J.: Prentice-Hall(1965).

Fung, Y. C., *Biomechanics: Motion, Flow, Stress, and Growth*, New York: Springer-Verlag(1990).

Love, A. E. H., *The Mathematical Theory of Elasticity*, 1st ed. 1892, 4th ed. 1927, New York: Dover Publications(1944).

Sokolnikoff, I. S., *Mathematical Theory of Elasticity*, 2nd ed., New York: McGraw-Hill(1956).

Timoshenko, S. and N. Goodier, *Theory of Elasticity*, NewYork: McGraw-Hill, 1st ed. 1934, 2nd ed. 1951.

CHAPTER

第13章

应力、应变和结构的自动重构

我们用生物的例子来引出连续介质力学的一些基本问题：零应力状态，零应力状态的改变和材料重构导致的本构方程，应力和应变对重构的影响，以及生长和再吸收的反馈动力学。无生命的物理系统也有这些特性。

13.1 引　　言

在这最后一章中，我们来讨论材料改变的力学。从力学的观点来看，改变对固体的三个方面发挥了重要作用：零应力状态、本构方程和物体的整体几何形状。我们将着重讨论这些方面。

关于流动和变形的力学称为流变学。流变学的文献通常只涉及一种或一组给定材料的流动和变化。将生长和改变作为主要关注问题的科学是生物学。在连续介质力学中，流变学和生物学统一了起来。为了说明连续介质力学的材料改变情况，可以从生物学中来举例子，因为它们是无处不在的。在下面讨论中，我们经常以血管作为例子。

13.2 如何显示固体中材料的零应力状态

在以上各章中总是假设：当物体不受外载时，物体中的应力处处为零。但是我们知道，并不存在这种情况；例如，我们可以坐着，但拉紧了我们的肌肉，并在肌肉和骨骼中产生了许多力。一般来说，无外力时物体内的应力称为*残余应力*。残余应力和应变的作用可以是惊人的，例如，地球中残余应力的松弛可以引起地震，核反应堆中有害的热应变可以导致熔化。

显示固体中残余应力的最简单的方法是将物体切开。切开就引进了新的、表面力为零的界面。切开一个没有残余应力的、未受载的物体将不会导致应变。若切开引起了应变变化，则存在残余应力。

以血管为例。如果我们用垂直于血管纵轴的截面将主动脉切两下,得到一个环。如果我们再沿径向切这个环,它将打开成扇形(如图 13.1)。由静力平衡方程知道:在打开的扇形中应力的合力和合力矩均为零。任何残留在管壁中的应力都必须是局部平衡的。如果我们进一步切割这开口的扇形,可以看到不会再产生附加的变形,于是我们说,扇形处于零应力状态。对老鼠的主动脉,Fung(冯元桢)和 Liu(1989)报道了这一事实。

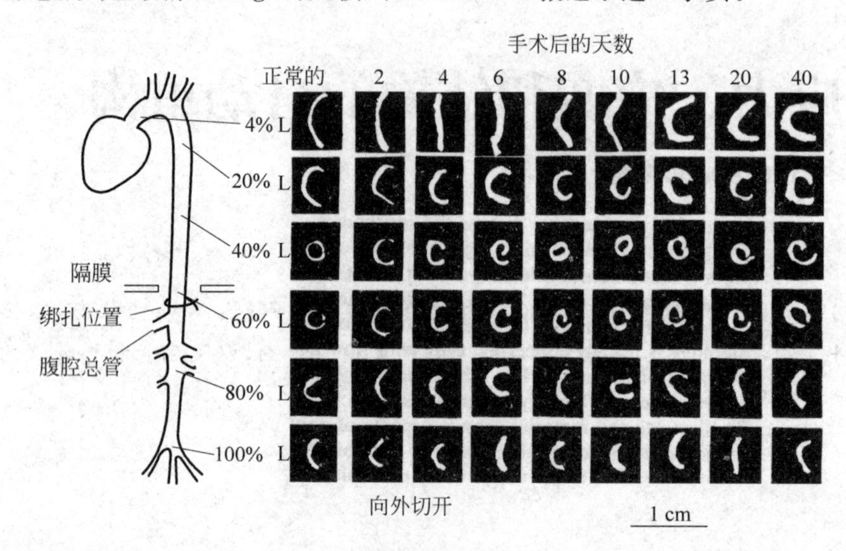

图 13.1　零应力状态下老鼠主动脉横截面的一组照片。第一列表示正常老鼠主动脉的零应力状态。其余的表示高血压突然发作后血管重构引起的零应力状态的改变。照片从左向右按手术后的天数排序,从上到下按主动脉上的位置排序,位置用离心脏的距离为主动脉总长(从主动脉阀到髂分叉)的百分比表示。用来引起高血压的金属夹的位置用简图示于左边。血管壁的弧形并不光滑是因为有些细胞组织附着在管壁上。看这些照片时,人们应该理智地忽略这些系附组织

摘自 Fung and Liu (1989)

由此假设,开口扇形表示血管的零应力状态,我们用开口角来表征每个扇形,开口角定义为:由开口扇形的内壁中点到内壁两端所画的两条半径间的夹角(如图 13.2)。正常幼鼠主动脉较完整的零应力状态图画在图 13.1(Fung and Liu,1989)的第一列中。整个主动脉

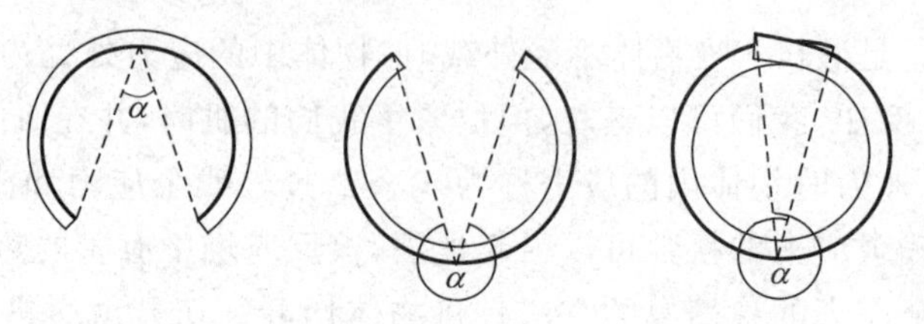

图 13.2　开口角的定义。扇形表示零应力状态下血管的环向截面。由内壁中点和两端所确定的两根线之间的夹角就是开口角

依次切成长约为一个直径的许多段。每段再沿径向切开。可以看到：开口角沿老鼠的主动脉是变化的：在上行主动脉处约为 160°，在圆弧段约为 90°，在胸区约为 60°，在隔膜水平上约为 5°，接近髂动脉分叉点时约为 80°。

随着髂总动脉向下到老鼠的一条腿，我们发现：开口角在髂动脉处约为 100°，到窝动脉区降为 50°，到胫动脉处又回升到约 100°。在老鼠的足底内侧动脉中，直径为 50 微米的微动脉血管的开口角约为 100°左右(Liu and Fung，1989)。

猪和狗主动脉开口角的空间变化也相似，虽然不完全相同(Han and Fung，1991a)。老鼠的肺动脉(Fung and Liu，1991)体静脉和肺静脉(Xie et al.，1991)以及气管(Han and Fung，1991b)也都有明显的开口角。由此得出结论：血管和气管的零应力状态是扇形的，其开口角随它们在血管和气管上的位置以及动物的种类而变化。换句话说，身体内部的零应力状态处处都在变化。由此可见，残余应力也是在空间变化的。

在工业工程中，残余应力通常由加工过程引入固体。金属部件在变形状态下的焊接或铆接是飞机、桥梁和机器中残余应力的主要来源。金属成形和机械加工过程中的塑性变形或蠕变会引起残余应力。强制装配也是常见的原因。张拉钢筋是制作预应力增强混凝土梁的方法。将外圆筒加热到高温再装配到内圆筒上、然后将组合体冷却到室温是制造炮筒的方法。其目的是在内筒中引起残余压应力，而在外筒中引起残余拉应力，于是在开炮时，炮筒内壁的应力集中可以减小。喷丸使金属物体的外表面产生残余压应力是延长物体疲劳寿命的方法。用离子或分子束将物质注入金属或陶瓷体表面的技术同样可以在物体表面的薄层内产生残余压应力以延长使用寿命。在大多数的工业工程制品中都存在残余应力。

在活组织中，生长和改变是自然的。每个细胞或超细胞的生长或再吸收都会改变组织的零应力状态，并产生残余应力。在生物学研究中，观测零应力状态的变化比观测组织中细胞的活动更为容易；因此，残余应变所观测到的改变常被用作研究这类活动的定量工具。

除了自然界和工业中的大量例子外，我们将用几个生物的事例来阐明物体中的应力对物体材料的长期作用。由应力-应变关系所描述的短期现象进入长期后就变成与老化、重构、磨损、生长和再吸收等有关了。生物学家用术语*自体调节*(homeostasis)来描述正常生活情况。他们用一组*自体调节定位点*(homeostatic set points)来描述正常生活情况下活生物体的状态。在自体调节情况中，活生物体内的应力有一定的变化范围。当环境改变时，应力范围也随之改变，体内细胞通过变更它们自己来作出响应，于是组织被重构。事实上，物体的零应力状态改变了。随后，组织的力学性能也重构了。我们熟悉在我们自己身体里的这些现象。我们知道，自体调节并不是静止，而是在动态环境下存在一个一定的正常模式。当我们继续进入随后各节后，定量的情况将更为清晰。

在机械和无生命物体中，也会存在自体调节和重构的类似特征。这些特征对科学研究是很有价值的。

13.3 结构零应力状态的重构：应力变化引起自动重构的生物学例子

在一项研究中，用刚好位于腹腔总管之上的金属夹子收紧腹部主动脉的方法在老鼠中产生高血压(如图 13.3)。夹子强烈地局部收紧主动脉，使腔的正常横截面面积减少了 97％(Fung and Liu，1989；Liu and Fung，1989)。这样在手术后立即引起上部身体中血压幅度增加 20％，而下部身体中血压幅度下降 55％。然后，血压按图 13.4 所示的趋势持续增加。在上体中，血压起初增长迅速，然后逐渐趋于约高出正常值 75％的渐近值。在下体中，血压约在 4 天后增加到正常值，然后继续缓慢地增加，达到约高出正常值 25％的渐近值。在这些血压变化的同时，主动脉的零应力状态也发生改变。这些改变画在图 13.1 中。该图中各截面在主动脉上的位置用沿主动脉度量的该截面到主动脉瓣膜的距离除以主动脉总长所得的百分比表示。各列顺序地表示在手术 0，2，4，…，40 天后老鼠主动脉的零应力构形。各行顺序地表示各截面在主动脉上的相继位置。

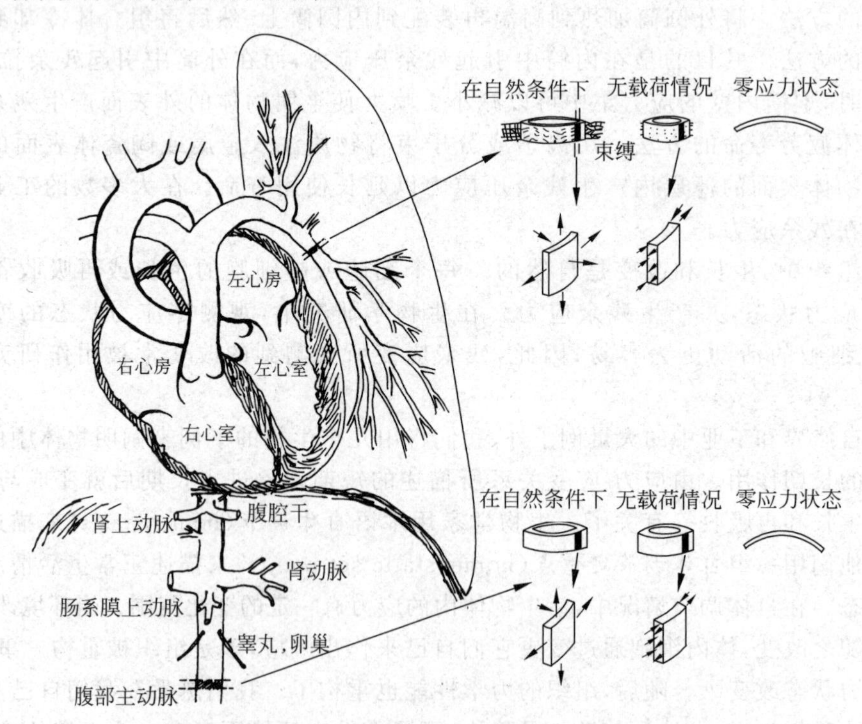

图 13.3 心脏、主动脉和肺部动脉的简图，它们的应力、零应力状态，以及与用收紧主动脉来控制血压有关的、课文中所提到的血管名称

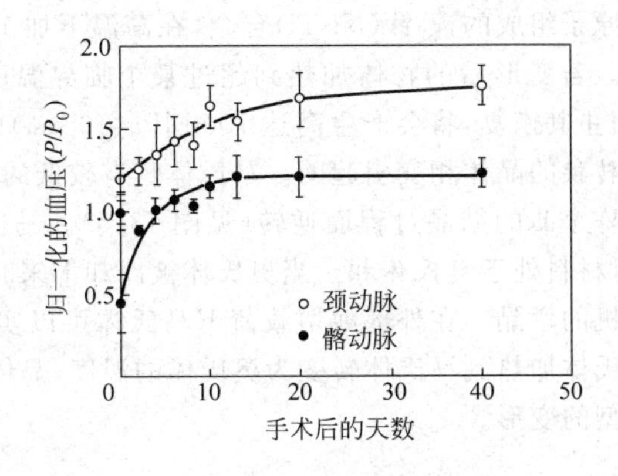

图 13.4 血压(用手术前的血压归一化)的变化趋势,在隔膜下、腹腔干上突然收紧主动脉,如图 13.3

摘自 Fung and Liu (1989)

图 13.4 说明,在血压突然增加后开口角不断增加,在二至四天内达到最大值,然后逐渐下降到一个渐近值。随截面在主动脉上的位置而发生的变化是很大的。开口角的最大变化发生在上行主动脉处,那里开口角的总开度达到 88°。

由此可见,血管在血压改变后的几天内将改变其开口角。在暴露于含 10%氧和 90%氮的缺氧气体中而引起的肺部高血压发作后,老鼠的肺动脉也曾观测到类似的改变。

因此,在自体调节应力改变的影响下,血管的零应力状态可以通过自动的生物过程来重构。

13.4 零应力状态随温度的变化:能"记忆"其形状的材料

材料的力学性质可以与许多物理、化学和生物学的因素有关。在前节中,我们已经举例说明了由于对应力的生物反应所引起的材料零应力状态的改变。现在我们来考虑物理因素:温度。众所周知,在任何给定的应力状态下,温度的变化将改变应变,所以热应力可以看作是因温度变化改变了零应力状态而引起的。

然而在有些材料中还存在更为惊人的现象。由某种聚合物制成的礼帽携带时可以折叠起来,然后通过加热再恢复到适用的形状。用这种材料制成的医疗器械在日本已经用于闭合幼童的久存性动脉导管。动脉导管是连接胎心脏到胎肺的血管,它允许血液在出生前从主动脉流到肺动脉。一般在出生后它将立即闭合。但有时它仍然张开着,因而需要动手术。上述器械的形状像一把微型伞,把它收起来,用一个动脉内引管穿进动脉导管的入口,然后从引管喷入一小股相当热的水把它打开。这把打开的伞就把动脉导管闭合。

这类能"记忆"其形状的材料是一些随温度而改变其零应力状态的材料。铜-铝-镍、铜-锌-铝、铁-锰-硅、镍-钛等合金以及聚合物(如像多聚降冰片烯)都具有这样的性质。例如,由同等数目的镍原子和钛原子组成的镍-钛(Ni-Ti)合金，在高温下加工成某种物品，到低温下可以变形为另一种形状。若变形后的物体加热到超过某个临界温度，Ni-Ti 合金将恢复其原来加工的样子，如果阻止其恢复，将会产生高达 700 MPa(10^5 psi)的应力。合金中产生这种改变是由称为马氏体转换的晶体相变引起的。马氏体具有较低的屈服应力，很容易变形，并可以通过称为原子点阵孪晶的结晶过程而逆转(见图 13.5)。马氏体转换发生在某个温度范围内，高于该范围时材料处于奥氏体相。当奥氏体被冷却下来时，由随机的内部残余剪应力导致金属中产生随机的孪晶。在外部剪切载荷下马氏体可以实质性地变形，并由孪晶而逆转。将变形后的马氏体加热到马氏体转变为奥氏体的温度，晶体就恢复其原始形状，因为奥氏体不能容纳孪晶型的变形。

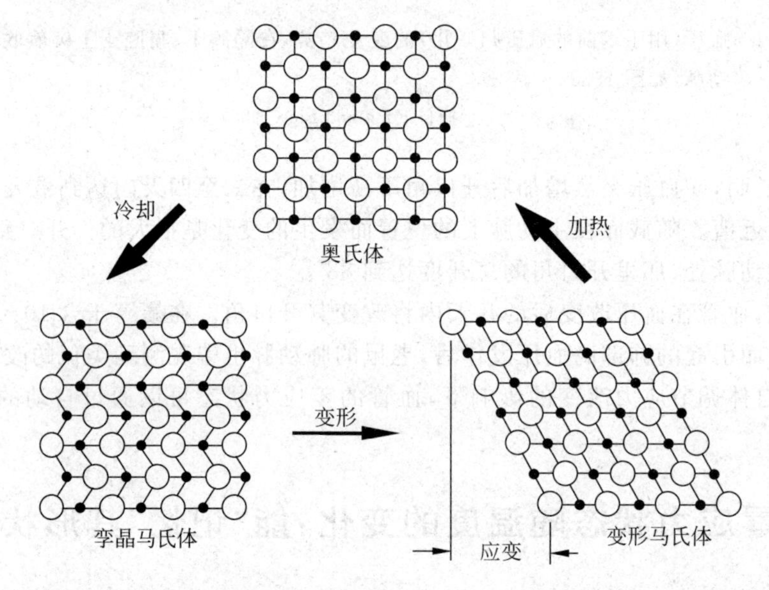

图 13.5 在高温奥氏体状态下镍-钛合金的形状记忆机理。在低温下当晶体结构为马氏体时，合金受到变形。马氏体晶体中的变形是孪晶引起的，它在适当的剪应力下产生，且当剪应力移去时逆转。若变形马氏体的温度上升到某临界值之上，合金的晶体结构恢复到奥氏体，同时也恢复了物体的原始形状

摘自 Tom Borden, "Shape-memory alloys: Forming a tight fit", *Mechanical Engineering*, Oct. 1991. p. 68. 转载得到作者和出版社的同意

马氏体和奥氏体的应力-应变曲线示于图 13.6。马氏体和奥氏体分别在应变大于约 7%和约 1%时，变形就是塑性、不可逆的。所以为了实际应用，人们必须知道应力-应变曲线、弹性和塑性的范围，加热时马氏体中刚生成奥氏体时的温度和冷却时奥氏体中刚生成马氏体时的温度。有了这些知识，人们已经将 Ni-Ti 合金用于固定机器部件、做成钢丝架固紧牙齿以实现矫形、模拟器官的勃起以及其他事情。

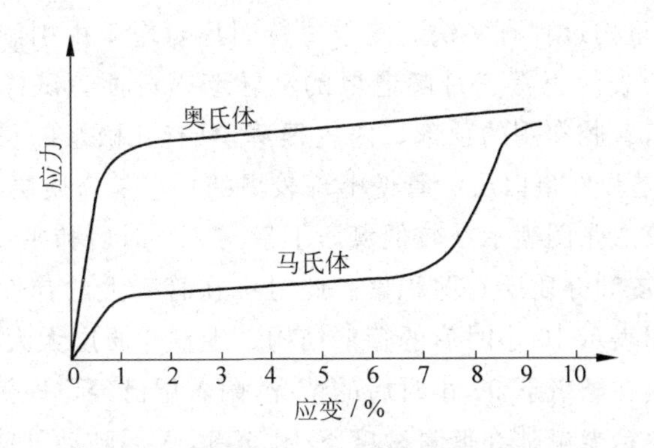

图 13.6　马氏体和奥氏体晶体的应力-应变关系（在不同温度下测得）

摘自：Tom Borden，*loc. cit.* 经作者同意

13.5　血压变化引起的血管在形态和结构上的重构

循环血液的压力是随时间不同和位置不同而变化的。通常将主动脉瓣膜处主动脉的血压与右心房的血压之差称为体血压。这是驱动遍及身体（外围循环系统）的整个“体”回路的压差。相应的肺回路的驱动压力是肺瓣膜处肺动脉的血压与左心房的血压之差。体回路和肺回路都用收缩压（在心脏收缩期内）和舒张压（在心脏舒张期内）来表征。当这些压力变化时，身体内每根血管中的血压都发生变化。当血压变化时，血管壁内的应力也发生改变。

如图 13.3 所示，在正常血压的自然条件下，环向应力通常是拉应力，并是血管壁中的最大应力分量。由于血管通常在轴向是受拉的，也存在纵向应力分量。径向应力分量在内壁是压应力，就等于血压，并逐渐下降到作用于外壁上的压力。

有许多途经可以改变体血压：药物、高盐饮食、堵塞进入肾脏的血流等。如果主动脉在肾动脉以上被狭窄严重堵塞（图 13.4），则狭窄以上的主动脉将变为高血压。狭窄以下的主动脉将首先变为低血压，但是进入肾脏血流的减少会导致肾脏分泌更多的酶肾素进入血流，并引起血压升高。如果狭窄在肾动脉以下，且很严重，则下体将变为低血压。也有许多途经可以改变肺血压。最简便的方法是改变动物呼吸气体中的氧浓度。如果氧浓度低于正常值（即若变为缺氧），则肺血管中的平滑肌细胞收缩，血管直径减小，肺血压上升。这就是生活在海平面环境下的人们当其去高原时的反应。

缺氧高血压反应发生得很快。如果把老鼠放进处于海平面大气压下的、含 10%氧和 90%氮的低氧室中，其肺中的收缩压将在几分钟内由正常值 2.0 kPa（15 mmHg）迅速上升到 2.9 kPa（22 mmHg），在一周内进一步提高到 3.6 kPa，然后在一个月内逐渐上升到 4.0 kPa（在此期间，老鼠的体血压基本保持不变）。在肺中血压如此的上升过程中，肺血管本身发生重构。

图 13.7 显示了该重构过程有多快。图中每行图片对应于由引线标明位置的肺动脉截段。第一行的第一张图表示正常三月龄老鼠的动脉壁横截面。试样在无载荷情况下被固定。在图中,内皮朝上,管腔在图的顶部。内皮很薄,只有几微米的量级。图的底部给出了 100 μm 的标尺。黑线是弹性蛋白层。管壁上部较黑的一半是介质层,管壁下部较亮的一半是附着层。第一行的第二张图表示在较低氧压下暴露 2 小时后肺主动脉的横截面。出现小液泡的迹象,流体在内皮和介质层有些积聚。此时染在管壁上的弹性蛋白层也发生了生物化学的变化。第三张图表示 10 小时后的管壁结构。现在介质层大大增厚,而附着层变化不大。第四张图表示暴露在缺氧下 96 小时后的情况,附着层已经增厚到约与介质层相等的厚度。再下面两张照片表示老鼠肺在低氧浓度下 10 至 30 天后肺动脉壁的结构。后期的主要变化是附着层的持续增厚。

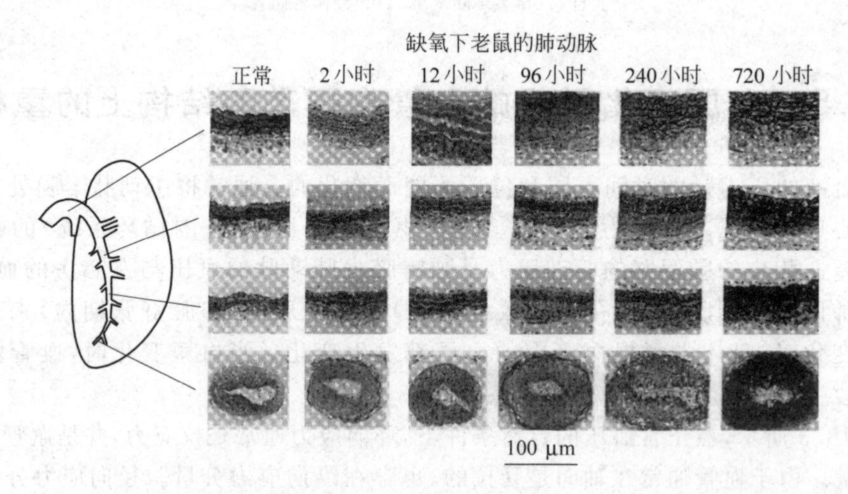

图 13.7 正常老鼠和严重高血压老鼠在不同缺氧时期下肺主动脉四个区段的、按时序排列的系列照片。试样在无载荷情况下被固定

摘自:Fung and Liu (1991)

第二行中的照片表示较小的肺动脉管壁的逐渐变化。第三和第四行是更小直径的动脉的照片。第四行中动脉的内径为 100 μm 量级,接近与小动脉的尺寸范围。在所有尺寸的肺动脉中血管壁的重构是明显的。最大变化率发生在一至两天内。

13.6 力学性质的重构

当血管的材料在重构过程中改变后,其力学性质也改变了。生物组织的力学性质可以用 9.5 和 9.7 节中讨论的本构方程来描述。因此我们可以预期:本构方程或者至少是它的系数将随组织重构而改变。情况确实如此,我们将用一个例子来说明。

对血管来说，9.4 和 9.5 节中讲述的本构方程的拟弹性表达式是适用的。我们假设：存在拟弹性应变能函数，用符号 $\rho_0 W$ 表示，并表达为九个应变分量 $E_{ij}(i=1,2,3,j=1,2,3)$ 的函数，它对 E_{ij} 和 E_{ji} 是对称的，所以应力分量可以由求导得到，即

$$S_{ij} = \frac{\partial \rho_0 W}{\partial E_{ij}} \tag{13.6-1}$$

其中，ρ_0 是材料在零应力状态下的密度；W 是单位质量的应变能；$\rho_0 W$ 是单位体积的应变能；E_{ij} 是按零应力状态下材料本构度量的应变。

关于 $\rho_0 W$ 的确定，有两种方法可以选择。一种是将血管看作不可压缩的材料，导得 $\rho_0 W$ 是三维空间中 E_{ij} 的函数(Chuong and Fung，1983)。另一种是假设血管是具有轴对称力学性质的圆柱体，且仅限于轴对称载荷和变形。于是问题仅与两个应变分量有关：环向应变 E_{11} 和纵向应变 E_{22}。径向应变可以由不可压缩条件方便地求得。该方法可以称为二维方法。

为了解析地表示二维方法中动脉的 $\rho_0 W$，Patel 和 Vaishnav(1972)曾采用多项式形式，Hayashi 等(1971)曾采用对数形式，Fung 等(1973，1979，1981)曾采用指数形式，详见第 9 章后的参考文献。按 Fung 等(1979)，

$$\rho_0 W = C\exp(a_1 E_{11}^2 + a_2 E_{22}^2 + 2a_4 E_{11} E_{22}) \tag{13.6-2}$$

其中，C, a_1, a_2 和 a_4 是材料常数；E_{11} 是环向应变；E_{22} 是纵向应变，后两个应变均以零应力状态为参考状态。

曾在一次注射 streptozocin(一种抗癌抗菌素，在动物试验中可用来引发糖尿病)后糖尿病发展的过程中对老鼠的主动脉进行了试验。将血管壁看作均匀材料的试验结果列于表 13.1，摘自 Liu and Fung(1992)。显然材料常数是随糖尿病的发展而变化的。

表 13.1　正常的和 20 天糖尿病的老鼠胸主动脉的应力-应变关系中的系数 C, a_1, a_2 和 a_4。a_4 被固定为正常老鼠的平均值*

组	$C/(\text{n/cm}^2)$	a_1	a_2	a_4
正常老鼠 平均值±SD	12.21±3.32	1.04±0.35	2.69±0.95	0.0036
20 天糖尿病老鼠 平均值±SD	15.32±9.22	1.53±0.92	3.44±1.07	0.0036

* 摘自 Liu，S. Q.，and Fung，Y. C. (1992)。

13.7　考虑零应力状态的应力分析

如果已知固体的零应力状态，假设应变为无穷小，且本构方程是线性的，则叠加原理成立，于是有残余应力物体的应力分析的数学问题就化为如下两个线性问题的简单叠加：求

不受外载荷时的残余应力和求外载荷作用下但没有残余应变时的应力。在这类问题中包括关于位错和热应力的重要经典理论。

由有限应变或本构方程导致的非线性使得有残余应力物体的分析成为一个别具特色的学科。通常非线性分析是非常困难的。但是如果我们知道零应力状态以及它如何与现时状态相关,则物体中的应力分析可以变得非常简单。

例如,考察一根回肠动脉,其在 16 kPa (120 mmHg)血压自然条件下的横截面示于图 13.8。在无载荷和零应力情况下的横截面也示于图 13.8。由这些图,我们测得血管内壁的圆周长度。分别用 $L^{(i\theta)}_{零应力}$,$L^{(i\theta)}_{无载荷}$ 和 $L^{(i\theta)}_{自体调节}$ 表示零应力状态、无载荷状态和自体调节(正常、自然条件下)状态下的长度,其中上指标 i 表示"内壁",θ 表示"周向"。类似地,我们可以测量外壁的圆周长度,得到 $L^{(o\theta)}_{零应力}$,$L^{(o\theta)}_{无载荷}$ 和 $L^{(o\theta)}_{自体调节}$,其中上指标 o 表示外壁。由此我们得到伸缩比,

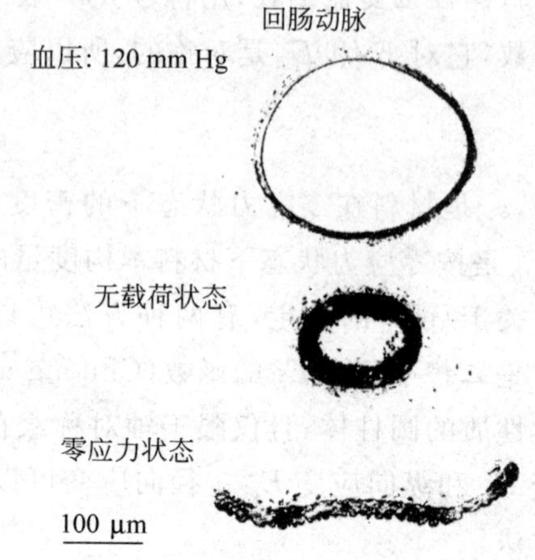

图 13.8 在正常血压(上),无载荷(中),和零应力(下)状态下老鼠回肠动脉的横截面形状

在内壁

$$\lambda^{(i\theta)}_{无载荷} = \frac{L^{(i\theta)}_{无载荷}}{L^{(i\theta)}_{零应力}}, \quad \lambda^{(i\theta)}_{自体调节} = \frac{L^{(i\theta)}_{自体调节}}{L^{(i\theta)}_{零应力}} \tag{13.7-1}$$

在外壁

$$\lambda^{(o\theta)}_{无载荷} = \frac{L^{(o\theta)}_{无载荷}}{L^{(o\theta)}_{零应力}}, \quad \lambda^{(o\theta)}_{自体调节} = \frac{L^{(o\theta)}_{自体调节}}{L^{(o\theta)}_{零应力}} \tag{13.7-2}$$

表 13.2 给出了回肠动脉、足底内侧动脉和肺动脉(分支 1)各 L 值的典型原始数据。计算后的伸缩比也列于表中。这些结果可以与假想情况下的理论计算结果相比较,在假想情况中无载荷和自体调节构形与真实情况相同,但是残余应变为零,所以开口角为零,且零应力状态与无载荷状态相同。在该情况下,无载荷情况的伸缩比为 1,而自体调节血管的是

$$\lambda^{(i\theta)}_{自体调节} = \frac{L^{(i\theta)}_{自体调节}}{L^{(i\theta)}_{无载荷}}, \quad \lambda^{(o\theta)}_{自体调节} = \frac{L^{(o\theta)}_{自体调节}}{L^{(o\theta)}_{无载荷}} \tag{13.7-3}$$

这些列在表 13.2 的最后两列中。

回肠动脉血管(分支 1)在无载荷情况下血管壁周向残余伸缩比的分布示于图 13.9(a)。可以看到,残余伸缩在内壁是压缩的、而外壁是拉伸的。在"平截面在弯曲时仍保持平面"的常用假设下,血管壁中伸缩比分布是一条直线。在图 13.9(b)中,几乎水平的粗实线表示当血压为 80 mmHg 时血管壁内周向伸缩比的真实分布,而细斜线表示在开口角为零的假设下80mmHg时周向伸缩比的假想分布。相应的应变全是正的(拉伸),但可以看到

表 13.2　在零应力、无载荷、80 mmHg 和 120 mmHg 下老鼠回肠动脉内、外壁所测得的圆周长度；以及相对于(A)零应力状态和(B)无载荷状态计算的两种周向伸缩比的比较*

状　态	长度/μm		周向伸缩比			
			相对于零应力状态		相对于无载荷状态	
	内壁	外壁	内壁	外壁	内壁	外壁
零应力	743	963				
无载荷	590	1091	0.79	1.13	1.0	1.0
80 mmHg	1017	1281	1.37	1.33	1.72	1.17
120 mmHg	1023	1286	1.38	1.34	1.73	1.18

* 数据摘自 Fung and Liu(1992)。

因忽略残余应变(开口角)而引起的很大误差。在 120 mmHg 血压下血管壁中相应的伸缩比的分布示于图 13.9(c)。由图 13.9 明显看出：因忽略残余应变所引起的误差是极大的。知道血管的零应力状态是很重要的。

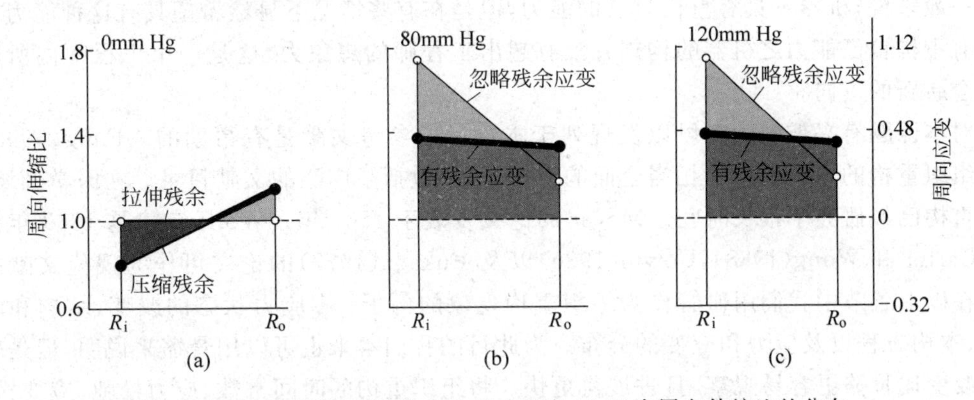

图 13.9　回肠动脉血管(分支 1，尺寸见表 13.2)中周向伸缩比的分布

(a) 无载荷状态下测得的残余伸缩比。残余应变可以从示于右边的非线性标尺读出。R_i 和 R_o 分别是血管的内半径和外半径。应变在内壁区是压缩的，而在外壁区是拉伸的。(b) 连接两个黑点的、几乎水平的粗实线表示当血压为 80 mmHg 时测得的周向伸缩比(相对于零应力状态)；连接两个圆点的细斜线表示忽略开口角时算出的假想周向伸缩比。(c) 当血压为 120 mmHg 时的相应应变。这些曲线显示了若忽略残余应变会导致很大的误差。摘自 Fung and Liu (1992)，经作者许可

对图 13.9 中各试样测得的由无载荷到自体调节情况的纵向伸缩比大约为 1.35。在无载荷情况下到零应力状态切开血管段，试验上并没有发现半径有何变化。所以，回肠动脉血管由零应力状态到自体调节状态的纵向伸缩也大约为 1.35。最后，可以由管壁的不可压缩性算出径向伸缩比：

$$\lambda_r \lambda_\theta \lambda_z = 1 \tag{13.7-4}$$

于是，血管的应变状态完全由试验所确定。

对于动脉，应力随应变按指数函数增加。所以，若画出相应于图 13.9 之应变分布的应

力图,将会看到因忽略开口角导致的应力上的更大误差。

13.8 应力-生长关系

生物组织的生长可以受多种因素的影响:营养、生长素(酶)、物理和化学环境、以及疾病、还有应力和应变。如果其他因素不变,则应力-生长关系就显露出来。

应力-生长关系在理解疾病、愈合和康复等方面具有临床的应用。若已知某器官的应力-生长定律,则外科医生可以用它去规划该器官的手术,工程师可以将它应用于组织工程,假体制造师就有了指导规则,理疗师、运动员和教练将会知道锻炼和身体发育的关系。

组织工程是致力于制造活组织之人工替代品的领域。它是基于分子生物学、细胞生物学和器官生理学的技术。为了精通组织工程,人们必须知道组织健康的保养、改善或损伤是如何与应力及应变相关的。

一般来说,机器不具有重构自己的能力,但是在有些情况下显然希望具有这种能力。关于具有重构自己能力之机器的构想并没有超出工程师的想象力,这是一个工程师们所思考的完全崭新的方向。

对本课题有兴趣的读者可以发现列于本章后的参考文献是有帮助的。Fung(1990)对有关组织重构的力学给出了相当全面的介绍,其中包括了广泛的文献目录。在医学领域,骨骼的重构已经研究了很长时间。Meyer 的论文发表于 1867 年。Wolff 定律是 1869 年提出的。Carter 和 Wong(1988),Cowin(1986)以及 Fukada(1977)的论文可作为现代文献的入门。在以上各节中我们用血管作为组织重构现象的例子:零应力状态的改变、结构和动脉组成、本构方程以及应力和应变的分布。为此目的我们本来也可以用骨骼来说明,但是软组织的改变比骨骼更容易观察、且进展得更快。将组织重构的时间常数、应力松弛、应变松弛、流体动量和质量传递等集合到一起就导致生物学和力学的紧密结合。Chuong 和 Fung(1986),Fung(1991),Hayashi 和 Takamizawa(1989),Takamizawa 和 Hayashi(1987),Vaishnav 和 Vossoughi(1987),以及 Omens 和 Fung(1990)的论文都与软组织力学有关。由 Skalak 和 Fox(1988)主编的书汇集了发表在组织工程大会上的论文。关于组织重构的生物学和医学有大量的参考文献。Cowan 和 Crystal(1975)以及 Meyrick 和 Reid(1980)是范例。

习题

13.1 活细胞中的膜。在细胞中膜是处处存在的,但是它们的力学性质实际上并不知道。作为一个理论概念,细胞内膜可以假设具有表面张力、伸缩弹性、剪切弹性和弯曲刚度。拉伸和剪切与膜的面积和变形有关,弯曲刚度与膜的曲率变化有关。

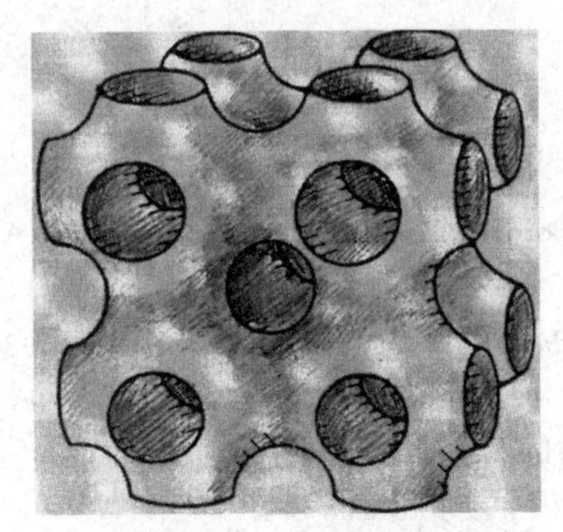

图 P13.1　利浦斯基曲面

在三维欧几里德空间中曲面在每点处有两个主曲率。两个主曲率之和称为曲面的平均曲率；两个主曲率之积称为高斯曲率。可以假设膜的能量状态与平均曲率和高斯曲率有关。现在对细胞内膜提出一个应变能函数。然后求解如下数学问题：寻找一个面积有限而处处平均曲率为零的最小曲面。

莱茵哈德·利浦斯基(Reinhard Lipowsky)在自然杂志第 349 卷 478 页(1991 年 2 月)上给出的一个解答，如图 P13.1 所示。您认为利浦斯基曲面是最小的吗？这种曲面应该具有何种能量状态？若有人断言：最小曲面具有最小的能量水平，膜的能量与曲面面积及平均曲率和高斯曲率应该有什么样的关系？

哪种曲面的高斯曲率处处为零？可展曲面是零高斯曲率的曲面吗？所有零高斯曲率的曲面都是可展开的吗？

参考文献

Borden, T. (1991). "Shape-Memory Alloys: Forming a Tight Fit." *Mechanical Engineering*, Oct. 1991: 67-72.

Carter, D. R., and Wong, M. (1988). "Mechanical Stresses and Endochondral Ossification in the Chondroepiphysis." *J. Orthop. Res.* 6: 148-154.

Chuong, C. J., and Fung, Y. C. (1983). "Three-dimensional Stress Distribution in Arteries." *J. Biomech. Eng.* 105: 268-274.

Chuong, C. J., and Fung, Y. C. (1986). "On Residual Stresses in Arteries." *J. Biomech. Eng.* 108: 189-199.

Cowan, M. J., and Crystal, R. G. (1975). "Lung Growth after Unilateral Pneumonectomy: Quantitation of Collagen Synthesis and Content." *Am. Rev. Respir. Disease.* 111: 267-276.

Cowin, S. C. (1986). "Wolff's Law of Trabecular Architecture at Remodeling Equilibrium." *J. Biomech. Eng.* 108: 83-88.

Fukada, E. (1974). "Piezoelectric Properties of Biological Macromolecules." *Adv. Biophys.* 6: 121.

Fung, Y. C., and Liu, S. Q. (1989). "Change of Residual Strain in Arteries Duo to Hypertrophy Caused by Aortic Constriction." *Circ. Res.* 65: 1340-1349.

Fung, Y. C. (1990). *Biomechanics: Motion, Flow, Stress, and Growth*, New York: Springer-Verlag.

Fung, Y. C. (1991). "What Are the Residual Stresses Doing in Our Blood Vessels?" *Annals of Biomedical Engineering.* 19: 237-249.

Fung, Y. C., and Liu, S. Q. (1991). "Change of Zero-Stress State of Rat Pulmonary Arteries in Hypoxic Hypertension." *J. Appl. Physiol.* 70(6): 2455-2470.

Fung, Y. C., and Liu, S. Q. (1992). "Strain Distribution in Small Blood Vessels with Zero-Stress State Taken into Consideration." *American J. Physiol.: Heart and Circulatory Physiology*, 262(2): H544-H552.

Han, H. C., and Fung, Y. C. (1991a). "Species Dependence on the Zero-Stress State of Aorta: Pig vs. Rat." *J. Biomech. Eng.* 113: 446-451.

Han, H. C., and Fung, Y. C. (1991). "Residual Strains in Porcine and Canine Trachea." *J. Biomechanics.* 24: 307-315.

Hayashi, K., and Takamizawa, K. (1989). "Stress and Strain Distributions and Residual Stresses in Arterial Walls." In Fung, Y. C., Hayashi, K., and Seguchi, Y., eds., *Progress and New Directions of Biomechanics*. Tokto: MITA Press, pp. 185-192.

Liu, S. Q., and Fung, Y. C. (1989). "Relationship between Hypertension, Hypertrophy, and Onening Angle of Zero-Stress State of Arteries following Aortic Constriction." *J. Biomech. Eng.* 111: 325-335.

Liu, S. Q., and Fung, Y. C. (1992). "Influence of STZ-induced Diabetes on Zero-Stress State of Rat Pulmonary and Systemic Arteries." *Diabetes.* 41: 136-146.

Matsuda, T., Echigo, S., and Kamiya, T. (1991). "Shape-Memory Polymer: Its Application to

Cardiovascular Device."(Abstract). *Medical and Biological Engineering and Computing*, Vol. 29, 1991 Supplement, p. 46.

Meyer, G. H. (1867). "Die Architektur der Spongiosa." *Archiv. für Anatomie, Physiologie, und wissenschaftliche Medizin*(Reichert und Du Bois-Reymonds Archiv). 34: 615-628.

Meyrick, B., and Reid, L. (1980). "Hypoxia-Induced Structural Change in the Media and Adventitia of the Rat Hillar Pulmonary Artery and Their Regression." *Am. J. Pathol.* 100: 151-178.

Omens, J. H., and Fung, Y. C. (1990). "Residual Strain in the Rat Left Ventricle." *Circ. Res.* 66: 37-45.

Skalak, R., and Fox, D. F. (eds.). (1988). *Tissue Engineering*. New York: Alan Liss.

Takamizawa, K., and Hayashi, K. (1987). "Strain Energy Density Function and Uniform Strain Hypothesis for Arterial Mechanics." *J. Biomech.* 20: 7-17.

Vaishnav, R. N., and Vossoughi, J. (1987). "Residual Stress and Strain in Aortic Segments." *J. Biomechanics.* 20:235-239.

Wollf, J. (1869). "Über die innere Architektur der spongiösen Sunstanz." *Zentralblatt für die medizinische Wissenschaft*. 6: 223-234.

Xie, J. P., Yang, R. F., Liu, S. Q., and Fung, Y. C. (1991). "The Zero-Stress State of Rat Vena Cava." *J. Biomech. Eng.* 113: 36-41.

中文索引

A

阿尔曼西应变张量	Almansi strain tensor	90
阿伏加德罗数	Avogadro number	143
奥氏体	Austenite	228

B

八面体平面	Octahedral planes	63
本构方程	Constitutive equations	120-127
宾厄姆材料	Bingham material	158-159
不可压缩流体	Incompressible fluid	121
范德华方程	van der Waal's equation	143
非牛顿流体	Non-Newtonian fluids	126
胡克弹性固体	Hookean elastic solid	122-125
活组织	living tissue	147-149
金属的塑性	plasticity of metals	146
粘塑性材料	viscoplastic materials	151-154
粘弹性材料	viscoelastic material	158
牛顿流体	Newtonian fluid	121
无粘性流体	nonviscous fluids	126
比例极限	Proportional limit	147
边界条件	Boundary conditions	
超声速流	supersonic flow	205
固体	solids	213
两种流体	two fluids	184
流-固界面	solid-fluid interface	183
流体自由表面	fluid free surface	184
速度	velocity	204
亚声速流	subsonic flow	205
边界层	Boundary layer	184
边界层厚度	thickness	193
普朗特方程	Prandtl's equation	193
变形，分析	Deformation, analysis	86-101

变形梯度 Deformation gradients 101
表面,最小表面 Surface, minimal 185,235
表面摩擦系数 Skin friction coefficient 191
表面张力 Surface tension 182
标量三重积 Scalar triple product 202
标准国际单位制 SI units 14-15
标准线性固体 Standard linear solid 153
宾厄姆塑性 Bingham plastic 158-159
波 Waves
  表面波 surface 106
  横波 transverse 214
  偏振 polarization 214
  瑞利波 Rayleigh 107
  声波 acoustic 201
  纵波 longitudinal 214
波动方程 Wave equation 202
玻耳兹曼常数 Boltzmann constant 143
玻耳兹曼方程 Boltzmann equation 153-154
泊 Poise 144
泊肃叶流 Poiseuille flow 190
泊松比 Poisson's ratio 124
不变量 Invariants 73
不可压缩流体 Incompressible fluid 121
  连续性方程 equation of continuity 170

C

材料各向同性 Material isotropy 15
层流边界层 Laminar boundary layer 193
残余应力 Residual stress 223
常数 Constant
  阿伏加德罗数 Avogadro's number 143
  玻耳兹曼常数 Boltzmann L. 143
  拉梅常数 Lame,G. 123
肠系膜 Mesentery 148
超声速流动 Supersonic flow 205
重构,组织 Remodeling, tissues 226-235
  力学性能的重构 of mechanical properties 228,230
  零应力状态的重构 of zero. stress state 225
  随温度的重构 with temperature 227

糖尿病引起的重构	due to diabetes	228,231
形态学的重构	of morphology	229-230
纯剪切	Pure shear	102

D

达朗贝尔原理	D'Alembert's principle	55
单位阶跃函数	Unit-step function	151
单位脉冲函数	Unit. impulse function (Dirac delta function)	152
等熵流	Isentropic flow	201
笛卡儿张量,解析定义	Cartesian tensors, analytical definition	40
狄拉克-戴尔他函数	Dirac-delta function	152
动力相似性	Dynamic similarity	187
动量,动量守恒	Momentum, conservation of	170,212
动量矩	moment of	49
线动量	linear	49,171
杜哈梅-诺伊曼热弹性定律	Duhamel-Neunann thermoelasticity law	125
对流加速度	Convective acceleration	187

E

ε-δ 恒等式	ε-δ identity	33

F

芬格应变张量	Finger's strain tensor	102
非牛顿流体	Non-Newtonian fluids	122
非线性固体	Nonlinear solids	
生物组织	biological tissues	149
橡胶	rubber	137
肺的缺氧高血压	Hypoxic hypertension in lung	229
肺看作连续介质	Lung as continua	6-7,137,155
辐射条件	Radiating condition	205

G

高斯定理	Gauss theorem	165
高血压	High blood pressure	81
各向同性	Isotropy	136
各向同性	Isotropy	136
应变不变量	strain	96

应力不变量	stress	67
应力偏量不变量	stress deviations	76
各向同性材料	Isotropic materials	129
各向同性张量	Isotropic tensor	129
一阶,不存在	rank 1, nonexistence	130
二阶	rank 2	130
三阶	rank 3	132
四阶	rank 4	133
格林定理	Green's theorem	165
格林应变张量	Green's strain tensor	90
跟腱	Achilles tendon	22
固体的蠕变函数	Creep functions of solid	153
惯性参考系	Inertial frame of reference	8
惯性力	Inertia force	8
国际单位制	International systems of units	14

H

哈根-泊肃叶流动	Hagen-Poisetulle flow	184
赫姆霍兹定理	Helmholtz's theorem	197
横波速度	Transverse wave speed	214
桁架	Truss	10
静不定桁架	statically indeterminate	21
胡克定律	Hooke's law	87
环流,环量	Circulation	197

J

加速度	Acceleration	8
对流加速度	convective	187
极坐标中的加速度分量	components in polar coordinates	176
物质加速度	material	166
记忆材料	Material with memory	227-228
剪切变形	Detrusions	92
剪切模量	Shear modulus	87
剪应变,符号,注意	Shear strain, notation, warning	92
纯剪切	pure	102
简单剪切	simple	92
剪应力	Shear stress	14
最大剪应力	maximum	14

简单剪切 Simple shear 92
界面条件 Interface condition 59
结晶固体 Crystalline solid 137
金属的塑性 Plasticity of metals 146
矩阵 Matrix 32
  正交矩阵 orthogonal 36

K

开尔文定理 Kelvin's theorem 198
  流线 fluid line 197
开口角,动脉的开口角 Opening angle, arteries 224
壳 Shell
  球壳 spherical 16
  圆柱壳 cylindrical 17
  求和约定 Summation convention 31
  屈服函数 Yield function 159
  屈服应力 Yield stress 87
  屈曲 Buckling 11
可积性条件 Integrability condition 113
可搅溶性 Thixotropy 159
可压缩性 Compressibility 159
  气体的可压缩性 of gas 142
  液体的可压缩性 of liquid 143
可压缩流 Compressible flow 199-207
  基本方程 basic equations 199,200,203
克罗内克-戴尔他 Kronecker delta 131
柯西公式 Cauchy's formula 51
柯西应变张量 Cauchy's strain tensors 101
空间描述 Spatial description 168

L

拉格朗日应变张量 Lagrange strain tensor 91
拉格朗日应力 Lagrangian stress 149
拉梅常数 Lamé constants 123
  拉梅椭球 ellipsoid 78
拉普拉斯算子 Laplace operator 213
拉普拉斯算子 Laplacian 213
雷诺数 Reynolds number 184

力,体力和面力	Force, body and surface	4
理想气体	Ideal gas	121
理想气体定律	Perfect gas law	142
连续性,连续性方程	Continuity, equation of	170
极坐标中连续性方程	in polar coordinates	178
连续介质	Continuum	3
物质连续统	material	2
抽象复制体	abstract copy	4
肺	lung	6
公理	axioms	6
连续介质力学	mechanics	4,5
真实材料	real material	4
连续介质的概念	Continuum, concept of	21
梁	Beams	8
分类:简支,固支,自由	classification: simply-supported, clamped, free	20
简支梁	simply-supported	12
静定梁	statically indeterminate	22
梁的曲率	curvature of	20
梁的中性面	neutral surface of	18
梁的最大应力	the largest stress in	19
挠度	deflection	17
外纤维应力	outer fiber stress	19
弯矩	bending moment	12
弯矩图	moment diagram	12
梁的弯曲	Bending of beams	18-21,218-220
零应力状态	Zero-Stress state	81
高血压引起的变化	change due to hypertension	224
流变学	Rheology	223
流函数	Stream function	196
流体	Fluids	3
变形率与速度梯度的关系	rate-of-deformation-and-velocity-gradient relation	112
非牛顿流体	non-Newtonian	122
各向同性粘性	isotropic viscous	121
临界点	critical points	142
气体	gases	3
流线	Fluid line	197
螺管矢量场	Solenoidal vector field	196

M

马赫数	Mach number	195
马赫波线	Mach waves lines	207
马氏体	Martensite	228
麦克斯韦蠕变与松弛函数	Maxwell creep and relaxation function	152
麦克斯韦固体	Maxwell solid	152
面力	Surface force	28
膜,薄膜	Membrane, thin	68,184
莫尔圆	Mohr's circle	70
特殊的正负号约定	special sign convention	71
三维状态	three-dimensional states	71
模量,体积模量	Modulus, bulk	59
刚性	rigidity	24
剪切模量	shear	87
松弛模量	relaxed	153
弹性模量	elasticity	59

N

纳维方程	Navier's equation	213
纳维-斯托克斯方程	Navier-Stokes equation	182
无量纲纳维-斯托克斯方程	dimensionless	191
内力(合应力)	Stress resultant	18
内能	Internal energy	173
能量,能量守恒	Energy, conservation of	172-173
能量守恒方程	equation	173
拟弹性	Pseudoelasticity	148
拟弹性应变能函数	Pseudoelastic strain energy function	231
粘度计	Viscometer	157
库埃特粘度计	Couette	64
圆锥-平板粘度计	cone-plate	160
粘塑性材料	Visco-plastic material	158
粘弹性	Viscoelasticity	151
准线性	quasilinear	154-157
生物组织	biological tissues	154
粘弹性的开尔文模型	Kelvin's model of viscoelasticity	151
粘性	Viscosity	144
牛顿概念	Newtonian concept	144
气体	gas	144

血	blood	157
液体	liquid	144
原子解释	atomic interpretation	145
粘性流体中的斯托克斯球	Stokes' sphere in viscous fluid	79
镍-钛合金	Ni-Ti alloy	228
凝胶	Gel	159
牛顿流体	Newtonian fluid	122
牛顿的	Newton's	144
牛顿粘性定律	law of viscosity	157
牛顿万有引力定律	law of gravitation	30
牛顿运动定律	laws of motion	5
扭转	Torsion	57

O

欧拉应变张量	Eulerian strain tensor	91
欧几里德度量空间	Euclidean metric space	115
偶应力	Couple-Stress	4

P

偏振,偏振平面	Polarization, the plane of	214
平均曲率	Mean curvature	235
平均自由程	Mean free path	3
平衡	Equilibrium	9
平衡的必要条件	necessary conditions	9
平衡方程	Equilibrium, equations of	4
平面弹性波	Plane elastic waves	213
平面应变	Plane strain	215
平面应力	Plane stress	215
平面波	Plane waves	214

Q

牵引力(应力矢量)	Traction (Stress vector)	4

R

热力学	Thermodynamics	5
热通量矢量	Heat flux vector	199

瑞利波	Rayleigh wave	107
软组织	Soft tissues	82
溶胶	Sol	159
溶胶-凝胶转变	Sol-gel transformation	159

S

散度	Divergence	45
声速	Velocity of sound	201
声,声速	Sound, speed	201
声学	Acoustics	201
声速	velocity of sound	201
声学的基本方程	basic equation of	200
生长	Growth	223
生长-应力定律	Growth-stress law	223-225
矢径	Radius vector	29
矢量	Vectors	27
符号	notation	11
解析定义	analytical definition	39
矢量积	vector product	28
转换	transformation	35
势方程	Potential equation	199
势流	Potential flow	116
守恒定律	Conservation laws	164
动量守恒定律	of momentum	170
极坐标中的守恒定律	in polar coordinates	175
角动量守恒定律	of angular momentum	171
能量守恒定律	of energy	172
质量守恒定律	of mass	170
速度场	Velocity field	50
数	Numbers	
阿伏加德罗数	Avogadro	143
马赫数	Mach	195
雷诺数	Reynolds	184
双曲型方程	Hyperbolic equation	204
斯托克斯流体	Stokes' fluid	122
松弛函数	Relaxation function	152
松弛谱	Spectrum of relaxation	157
松弛时间	Relaxation time	152

T

弹性,固体的弹性	Elasticity, of solids	122-124
非线性弹性	nonlinear	126
基本方程	basic equations	212
弹性理论	theory of	212-220
温度效应	effect of temperature	124
弹性稳定性	Elastic stability	65
体积力(体力)	Body force	49
体积模量	Bulk modulus	125
梯度	Gradient	45
椭圆型方程	Elliptic equation	205
湍流	Turbulence	190

W

位移场,无限小位移场	Displacement field, infinitesimal	91
位移矢量	Displacement vector	88
极坐标中位移矢量	in polar coordinates	97
位移与速度的关系	relation to velocity	112-113
纹影图	Schlieren photographs	205,206
沃伊特固体	Voigt solid	152
无滑移条件	No-slip condition	184
无粘性流体	Nonviscous fluid	120,195-196
运动方程	equation of motion	196
无旋流	Irrotational flow	198
物质导数	Material derivative	168
物质描述	Material description	166

X

相似性,动力相似	Similarity, dynamic	186
相速度	Phase velocity	214
橡胶弹性	Rubber elasticity	147-148
形状记忆	Memory of shape	228
形状记忆材料	Shape memory material	227-228
小应变分量	Infinitesimal strain components	92
几何解释	geometric interpretation	92
极坐标	polar coordinates	97-98

协调条件	Compatibility condition	113-116
平面应变	plane strain	114
三维情况	in three-dimensions	115
协调方程	equation of	114
旋度	Curl	113
旋度	Vorticity	113,197
血管	Blood vessel	6
血浆,血液	Plasma, blood	157
血压	Blood pressure	102
血液粘性	Blood viscosity	157

Y

亚声速流动	Subsonic flow	3
雅可比行列式	Jacobian determinant	39
液体的拉伸强度	Tensile strength of liquid	143
应变	Strain	86-101
极坐标	polar coordinates	97-99
剪应变	shear	92
平面应变状态	plane state	215
小应变	infinitesimal	92-93
应变不变量	invariants	96
有限应变	finite	90-91,94-96
主应变	principal	96
应变偏量	Strain deviation tensor	96
应变能函数	Strain-energy function	135
应变率张量	Strain-rate tensor	174
应变张量	Strain tensor	3
阿尔曼西应变张量	Almansi's	90
芬格应变张量	Finger's	101-102
格林应变张量	Green's	90
柯西应变张量	Cauchy's	90
拉格朗日应变张量	Lagrangian	90
欧拉应变张量	Eulerian	90
应力	Stress	3
极坐标	polar coordinates	57-58,175-177
剪应力	shear	14,48
柯西公式	Cauchy's formula	50-51
偶应力	couple-stress	4

平衡与运动方程 equation of motion and equilibrium 56
平面应力状态 plane state 68,215
应力边界条件 boundary conditions 58-60
应力不变量 invariants 67
应力定义 definition 3
正应力 normal 13,48
应力的表示 notations 48
应力的正负号约定 sign convention 48
应力分量,符号 components, notation 47-48
应力矩阵 matrix 48,74
应力椭球 ellipsoid 78-79
应力张量 tensor 3
应力张量的转换 tensor transformation 56
主应力 principal 67,69
应力集中 Stress concentration 80,81,82
应力偏量 Stress-deviation tensor 76-78
应力-生长定律 Stress-growth law 223,234
应力-应变率关系(见本构方程) Stress-Strain-rate relationship(see Constitutive equations) 120-128
应力张量的对称性 Symmetry of stress tensor 55-56,67
原子点阵的孪生 Twinning of atomic lattice 228
约定 Convention
应变符号 strain notation 92
应力符号 stress notation 47-49
指标求和 summation of indices 31
有限应变分量 Finite strain components 86,94-95
几何解释 geometric interpretation 95-96
雨云宇宙飞船 Nimbus spacecraft 206
运动,运动方程 Motion, equations of 56,171
极坐标 polar coordinates 175-177
运动的欧拉方程 Eulerian equation of motion 171,200
运动粘性 Kinematic viscosity 182

Z

张量 Tensor 3,40
笛卡儿张量 Cartesian 39
对偶张量 dual 93
各向同性张量 isotropic 129-134

偏导数	partial derivatives	43
商法则	quotient rule	43
张量的定义	definition	40
张量的阶	rank	40
张量的缩并	contraction	43
张量符号	notations	42
自旋张量	spin	113
转动张量	rotation	93
正交矩阵	Orthogonal matrix	32
正交转换	Orthogonal transformation	35
正压流体	Barotropic fluid	197
正应变(见应变)	Normal strain (see Strain)	96
正应力(见应力)	Normal stress (see Stress)	13,48
指标,哑指标和自由指标	Index, dummy and free	31
指标符号	Indicial notation	31
质量,质量守恒	Mass, conservation of	167,170,213
置换,置换张量	Permutation, tensor	33
与克罗内克-戴尔他的关系	connection with Kronecker delta	33
置换符号	symbol	33
中性面	Neutral plane	18
主轴	Principal axes	67,72
应变主轴	of strain	96,135
应力主轴	of stress	72-74,135
主坐标	Principal coordinates	67
主方向	Principal directions	69
主平面	Principal planes	67,72
主应变	Principal strains	96,97
主应力	Principal stress	67,69
存在的证明	proof of existence	73
实数性的证明	proof of real-valuedness	73
应力不变量	stress invariants	72
主定理	main theorem	72
主偏应力	Principal stress deviation	77
转动,小转动	Rotation, infinitesimal	93
准线性粘弹性	Quasilinear viscoelasticity	148
坐标,转换	Coordinates, transformation	35,38
曲线坐标	curvilinear	57
圆柱坐标	cylindrical polar	57-58,97,99

坐标转换	Transformation of coordinates	35
允许转换	admissible	39
雅可比转换	Jacobian	39
正交转换	orthogonal	36
正常与反常转换	proper and improper	39
转动	rotation	35-36
矢量	vector	40
自体调节	Homeostasis	225
自由体图(分离体图)	Free-body diagram	9
纵波	Longitudinal waves	214
最小表面	Minimal surface	185

英文索引

A

Acceleration	加速度	8
components in polar coordinates	极坐标中的加速度分量	176
convective	对流加速度	187
material	物质加速度	166
Achilles tendon	跟腱	22
Acoustics	声学	201
velocity of sound	声速	201
basic equation of	声学的基本方程	200
Almansi strain tensor	阿尔曼西应变张量	90
Austenite	奥氏体	228
Avogadro number	阿伏加德罗数	143

B

Barotropic fluid	正压流体	197
Beams	梁	8
classification：simply-supported，clamped，free	分类:简支,固支,自由	20
simply-supported	简支梁	12
statically indeterminate	静定梁	22
curvature of	梁的曲率	20
neutral surface of	梁的中性面	18
the largest stress in	梁的最大应力	19
deflection	挠度	17
outer fiber stress	外纤维应力	19
bending moment	弯矩	12
moment diagram	弯矩图	12
Bending of beams	梁的弯曲	18-21,218-220
Bingham plastic	宾厄姆塑性	158-159
Blood pressure	血压	102
Blood vessel	血管	6
Blood viscosity	血液粘性	157

Body force	体积力(体力)	49
Boltzmann constant	玻耳兹曼常数	143
Boltzmann equation	玻耳兹曼方程	153-54
Boundary conditions	边界条件	
fluid free surface	流体自由表面	184
solids	固体	213
solid fluid interface	流固界面	183
supersonic flow	超声速流	205
velocity	速度	204
subsonic flow	亚声速流	205
two fluids	两种流体	184
Boundary layer	边界层	184
thickness	边界层厚度	193
Prandtl's equation	普朗特方程	193
Bulk modulus	体积模量	125

C

Cartesian tensors, analytical definition	笛卡儿张量,解析定义	40
Cauchy's formula	柯西公式	50-51
Cauchy's strain tensors	柯西应变张量	101
Circulation	环流,环量	197
Compatibility condition	协调条件	113-116
plane strain	平面应变	114
in three-dimensions	三维情况	115
Compressibility	可压缩性	159
of gas	气体的可压缩性	142
of liquid	液体的可压缩性	143
Compressible flow	可压缩流	199-207
basic equations	基本方程	199,200,203
Conservation laws	守恒定律	164
of momentum	动量守恒定律	170
in polar coordinates	极坐标中的守恒定律	175
of angular momentum	角动量守恒定律	171
of energy	能量守恒定律	172
of mass	质量守恒定律	170
Constants	常数	
Avogadro's number	阿伏加德罗数	143
Boltzmann	玻耳兹曼常数	143

Lame, G. 拉梅常数 123
Constitutive equations 本构方程 120-127
Bingham material 宾厄姆材料 158-159
Hookean elastic solid 胡克弹性固体 122-125
Incompressible fluid 不可压缩流体 121
living tissue 活组织 147-149
Newtonian fluid 牛顿流体 121
Non Newtonian fluids 非牛顿流体 126
nonviscous fluids 无粘性流体 126
plasticity of metals 金属的塑性 146
van der Waal's equation 范德华方程 143
viscoelastic material 粘弹性材料 158
viscoplastic materials 粘塑性材料 151-154
Continuity, equation of 连续性,连续性方程 170
in polar coordinates 极坐标中连续性方程 178
Continuum 连续介质 3
abstract copy 抽象复制体 4
axioms 公理 6
lung 肺 6
material 物质连续统 2
mechanics 连续介质力学 4,5
real material 真实材料 4
Continuum, concept of 连续介质的概念 21
Convective acceleration 对流加速度 187
Convention 约定
strain notation 应变符号 92
stress notation 应力符号 47-49
summation of indices 指标求和 31
Coordinates, transformation 坐标,转换 35,38
curvilinear 曲线坐标 57
cylindrical polar 圆柱坐标 57-58,97,99
Couple-Stress 偶应力 4
Creep functions of solid 固体的蠕变函数 153
Crystalline solid 结晶固体 137
Curl 旋度 113

D

D'Alembert's principle 达朗贝尔原理 55

Deformation, analysis 变形,分析 86-101
Deformation gradients 变形梯度 101
Detrusions 剪切变形 92
Dirac-delta function 狄拉克-戴尔他函数 152
Displacement field, infinitesimal 位移场,无限小位移场 91
Displacement vector 位移矢量 88
in polar coordinates 极坐标中位移矢量 97
relation to velocity 位移与速度的关系 112-113
Divergence 散度 45
Duhamel-Neunann thermoelasticity law 杜哈梅-诺伊曼热弹性定律 125
Dynamic similarity 动力相似性 187

E

ε-δ identity ε-δ 恒等式 33
Elastic stability 弹性稳定性 65
Elasticity, of solids 弹性,固体的弹性 122-124
nonlinear 非线性弹性 126
basic equations 基本方程 212
theory of 弹性理论 212-220
effect of temperature 温度效应 124
Elliptic equation 椭圆型方程 205
Energy, conservation of 能量,能量守恒 172-173
equation 能量守恒方程 173
Equilibrium 平衡 9
necessary conditions 平衡的必要条件 9
Equilibrium, equations of 平衡方程 4
Euclidean metric space 欧几里德度量空间 115
Eulerian equation of motion 运动的欧拉方程 171,200
Eulerian strain tensor 欧拉应变张量 91

F

Finger's strain tensor 芬格应变张量 102
Finite strain components 有限应变分量 86,94-95
geometric interpretation 几何解释 95-96
Fluid line 流线 197
Fluids 流体 3
rate-of-deformation-and-velocity-gradient relation 变形率与速度梯度的关系 112

non Newtonian 非牛顿流体 122
isotropic viscous 各向同性粘性 121
critical points 临界点 142
gases 气体 3
Force, body and surface 力,体力和面力 4
Free-body diagram 自由体图(分离体图) 9

G

Gauss theorem 高斯定理 165
Gel 凝胶 159
Gradient 梯度 45
Green's strain tensor 格林应变张量 90
Green's theorem 格林定理 165
Growth 生长 223
Growth-stress law 生长-应力定律 223-225

H

Hagen-Poisetulle flow 哈根-泊肃叶流动 184
Heat flux vector 热通量矢量 199
Helmholtz's theorem 赫姆霍兹定理 197
High blood pressure 高血压 81
Homeostasis 自体调节 225
Hooke's law 胡克定律 87
Hyperbolic equation 双曲型方程 204
Hypoxic hypertension in lung 肺的缺氧高血压 229

I

Ideal gas 理想气体 121
Incompressible fluid 不可压缩流体 121
equation of continuity 连续性方程 170
Index, dummy and free 指标,哑指标和自由指标 31
Indicial notation 指标符号 31
Inertia force 惯性力 8
Inertial frame of reference 惯性参考系 8
Infinitesimal strain components 小应变分量 92
geometric interpretation 几何解释 92
polar coordinates 极坐标 97-98

Integrability condition 可积性条件 113
Interface condition 界面条件 59
Internal energy 内能 173
International systems of units 国际单位制 14
Invariants 不变量 73
Irrotational flow 无旋流 198
Isentropic flow 等熵流 201
Isotropic materials 各向同性材料 129
Isotropic tensor 各向同性张量 129
  rank 1, nonexistence 一阶,不存在 130
  rank 2 二阶 130
  rank 3 三阶 132
  rank 4 四阶 133
Isotropy 各向同性 121
Isotropy 各向同性 136
  strain 应变不变量 96
  stress 应力不变量 67
  stress deviations 应力偏量不变量 76

J

Jacobian determinant 雅可比行列式 39

K

Kelvin's model of viscoelasticity 粘弹性的开尔文模型 151
Kelvin's theorem 开尔文定理 198
  fluid line 流线 197
Kinematic viscosity 运动粘性 182
Kronecker delta 克罗内克-戴尔他 131

L

Lagrange strain tensor 拉格朗日应变张量 91
Lagrangian stress 拉格朗日应力 149
Lamé constants 拉梅常数 123
  ellipsoid 拉梅椭球 78
Laminar boundary layer 层流边界层 193
Laplace operator 拉普拉斯算子 213
Laplacian 拉普拉斯算子 213

Longitudinal waves 纵波 214
Lung as continua 肺看作连续介质 6-7,137,155

M

Mach number 马赫数 195
Mach waves lines 马赫波线 207
Martensite 马氏体 228
Mass, conservation of 质量,质量守恒 167,170,213
Material derivative 物质导数 168
Material description 物质描述 166
Material isotropy 材料各向同性 15
Material with memory 记忆材料 227-228
Matrix 矩阵 32
  orthogona 正交矩阵 136
Maxwell creep and relaxation function 麦克斯韦蠕变与松弛函数 152
Maxwell solid 麦克斯韦固体 152
Mean curvature 平均曲率 235
Mean free path 平均自由程 3
Membrane, thin 膜,薄膜 68,184
Memory of shape 形状记忆 228
Mesentery 肠系膜 148
Minimal surface 最小表面 185
Modulus, bulk 模量,体积模量 59
  elasticity 弹性模量 59
  rigidity 刚性 24
  shear 剪切模量 87
  relaxed 松弛模量 153
Mohr's circle 莫尔圆 70
  special sign convention 特殊的正负号约定 71
  three-dimensional states 三维状态 71
Momentum, conservation of 动量,动量守恒 170,212
  linear 动量矩 49
  moment of 线动量 49,171
Motion, equations of 运动,运动方程 56,171
  polar coordinates 极坐标 175-177

N

Navier-Stokes equation 纳维-斯托克斯方程 182

dimensionless	无量纲纳维-斯托克斯方程	191
Navier's equation	纳维方程	213
Neutral plane	中性面	18
Newton's	牛顿的	144
law of gravitation	牛顿万有引力定律	30
laws of motion	牛顿运动定律	5,170
law of viscosity	牛顿粘性定律	157
Newtonian fluid	牛顿流体	122
Ni, Ti alloy	镍钛合金	228
Nimbus spacecraft	雨云宇宙飞船	206
Nonlinear solids	非线性固体	
biological tissues	生物组织	149
rubber	橡胶	137
Nonviscous fluid	无粘性流体	120,195-96
equation of motion	运动方程	196
Non-Newtonian fluids	非牛顿流体	122
Normal strain (see Strain)	正应变(见应变)	96
Normal stress (see Stress)	正应力(见应力)	13,48
No-slip condition	无滑移条件	184
Numbers	数	
Avogadro	阿伏加德罗数	143
Mach	马赫数	195
Reynolds	雷诺数	184

O

Octahedral planes	八面体平面	63
Opening angle, arteries	开口角,动脉的开口角	224
Orthogonal matrix	正交矩阵	32
Orthogonal transformation	正交转换	35

P

Perfect gas law	理想气体定律	142
Permutation, tensor	置换,置换张量	33
connection with Kronecker delta	与克罗内克-戴尔他的关系	33
symbol	置换符号	33
Phase velocity	相速度	214
Plane elastic waves	平面弹性波	213
Plane strain	平面应变	215

due to diabetes	力学性能的重构	228,230
of mechanical properties	零应力状态的重构	225
of morphology	随温度的重构	227
of zero. stress state	糖尿病引起的重构	228,231
with temperature	形态学的重构	229-230
Residual stress	残余应力	223
Reynolds number	雷诺数	184
Rheology	流变学	223
Rotation, infinitesimal	转动,小转动	93
Rubber elasticity	橡胶弹性	147-148

S

SI units	标准国际单位制	14-15
Scalar triple product	标量三重积	202
Schlieren photographs	纹影图	205,206
Shape memory material	形状记忆材料	227-228
Shear modulus	剪切模量	87
Shear strain, notation, warning	剪应变,符号,注意	92
pure	纯剪切	102
simple	简单剪切	92
Shear stress	剪应力	14
maximum	最大剪应力	14
Shell	壳	
Summation convention	求和约定	31
spherical	球壳	16
Yield function	屈服函数	159
Yield stress	屈服应力	87
Buckling	屈曲	11
cylindrical	圆柱壳	17
Similarity, dynamic	相似性,动力相似	186
Simple shear	简单剪切	92
Skin friction coefficient	表面摩擦系数	191
Soft tissues	软组织	82
Sol	溶胶	159
Solenoidal vector field	螺管矢量场	196
Sol-gel transformation	溶胶-凝胶转变	159
Sound, speed	声,声速	201

Spatial description 空间描述 168

Spectrum of relaxation 松弛谱 157

Standard linear solid 标准线性固体 153

Stokes' fluid 斯托克斯流体 122

Stokes' sphere in viscous fluid 粘性流体中的斯托克斯球 79

Strain deviation tensor 应变偏量 96

Strain tensor 应变张量 3

  Almansi's 阿尔曼西应变张量 90

  Finger's 芬格应变张量 101-102

  Green's 格林应变张量 90

  Cauchy's 柯西应变张量 90

  Lagrangian 拉格朗日应变张量 90

  Eulerian 欧拉应变张量 90

Strain 应变 86-101

  polar coordinates 极坐标 97-99

  shear 剪应变 92

  plane state 平面应变状态 215

  infinitesimal 小应变 92-93

  invariants 应变不变量 96

  finite 有限应变 90-91,94-96

  principal 主应变 96

Strain-energy function 应变能函数 135

Strain-rate tensor 应变率张量 174

Stream function 流函数 196

Stress 应力 3

  polar coordinates 极坐标 57-58,175-177

  shear 剪应力 14,48

  Cauchy's formula 柯西公式 50-51

  couple-stress 偶应力 4

  equation of motion and equilibrium 平衡与运动方程 56

  plane state 平面应力状态 68,215

  boundary conditions 应力边界条件 58-60

  invariants 应力不变量 67

  notations 应力的表示 48

  sign convention 应力的正负号约定 48

  definition 应力定义 3

  components，notation 应力分量,符号 47-48

  matrix 应力矩阵 48,74

ellipsoid 应力椭球 78-79
tensor 应力张量 3
tensor transformation 应力张量的转换 56
normal 正应力 13,48
principal 主应力 67,69
Stress concentration 应力集中 80,81,82
Stress resultant 内力(合应力) 18
Stress, Strain-rate relationship
(see Constitutive equations) 应力-应变率关系(见本构方程) 120,128
Stress-deviation tensor 应力偏量 76-78
Stress-growth law 应力-生长定律 223,234
Subsonic flow 亚声速流动 3
Supersonic flow 超声速流动 205
Surface force 面力 28
Surface, minimal 表面,最小表面 185,235
Surface tension 表面张力 182
Symmetry of stress tensor 应力张量的对称性 55-56,67

T

Tensile strength of liquid 液体的拉伸强度 143
Tensor 张量 3,40
Cartesian 笛卡儿张量 39
dual 对偶张量 93
isotropic 各向同性张量 129-134
partial derivatives 偏导数 43
quotient rule 商法则 43
definition 张量的定义 40
rank 张量的阶 40
contraction 张量的缩并 43
notations 张量符号 42
spin 自旋张量 113
rotation 转动张量 93
Thermodynamics 热力学 5
Thixotropy 可搅溶性 159
Torsion 扭转 57
Traction (Stress vector) 牵引力(应力矢量) 4
Transformation of coordinates 坐标转换 35
admissible 允许转换 39

Jacobian 雅可比转换 39
orthogonal 正交转换 36
proper and improper 正常与反常转换 39
rotation 转动 35-36
vector 矢量 40
Transverse wave speed 横波速度 214
Truss 桁架 10
statically indeterminate 静不定桁架 21
Turbulence 湍流 190
Twinning of atomic lattice 原子点阵的孪生 228

U

Unit. impulse function (Dirac delta function) 单位脉冲函数 152
Unit step function 单位阶跃函数 151

V

Vectors 矢量 27
notation 符号 11
analytical definition 解析定义 39
vector product 矢量积 28
transformation 转换 35
Velocity field 速度场 50
Velocity of sound 声速 201
Viscoelasticity 粘弹性 151
biological tissues 生物组织 154
quasilinear 准线性 154-157
Viscometer 粘度计 157
Couette 库埃特粘度计 64
cone-plate 圆锥-平板粘度计 160
Viscosity 粘性 144
Newtonian concept 牛顿概念 144
gas 气体 144
blood 血 157
liquid 液体 144
atomic interpretation 原子解释 145
Visco-plastic material 粘塑性材料 158
Voigt solid 沃伊特固体 152
Vorticity 旋度 113,197

W

Wave equation	波动方程	202
Waves	波	
acoustic	声波	201
longitudinal	纵波	214
polarization	偏振	214
Rayleigh	瑞利波	107
surface	表面波	106
transverse	横波	214

Z

Zero-Stress state	零应力状态	81
change due to hypertension	高血压引起的变化	224